精彩微视频
配合讲解

电子元器件识别检测与选用一本通（第2版）

韩雪涛 主编
吴 瑛 韩广兴 副主编

扫描书中的"二维码"
开启全新的微视频学习模式

电子工业出版社
Publishing House of Electronics Industry
北京·BEIJING

内 容 简 介

本书采用图解+微视频的形式，系统全面地介绍电阻器、电容器、电感器、二极管、三极管等常用电子元器件识别、检测与选用的知识和技能，通过示意图、原理图、二维结构图、三维效果图、实物照片图来诠释，扫描页面上的二维码，可打开相应知识和技能的微视频，充分激发读者的学习兴趣，让知识的传播更直接，让技能的学习更直观。

本书适合初学者、专业技术人员、爱好者及相关专业的师生阅读。

扫描书中的"二维码"开启
全新的微视频学习模式

未经许可，不得以任何方式复制或抄袭本书之部分或全部内容。
版权所有，侵权必究。

图书在版编目（CIP）数据
电子元器件识别检测与选用一本通 / 韩雪涛主编.
2版. -- 北京：电子工业出版社，2024.9. -- ISBN 978-7-121-48534-3
Ⅰ. TN606
中国国家版本馆CIP数据核字第20240RD843号

责任编辑：张　楠　　文字编辑：纪　林
特约编辑：刘汉斌
印　　刷：三河市君旺印务有限公司
装　　订：三河市君旺印务有限公司
出版发行：电子工业出版社
　　　　　北京市海淀区万寿路173信箱　邮编 100036
开　　本：787×1092　1/16　印张：18.75　字数：480千字
版　　次：2017年8月第1版
　　　　　2024年9月第2版
印　　次：2025年8月第6次印刷
定　　价：65.00元

凡所购买电子工业出版社图书有缺损问题，请向购买书店调换。若书店售缺，请与本社发行部联系，联系及邮购电话：（010）88254888，88258888。
质量投诉请发邮件至zlts@phei.com.cn，盗版侵权举报请发邮件至dbqq@phei.com.cn。
本书咨询联系方式：（010）88254579。

前言

　　电子元器件识别、检测与选用是电工电子领域从业人员必须掌握的知识和技能。随着科技的进步和人们生活水平的提高，电子技术的应用获得了空前的发展，电工电子领域从业人员的数量逐年增加，相应的技术培训都以电子元器件识别、检测与选用的知识和技能为基础。

　　编写本书的目的就是让读者在短时间内掌握电子元器件识别、检测与选用的专业知识和操作技能。为了能够编写好本书，我们依托数码维修工程师鉴定指导中心进行了大量的市场调研，将电子元器件识别、检测与选用的资料进行整理，以国家职业资格标准为依据，按照岗位从业模式，讲述电子元器件识别、检测与选用的知识和技能，确保图书具有很高的实用价值。

❶ 在表达方式上，本书充分发挥图解的特点，采用全图讲解的形式，将电子元器件识别、检测与选用的内容都用图解来表现，实物照片图、操作示意图等"充满"全书，使读者的学习由"读"变成了"看"。

❷ 在学习方式上，本书采用纸质载体与微视频互动的形式，将难以表达的知识和技能通过微视频展现。在学习过程中，读者用手机扫描相应页面上的二维码，即可通过微视频与图书互动完成学习，学习效率高，学习效果好，学习自主性大大提高，使学习过程轻松、愉快。

　　为了确保专业品质，本书由数码维修工程师鉴定指导中心组织编写，由全国电子行业资深专家韩广兴教授亲自指导。编写人员有行业资深工程师、高级技师和一线教师。本书无处不渗透着专业团队的经验和智慧，使读者在学习过程中如同有一群专家在身边指导，将学习和实践中需要注意的重点、难点一一化解，大大提升了学习效果。

　　为了方便读者学习，本书电路图中的电路图形符号与厂家实物标注（各厂家的标注不完全相同）一致，不进行统一处理。

　　由于电子元器件识别、检测与选用是电工电子领域中的一项专业技能，要想活学活用、融会贯通，需要结合实际工作进行循序渐进的训练，因此为读者提供必要的技术咨询是本书的一大亮点。如果读者在学习过程中遇到问题，可以通过以下方式进行交流：

　　数码维修工程师鉴定指导中心
　　联系电话：022-83715667/13114807267　　　　E-mail：chinadse@163.com
　　地址：天津市南开区榕苑路4号天发科技园8-1-401　　邮编：300384

编　者

目录

第1章 电子元器件检测代换的仪表和工具 ·············1

1.1 万用表的功能和使用方法 ·············1
1.1.1 万用表的功能 ·············1
1.1.2 万用表的使用方法 ·············4

1.2 示波器的功能和使用方法 ·············7
1.2.1 示波器的功能 ·············7
1.2.2 示波器的使用方法 ·············8

1.3 焊接工具的功能和使用方法 ·············10
1.3.1 电烙铁的功能和使用方法 ·············10
1.3.2 热风焊机的功能和使用方法 ·············12

第2章 电阻器的识别、选用、检测、代换 ·············14

2.1 电阻器的种类与应用 ·············14
2.1.1 电阻器的种类 ·············14
2.1.2 电阻器的功能及应用 ·············21

2.2 电阻器的识别、选用、代换 ·············25
2.2.1 电阻器的参数识读 ·············25
2.2.2 电阻器的选用与代换 ·············32

2.3 普通色环电阻器的检测 ·············36
2.3.1 普通色环电阻器的检测方法 ·············36
2.3.2 普通色环电阻器的检测操作 ·············37

2.4 热敏电阻器的检测 ·············38
2.4.1 热敏电阻器的检测方法 ·············38
2.4.2 热敏电阻器的检测操作 ·············39

2.5 光敏电阻器的检测 ·············40
2.5.1 光敏电阻器的检测方法 ·············40
2.5.2 光敏电阻器的检测操作 ·············41

2.6 湿敏电阻器的检测 ·············42
2.6.1 湿敏电阻器的检测方法 ·············42
2.6.2 湿敏电阻器的检测操作 ·············43

2.7 气敏电阻器的检测 ··· 44
　　2.7.1 气敏电阻器的检测方法 ·· 44
　　2.7.2 气敏电阻器的检测操作 ·· 45
2.8 压敏电阻器的检测 ··· 46
　　2.8.1 压敏电阻器的检测方法 ·· 46
　　2.8.2 压敏电阻器的检测操作 ·· 46
2.9 可调电阻器的检测 ··· 47
　　2.9.1 可调电阻器的检测方法 ·· 47
　　2.9.2 可调电阻器的检测操作 ·· 48

第3章 电容器的识别、选用、检测、代换 ··· 50

3.1 电容器的种类与应用 ··· 50
　　3.1.1 电容器的种类 ·· 50
　　3.1.2 电容器的功能及应用 ·· 58
3.2 电容器的识别、选用、代换 ··· 60
　　3.2.1 电容器的参数识读及引脚极性区分 ·· 60
　　3.2.2 电容器的选用与代换 ·· 64
3.3 普通电容器的检测 ··· 66
　　3.3.1 普通电容器的检测方法 ·· 66
　　3.3.2 普通电容器的检测操作 ·· 68
3.4 电解电容器的检测 ··· 69
　　3.4.1 电解电容器的检测方法 ·· 69
　　3.4.2 电解电容器的检测操作 ·· 71
3.5 可变电容器的检测 ··· 74
　　3.5.1 可变电容器的检测方法 ·· 74
　　3.5.2 可变电容器的检测操作 ·· 75

第4章 电感器的识别、选用、检测、代换 ··· 77

4.1 电感器的种类与应用 ··· 77
　　4.1.1 电感器的种类 ·· 77
　　4.1.2 电感器的功能及应用 ·· 81
4.2 电感器的识别、选用、代换 ··· 84
　　4.2.1 电感器的参数识读 ·· 84
　　4.2.2 电感器的选用与代换 ·· 89
4.3 色环/色码电感器的检测 ·· 90
　　4.3.1 色环/色码电感器的检测方法 ·· 90
　　4.3.2 色环/色码电感器的检测操作 ·· 91
4.4 电感线圈的检测 ··· 92

- 4.4.1 电感线圈的检测方法 ·· 92
- 4.4.2 电感线圈的检测操作 ·· 93
- 4.5 贴片电感器的检测 ·· 94
  - 4.5.1 贴片电感器的检测方法 ·· 94
  - 4.5.2 贴片电感器的检测操作 ·· 94
- 4.6 微调电感器的检测 ·· 95
  - 4.6.1 微调电感器的检测方法 ·· 95
  - 4.6.2 微调电感器的检测操作 ·· 95

第5章 二极管的识别、选用、检测、代换 ····················· 96

- 5.1 二极管的种类与应用 ·· 96
  - 5.1.1 二极管的种类 ·· 96
  - 5.1.2 二极管的功能及应用 ·· 102
- 5.2 二极管的识别、选用、代换 ····································· 107
  - 5.2.1 二极管的参数命名规则 ······································· 107
  - 5.2.2 二极管的选用与代换 ·· 110
- 5.3 二极管引脚极性和制作材料的检测 ··························· 117
  - 5.3.1 二极管引脚极性的检测 ······································· 117
  - 5.3.2 二极管制作材料的检测 ······································· 118
- 5.4 整流二极管的检测 ·· 119
  - 5.4.1 整流二极管的检测方法 ······································· 119
  - 5.4.2 整流二极管的检测操作 ······································· 119
- 5.5 发光二极管的检测 ·· 120
  - 5.5.1 发光二极管的检测方法 ······································· 120
  - 5.5.2 发光二极管的检测操作 ······································· 121
- 5.6 检波二极管的检测 ·· 122
  - 5.6.1 检波二极管的检测方法 ······································· 122
  - 5.6.2 检波二极管的检测操作 ······································· 123
- 5.7 其他二极管的检测 ·· 123
  - 5.7.1 稳压二极管的检测方法 ······································· 123
  - 5.7.2 光敏二极管的检测方法 ······································· 124
  - 5.7.3 双向触发二极管的检测方法 ································ 125

第6章 三极管的识别、选用、检测、代换 ····················· 127

- 6.1 三极管的种类与应用 ··· 127
  - 6.1.1 三极管的种类 ·· 127
  - 6.1.2 三极管的功能及应用 ·· 131

6.2 三极管的识别、选用、代换 ··· 135
6.2.1 三极管的参数识读 ·· 135
6.2.2 三极管引脚极性的识别 ·· 137
6.2.3 三极管的选用与代换 ·· 139
6.3 NPN型三极管引脚极性的识别 ·· 142
6.3.1 NPN型三极管引脚极性的识别方法 ································· 142
6.3.2 NPN型三极管引脚极性的识别操作 ································· 143
6.4 PNP型三极管引脚极性的识别 ·· 145
6.4.1 PNP型三极管引脚极性的识别方法 ································· 145
6.4.2 PNP型三极管引脚极性的识别操作 ································· 146
6.5 三极管好坏的检测方法 ··· 148
6.5.1 NPN型三极管好坏的检测方法 ····································· 148
6.5.2 PNP型三极管好坏的检测方法 ····································· 149
6.6 光敏三极管的检测 ··· 150
6.6.1 光敏三极管的检测方法 ·· 150
6.6.2 光敏三极管的检测操作 ·· 151
6.7 三极管放大系数的检测 ··· 152
6.7.1 三极管放大系数的检测方法 ·· 152
6.7.2 三极管放大系数的检测操作 ·· 152
6.8 三极管伏安特性曲线的检测 ··· 154
6.8.1 三极管伏安特性曲线的检测方法 ···································· 154
6.8.2 三极管伏安特性曲线的检测操作 ···································· 155

第7章 场效应晶体管的识别、选用、检测、代换 ···························· 157

7.1 场效应晶体管的种类与应用 ··· 157
7.1.1 场效应晶体管的种类 ·· 157
7.1.2 场效应晶体管的功能及应用 ·· 160
7.2 场效应晶体管的识别、选用、代换 ···································· 161
7.2.1 场效应晶体管的参数识读 ·· 161
7.2.2 场效应晶体管引脚极性的识别 ······································ 163
7.2.3 场效应晶体管的选用与代换 ·· 165
7.3 结型场效应晶体管放大能力的检测 ···································· 170
7.3.1 结型场效应晶体管放大能力的检测方法 ······························ 170
7.3.2 结型场效应晶体管放大能力的检测操作 ······························ 170
7.4 场效应晶体管驱动放大特性和工作状态的检测 ························· 172
7.4.1 搭建电路检测场效应晶体管的驱动放大特性 ························· 172
7.4.2 搭建电路检测场效应晶体管的工作状态 ····························· 173

第8章 晶闸管的识别、选用、检测、代换 175

8.1 晶闸管的种类与应用 175
8.1.1 晶闸管的种类 175
8.1.2 晶闸管的功能及应用 180

8.2 晶闸管的识别、选用、代换 181
8.2.1 晶闸管的参数识读 181
8.2.2 晶闸管引脚极性的识别 182
8.2.3 晶闸管的选用与代换 184

8.3 单向晶闸管的检测 186
8.3.1 单向晶闸管引脚极性的检测方法 186
8.3.2 单向晶闸管触发能力的检测方法 187

8.4 双向晶闸管的检测 188
8.4.1 双向晶闸管触发能力的检测方法 188
8.4.2 双向晶闸管正、反向导通特性的检测方法 189

第9章 集成电路的识别、选用、检测、代换 190

9.1 集成电路的种类与应用 190
9.1.1 集成电路的种类 190
9.1.2 集成电路的功能及应用 194

9.2 集成电路的识别、选用、代换 195
9.2.1 集成电路的参数识读 195
9.2.2 集成电路的选用与代换 200

9.3 三端稳压器的检测 204
9.3.1 三端稳压器的功能 204
9.3.2 三端稳压器的检测方法 205

9.4 运算放大器的检测 207
9.4.1 运算放大器的功能 207
9.4.2 运算放大器的检测方法 210

9.5 音频功率放大器的检测 212
9.5.1 音频功率放大器的功能 212
9.5.2 音频功率放大器的检测方法 213

9.6 微处理器的检测 216
9.6.1 微处理器的功能 216
9.6.2 微处理器的检测方法 218

第10章 变压器的识别、选用、检测、代换 222

10.1 变压器的种类与应用 222
10.1.1 变压器的种类 222
10.1.2 变压器的功能及应用 225

10.2 变压器的识别、选用、代换 ·· 227
　　10.2.1 变压器的参数识读 ··· 227
　　10.2.2 变压器的选用与代换 ·· 229
10.3 变压器绕组阻值的检测 ·· 230
　　10.3.1 变压器绕组阻值的检测方法 ·· 230
　　10.3.2 变压器绕组阻值的检测操作 ·· 231
10.4 变压器输入电压、输出电压的检测 ·· 233
　　10.4.1 变压器输入电压、输出电压的检测方法 ··· 233
　　10.4.2 变压器输入电压、输出电压的检测操作 ··· 234
10.5 变压器绕组电感量的检测 ·· 235
　　10.5.1 变压器绕组电感量的检测方法 ··· 235
　　10.5.2 变压器绕组电感量的检测操作 ··· 236

第11章 其他电气部件的功能与检测 ··· 237

11.1 开关的功能与检测 ··· 237
　　11.1.1 开关的功能 ··· 237
　　11.1.2 开关的检测方法 ·· 238
11.2 继电器的功能与检测 ·· 239
　　11.2.1 继电器的功能 ·· 239
　　11.2.2 继电器的检测方法 ·· 241
11.3 接触器的功能与检测 ·· 242
　　11.3.1 接触器的功能 ·· 242
　　11.3.2 接触器的检测方法 ·· 244
11.4 光耦合器的功能与检测 ··· 245
　　11.4.1 光耦合器的功能 ·· 245
　　11.4.2 光耦合器的检测方法 ·· 246
11.5 霍尔元件的功能与检测 ··· 247
　　11.5.1 霍尔元件的功能 ·· 247
　　11.5.2 霍尔元件的检测方法 ·· 249
11.6 晶振的功能与检测 ··· 250
　　11.6.1 晶振的功能 ··· 250
　　11.6.2 晶振的检测方法 ·· 251
11.7 数码显示器的功能与检测 ·· 252
　　11.7.1 数码显示器的功能 ·· 252
　　11.7.2 数码显示器的检测方法 ··· 253
11.8 扬声器的功能与检测 ·· 255
　　11.8.1 扬声器的功能 ·· 255
　　11.8.2 扬声器的检测方法 ·· 256

- 11.9 蜂鸣器的功能与检测 ···257
  - 11.9.1 蜂鸣器的功能 ··257
  - 11.9.2 蜂鸣器的检测方法 ··258
- 11.10 电动机的功能与检测 ··260
  - 11.10.1 电动机的功能 ··260
  - 11.10.2 小型直流电动机绕组阻值的粗略检测方法 ··263
  - 11.10.3 单相交流电动机绕组阻值的粗略检测方法 ··264
  - 11.10.4 电动机绕组阻值的精确检测方法 ·······················265
  - 11.10.5 电动机绕组与外壳之间绝缘阻值的检测方法 ···············266

第12章 家用电器中电子元器件的检测操作 ·······················267

- 12.1 电热水壶中电子元器件的检测操作 ································267
  - 12.1.1 加热盘的检测操作 ··267
  - 12.1.2 蒸汽式自动断电开关的检测操作 ·······················268
  - 12.1.3 温控器的检测操作 ··268
  - 12.1.4 热熔断器的检测操作 ··268
- 12.2 电磁炉中电子元器件的检测操作 ·································270
  - 12.2.1 炉盘线圈的检测操作 ··270
  - 12.2.2 电源变压器的检测操作 ····································272
  - 12.2.3 IGBT的检测操作 ··273
  - 12.2.4 阻尼二极管的检测操作 ····································274
  - 12.2.5 谐振电容的检测操作 ··274
  - 12.2.6 操作按键的检测操作 ··275
  - 12.2.7 微处理器的检测操作 ··276
  - 12.2.8 电压比较器的检测操作 ····································277
- 12.3 电话机中电子元器件的检测操作 ·································278
  - 12.3.1 听筒的检测操作 ··278
  - 12.3.2 话筒的检测操作 ··279
  - 12.3.3 扬声器的检测操作 ··279
  - 12.3.4 叉簧开关的检测操作 ··280
  - 12.3.5 拨号芯片的检测操作 ··280
  - 12.3.6 晶振的检测操作 ··283
- 12.4 空调器中电子元器件的检测操作 ·································283
  - 12.4.1 贯流风扇电动机的检测操作 ·······························284
  - 12.4.2 保护继电器的检测操作 ····································285
  - 12.4.3 三端稳压器的检测操作 ····································285
  - 12.4.4 遥控器的检测操作 ··286
  - 12.4.5 光耦合器的检测操作 ··287

第1章 电子元器件检测代换的仪表和工具

1.1 万用表的功能和使用方法

1.1.1 万用表的功能

万用表是检测电子元器件时最常使用的仪表之一。常用的万用表主要有指针万用表和数字万用表,如图1-1所示。

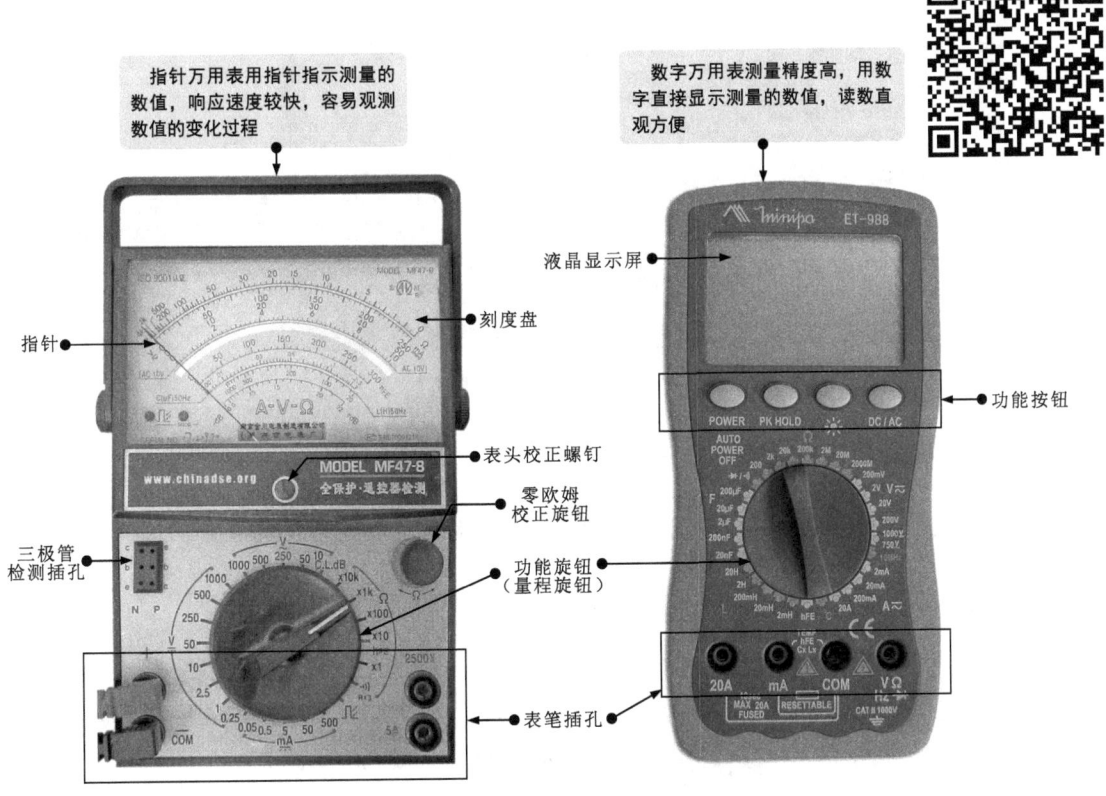

图1-1 万用表的实物外形

> **提示说明**
>
> 万用表主要是由指示/显示部分(刻度盘、指针、液晶显示屏)、功能旋钮、表笔插孔及表笔等构成的。

当电子元器件出现故障时,可以借助万用表检测电子元器件的参数,如电压、电流、电阻等,通过对检测结果的比较和分析,可判断电子元器件性能的好坏。

1　用万用表检测电压

用万用表检测电压时,首先确定接地端,然后将黑表笔搭在接地端,红表笔搭在检测端,以检测充电器的充电电压为例,检测方法如图1-2所示。

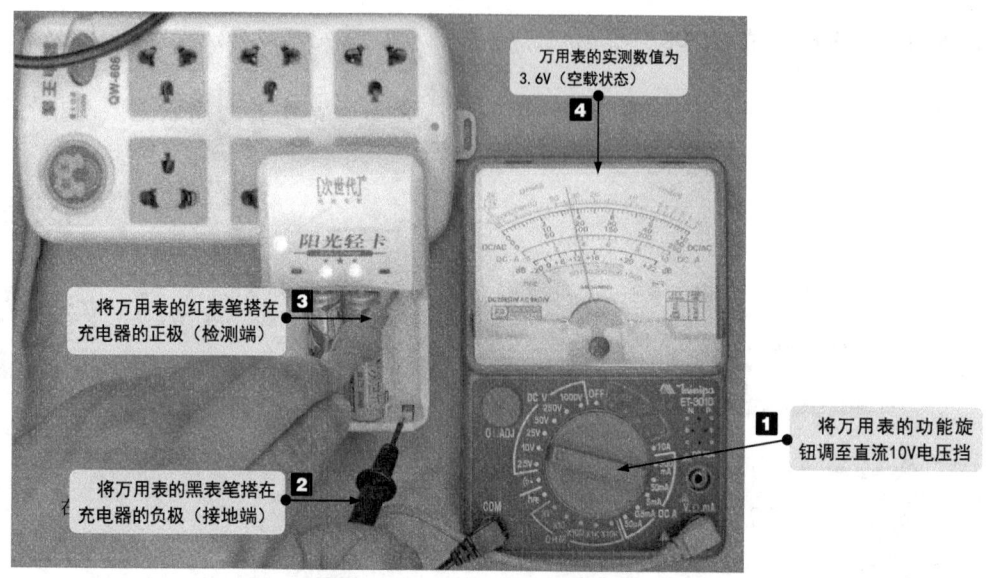

图1-2　用万用表检测电压的方法

2　用万用表检测电流

以家电产品中的摇头电动机为例,用万用表检测电流的方法如图1-3所示。

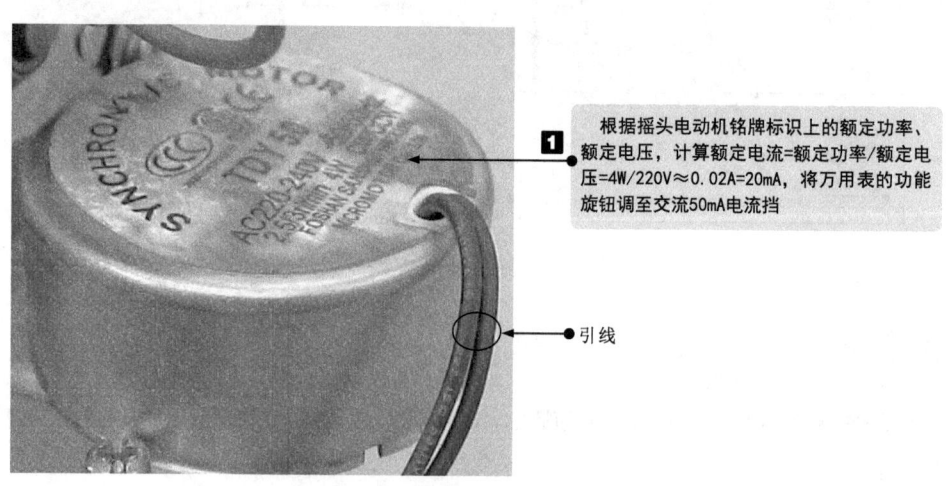

图1-3　用万用表检测电流的方法

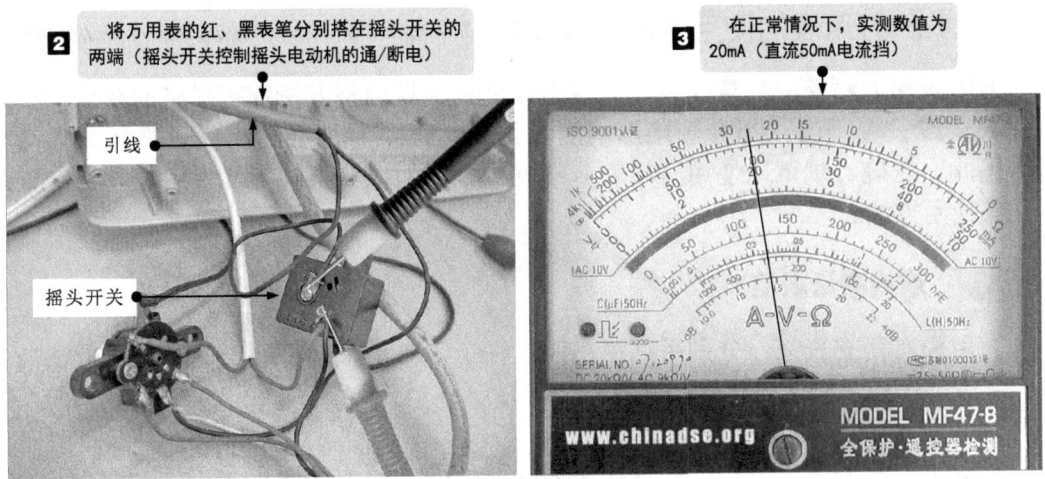

图1-3 用万用表检测电流的方法（续）

3 用万用表检测电阻

以三端稳压器为例，用万用表检测电阻的方法如图1-4所示。

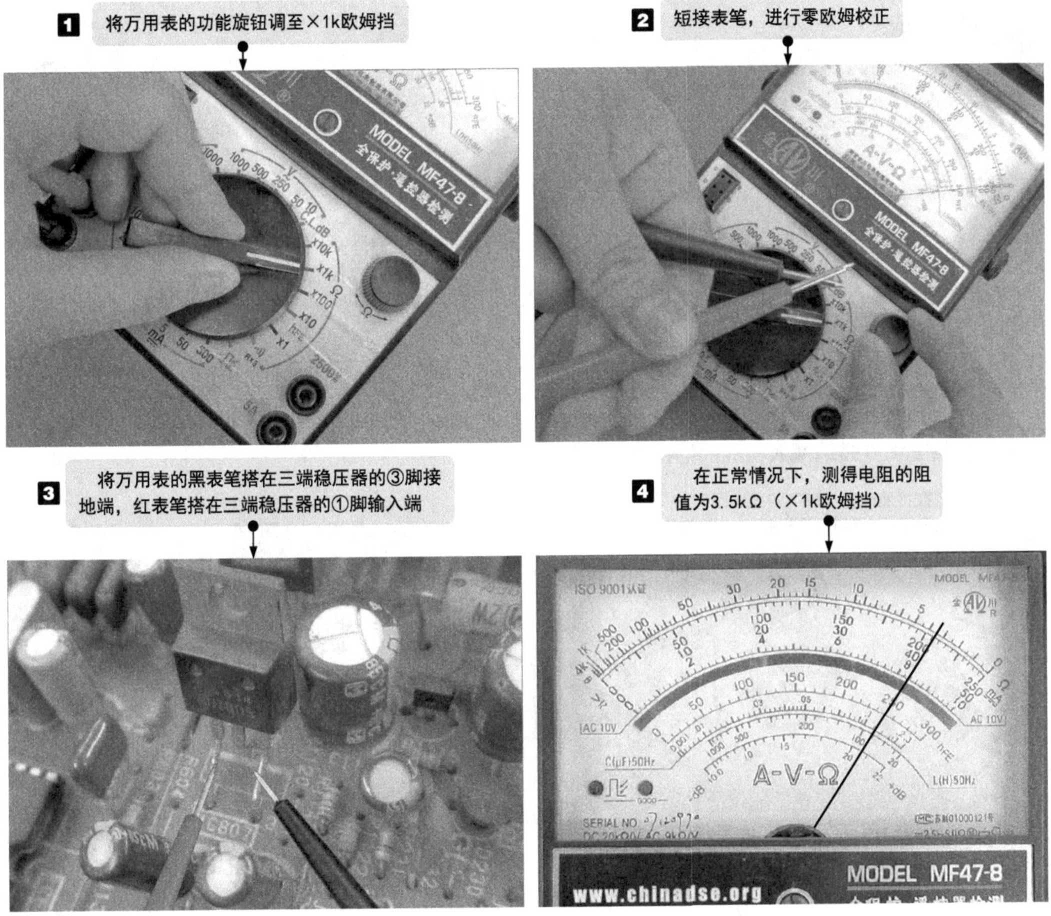

图1-4 用万用表检测电阻的方法

1.1.2 万用表的使用方法

万用表作为精密的测量仪表,对使用环境和测量调整方法都有严格的要求,一旦操作失误或设置不当,都会直接影响测量结果,严重时还会造成仪表损坏或人身损伤,因此,正确、规范地使用万用表非常重要。下面以典型的指针万用表为例,详细介绍其使用方法。

1 连接测量表笔

万用表有两支表笔,分别用红色和黑色标识,测量时,将红表笔插到正极性插孔中,黑表笔插到负极性插孔中,如图1-5所示。

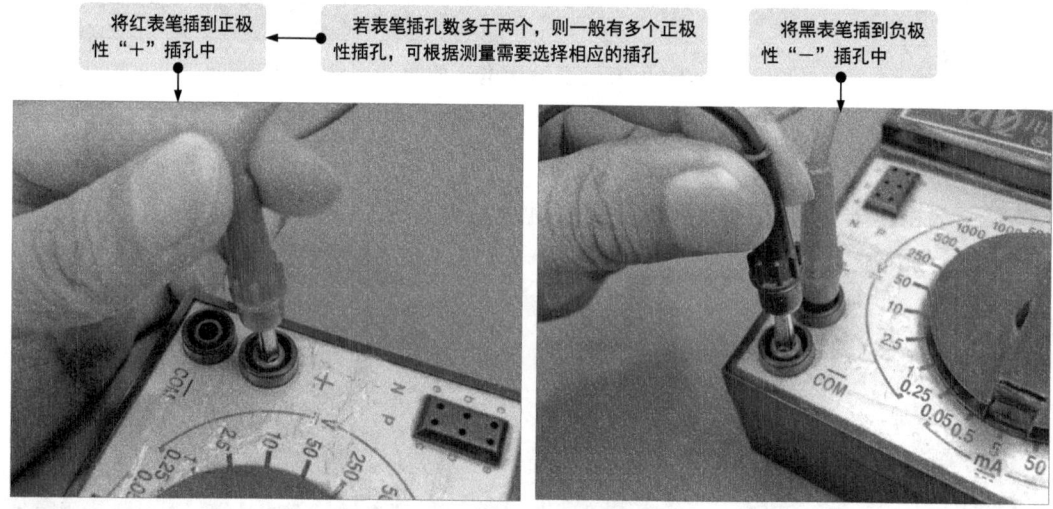

图1-5 万用表测量表笔的连接

提示说明

除了正极性"+"插孔,在有些指针万用表上还有高电压和大电流检测插孔,在检测高电压或大电流时,需要将红表笔插入相应的插孔中,如图1-6所示。

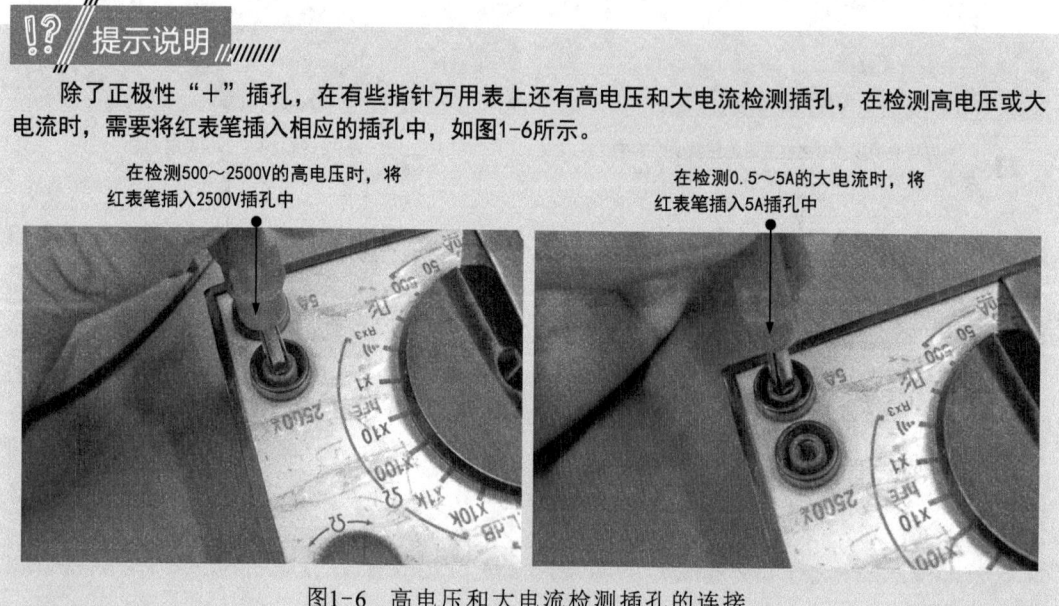

图1-6 高电压和大电流检测插孔的连接

2 表头校正

当指针万用表的两支表笔开路时，指针应指在0位，如果没有指在0位，则可用一字槽螺钉旋具微调表头校正螺钉，使指针指在0位。表头校正又称0位调整。指针万用表0位调整的方法如图1-7所示。

图1-7 指针万用表0位调整的方法

3 设置量程

根据测量的需要，无论测量电压、电流还是电阻，均需要设置量程。量程通过功能旋钮进行设置。指针万用表量程的设置如图1-8所示。

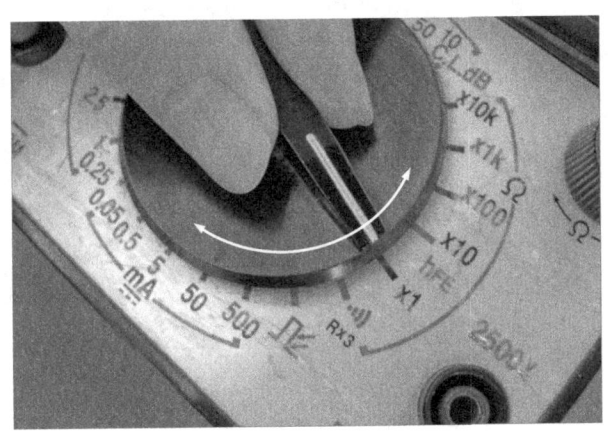

图1-8 指针万用表量程的设置

提示说明

当电路或元器件的参数不能预测时，必须先将量程调至最大，再通过测量结果调至合适的量程，既能避免损坏万用表，又可减小测量误差。

提示说明

数字万用表不需要像指针万用表那样进行表头校正,只需要根据测量参数调整量程即可,如图1-9所示。

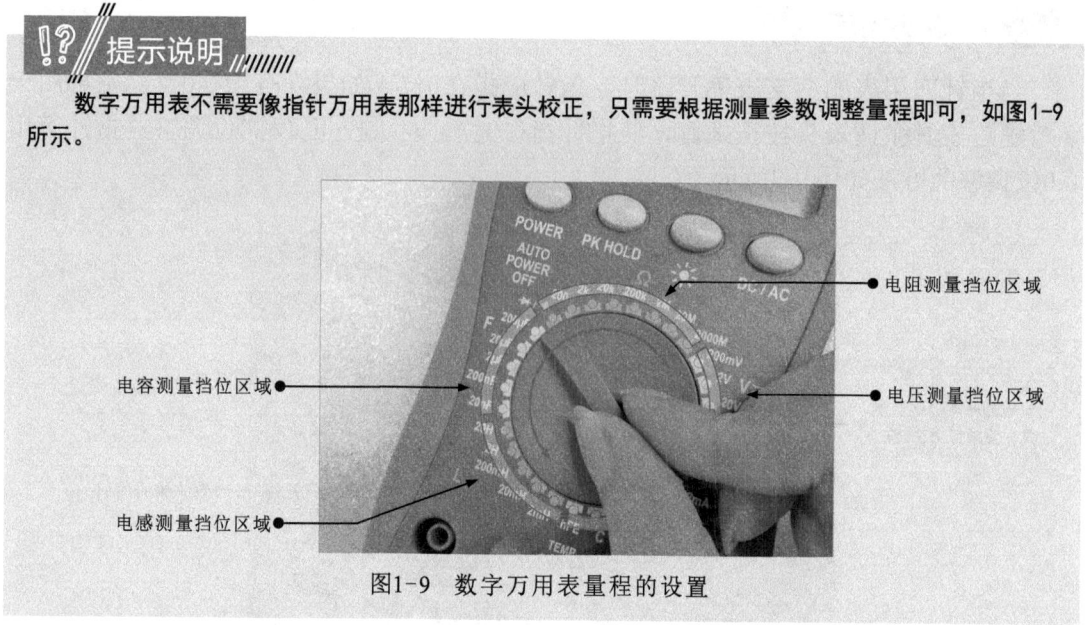

图1-9 数字万用表量程的设置

4 零欧姆校正

零欧姆校正是在使用指针万用表检测电阻时需要进行的操作,当将指针万用表的两支表笔短接时,指针应指在0位,如果没有指在0位,则微调零欧姆校正旋钮使指针指在0位,如图1-10所示。

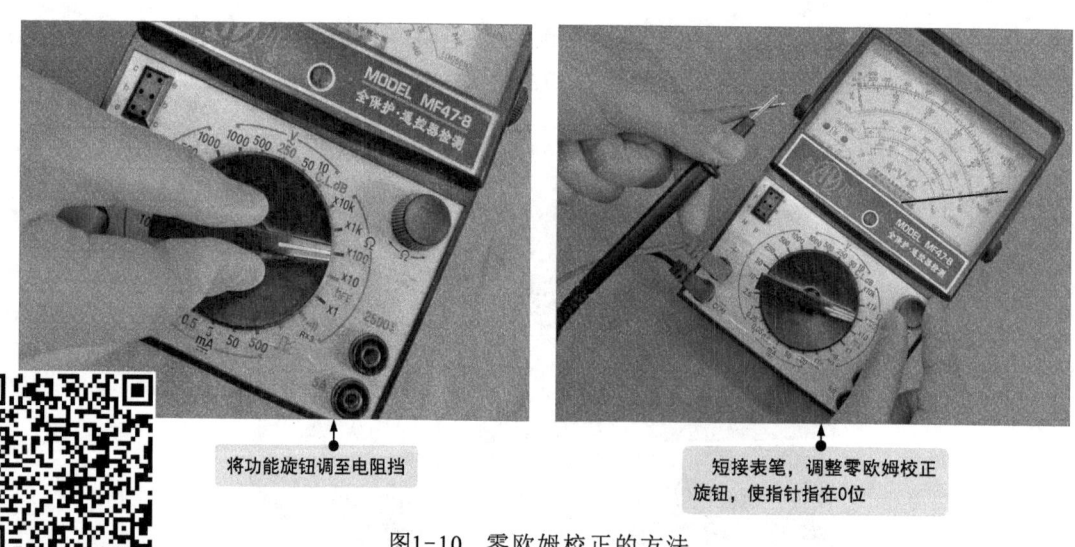

图1-10 零欧姆校正的方法

提示说明

在测量电阻时,每调整一次量程,都需要重新进行零欧姆校正(在下面的阻值检测过程中,设置量程后,均要进行零欧姆校正,为了简略叙述,在此统一说明)。测量电阻以外的其他参数时,不需要进行零欧姆校正。

1.2 示波器的功能和使用方法

1.2.1 示波器的功能

示波器是一种用于观测信号波形的电子仪器。常用的示波器主要有模拟示波器和数字示波器，如图1-11所示。

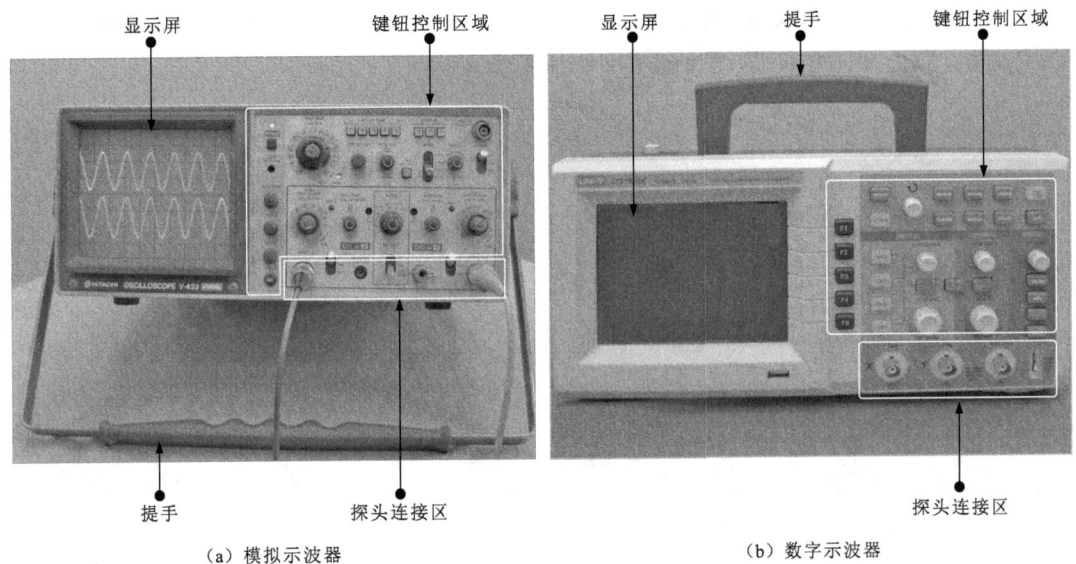

(a) 模拟示波器　　　　　　　　　　(b) 数字示波器

图1-11　示波器的实物外形

在检测电子元器件时，借助示波器可以方便、快捷、准确地在显示屏上观测到关键测试点的信号波形，进而能够判断电子元器件的性能好坏，如图1-12所示。

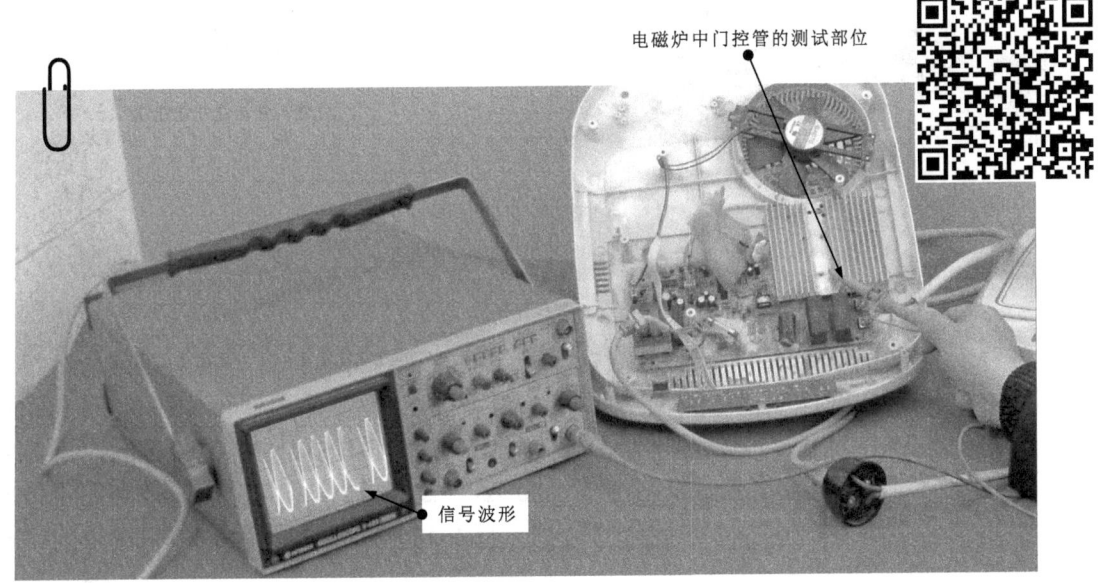

图1-12　示波器的应用

1.2.2 示波器的使用方法

正确、规范地使用示波器非常重要，下面以典型的示波器为例，详细介绍其使用方法。

1 连接各连接线

示波器的连接线主要有电源线和测试线。电源线用来为示波器供电。测试线用来检测信号。图1-13为示波器各连接线的连接方法。

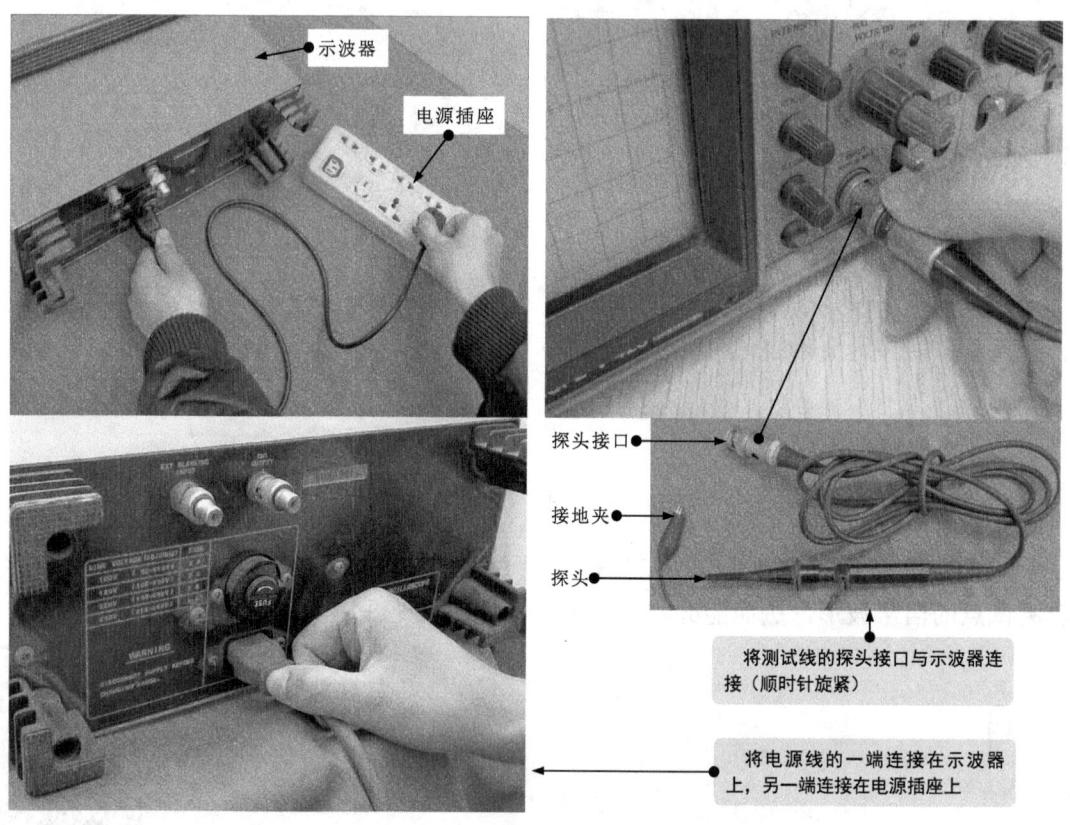

图1-13 示波器各连接线的连接方法

2 开机和测试前的调整操作

若示波器是第一次使用或较长时间未使用了，则在开机后，需要对示波器进行自校正：按下电源开关，电源指示灯亮，约10秒后，显示屏上显示一条水平亮线。这条水平亮线就是扫描线。示波器正常开启后，为了使其处于最佳的测试状态，需要进行探头校正，校正时，将探头搭在基准信号（1000Hz、0.5V方波信号）输出端，在正常情况下，显示屏会显示1000Hz的方波信号波形。图1-14为示波器的开机和测试前的调整操作。

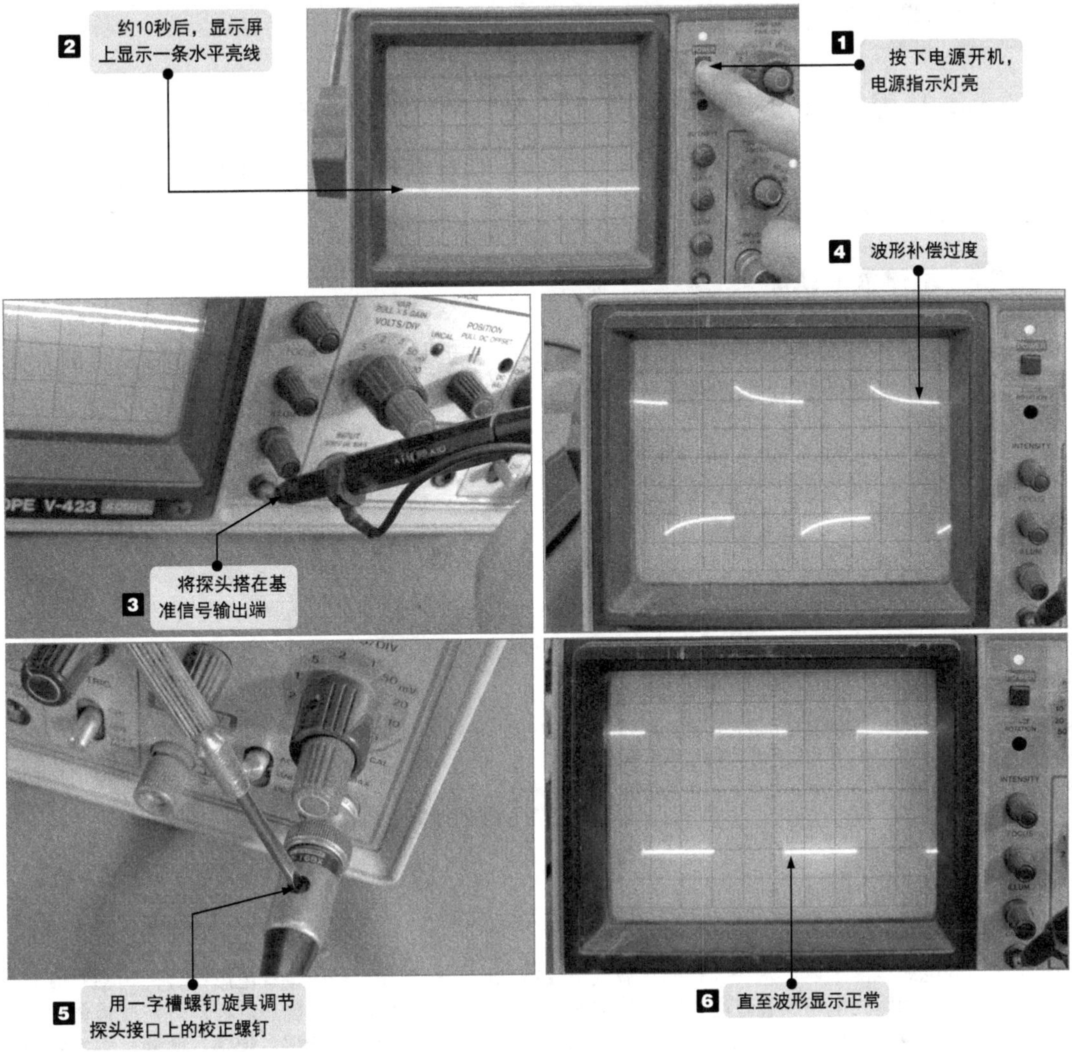

第1章 电子元器件检测代换的仪表和工具

1 按下电源开机，电源指示灯亮

2 约10秒后，显示屏上显示一条水平亮线

3 将探头搭在基准信号输出端

4 波形补偿过度

5 用一字槽螺钉旋具调节探头接口上的校正螺钉

6 直至波形显示正常

图1-14 示波器的开机和测试前的调整操作

提示说明

示波器显示屏上显示的补偿不足和补偿过度波形如图1-15所示。

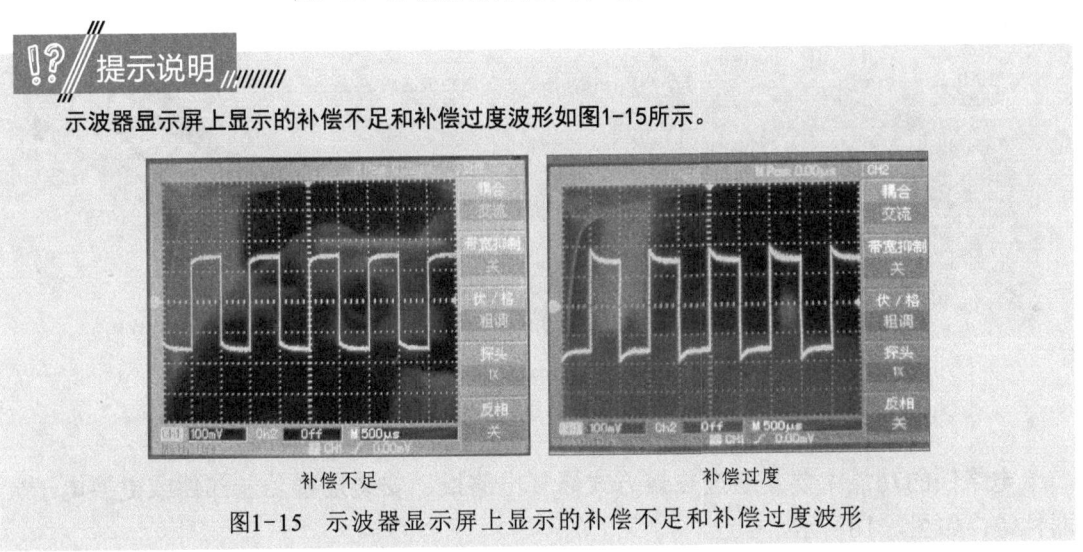

补偿不足　　　　　　　　补偿过度

图1-15 示波器显示屏上显示的补偿不足和补偿过度波形

9

1.3 焊接工具的功能和使用方法

1.3.1 电烙铁的功能和使用方法

电烙铁是一种应用十分广泛的焊接工具,具有方便小巧、易于操作、价格便宜等优点,很受维修人员喜爱,常用于拆、焊电路板上的元器件等。

1 电烙铁的功能

电烙铁是手工焊接、补焊元器件时最常用的工具之一,根据不同的加热方式,分为内热式电烙铁和外热式电烙铁,实物外形如图1-16所示。

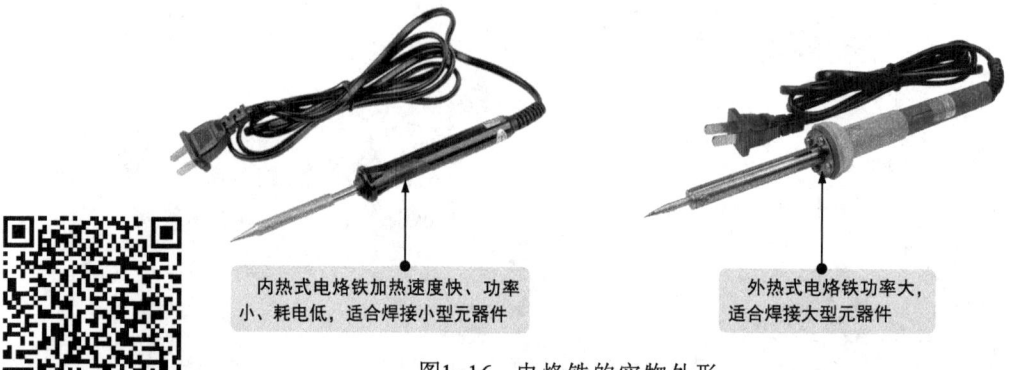

图1-16 电烙铁的实物外形

提示说明

常见的电烙铁除了以上两种,还有恒温式电烙铁(电控和磁控)和吸锡式电烙铁等,实物外形如图1-17所示。恒温式电烙铁通过电控或磁控的方式准确地控制焊接温度,常应用在对焊接质量要求较高的场合。吸锡式电烙铁将吸锡器与电烙铁的功能合二为一,非常便于拆焊、焊接。此外,根据焊接产品的要求,常见的电烙铁还有防静电式和自动送锡式等特殊电烙铁。

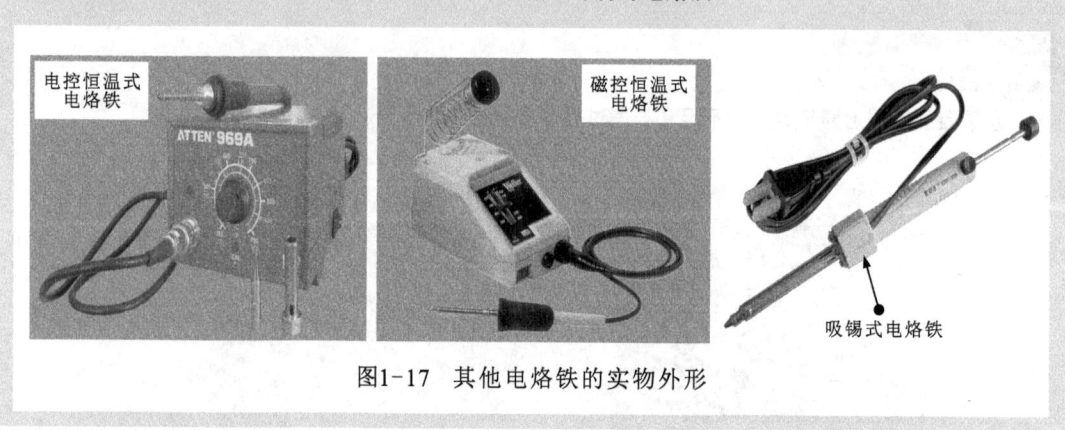

图1-17 其他电烙铁的实物外形

电烙铁的功能主要是通过热熔方式修复电路板、安装连接功能部件或更换电子元器件等,如图1-18所示。

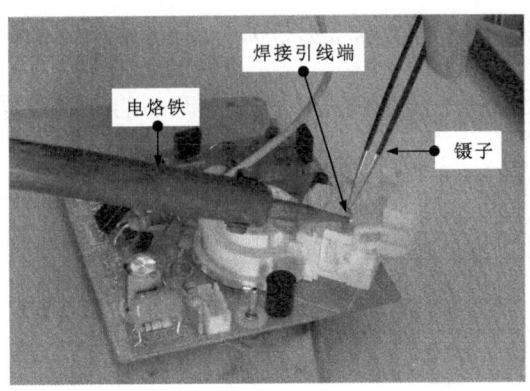 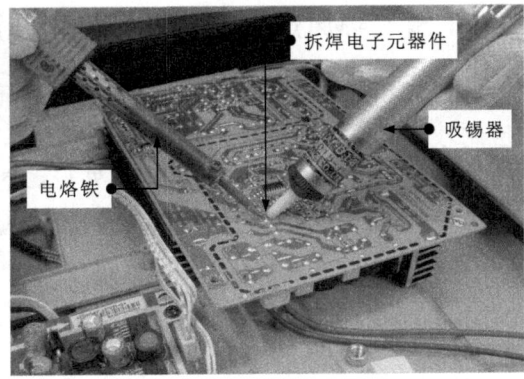

图1-18 电烙铁的应用

2 电烙铁的使用方法

在家电产品的维修过程中,维修人员经常需要用电烙铁拆焊损坏的电子元器件,因此必须掌握电烙铁的使用方法。

在使用电烙铁之前,维修人员应先学会电烙铁的正确握法,通常采用握笔法、反握法和正握法等三种形式,如图1-19所示。其中,握笔法是最常见的方法;反握法动作稳定,适合操作大功率电烙铁;正握法适合操作中等功率电烙铁。

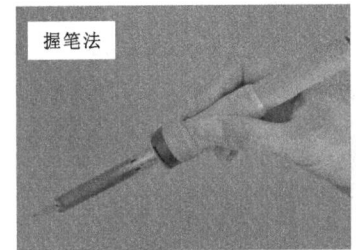 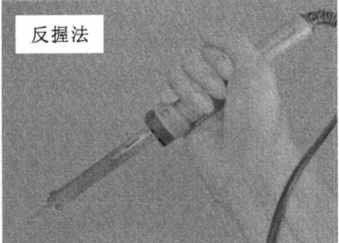 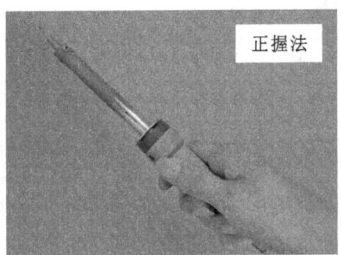

图1-19 电烙铁的正确握法

在使用电烙铁之前,要先进行预加热,当电烙铁达到工作温度后,用右手握住电烙铁的握柄处,左手握住吸锡器,即可进行拆焊电子元器件,如图1-20所示。

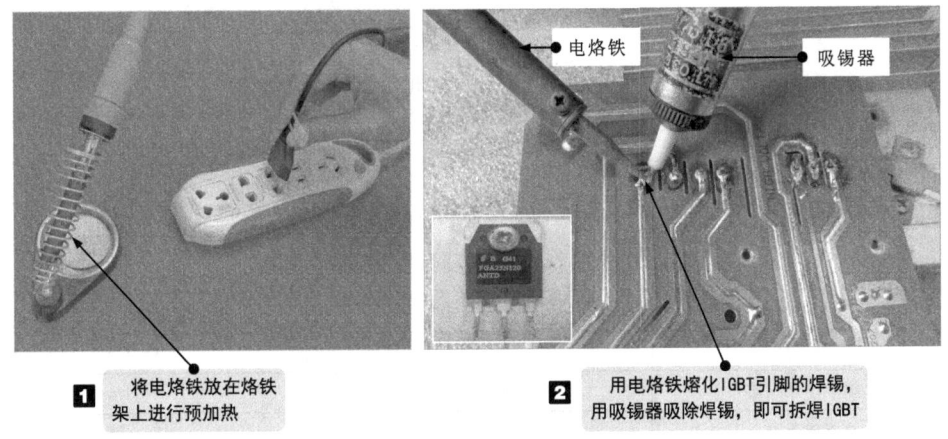

图1-20 拆焊电子元器件的操作方法

1.3.2 热风焊机的功能和使用方法

热风焊机是专门用来拆焊、焊接贴片元器件的焊接工具，在家电产品的维修过程中应用较为广泛。

图1-21为典型热风焊机的实物外形。热风焊机主要由主机和热风焊枪等构成，在拆焊电子元器件时，要根据焊接部位的大小选择合适的喷嘴。

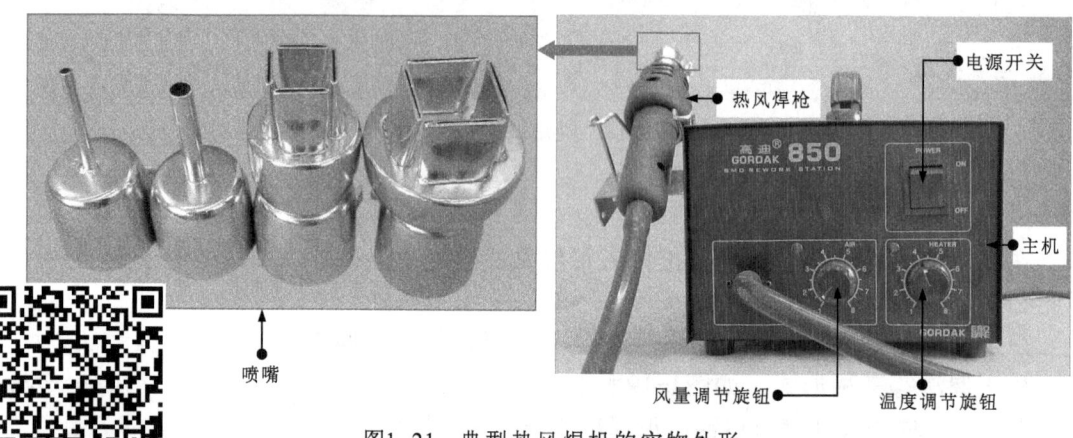

图1-21　典型热风焊机的实物外形

热风焊机风量和温度的调节如图1-22所示。两个旋钮都有8个可调挡位，通常将温度调节旋钮调至5～6挡，风量调节旋钮调至1～2挡或4～5挡。

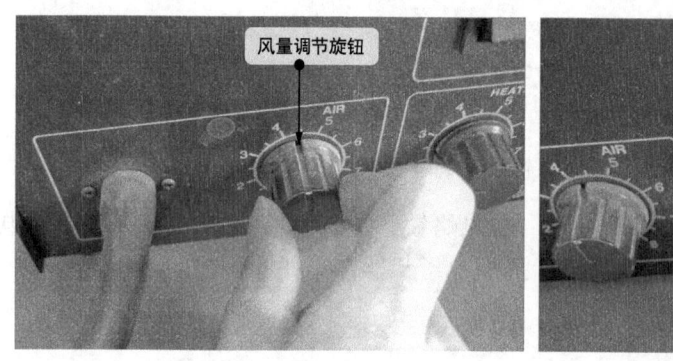 

图1-22　热风焊机风量和温度的调节

提示说明

电子元器件的类型不同，热风焊机温度和风量的调节范围也不同，见表1-1。

表1-1　热风焊机温度和风量的调节范围

电子元器件	温度调节挡位	风量调节挡位
贴片元器件	5～6挡	1～2挡
双列贴片集成电路（芯片）	5～6挡	4～5挡
四周引脚贴片集成电路（芯片）	5～6挡	3～4挡

图1-23为使用热风焊机拆焊贴片元器件的操作,即将热风焊机的温度和风量调好,等待几秒钟,待热风焊枪预热完成后,将热风焊枪垂直悬空放置在贴片元器件的引脚上方,来回移动,均匀加热,直到引脚上的焊锡全部熔化,用镊子拿下即可。

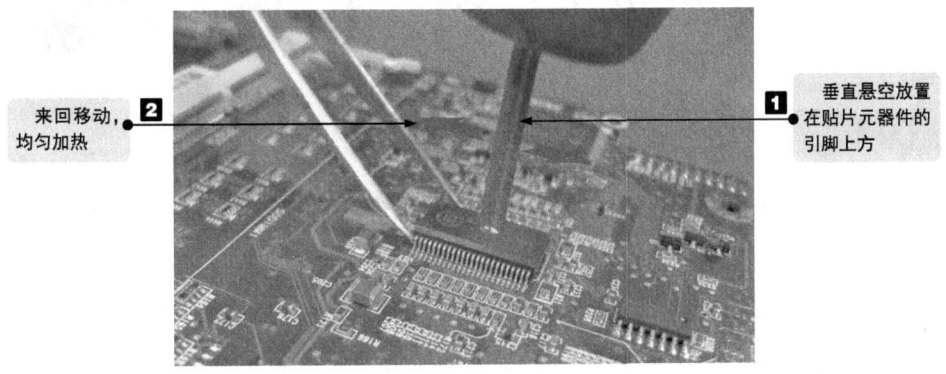

图1-23 使用热风焊机拆焊贴片元器件的操作

提示说明

在实际使用过程中,当需要更换喷嘴时,使用十字槽螺钉旋具拧松喷嘴上的螺钉即可,如图1-24所示。

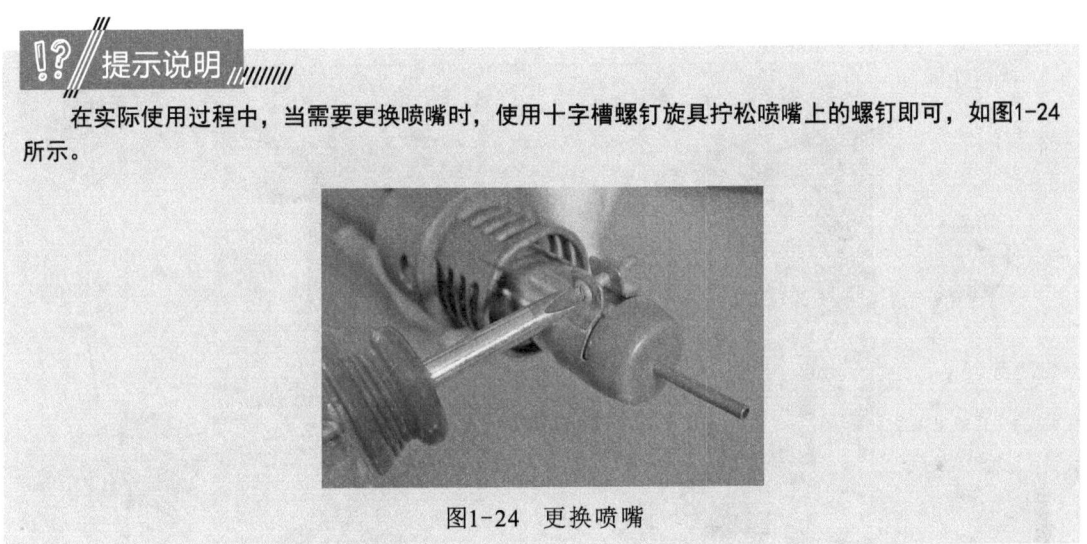

图1-24 更换喷嘴

使用热风焊机焊接贴片元器件时,要在焊接部位涂上一层助焊剂,如图1-25所示。

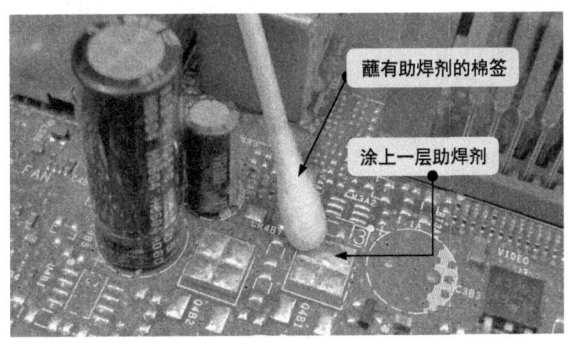

图1-25 涂上一层助焊剂

第2章 电阻器的识别、选用、检测、代换

2.1 电阻器的种类与应用

电阻器简称电阻，是利用物质对所通过的电流产生阻碍作用这一特性制成的，是电子产品中最基本、最常用的电子元器件之一。

2.1.1 电阻器的种类

在电子产品的电路板上有各种电阻器，起限流、滤波或分压等作用，如图2-1所示。

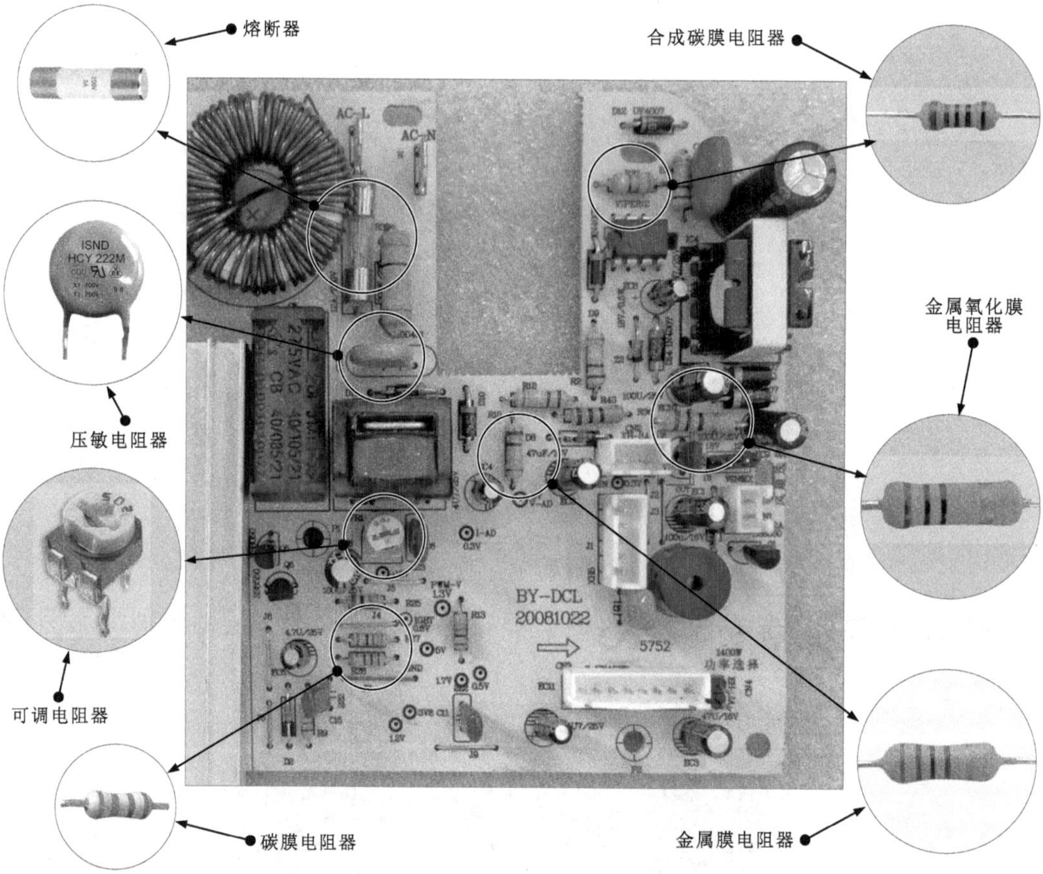

图2-1 电子产品电路板上的各种电阻器

电阻器的种类很多，根据功能和应用领域的不同，主要可分为普通电阻器、敏感电阻器、可调电阻器等三大类。

1 普通电阻器

普通电阻器是一种阻值固定的电阻器。依据制造工艺和功能的不同，常见的普通电阻器有碳膜电阻器、金属膜电阻器、金属氧化膜电阻器、合成碳膜电阻器、玻璃釉电阻器、熔断电阻器、水泥电阻器、排电阻器、贴片式电阻器等。

碳膜电阻器是将在真空高温条件下分解的结晶碳沉积在陶瓷骨架上制成的，如图2-2所示，电压稳定性好，造价低，应用广泛。

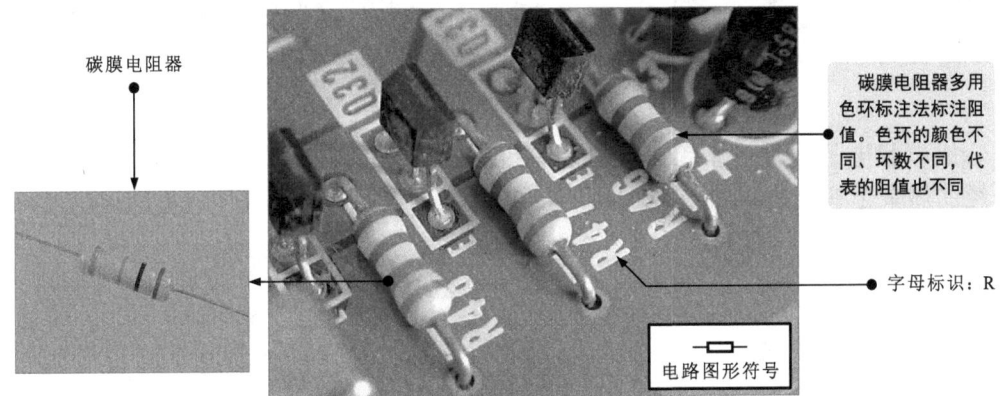

图2-2 碳膜电阻器

金属膜电阻器是在真空高温条件下将金属或合金材料蒸发并沉积在陶瓷骨架上制成的，如图2-3所示。

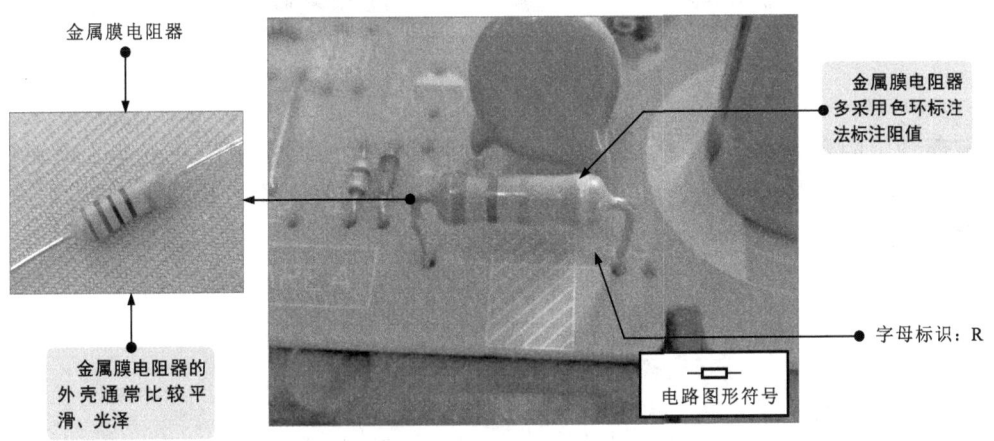

图2-3 金属膜电阻器

提示说明

金属膜电阻器具有较高的耐高温性能，温度系数小，热稳定性好，噪声小，与碳膜电阻器相比，体积小，价格较高。

金属氧化膜电阻器是将锡和锑的盐溶液在高温条件下喷涂在陶瓷骨架上制成的，如图2-4所示，抗氧化，耐酸，抗高温。

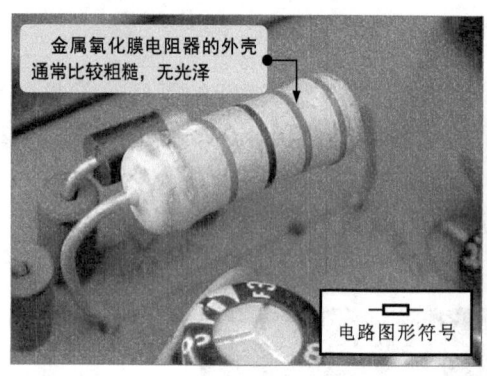
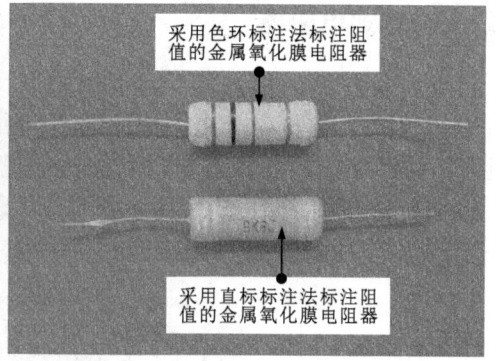

图2-4　金属氧化膜电阻器

合成碳膜电阻器是将碳黑、填料及有机黏合剂调配成悬浮液后，喷涂在绝缘骨架上，经加热聚合制成的，如图2-5所示。合成碳膜电阻器是一种高压、高阻电阻器。

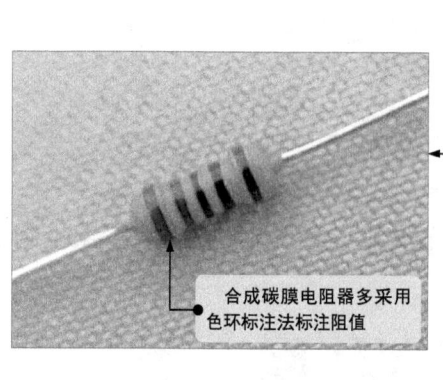
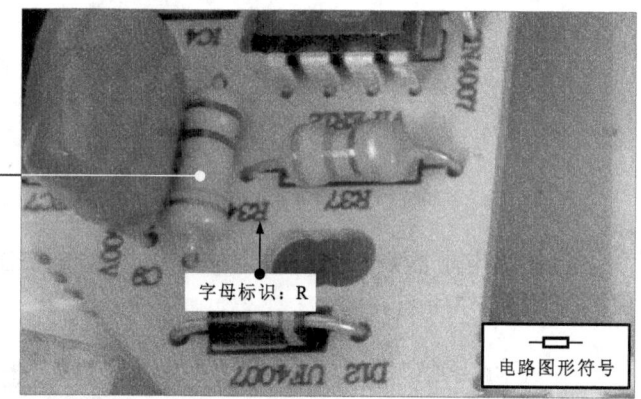

图2-5　合成碳膜电阻器

玻璃釉电阻器是将银、铑、钌等的氧化物和玻璃釉黏合剂调配成浆料，喷涂在绝缘骨架上，经高温聚合制成的，如图2-6所示，耐高温，耐潮湿，稳定，噪声小，阻值范围大。

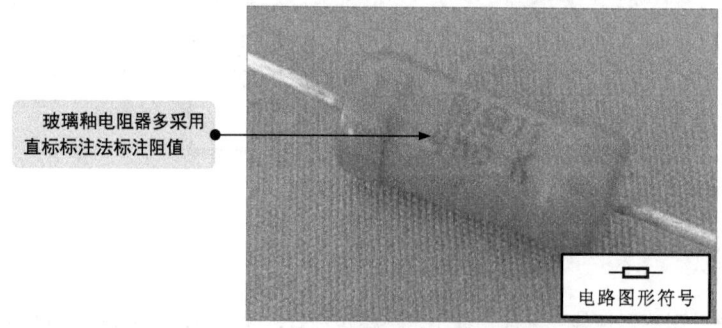

图2-6　玻璃釉电阻器

熔断电阻器是一种具有过流保护功能的电阻器。在正常情况下，熔断电阻器阻值较小，具有普通电阻器的电气功能。当电流过大时，熔断电阻器就会熔断，从而对电路起保护作用。

水泥电阻器是采用陶瓷、矿质材料封装的电阻器，如图2-7所示，功率大，阻值小，具有良好的阻燃、防爆特性。通常，电路中的大功率电阻器多为水泥电阻器。

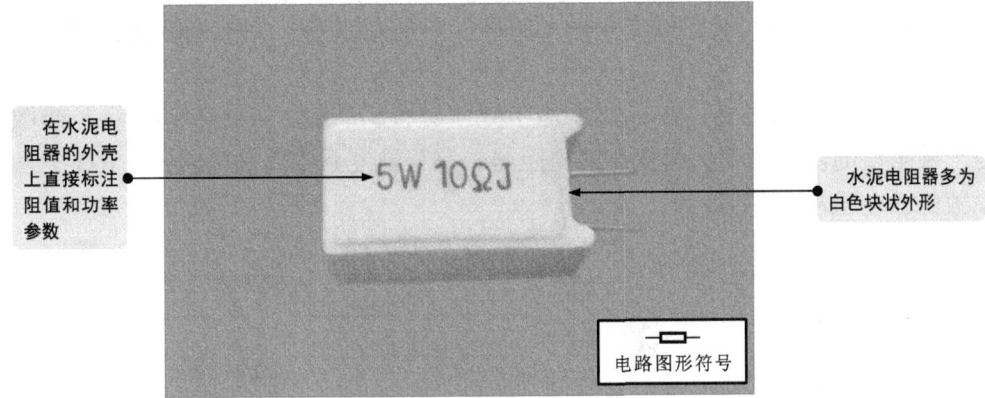

图2-7 水泥电阻器

排电阻器简称排阻，是将多个分立电阻器按照一定的规律排列集成的组合型电阻器，也称集成电阻阵列或电阻器网络，如图2-8所示。

图2-8 排电阻器

贴片式电阻器是一种无引脚的电阻器，如图2-9所示。

图2-9 贴片式电阻器

2 敏感电阻器

敏感电阻器可以通过外界环境的变化（如温度、光亮、电压、湿度等）改变阻值，常用作传感器，主要包括热敏电阻器、气敏电阻器、光敏电阻器、压敏电阻器、湿敏电阻器等。

热敏电阻器大多是由单晶、多晶半导体材料制成的，如图2-10所示。热敏电阻器是一种阻值随温度的变化而变化的电阻器，有正温度系数热敏电阻器（PTC）和负温度系数热敏电阻器（NTC）。

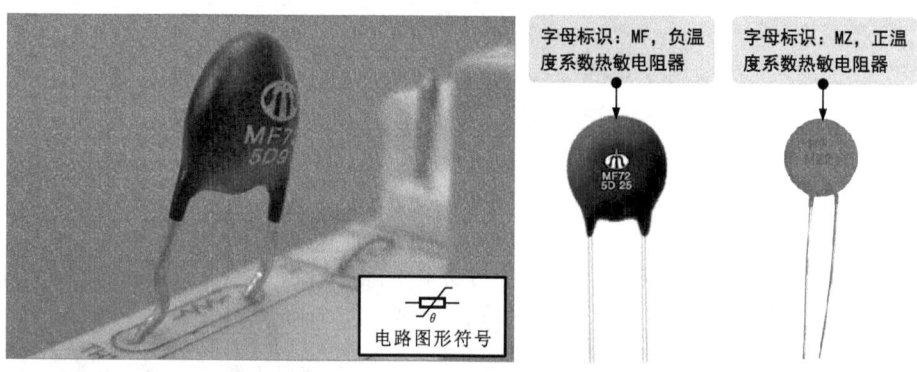

图2-10 热敏电阻器

提示说明

正温度系数热敏电阻器（PTC）的阻值随温度的升高而增加，随温度的降低而减小。负温度系数热敏电阻器（NTC）的阻值随温度的升高而减小，随温度的降低而增加。电视机、音响设备、显示器等电子产品的电源电路多采用负温度系数热敏电阻器。

气敏电阻器是利用在金属氧化物表面吸收某种气体时，因发生氧化反应或还原反应使阻值发生改变的电阻器，如图2-11所示。

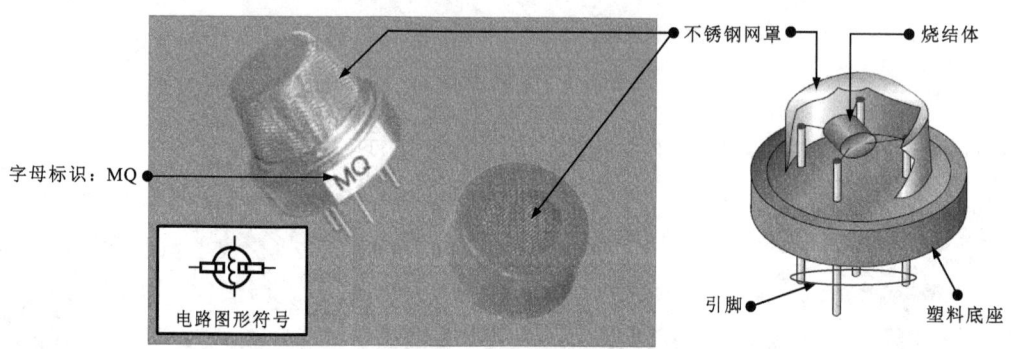

图2-11 气敏电阻器

提示说明

通常，气敏电阻器是将某种金属氧化物粉料及少量的铂催化剂、激活剂、添加剂，按一定的比例烧结制成，应用时，先把某种气体的成分、浓度等参数转换成阻值，再转换为电流、电压等信号，常用作气体感测元器件制成各种气体的检测仪器或报警器，如酒精测试仪、煤气报警器、火灾报警器等。

光敏电阻器是一种由具有光导特性的半导体材料制成的电阻器，如图2-12所示。光敏电阻器的特点是当外界光照强度变化时，阻值会随之发生变化。在光敏电阻器的外壳上通常没有标识信息，感光面是其明显的特征，很容易辨识。

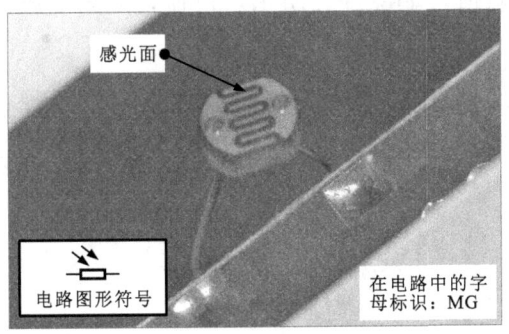

图2-12 光敏电阻器

压敏电阻器是利用半导体材料的非线性特性制成的电阻器，如图2-13所示。压敏电阻器的特点是当外加电压达到某一临界值时，阻值会急剧减小，常作为过压保护元器件，在电视机的行输出电路、消磁电路中多有应用。

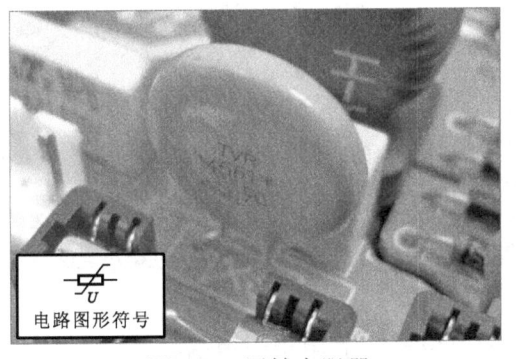

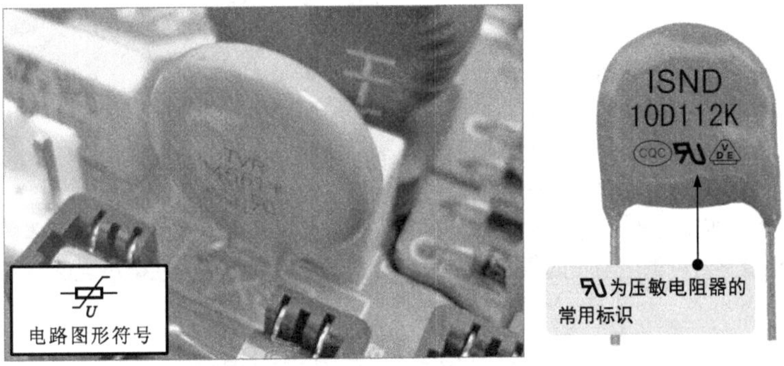

图2-13 压敏电阻器

湿敏电阻器的阻值会随周围环境湿度的变化而变化，常用作传感器，用来检测环境湿度。湿敏电阻器是由感湿片（或湿敏膜）、电极引线和具有一定强度的绝缘基体组成的，如图2-14所示。湿敏电阻器可细分为正系数湿敏电阻器和负系数湿敏电阻器。

正系数湿敏电阻器是当湿度增加时，阻值明显增大；当湿度降低时，阻值显著减小。负系数湿敏电阻器是当湿度降低时，阻值明显增大；当湿度增加时，阻值显著减小。

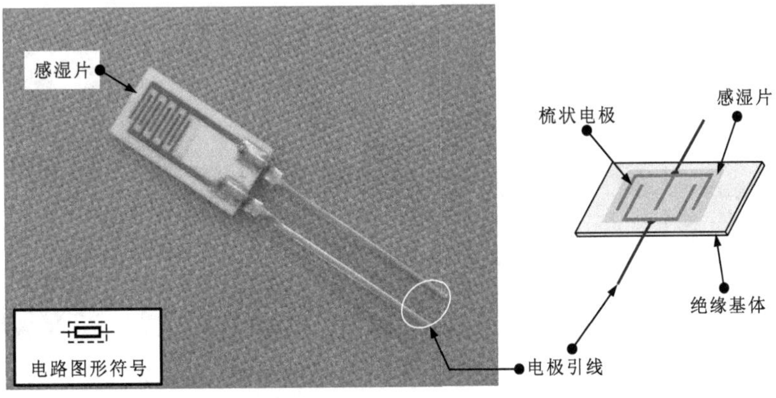

图2-14 湿敏电阻器

3 可调电阻器

可调电阻器是一种阻值可任意改变的电阻器。可调电阻器的外壳上带有调节旋钮，通过手动可以调节阻值，如图2-15所示。可调电阻器一般有3个引脚——2个定片引脚、1个动片引脚。

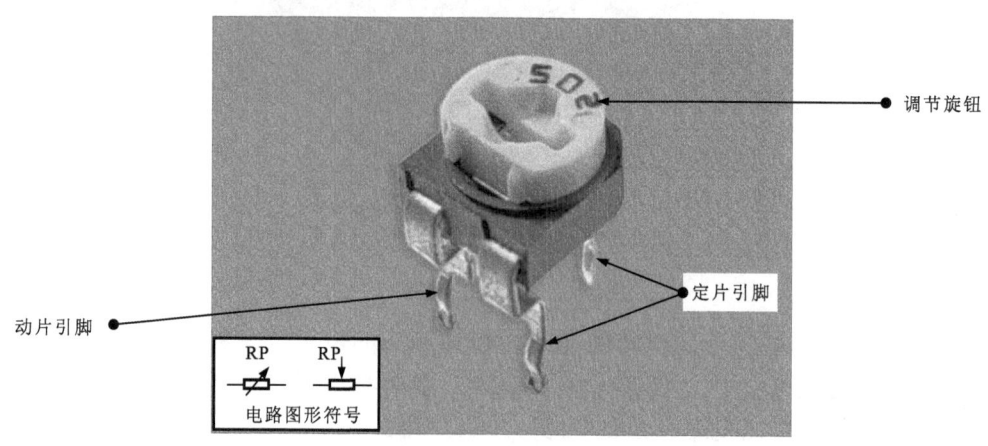

图2-15 可调电阻器

> **提示说明**
>
> 可调电阻器的阻值是可以进行调整的，通常包括最大阻值、最小阻值和可变阻值等。最大阻值和最小阻值分别是将可调电阻器的调节旋钮调至极端时的阻值。
> 最大阻值与可调电阻器的标称阻值十分相近。最小阻值是可调电阻器的最小阻值，一般为0Ω。可变阻值是对可调电阻器的调节旋钮进行随意调节后的阻值，在最小阻值与最大阻值之间。

可调电阻器又被称为电位器，适用于阻值需要经常调节且要求阻值稳定的场合，如用于电视机的音量调节、收音机的音量调节、VCD/DVD机操作面板上的功能调节等。图2-16为操作电路板上的电位器。

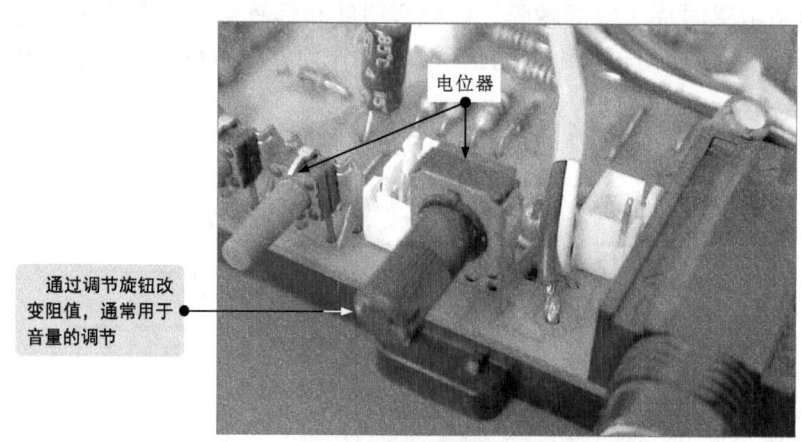

图2-16 操作电路板上的电位器

2.1.2 电阻器的功能及应用

电阻器在电路中主要用于调节、稳定电流和电压，可作为分流器、分压器，也可作为匹配负载。

1 电阻器的限流功能

阻碍电流的流动是电阻器最基本的功能。根据欧姆定律，当电阻器两端的电压固定时，阻值越大，流过的电流越小，因而电阻器常用作限流元器件，如图2-17所示。

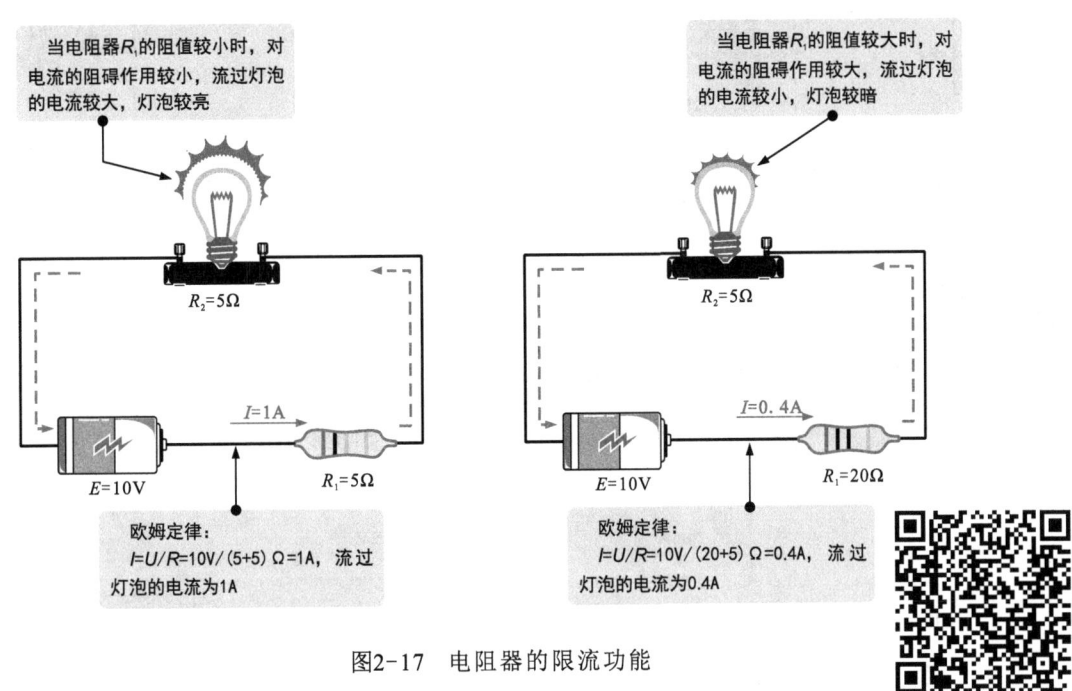

图2-17 电阻器的限流功能

提示说明

鱼缸加热器仅需要很小的电流，适度加热即可满足鱼缸水温的需求，在电路中设置一个阻值较大的电阻器，即可将鱼缸加热器的电流控制为小电流，如图2-18所示。

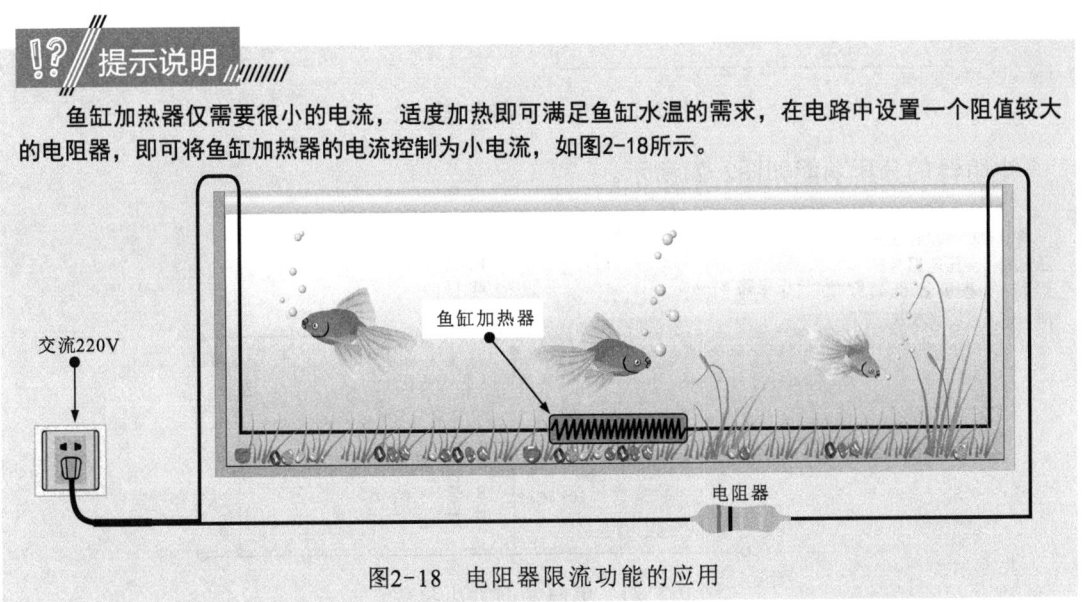

图2-18 电阻器限流功能的应用

2 电阻器的降压功能

电阻器的降压功能是通过自身的阻值产生一定的压降,将送入的电压降低,以满足电路中的低压供电需求,如图2-19所示。

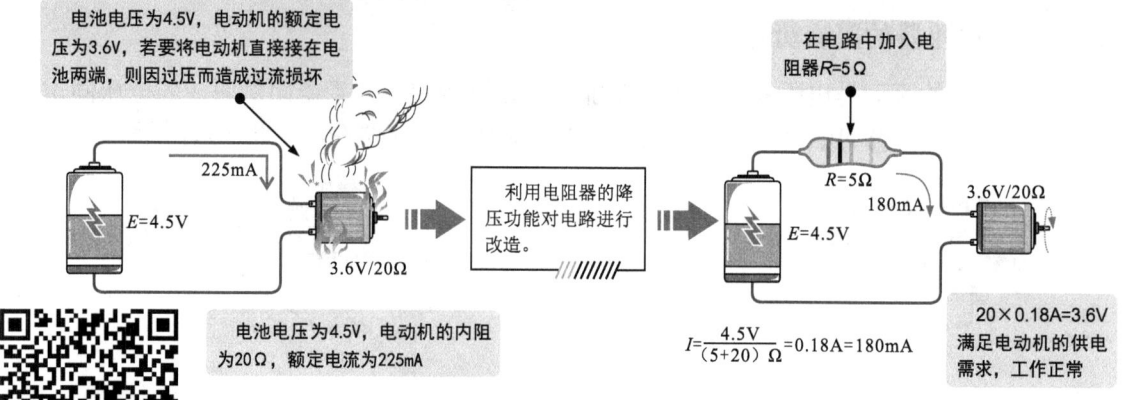

图2-19 电阻器的降压功能

3 电阻器的分流与分压功能

将电阻器并联在电路中,可将送入的电流分流,如图2-20所示。

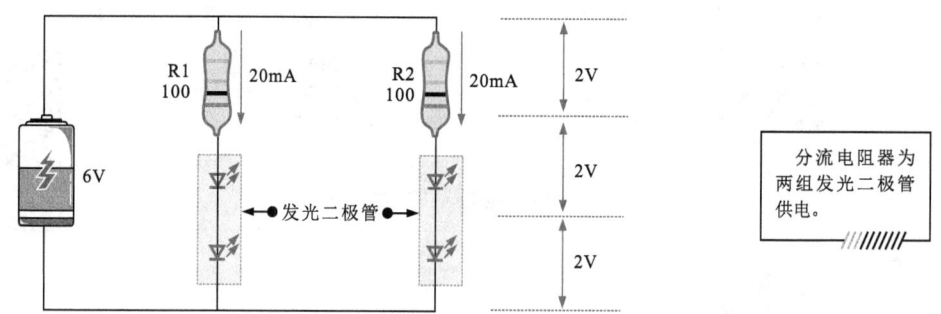

图2-20 电阻器的分流功能

电阻器的分压功能如图2-21所示。

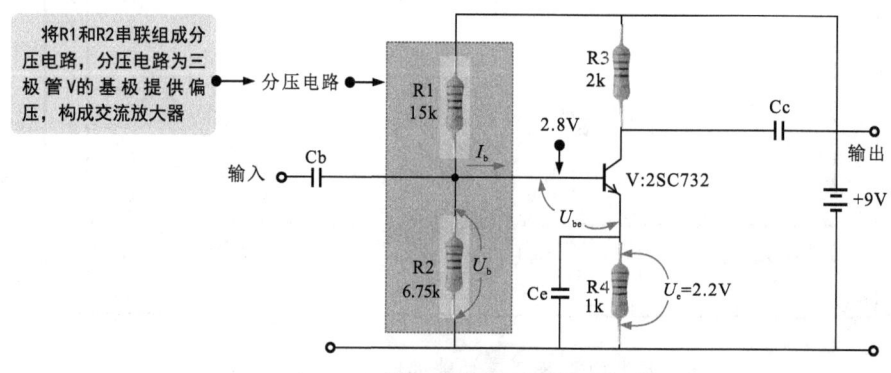

图2-21 电阻器的分压功能

4 电阻器的应用

图2-22为热敏电阻器的典型应用,是一种温度检测报警电路,采用灵敏度较高的正温度系数热敏电阻器作为核心检测元器件,当检测的温度超出范围时,便可报警。

当外界温度降低时,MZ感知温度变化,自身阻值减小,加到IC1的3脚直流电压会下降,使IC1的7脚电压上升,IC1被触发,发出音频信号,经V放大后,驱动扬声器BL发出报警声。

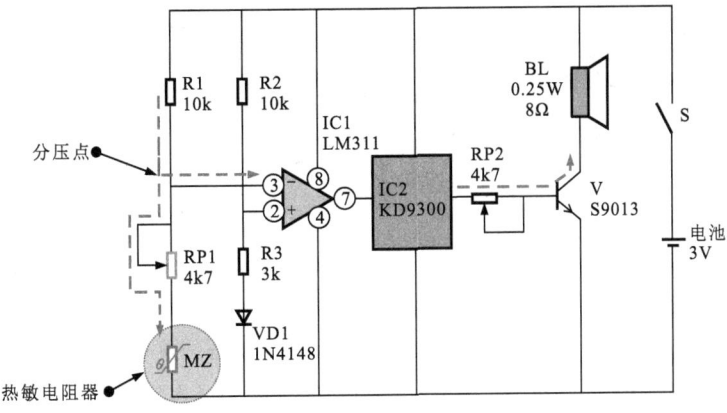

图2-22 热敏电阻器的典型应用

图2-23为光敏电阻器的典型应用,是一种光控开关电路,通过感知外界环境的光照强度控制开关。

当光照强度下降时,光敏电阻器的阻值会随之增加,使V1、V2相继导通,继电器得电,常开触点闭合,实现对被控电路的控制。

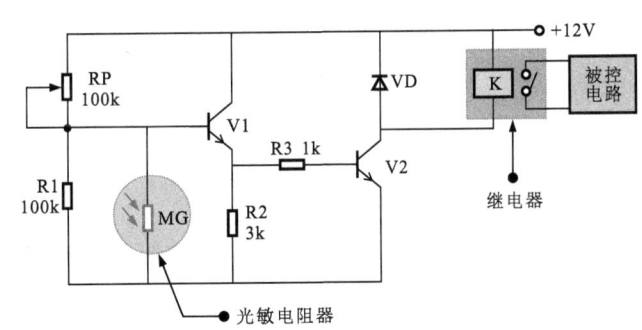

图2-23 光敏电阻器的典型应用

图2-24为湿敏电阻器的典型应用,选用对湿度敏感的湿敏电阻器来感知湿度的变化,用于检测干湿程度。

当环境湿度降低时,湿敏电阻器MS的阻值较大,V1基极处于低电平状态,V1截止,V2因基极电压上升而导通,红色发光二极管点亮;当环境湿度增加时,MS的阻值减小,使V1饱和导通,V2截止,红色发光二极管熄灭。

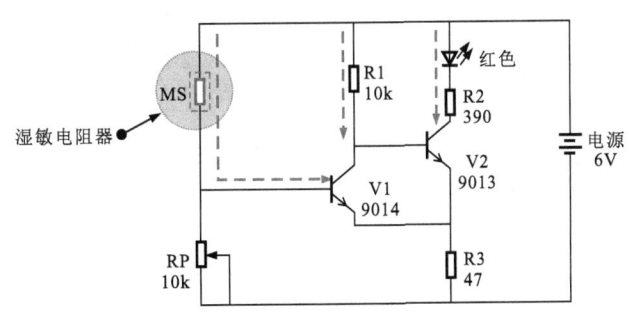

图2-24 湿敏电阻器的典型应用

图2-25为气敏电阻器的典型应用，是抽油烟机的检测和控制电路。

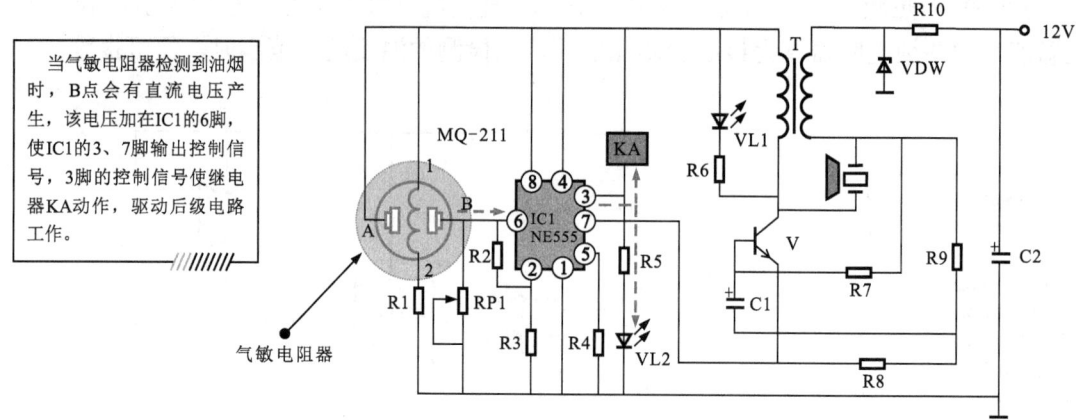

图2-25　气敏电阻器的典型应用

图2-26为压敏电阻器的典型应用，用于检测输入电压是否过高。当输入电压过高时，压敏电阻器短路，熔断器熔断，进行断电保护。

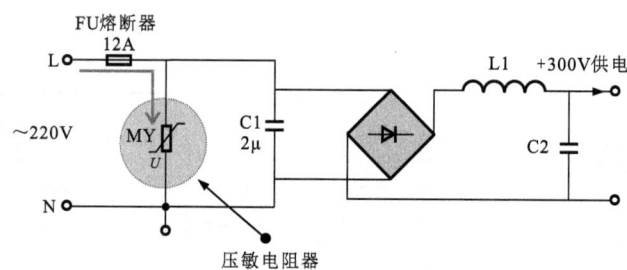

图2-26　压敏电阻器的典型应用

图2-27为可调电阻器的典型应用。

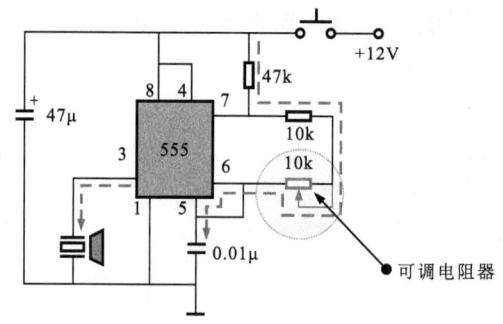

图2-27　可调电阻器的典型应用

2.2 电阻器的识别、选用、代换

2.2.1 电阻器的参数识读

电阻器的参数识读主要是根据电阻器本身的一些标识信息识读相关参数。根据电阻器的外形特点，有一些电阻器采用色环标注法标注参数，还有一些电阻器直接将参数用数字和字母的组合方式标注在表面上。

1 色环电阻器的参数识读

色环标注法是将电阻器的参数用不同颜色的色环或色点标注在表面上，通过识别色环或色点的颜色和位置读出参数。图2-28为采用色环标注法标注阻值。

$360×10^1×(1±5\%)=3600×(1±5\%)(\Omega)=3.6×(1±5\%)(k\Omega)$

（a）五环标注法

$22×10^1×(1±5\%)=220×(1±5\%)(\Omega)$

（b）四环标注法

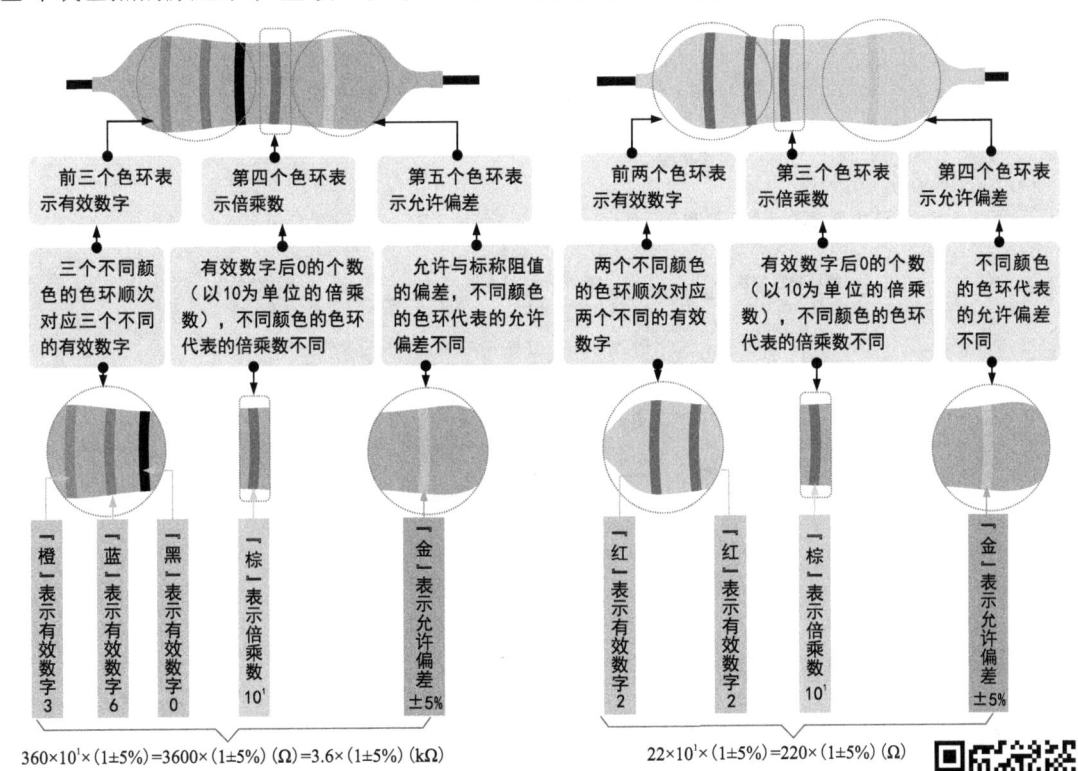

图2-28 采用色环标注法标注阻值

提示说明

表2-1为不同位置的色环表示的含义。

表2-1 不同位置的色环表示的含义

色环	有效数字	倍乘数	允许偏差	色环	有效数字	倍乘数	允许偏差
银	—	10^{-2}	±10%	绿	5	10^5	±0.5%
金	—	10^{-1}	±5%	蓝	6	10^6	±0.25%
黑	0	10^0	—	紫	7	10^7	±0.1%
棕	1	10^1	±1%	灰	8	10^8	—
红	2	10^2	±2%	白	9	10^9	±20%
橙	3	10^3	—	无	—	—	—
黄	4	10^4	—				

在识读色环电阻器时,首先需要确定识读起始端,如图2-29所示。

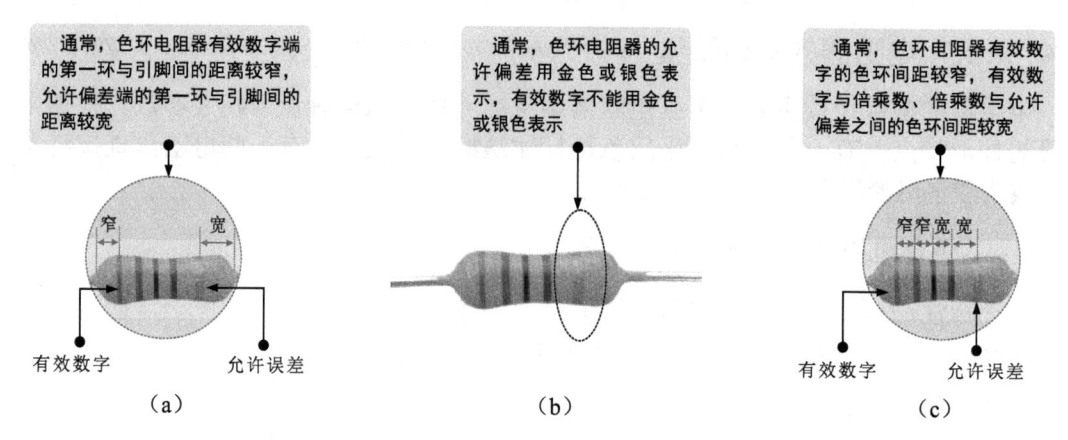

通常,色环电阻器有效数字端的第一环与引脚间的距离较窄,允许偏差端的第一环与引脚间的距离较宽

通常,色环电阻器的允许偏差用金色或银色表示,有效数字不能用金色或银色表示

通常,色环电阻器有效数字的色环间距较窄,有效数字与倍乘数、倍乘数与允许偏差之间的色环间距较宽

窄 宽

有效数字 允许误差
(a)

(b)

窄窄宽宽

有效数字 允许误差
(c)

图2-29 确定识读色环电阻器时的起始端

提示说明

图2-30为色环电阻器的识读实例。

色环颜色依次为 灰、红、绿、金 → 查表分别对应8、2、10^5、±5% → 识读结果为 8.2MΩ±5%

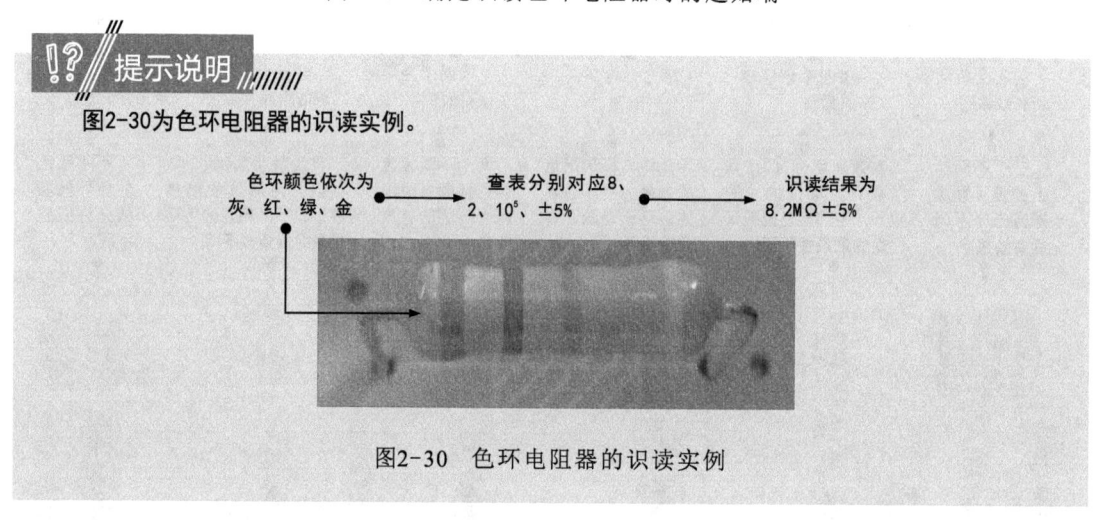

图2-30 色环电阻器的识读实例

2 直标电阻器的参数识读

直接标注法是将数字和字母按照不同的组合标注在电阻器上,通过数字和字母的含义可识读阻值,如图2-31所示。

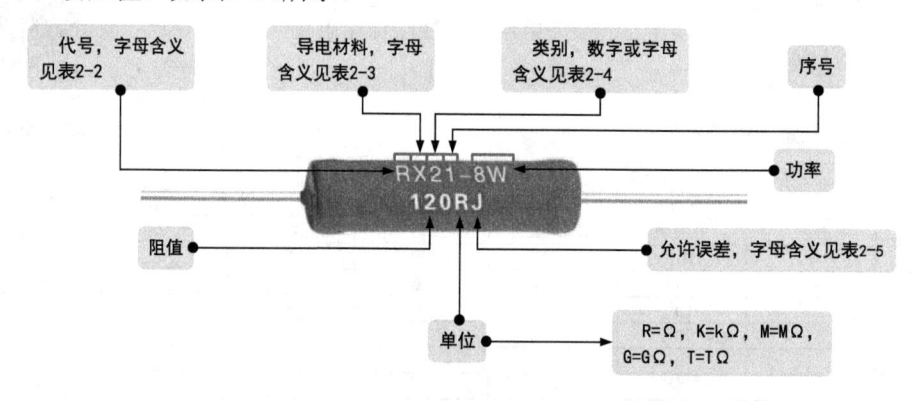

代号,字母含义见表2-2

导电材料,字母含义见表2-3

类别,数字或字母含义见表2-4

序号

RX21-8W
120RJ

功率

阻值

允许误差,字母含义见表2-5

单位 → R=Ω, K=kΩ, M=MΩ, G=GΩ, T=TΩ

图2-31 采用直接标注法标注阻值

提示说明

在直接标注法中，表示代号的字母含义见表2-2。

表2-2 表示代号的字母含义

字母	含义	字母	含义	字母	含义
R	普通电阻	MZ	正温度系数热敏电阻	MS	湿敏电阻
MY	压敏电阻	MF	负温度系数热敏电阻	MQ	气敏电阻
ML	力敏电阻	MG	光敏电阻	MC	磁敏电阻

在直接标注法中，表示导电材料的字母含义见表2-3。

表2-3 表示导电材料的字母含义

字母	含义	字母	含义	字母	含义	字母	含义
H	合成碳膜	N	无机实芯	T	碳膜	F	复合膜
I	玻璃釉膜	C	沉积膜	X	线绕		
J	金属膜	S	有机实芯	Y	氧化膜		

在直接标注法中，表示类别的数字或字母含义见表2-4。

表2-4 表示类别的数字或字母含义

数字	含义	数字	含义	字母	含义	字母	含义
1	普通	5	高温	G	高功率	C	防潮
2	普通或阻燃	6	精密	L	测量	Y	被釉
3	超高频	7	高压	T	可调	B	不燃性
4	高阻	8	特殊（如熔断型等）	X	小型		

在直接标注法中，表示允许偏差的字母含义见表2-5。

表2-5 表示允许偏差的字母含义

字母	含义	字母	含义	字母	含义	字母	含义
Y	±0.001%	P	±0.02%	D	±0.5%	K	±10%
X	±0.002%	W	±0.05%	F	±1%	M	±20%
E	±0.005%	B	±0.1%	G	±2%	N	±30%
L	±0.01%	C	±0.25%	J	±5%		

贴片电阻器的体积较小，通常采用数字直接标注法、数字+字母+数字直接标注法、数字+数字+字母直接标注法标注阻值，如图2-32所示。

识读为18×10⁰=18Ω　　　识读为3.6Ω　　　识读为165×10⁰=165Ω

第一位有效数字　第三位倍乘数　　有效数字　有效数字　　阻值代码 含义见表2-6　倍乘数，字母 含义见表2-7
第二位有效数字　　　　　　　　小数点

（a）数字　　　　　（b）数字+字母+数字　　　　（c）数字+数字+字母

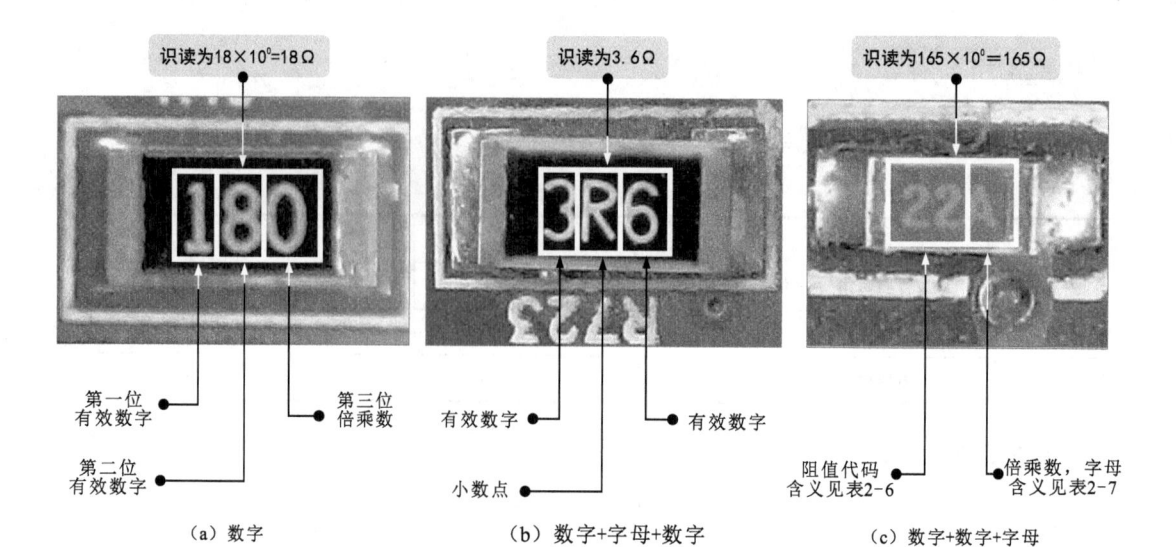

图2-32　贴片电阻器的阻值标注方法

提示说明

在数字+数字+字母直接标注法中，表示阻值的代码含义见表2-6，表示倍乘数的字母含义见表2-7。

表2-6　表示阻值的代码含义

代码	含义	代码	含义	代码	含义	代码	含义	代码	含义	代码	含义
01_	100	17_	147	33_	215	49_	316	65_	464	81_	681
02_	102	18_	150	34_	221	50_	324	66_	475	82_	698
03_	105	19_	154	35_	226	51_	332	67_	487	83_	715
04_	107	20_	158	36_	232	52_	340	68_	499	84_	732
05_	110	21_	162	37_	237	53_	348	69_	511	85_	750
06_	113	22_	165	38_	243	54_	357	70_	523	86_	768
07_	115	23_	169	39_	249	55_	365	71_	536	87_	787
08_	118	24_	174	40_	255	56_	374	72_	549	88_	806
09_	121	25_	178	41_	261	57_	383	73_	562	89_	825
10_	124	26_	182	42_	267	58_	392	74_	576	90_	845
11_	127	27_	187	43_	274	59_	402	75_	590	91_	866
12_	130	28_	191	44_	280	60_	412	76_	604	92_	887
13_	133	29_	196	45_	287	61_	422	77_	619	93_	909
14_	137	30_	200	46_	294	62_	432	78_	634	94_	931
15_	140	31_	205	47_	301	63_	442	79_	649	95_	953
16_	143	32_	210	48_	309	64_	453	80_	665	96_	976

表2-7　表示倍乘数的字母含义

字母	含义	字母	含义	字母	含义	字母	含义
A	10^0	D	10^3	G	10^6	Y	10^{-2}
B	10^1	E	10^4	H	10^7	Z	10^{-3}
C	10^2	F	10^5	X	10^{-1}		

3 热敏电阻器的参数识读

图2-33为热敏电阻器的参数识读方法。

主称符号：表示热敏电阻器 → **M**

类别符号：Z表示正温度系数热敏电阻器；F表示负温度系数热敏电阻器 → **Z或F**

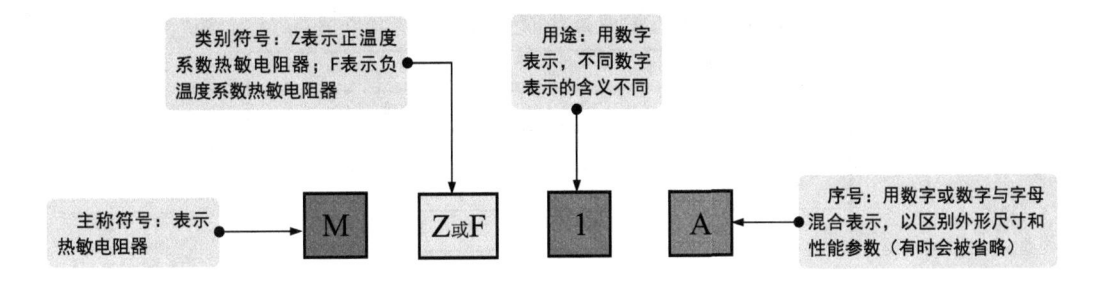

用途：用数字表示，不同数字表示的含义不同 → **1**

序号：用数字或数字与字母混合表示，以区别外形尺寸和性能参数（有时会被省略）→ **A**

图2-33 热敏电阻器的参数识读方法

提示说明

在图2-33中，表示用途的不同数字代表的含义见表2-8。

表2-8 表示用途的不同数字代表的含义

正温度系数热敏电阻器		负温度系数热敏电阻器	
数字	含义	数字	含义
1	普通型	0	特殊型
2	限流用	1	普通型
4	延迟用	2	稳压型
5	测温用	3	微波测量型
6	控温用	4	旁热式
7	消磁用	5	测温用
9	恒温型	6	控温用
		8	线性型

4 光敏电阻器的参数识读

图2-34为光敏电阻器的参数识读方法。

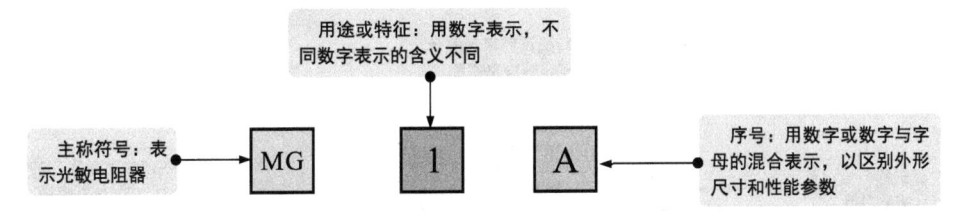

主称符号：表示光敏电阻器 → **MG**

用途或特征：用数字表示，不同数字表示的含义不同 → **1**

序号：用数字或数字与字母的混合表示，以区别外形尺寸和性能参数 → **A**

图2-34 光敏电阻器的参数识读方法

提示说明

在图2-34中，表示用途或特征的不同数字代表的含义见表2-9。

表2-9 表示用途或特征的不同数字代表的含义

数字	含义
0	特殊
1、2、3	紫外光
4、5、6	可见光
7、8、9	红外光

5 湿敏电阻器的参数识读

图2-35为湿敏电阻器的参数识读方法。

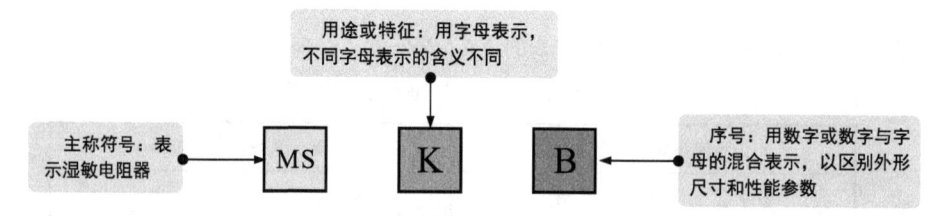

图2-35 湿敏电阻器的参数识读方法

提示说明

在图2-35中，表示用途或特征的不同字母的含义见表2-10。

表2-10 表示用途或特征的不同字母的含义

字母	含义
无字母	通用型
K	用于控制湿度
C	用于测量湿度

6 压敏电阻器的参数识读

图2-36为压敏电阻器的参数识读方法。

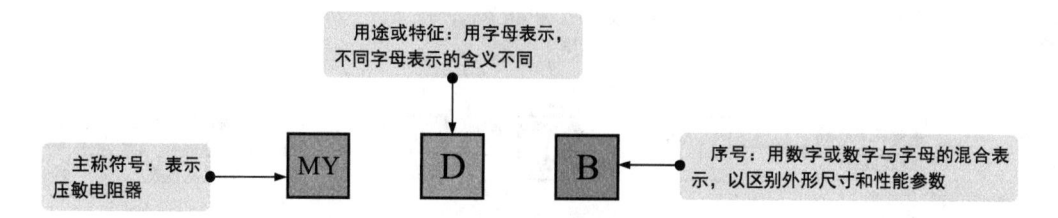

图2-36 压敏电阻器的参数识读方法

提示说明

在图2-36中，表示用途或特征的不同字母代表的含义见表2-11。

表2-11 表示用途或特征的不同字母代表的含义

字母	含义	字母	含义
无	普通型	M	用于防静电
D	通用型	N	用于高能
B	用于补偿	P	用于高频
C	用于消磁	S	用于元件保护
E	用于消噪	T	特殊
G	用于过压保护	W	稳压
H	用于灭弧	Y	环型
K	高可靠型	Z	组合型
L	用于防雷		

7 气敏电阻器的参数识读

图2-37为气敏电阻器的参数识读方法。

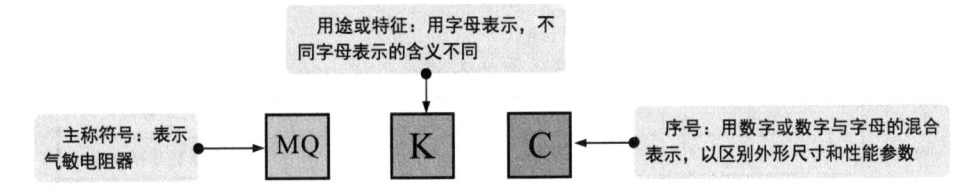

图2-37 气敏电阻器的参数识读方法

提示说明

在图2-37中，表示用途或特征的不同字母代表的含义见表2-12。

表2-12 表示用途或特征的不同字母代表的含义

字母	含义
J	用于检测酒精
K	用于检测可燃气体
Y	用于检测烟雾
N	N型气敏电阻器
P	P型气敏电阻器

8 可调电阻器的参数识读

图2-38为可调电阻器的参数识读方法。

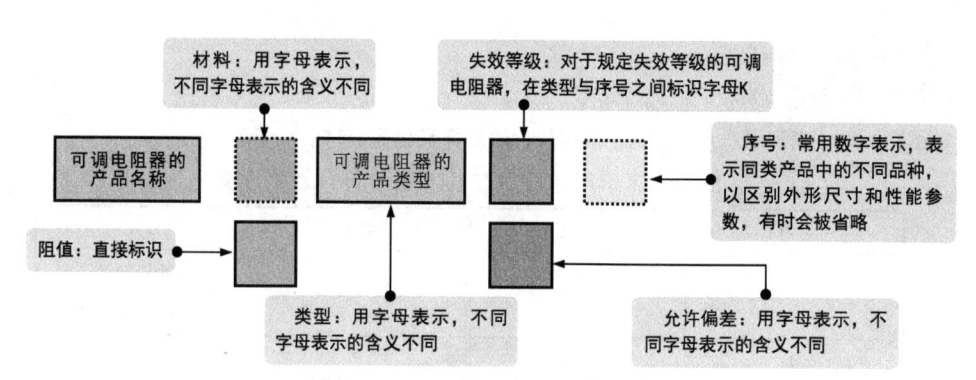

图2-38 可调电阻器的参数识读方法

提示说明

在图2-38中，表示产品名称的不同字母代表的含义见表2-13。

表2-13 表示产品名称的不同字母代表的含义

字母	含义	字母	含义
WX	线绕型可调电阻器	WI	玻璃釉膜可调电阻器
WH	合成碳膜可调电阻器	WJ	金属膜可调电阻器
WN	无机实芯可调电阻器	WY	氧化膜可调电阻器
WD	导电塑料可调电阻器	WF	复合膜可调电阻器
WS	有机实芯可调电阻器		

表示类型的不同字母代表的含义见表2-14。

表2-14 表示类型的不同字母代表的含义

字母	含义	字母	含义
G	高压类	D	多圈旋转精密类
H	组合类	M	直滑式精密类
B	片式类	X	旋转式低功率
W	螺杆驱动预调类	Z	直滑式低功率
Y	旋转预调类	P	旋转式功率类
J	单圈旋转精密类	T	特殊类

2.2.2 电阻器的选用与代换

若在实际应用过程中发现电阻器损坏，则应将损坏的电阻器进行代换，在代换电阻器时，要遵循电阻器的代换原则。

1 普通电阻器的选用与代换

在代换普通电阻器时，应尽可能选用同型号的普通电阻器进行代换，若无法找到同型号的普通电阻器，则选用普通电阻器的标称阻值要与所需阻值尽量接近，阻值的允许误差为±5%或±10%，额定功率符合应用电路的要求，一般额定功率要大于实际承受功率的两倍以上。图2-39为普通电阻器的选用与代换实例。

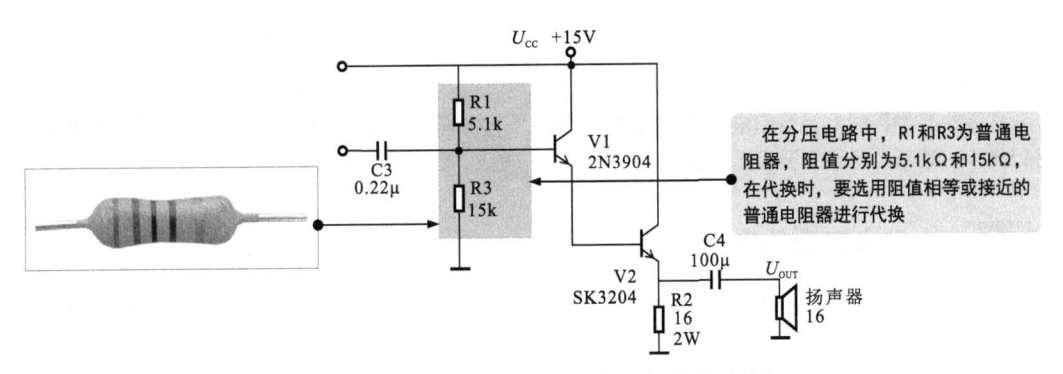

图2-39 普通电阻器的选用与代换实例

在分压电路中，R1和R3为普通电阻器，阻值分别为5.1kΩ和15kΩ，在代换时，要选用阻值相等或接近的普通电阻器进行代换

提示说明

普通电阻器的代换操作如图2-40所示。代换时，不仅要确保人身安全，还要保证设备或电路不要因拆装普通电阻器造成二次损坏。

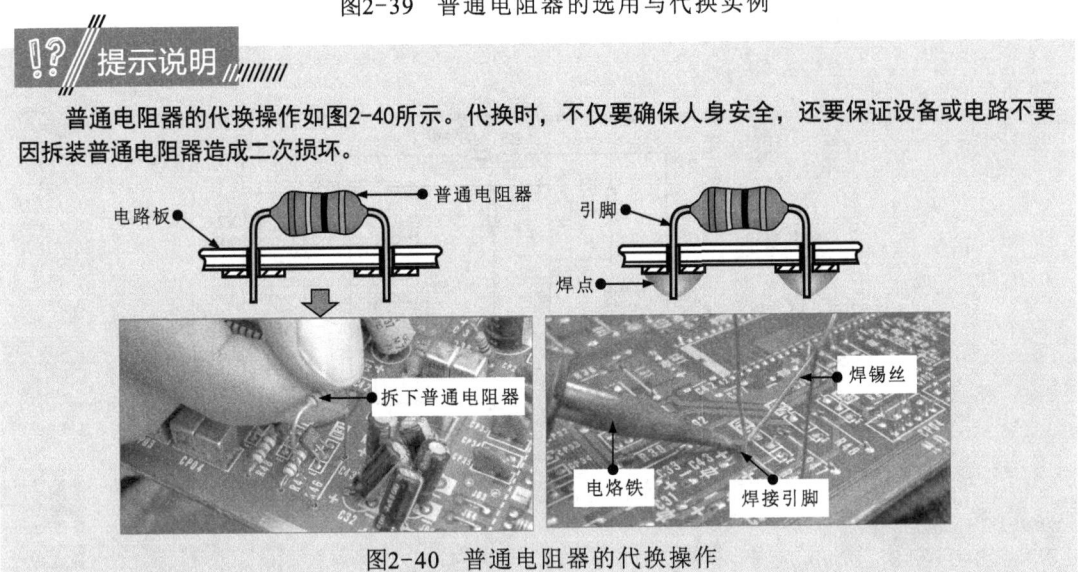

图2-40 普通电阻器的代换操作

2 熔断电阻器的选用与代换

在代换熔断电阻器时，应尽可能选用同型号的熔断电阻器进行代换，若无法找到同型号的熔断电阻器，则选用熔断电阻器的标称阻值要与所需阻值尽量接近，额定功率符合应用电路的要求。阻值过大或功率过大，均不能起到保护作用。图2-41为熔断电阻器的选用与代换实例。

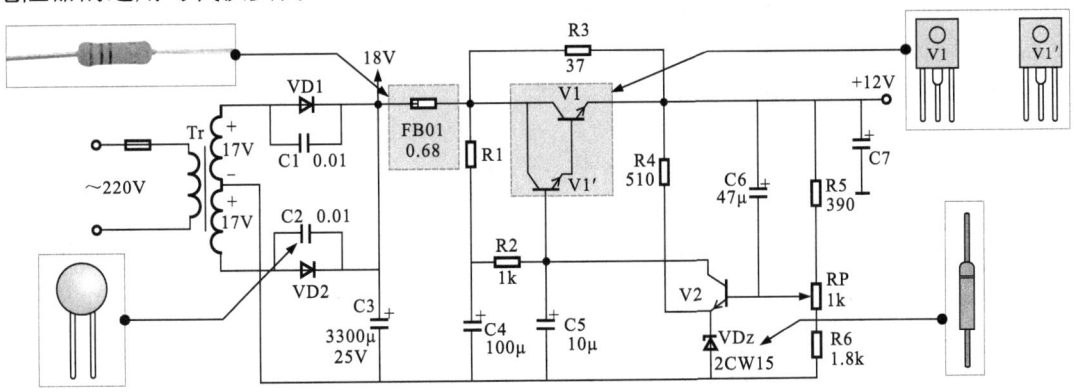

图2-41 熔断电阻器的选用与代换实例

> **提示说明**
>
> 在图2-41中，FB01为熔断电阻器，阻值为0.68Ω。在代换时，要选用阻值相等或接近的熔断电阻器进行代换。熔断电阻器主要起限流作用，流过的电流较大，因而功率容量应较大。

3　水泥电阻器的选用与代换

在代换水泥电阻器时，应尽可能选用同型号的水泥电阻器进行代换，若无法找到同型号的水泥电阻器，则选用水泥电阻器的标称阻值要与所需阻值尽量接近，额定功率符合应用电路的要求。图2-42为水泥电阻器的选用与代换实例。

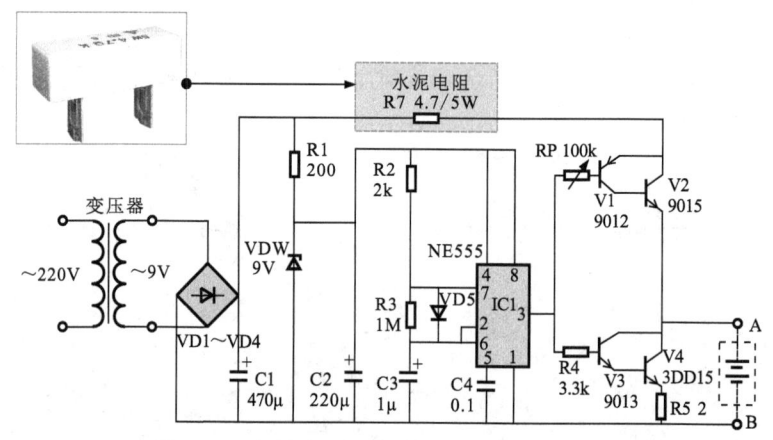

图2-42　水泥电阻器的选用与代换实例

> **提示说明**
>
> 在图2-42中，水泥电阻器为R7（4.7Ω/5W），主要起限流作用，使充电电流受到一定的限制。若损坏，应选用同型号的水泥电阻器进行代换。

4　可调电阻器的选用与代换

在代换可调电阻器时，应尽可能选用同型号的可调电阻器进行代换，若无法找到同型号的可调电阻器，则选用可调电阻器的标称阻值要与所需阻值尽量接近，额定功率符合应用电路的要求。可调电阻器的阻值可变范围不应超出电路的承受能力。

图2-43为可调电阻器的选用与代换实例。

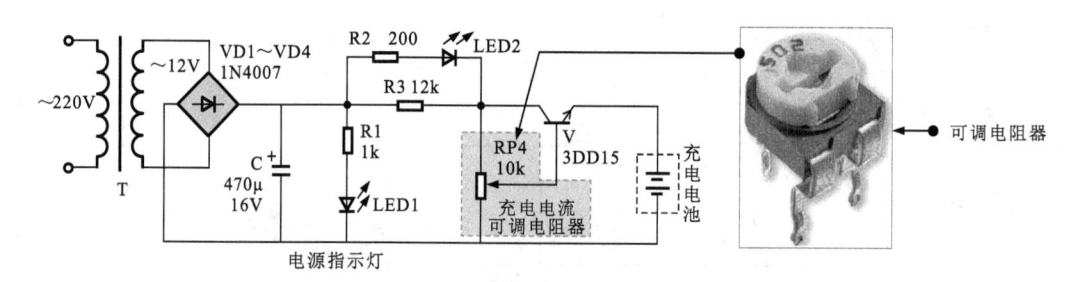

图2-43　可调电阻器的选用与代换实例

> **提示说明**
>
> 在图2-43中，RP4为可调电阻器，阻值为10kΩ，用作电压调节元器件，三极管V和可调电阻器RP4组成调压电路，通过调节输出电压控制充电电流。若损坏，则需选用阻值相等或接近的可调电阻器进行代换。

5　气敏电阻器的选用与代换

在代换气敏电阻器时，应尽可能选用同型号的气敏电阻器进行代换，若无法找到同型号的气敏电阻器，则选用气敏电阻器的敏感气源要与原气敏电阻器一致，标称阻值也要与所需阻值尽量接近，额定功率符合应用电路的要求。

图2-44为气敏电阻器的选用与代换实例。

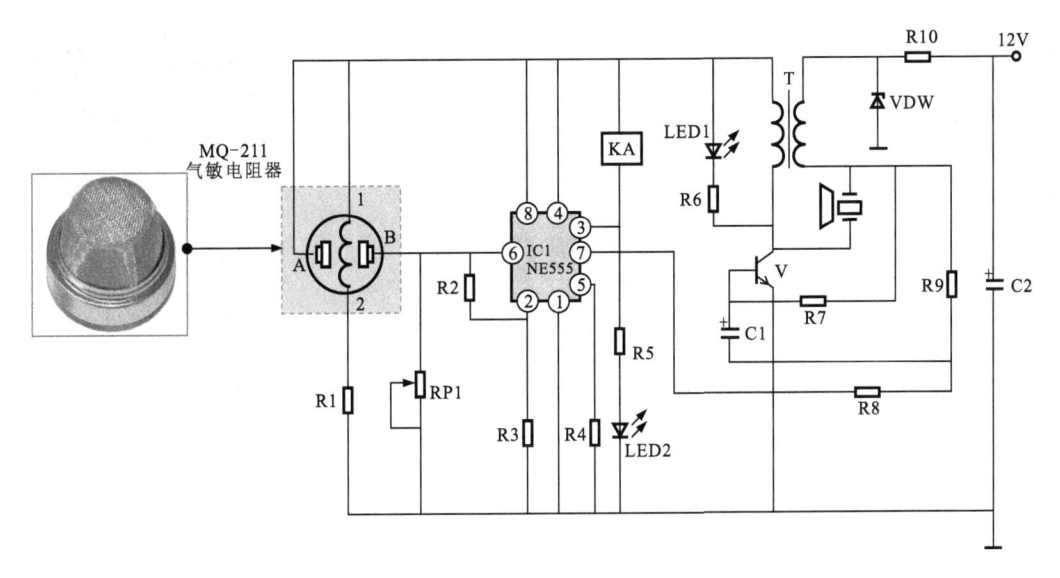

图2-44　气敏电阻器的选用与代换实例

> **提示说明**
>
> 在图2-44中，气敏电阻器MQ的型号为211，可将油烟浓度转换成电压送到IC1，当空气中的油烟浓度超过允许值时，IC1的3、7脚输出控制信号。若损坏，应选用型号和类别相同的气敏电阻器进行代换。

在代换电阻器之前，要保证代换的电阻器符合要求，在代换过程中，要注意安全可靠，防止二次故障，力求代换后的电阻器能够良好、长久、稳定的工作。

由于电阻器的形态各异，安装方式不同，因此在代换电阻器时一定要注意方法，要根据电路的特点及电阻器的自身特性选择正确、稳妥的代换方法。通常，电阻器都采用焊接的形式固定在电路板上，从焊接的形式上看，可以分为表面贴装和插装焊接两种形式。插装焊接操作见图2-40。

表面贴装电阻器的操作如图2-45所示。表面贴装电阻器通常使用热风焊机和镊子等进行拆卸和焊装。

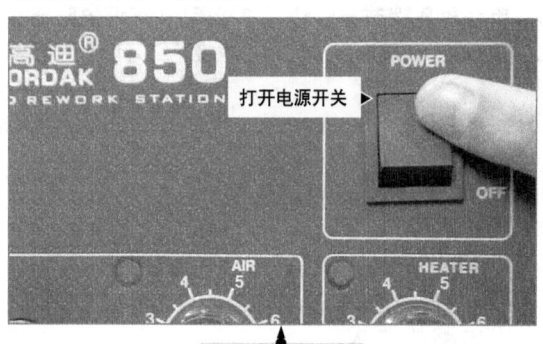

1 打开热风焊机的电源开关进行预热

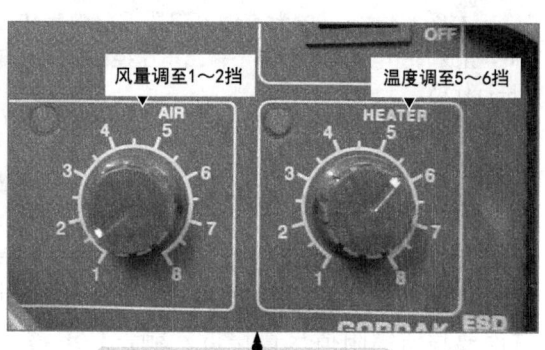

2 将风量调节旋钮调至1～2挡，温度调节旋钮调至5～6挡。

3 拆卸时，用热风焊机加热电阻器，用镊子取下

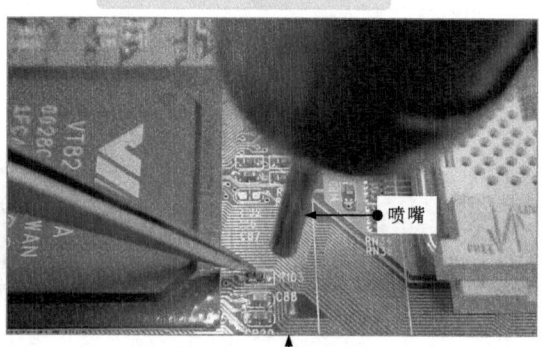

4 焊接时，用镊子按住电阻器，用热风焊机加热

图2-45 表面贴装电阻器的操作

提示说明

表面贴装电阻器操作的注意事项如下。

在拆卸之前，首先对操作环境进行检查，确保操作环境干燥、清洁，操作平台稳固、平整，电路板（或设备）处于断电、冷却状态。

在操作前，操作者应对自身进行放电，以免因静电击穿电路板上的元器件。

在拆卸时，在确认电阻器引脚处的焊锡被彻底清除后，才能小心地将电阻器从电路板上取下，取下时，一定要谨慎，若在引脚处还有焊锡粘连的现象，则需要及时清除，直至电阻器能被稳妥取下，切不可硬拔。

在拆卸后，用酒精清洁焊孔，若在电路板上有氧化层或未去除的焊锡，则可用砂纸等进行打磨，去除氧化层或焊锡，为代换新的电阻器做好准备。

2.3 普通色环电阻器的检测

在检测普通色环电阻器的阻值时，首先要识读标称阻值，然后使用万用表进行检测，将检测结果与标称阻值进行比对，即可判断普通色环电阻器的性能是否良好。

2.3.1 普通色环电阻器的检测方法

普通色环电阻器阻值的检测方法如图2-46所示。

第1条色环为红色：表示有效数字为2

第2条色环为黄色：表示有效数字为4

第3条色环为棕色：表示倍乘数为10¹

第4条色环为金色：表示允许偏差为±5%

色环电阻器的标称阻值为240Ω，允许偏差为±5%

根据标称阻值调节万用表的量程，进行零欧姆校正后，将红、黑表笔分别搭在两个引脚上，读出检测结果。如果检测结果与标称阻值相近，则电阻器正常；如果检测结果与标称阻值差距较大，则说明电阻器不良。

图2-46 普通色环电阻器阻值的检测方法

2.3.2 普通色环电阻器的检测操作

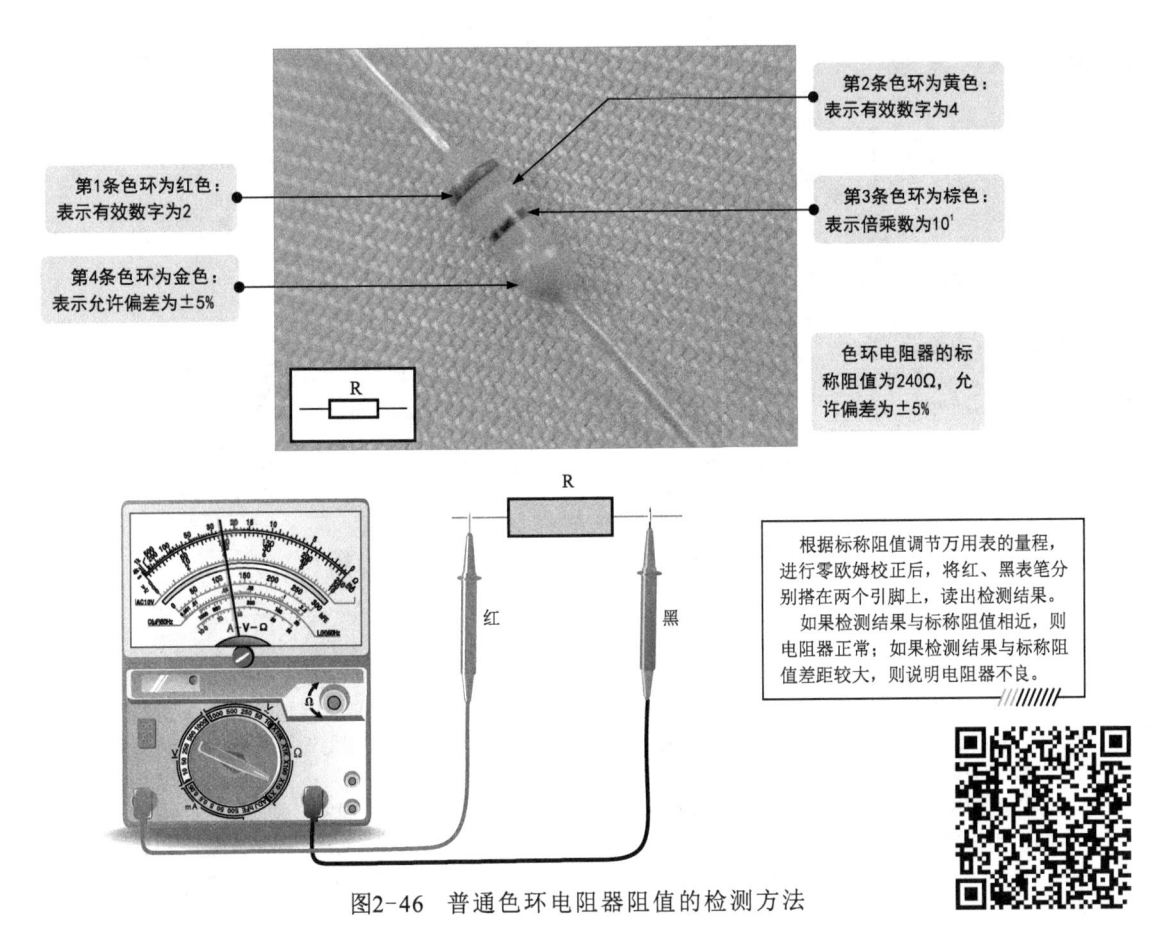

根据普通色环电阻器的阻值为240Ω，首先将万用表的量程旋钮调至×10欧姆挡，然后将红、黑表笔短接，进行零欧姆校正，即可对普通色环电阻器的阻值进行检测，如图2-47所示。

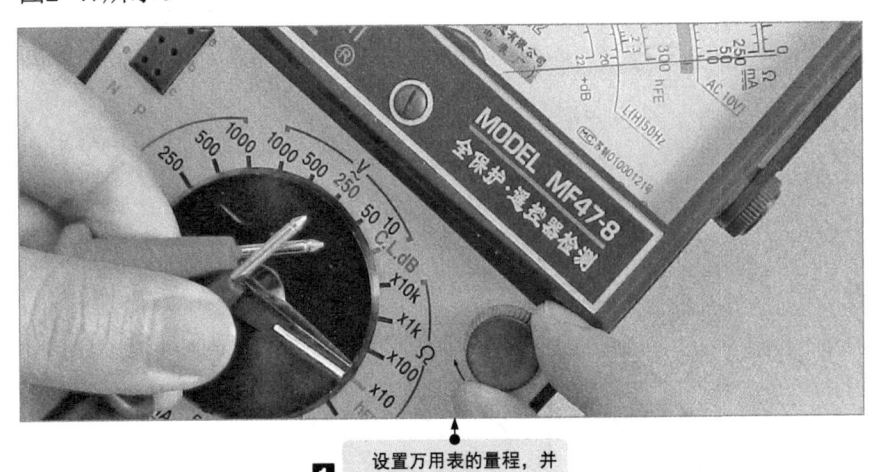

无论使用指针万用表还是使用数字万用表，在设置量程时，尽量要设置与检测结果相近的量程，以保证检测结果的准确。若设置的量程与检测结果相差过大，则会影响检测结果的准确性。

1 设置万用表的量程，并进行零欧姆校正

图2-47 普通色环电阻器阻值的检测操作

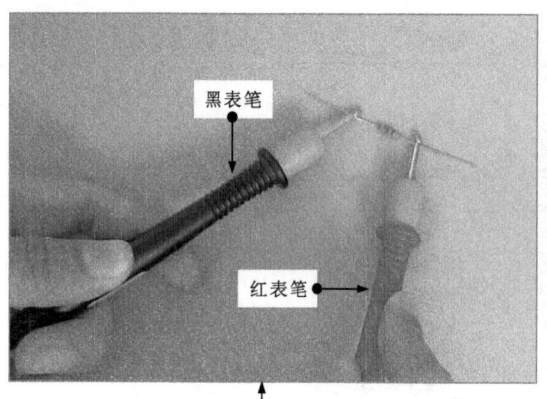

黑表笔

红表笔

❷ 将万用表的红、黑表笔分别搭在普通色环电阻器的两个引脚端

❸ 结合挡位设置（×10欧姆挡），观察指针指示的位置，识读当前检测结果为24×10Ω＝240Ω

图2-47　普通色环电阻器阻值的检测操作（续）

!? 提示说明

在检测时，手不要碰到表笔的金属部分，也不要碰到电阻器的引脚，否则，人体电阻会并联在电阻器上，影响检测结果的准确性。如在检测电路板上的电阻器时，可将电阻器拆卸下来进行开路检测，因为在路检测电阻器时，有时会因电路中其他元器件的影响使检测结果产生偏差。

◇检测结果等于或十分接近标称阻值：表明电阻器正常。
◇检测结果大于标称阻值：电阻器存在开路或阻值增大（比较少见）现象，损坏。
◇检测结果接近0Ω：不能直接判断电阻器短路，因为电阻器出现短路的故障不常见，可能是由于电路中在该电阻器两端并联有其他小阻值的电阻器或电感器，此时需要将电阻器拆卸下来，重新进行检测。

2.4　热敏电阻器的检测

在检测热敏电阻器的阻值时，首先要根据相关参数识读标称阻值，然后使用万用表进行检测，将检测结果与标称阻值进行比对，即可判断热敏电阻器的性能是否良好。

2.4.1　热敏电阻器的检测方法

热敏电阻器阻值的检测方法如图2-48所示。

热敏电阻器采用直接标注法，通过标注可识读标称阻值为5Ω

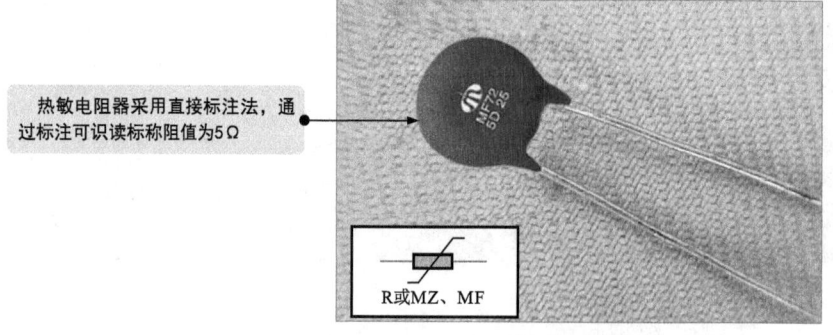

R或MZ、MF

（a）识读标称阻值

图2-48　热敏电阻器阻值的检测方法

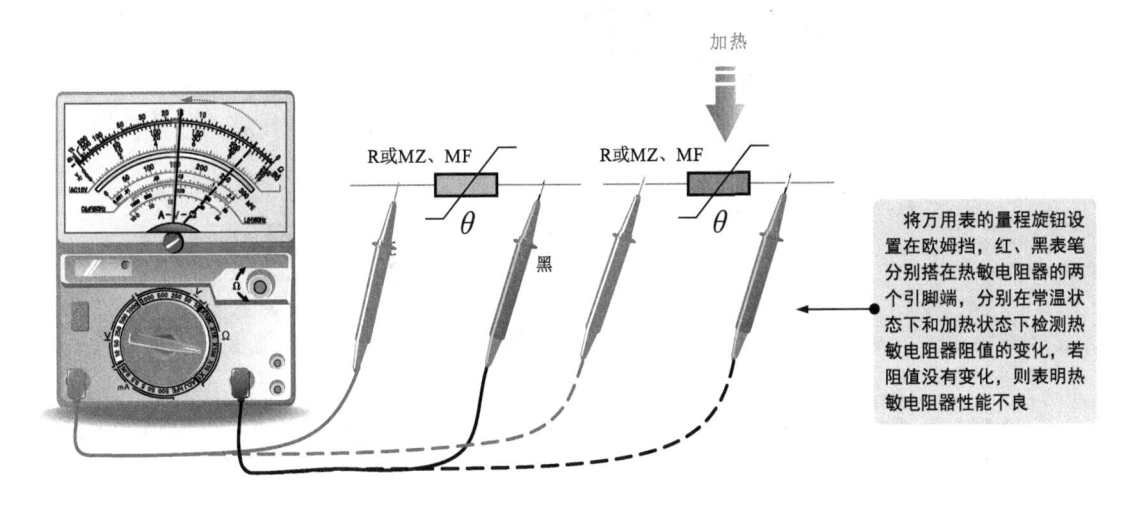

将万用表的量程旋钮设置在欧姆挡,红、黑表笔分别搭在热敏电阻器的两个引脚端,分别在常温状态下和加热状态下检测热敏电阻器阻值的变化,若阻值没有变化,则表明热敏电阻器性能不良

(b)改变温度进行检测

图2-48 热敏电阻器阻值的检测方法(续)

提示说明

在实际检测过程中,如果热敏电阻器未标注标称阻值,则可根据通用规律进行判断,即热敏电阻器的阻值会随着环境温度的变化而变化,若不满足该规律,则说明热敏电阻器性能不良。

2.4.2 热敏电阻器的检测操作

图2-49为热敏电阻器阻值的检测操作。

1 将万用表的量程旋钮调至×1欧姆挡,万用表的红、黑表笔分别搭在热敏电阻器的两个引脚端,检测热敏电阻器在常温状态下的阻值

2 观察指针指示的位置,检测结果为5Ω,与标称阻值相同,表明热敏电阻器在常温状态下(25℃)性能良好

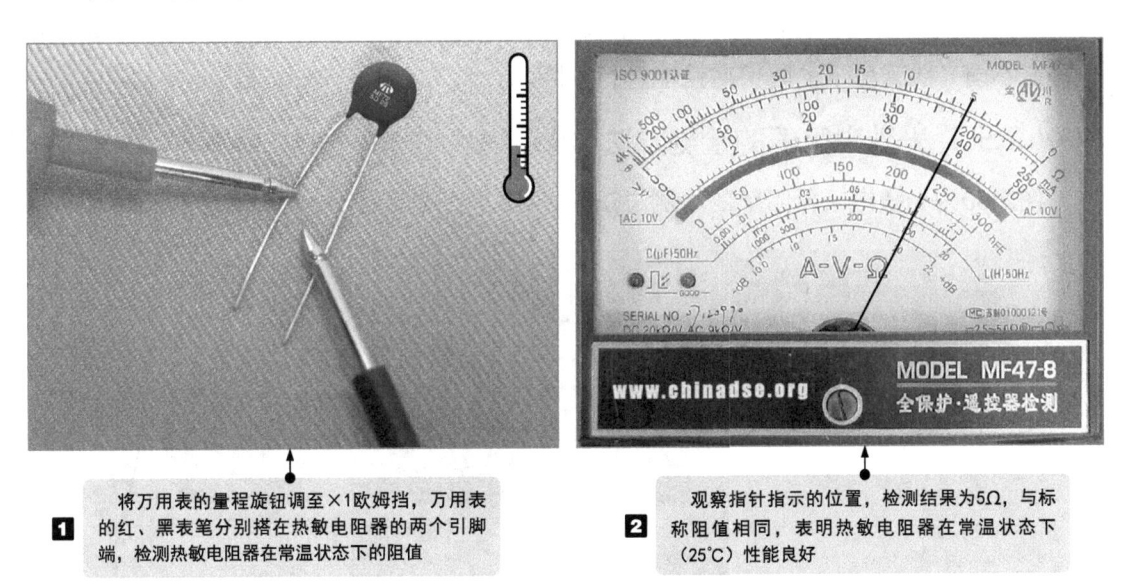

图2-49 热敏电阻器阻值的检测操作

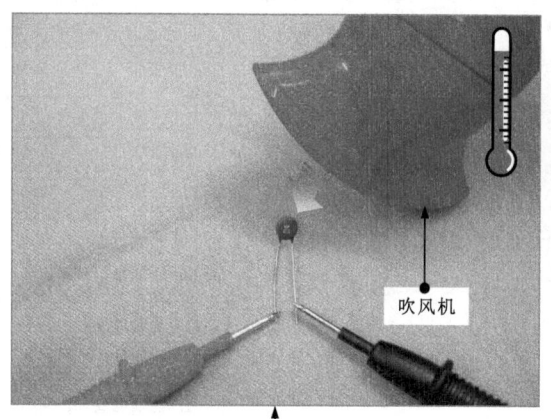

吹风机

3 保持万用表的量程和红、黑表笔不动,使用吹风机或电烙铁对热敏电阻器进行加热

4 观察指针指示的位置,在正常情况下,随着温度的升高,指针慢慢向左摆动,阻值明显升高(约为13.2Ω),表明热敏电阻器在加热状态下性能良好

图2-49 热敏电阻器阻值的检测操作(续)

提示说明

在常温状态下,若检测结果接近标称阻值或与标称阻值相同,则表明热敏电阻器在常温状态下性能良好。保持红、黑表笔不动,使用吹风机或电烙铁加热热敏电阻器,万用表的指针随温度的变化进行摆动,表明热敏电阻器性能良好;若温度变化,万用表的指针不动,则说明热敏电阻器的性能不良。

在检测过程中,若阻值随温度的升高而增大,则热敏电阻器为正温度系数热敏电阻器;若阻值随温度的升高而降低,则热敏电阻器为负温度系数热敏电阻器。

2.5 光敏电阻器的检测

光敏电阻器的阻值会随着外界光照强度的变化而变化,可使用万用表检测光敏电阻器在不同光照强度下的阻值对性能进行判断。

2.5.1 光敏电阻器的检测方法

图2-50为光敏电阻器阻值的检测方法。

引脚

感光面　引脚

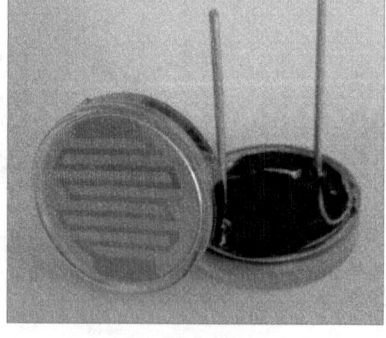

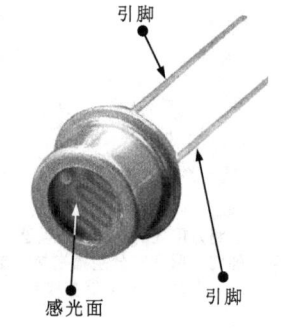

(a) 光敏电阻器的实物外形

图2-50 光敏电阻器阻值的检测方法

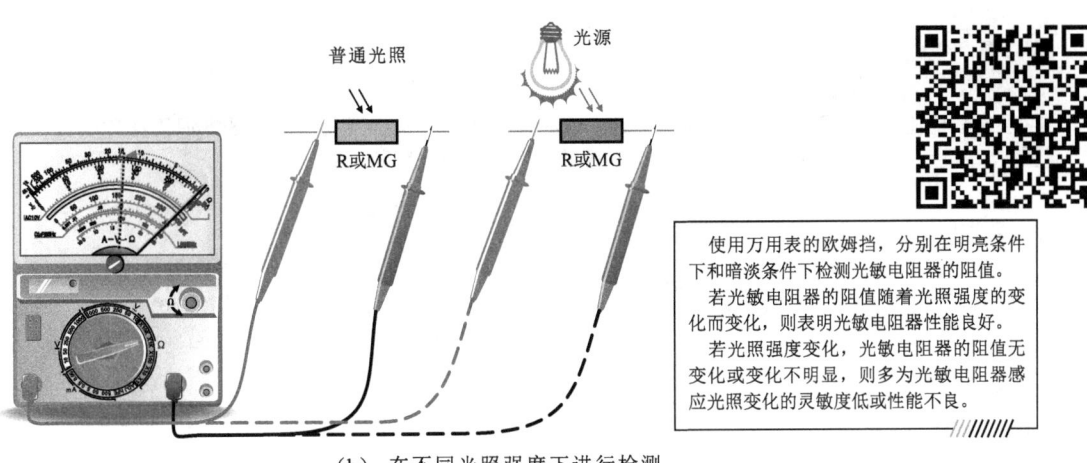

（b）在不同光照强度下进行检测

图2-50 光敏电阻器阻值的检测方法（续）

使用万用表的欧姆挡，分别在明亮条件下和暗淡条件下检测光敏电阻器的阻值。

若光敏电阻器的阻值随着光照强度的变化而变化，则表明光敏电阻器性能良好。

若光照强度变化，光敏电阻器的阻值无变化或变化不明显，则多为光敏电阻器感应光照变化的灵敏度低或性能不良。

2.5.2 光敏电阻器的检测操作

图2-51为光敏电阻器阻值的检测操作。

1 将万用表的红、黑表笔分别搭在光敏电阻器的两个引脚端

2 结合挡位设置（×100Ω欧姆挡），观察指针的指示位置，识读当前检测结果为5×100Ω＝500Ω，正常

3 保持万用表的红、黑表笔不动，使用不透明物体遮住光敏电阻器

4 结合挡位设置（×1k欧姆挡），观察指针的指示位置，识读检测结果为14×1kΩ＝14kΩ，正常

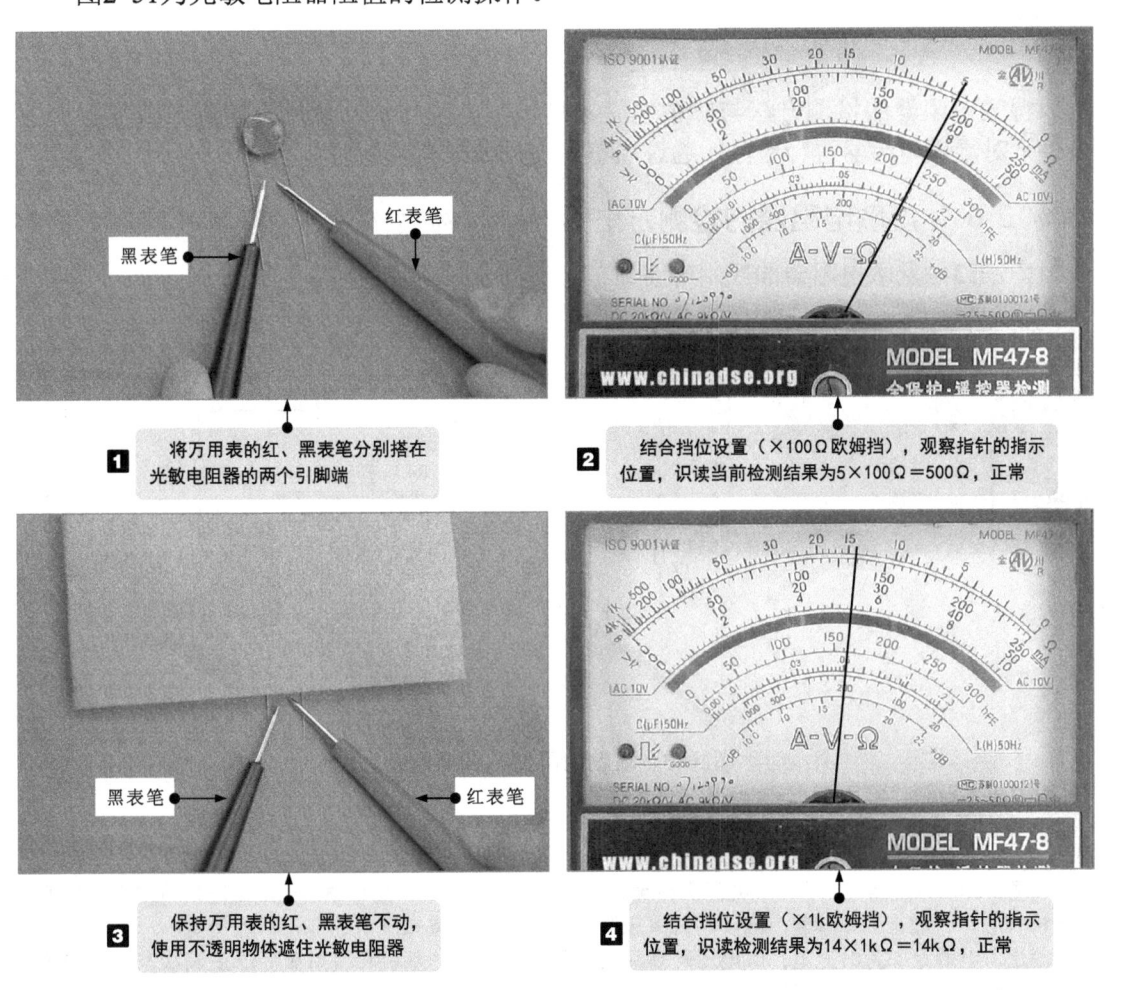

图2-51 光敏电阻器阻值的检测操作

!? 提示说明

光敏电阻器一般没有任何标识，在实际检测过程中，可根据所在电路的图纸识读标称阻值，如图2-52所示，或者直接根据光照强度变化时阻值的变化情况来判断性能好坏。

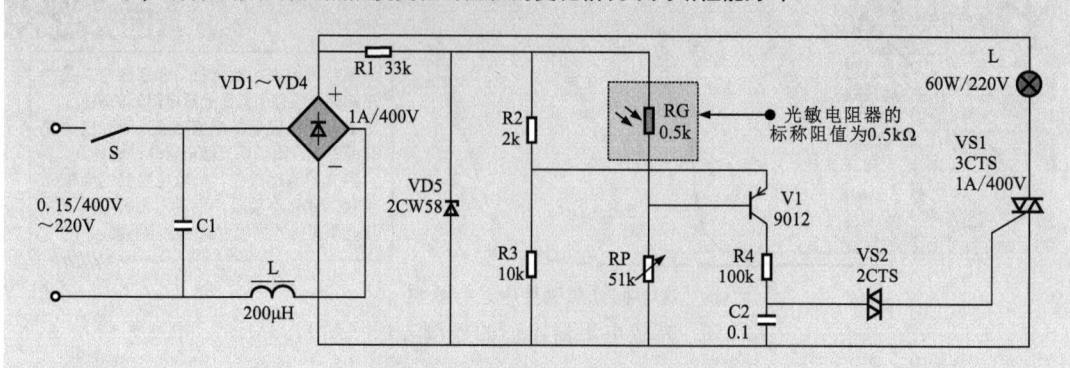

图2-52 在电路中识读光敏电阻器的标称阻值

2.6 湿敏电阻器的检测

湿敏电阻器的检测方法与热敏电阻器的检测方法相似，使用万用表在改变湿度的条件下对湿敏电阻器进行检测，通过阻值的变化情况来判断好坏。

2.6.1 湿敏电阻器的检测方法

图2-53为湿敏电阻器的应用电路。

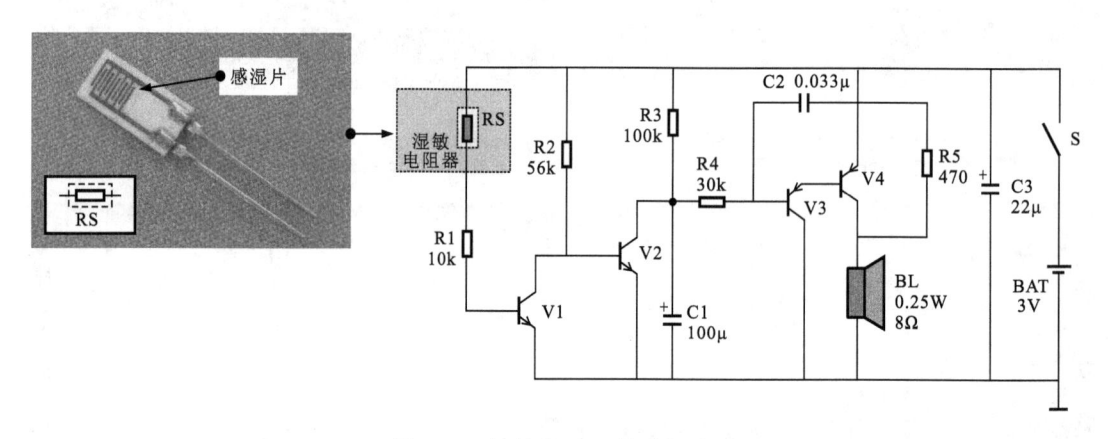

图2-53 湿敏电阻器的应用电路

!? 提示说明

图2-53所示应用电路为婴幼儿尿床报警电路，在正常状态下，湿敏电阻器的高阻抗可使电路处于待机状态，V1截止，V2导通，当婴幼儿尿床时，湿敏电阻器感知湿度的变化，阻值变小，V1导通，V2截止，电源经R3为C1充电，C1电压升高，当电压升高到V3的基极和发射极处于正偏状态时，V3导通，由V3、V4组成的振荡电路启振，扬声器BL报警。

图2-54为湿敏电阻器阻值的检测方法。

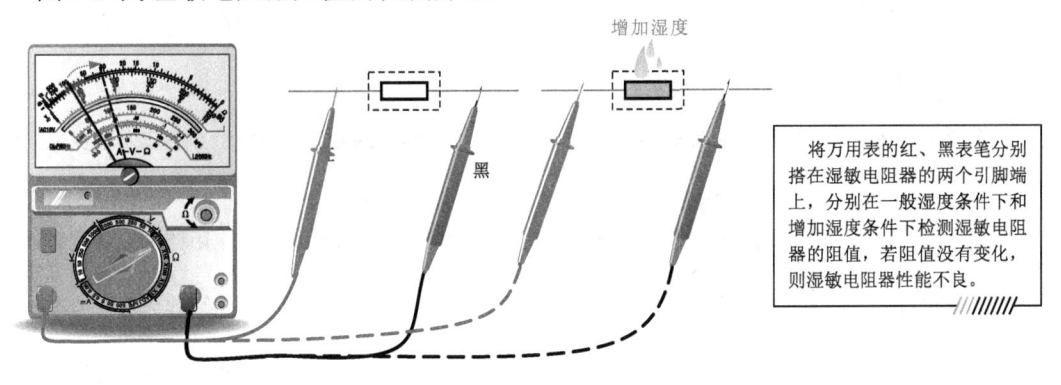

将万用表的红、黑表笔分别搭在湿敏电阻器的两个引脚端上，分别在一般湿度条件下和增加湿度条件下检测湿敏电阻器的阻值，若阻值没有变化，则湿敏电阻器性能不良。

图2-54　湿敏电阻器阻值的检测方法

2.6.2 湿敏电阻器的检测操作

图2-55为湿敏电阻器阻值的检测操作。

1 将万用表的红、黑表笔分别搭在湿敏电阻器的两个引脚端

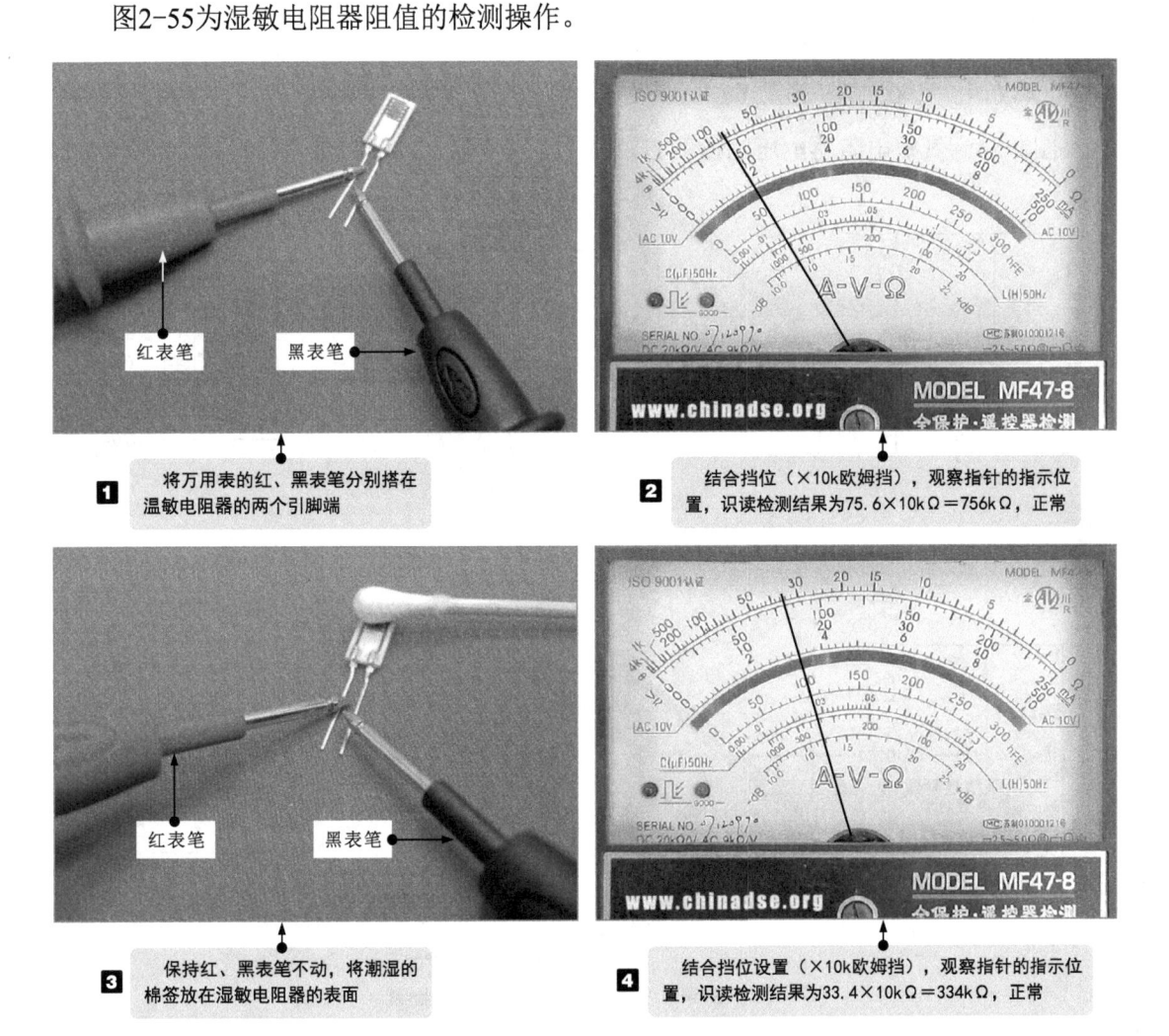

2 结合挡位（×10k欧姆挡），观察指针的指示位置，识读检测结果为75.6×10kΩ＝756kΩ，正常

3 保持红、黑表笔不动，将潮湿的棉签放在湿敏电阻器的表面

4 结合挡位设置（×10k欧姆挡），观察指针的指示位置，识读检测结果为33.4×10kΩ＝334kΩ，正常

图2-55　湿敏电阻器阻值的检测操作

> **提示说明**
>
> 根据检测结果可对湿敏电阻器的性能进行判断：
>
> 在检测时，湿敏电阻器的阻值应随着湿度的变化而变化；
>
> 若湿度发生变化，湿敏电阻器的阻值无变化或变化不明显，则多为湿敏电阻器感应湿度变化的灵敏度低或性能异常；
>
> 若湿敏电阻器的阻值趋近于0或无穷大，则说明湿敏电阻器已经损坏；
>
> 如果湿度升高，湿敏电阻器的阻值比正常湿度下的阻值大，则表明该湿敏电阻器为正湿度系数湿敏电阻器；
>
> 如果湿度升高，湿敏电阻器的阻值比正常湿度下的阻值小，则表明该湿敏电阻器为负湿度系数湿敏电阻器。
>
> 由上可知，在湿度正常和湿度升高的情况下，湿敏电阻器的阻值均有一固定值，表明湿敏电阻器的性能基本正常。若湿度变化，阻值不变，则说明湿敏电阻器的性能不良。在一般情况下，湿敏电阻器若不受外力碰撞，不会轻易损坏。

2.7 气敏电阻器的检测

2.7.1 气敏电阻器的检测方法

图2-56为气敏电阻器电压的检测方法。

（a）在正常环境下的检测

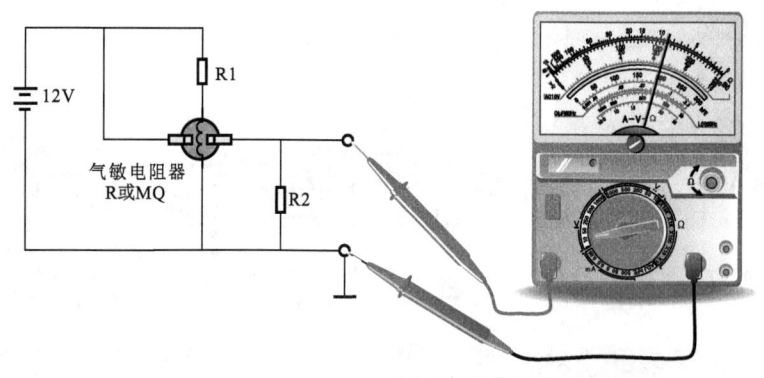

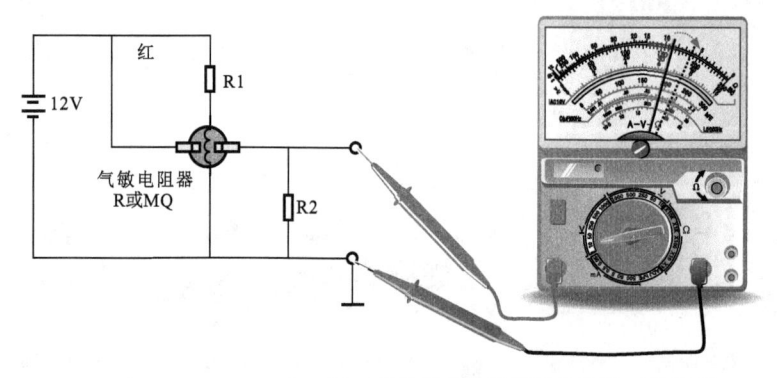

> 将万用表的量程旋钮调至电压挡，红、黑表笔分别搭在气敏电阻器的两个引脚端，在正常环境下，可以检测到相应的电压。

（b）在异常气体浓度增加环境下的检测

> 保持红、黑表笔不动，增加异常气体的浓度，用万用表可检测到电压的变化。

图2-56 气敏电阻器电压的检测方法

2.7.2 气敏电阻器的检测操作

图2-57为气敏电阻器电压的检测操作。

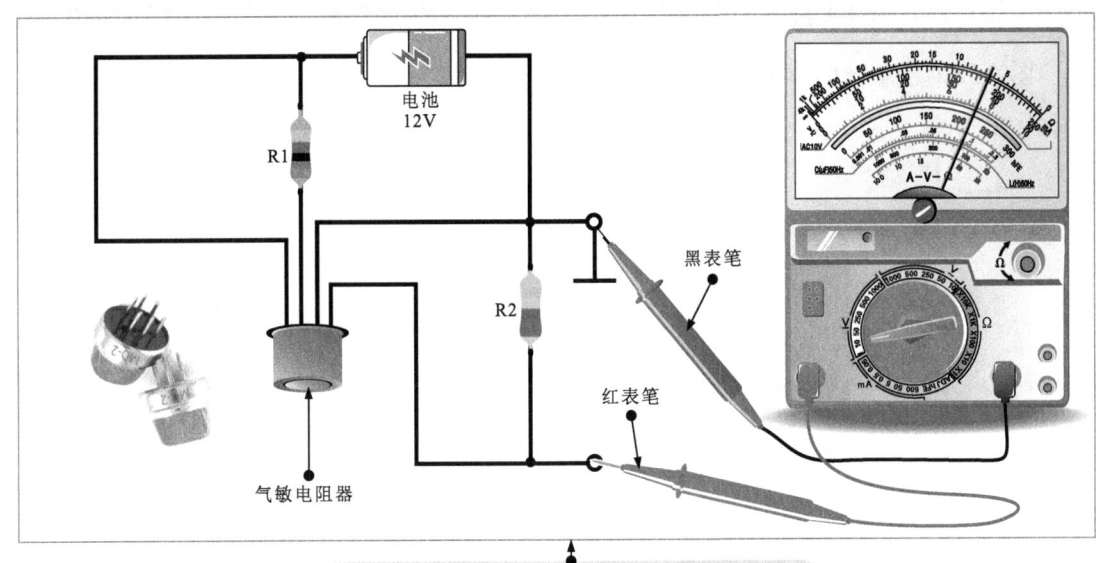

1 将气敏电阻器接入电路，万用表的黑表笔搭在接地端，红表笔搭在输出端，检测结果为直流6.5V，正常

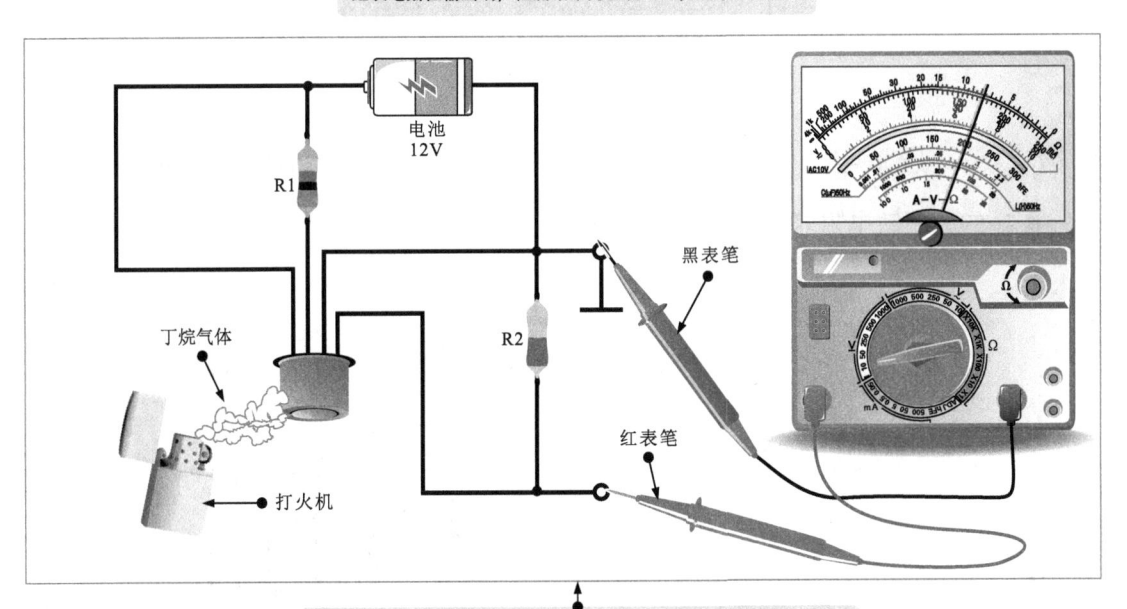

2 保持红、黑表笔不动，按下打火机（内装丁烷气体）按钮，使打火机的气体出口对准气敏电阻器，检测结果为直流7.6V，正常

图2-57 气敏电阻器电压的检测操作

提示说明

根据检测结果可对气敏电阻器的性能进行判断：将气敏电阻器接入电路（单独检测气敏电阻器不容易测出阻值的变化），若异常气体的浓度发生变化，相应的电压也发生变化，则表明气敏电阻器的性能良好，否则，多为气敏电阻器的性能不良。

2.8 压敏电阻器的检测

2.8.1 压敏电阻器的检测方法

图2-58为压敏电阻器的检测方法。

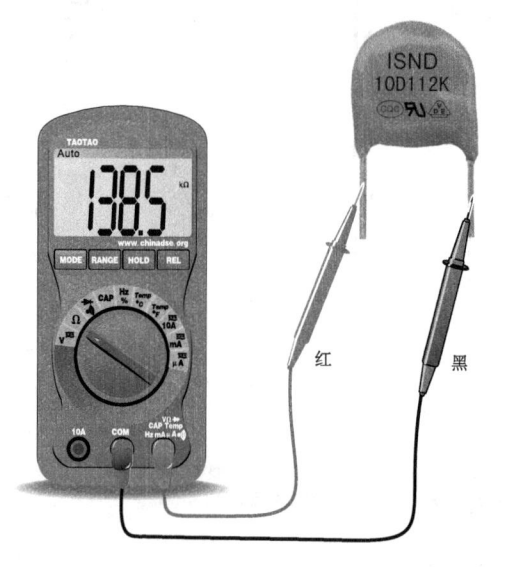

将万用表的量程旋钮调至欧姆挡，红、黑表笔分别搭在压敏电阻器的两个引脚端，在正常情况下，阻值很大，若出现阻值偏小的现象，则多为压敏电阻器的性能不良。

图2-58 压敏电阻器的检测方法

2.8.2 压敏电阻器的检测操作

图2-59为压敏电阻器阻值的检测操作。

1 将万用表的红、黑表笔分别搭在压敏电阻器的两个引脚端

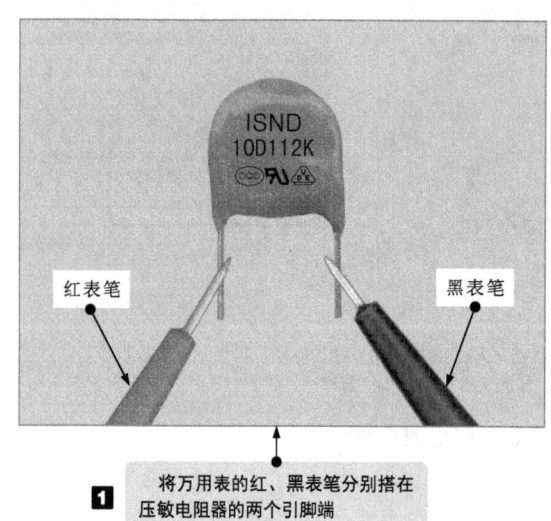

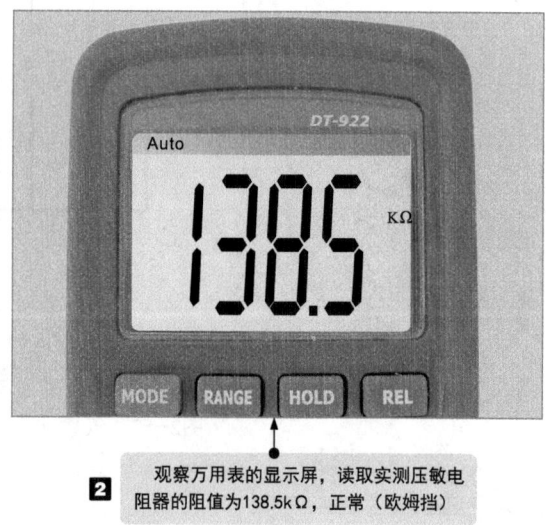

2 观察万用表的显示屏，读取实测压敏电阻器的阻值为138.5kΩ，正常（欧姆挡）

图2-59 压敏电阻器阻值的检测操作

2.9 可调电阻器的检测

2.9.1 可调电阻器的检测方法

图2-60为可调电阻器的检测方法。

识读可调电阻器的标称阻值为：
$50 \times 10^2 = 5000 \Omega = 5k\Omega$

标称阻值

定片引脚　　　　　　定片引脚　动片引脚　定片引脚

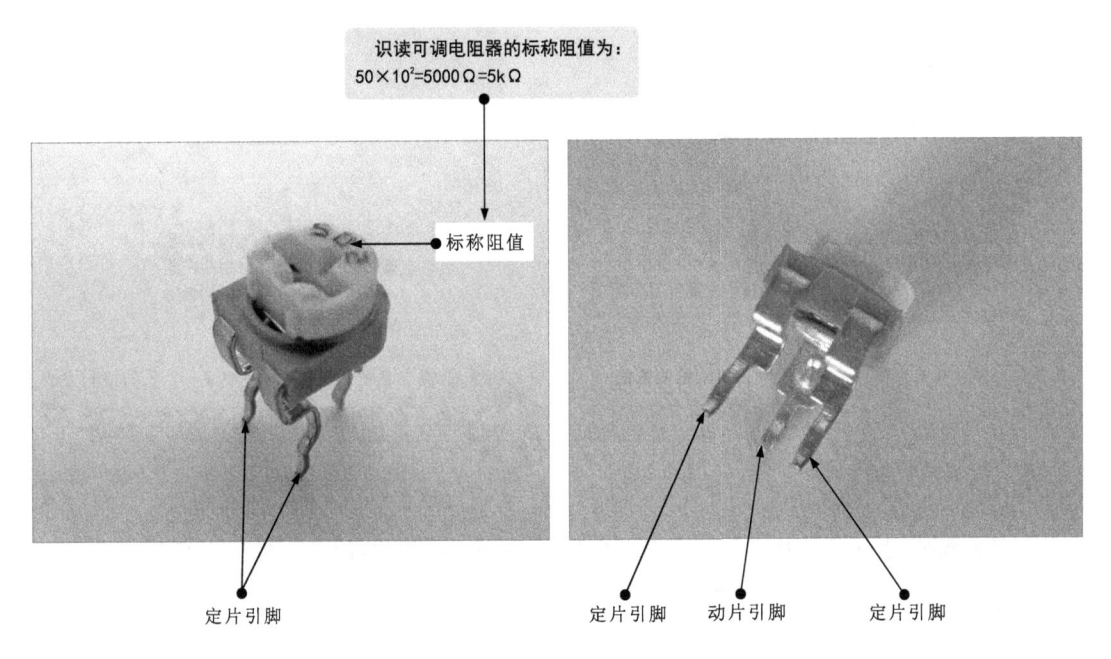

（a）识读可调电阻器的标称阻值

将万用表的量程旋钮调至欧姆挡，红、黑表笔分别搭在两个定片引脚上，识读检测结果

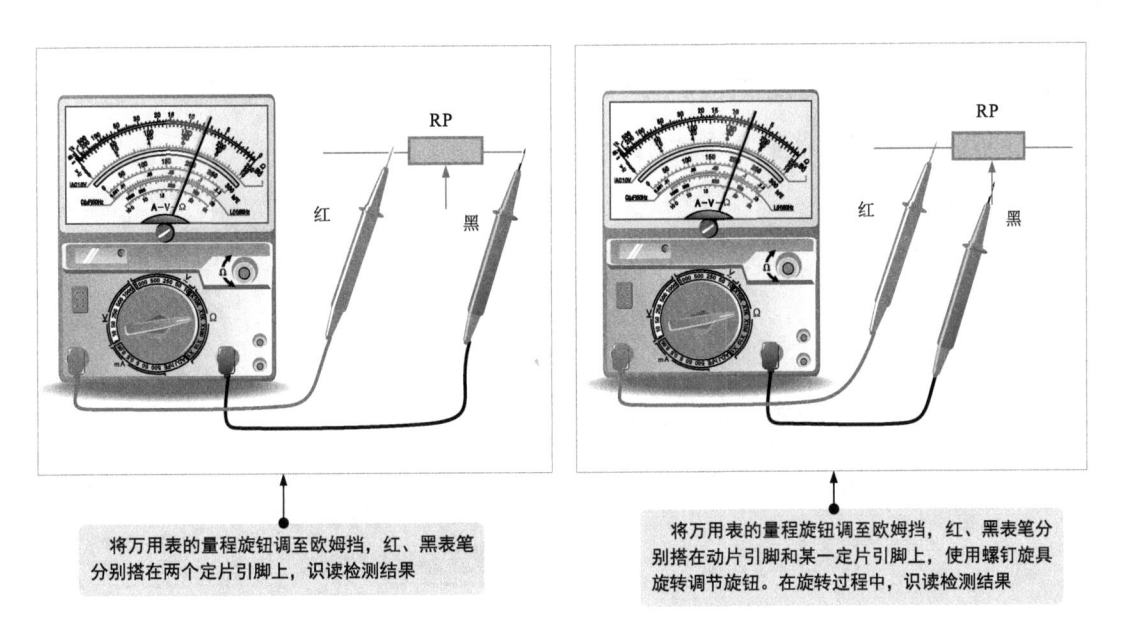

（b）定片引脚之间阻值的检测方法

将万用表的量程旋钮调至欧姆挡，红、黑表笔分别搭在动片引脚和某一定片引脚上，使用螺钉旋具旋转调节旋钮。在旋转过程中，识读检测结果

（c）动片引脚和某一定片引脚之间阻值的检测方法

图2-60 可调电阻器的检测方法

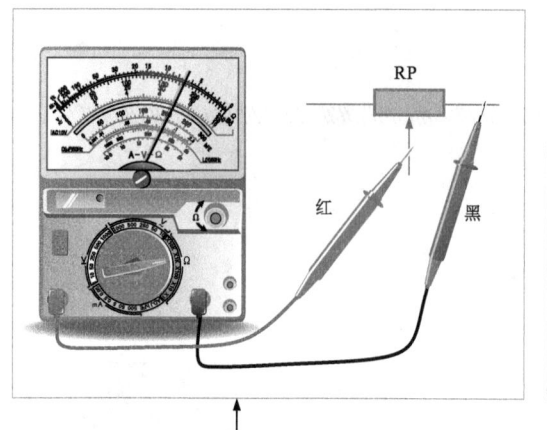

（d）动片引脚和另一个定片引脚之间阻值的检测方法　　（e）动片引脚与定片引脚最大阻值和最小阻值的检测方法

将万用表的量程旋钮调至欧姆挡，红、黑表笔分别搭在动片引脚和另一个定片引脚上，使用螺钉旋具旋转调节旋钮。在旋转过程中，识读检测结果

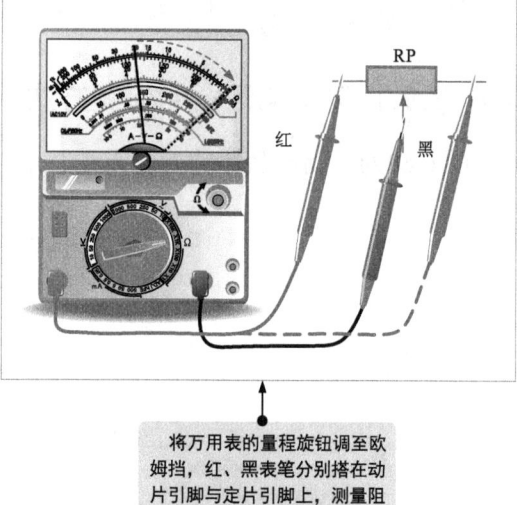

将万用表的量程旋钮调至欧姆挡，红、黑表笔分别搭在动片引脚与定片引脚上，测量阻值的最大值和最小值

图2-60　可调电阻器的检测方法（续）

!? 提示说明

在路检测时，应注意外围元器件的影响，根据检测结果可对可调电阻器的性能进行判断：
◆ 若两个定片引脚之间的阻值趋近于0或无穷大，则可调电阻器已经损坏；
◆ 在正常情况下，定片引脚与动片引脚之间的阻值应小于标称阻值；
◆ 若定片引脚与动片引脚之间阻值的最大值和定片引脚与动片引脚之间阻值的最小值十分接近，则说明可调电阻器已失去调节功能。

2.9.2 可调电阻器的检测操作

图2-61为可调电阻器阻值的检测操作。

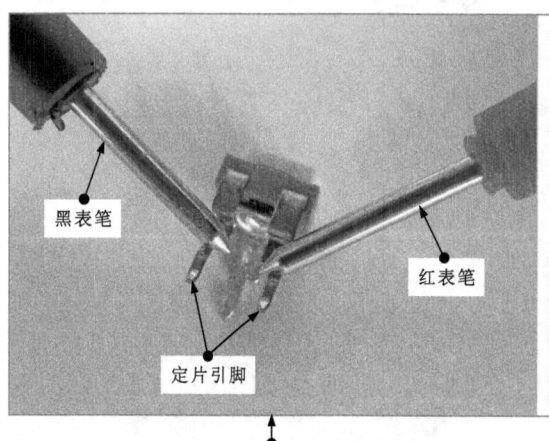

1 将万用表的红、黑表笔分别搭在可调电阻器的两个定片引脚上

2 结合挡位设置（×1k欧姆挡），观察指针的指示位置，识读检测结果为5×1kΩ＝5kΩ

图2-61　可调电阻器阻值的检测操作

第2章 电阻器的识别、选用、检测、代换

3 将万用表的红表笔搭在可调电阻器的某一定片引脚上,黑表笔搭在动片引脚上

4 结合挡位设置(×1k欧姆挡),观察指针的指示位置,识读检测结果为$1\times 1k\Omega = 1k\Omega$

5 采用同样的方法,检测可调电阻器动片引脚与另一个定片引脚之间的阻值

6 结合挡位设置(×1k欧姆挡),观察指针的指示位置,识读检测结果为$4\times 1k\Omega = 4k\Omega$

7 将红、黑表笔分别搭在可调电阻器的定片引脚和动片引脚上,使用螺钉旋具分别顺时针和逆时针旋转调节旋钮

8 在正常情况下,随着螺钉旋具的旋转,万用表的指针应在0到标称阻值之间进行平滑摆动

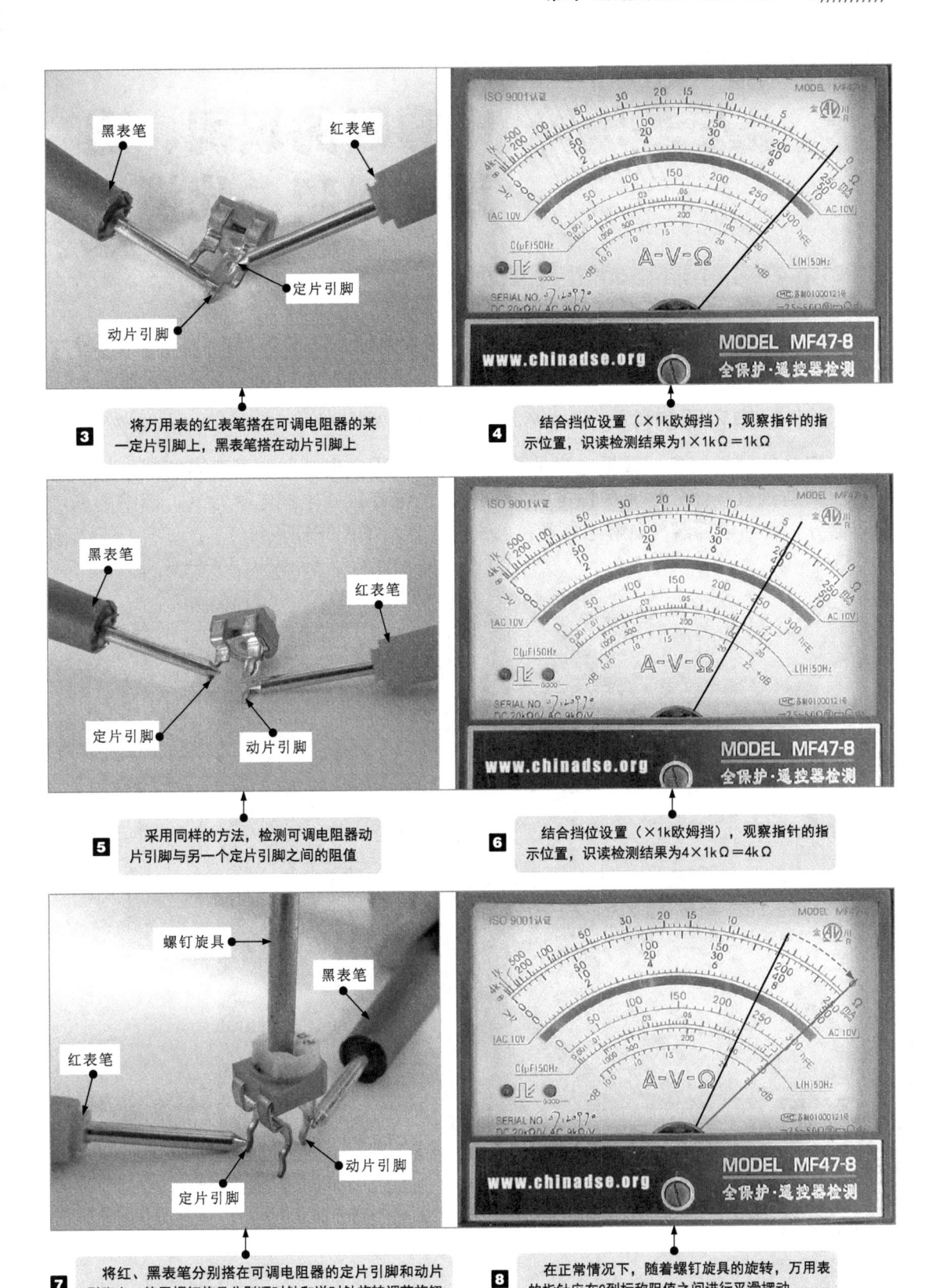

图2-61 可调电阻器阻值的检测操作(续)

第3章 电容器的识别、选用、检测、代换

3.1 电容器的种类与应用

电容器是一种可储存电能的元器件（储能元器件），简称为电容。与电阻器一样，几乎每种电子产品中都应用有电容器。

3.1.1 电容器的种类

电容器的种类很多，根据电容量是否可调分为固定电容器和可变电容器；根据电容器引脚是否有极性分为无极性电容器和有极性电容器（电解电容器）。归纳起来，电容器分为普通电容器、电解电容器和可变电容器，如图3-1所示。

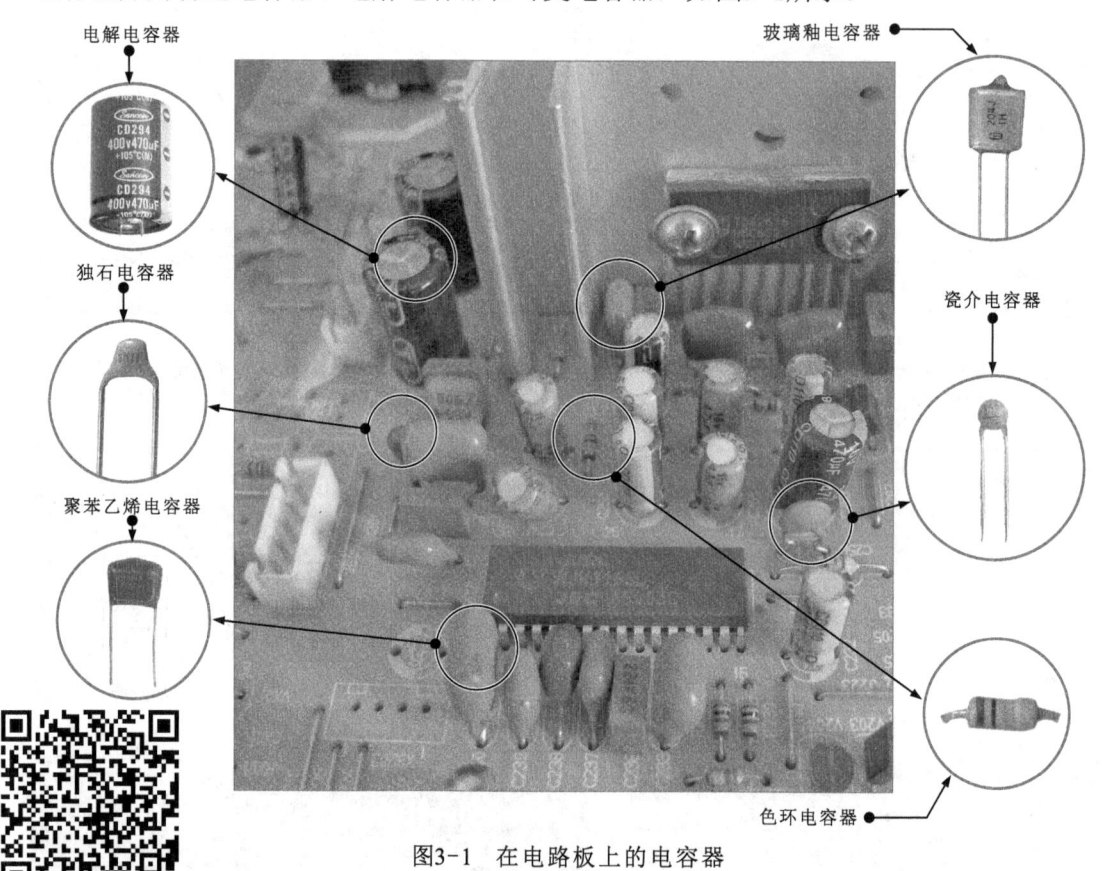

图3-1 在电路板上的电容器

> **提示说明**
>
> 在图3-1中，电路板上的电容器主要有色环电容器、电解电容器、瓷介电容器、玻璃釉电容器等。

1　普通电容器

普通电容器也称为无极性电容器,是指电容器的两个引脚没有正、负极性之分,使用时,两个引脚可以交换连接。在大多数情况下,由于材料和制作工艺的特性,普通电容器的电容量在生产时已经被固定,属于电容量固定的电容器。

常见的普通电容器主要有色环电容器、纸介电容器、瓷介电容器、云母电容器、涤纶电容器、玻璃釉电容器、聚苯乙烯电容器等。

色环电容器是指在电容器的外壳上有多条不同颜色的色环,用来标注电容量,与色环电阻器十分相似,如图3-2所示。

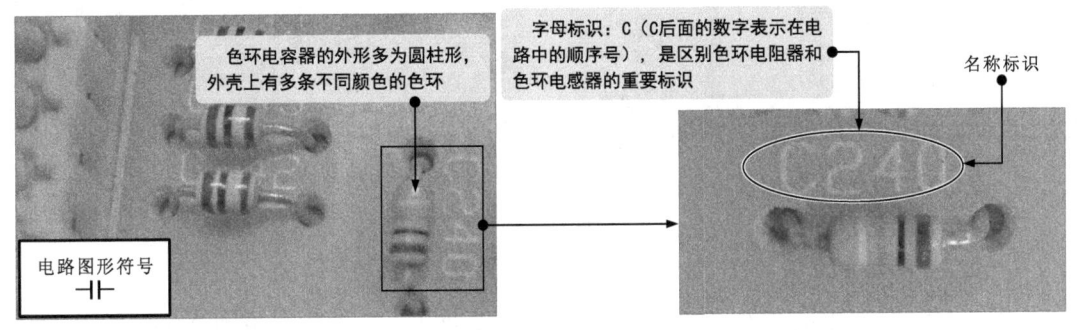

图3-2　色环电容器

纸介电容器是用纸作为介质的电容器,如图3-3所示。纸介电容器的价格低、体积大、损耗大、稳定性较差。由于存在较大的固有电容量,因此不宜在频率较高的电路中使用,常用在电动机启动电路中。

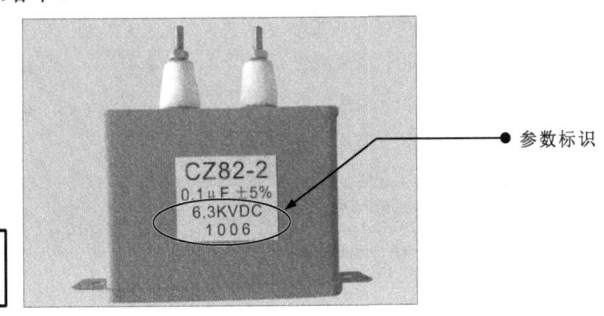

图3-3　纸介电容器

提示说明

金属化纸介电容器比普通纸介电容器的体积小,电容量较大,被高压击穿后具有自恢复能力,广泛应用于自动化仪表、自动控制装置及各种家用电器中,不适用于高频电路,如图3-4所示。

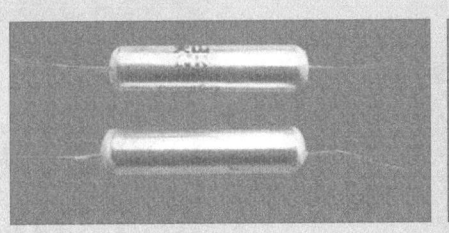

图3-4　金属化纸介电容器

瓷介电容器用陶瓷材料作为介质，如图3-5所示，损耗较小，稳定性好，耐高温、耐高压，是应用最多的一种电容器。

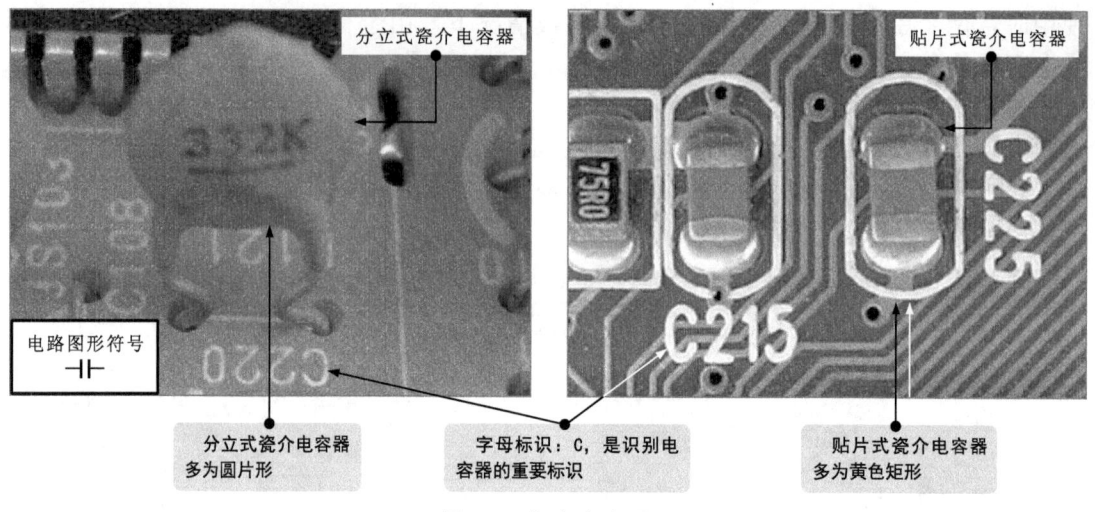

图3-5 瓷介电容器

云母电容器是用云母作为介质的电容器，如图3-6所示。云母电容器的电容量较小，只有几皮法（pF）至几千皮法，具有可靠性高、频率特性好等特点，适用于高频电路。

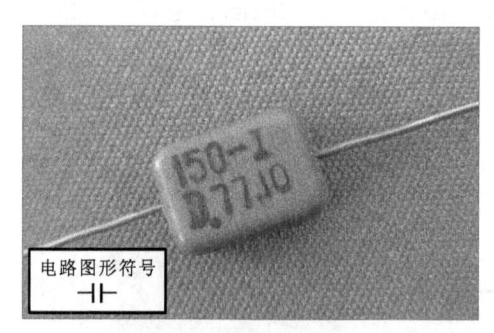

图3-6 云母电容器

涤纶电容器是一种用涤纶薄膜作为介质的电容器，又称为聚酯电容器，如图3-7所示。涤纶电容器的成本较低，耐热、耐压和耐潮湿的性能都很好，稳定性较差，适用于稳定性要求不高的电路，如彩色电视机或收音机的耦合、隔直电路等。

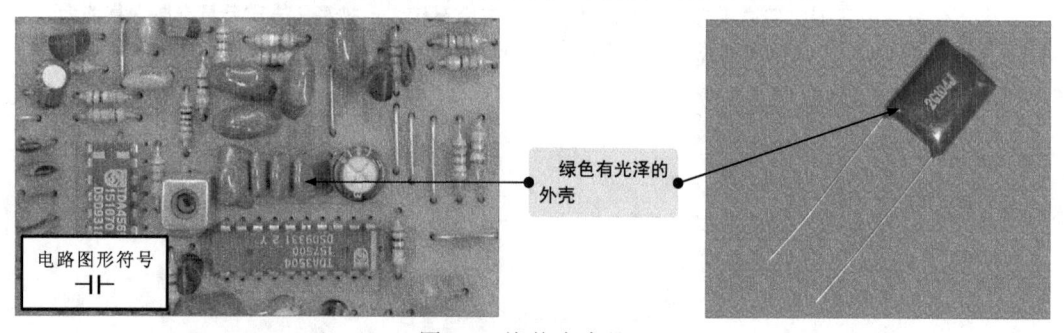

图3-7 涤纶电容器

玻璃釉电容器是一种用玻璃釉粉压制的薄片作为介质的电容器，如图3-8所示，耐压值有40V和100V两种，具有介电系数大、耐高温、抗潮湿性强、损耗低等特点。

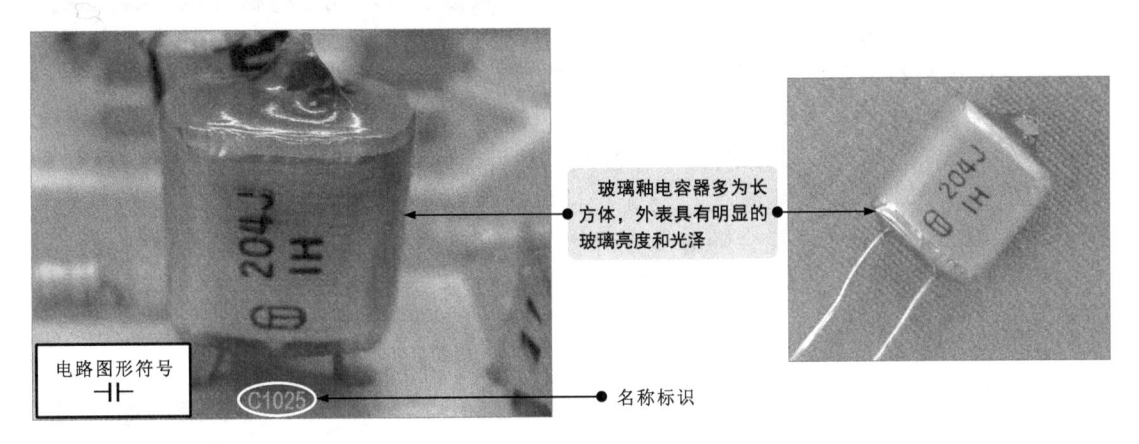

图3-8 玻璃釉电容器

聚苯乙烯电容器是用非极性的聚苯乙烯薄膜作为介质的电容器，如图3-9所示，成本低，损耗小，绝缘电阻高，电容量稳定，多用于对电容量要求精确的电路。

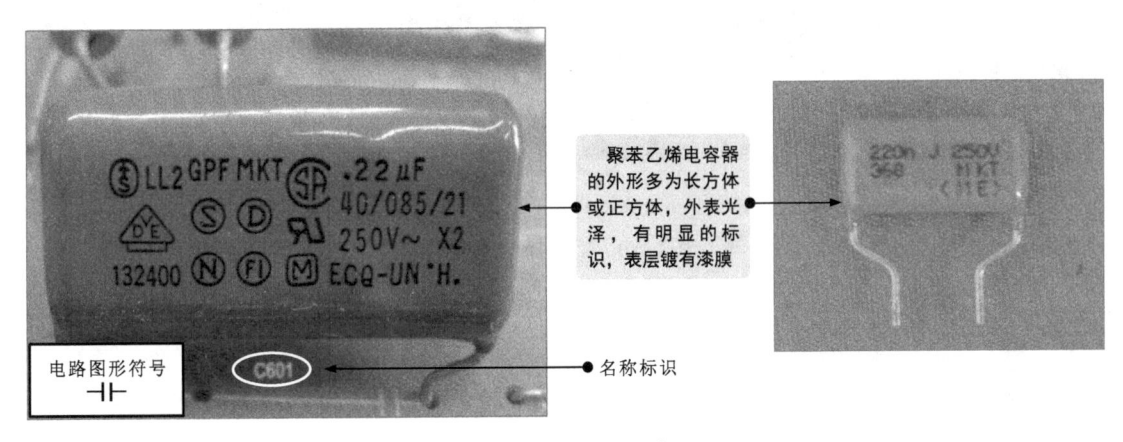

图3-9 聚苯乙烯电容器

表3-1为普通电容器的电容量。

表3-1 普通电容器的电容量

普通电容器	电容量	普通电容器	电容量
纸介电容器	中小型纸介电容器：470pF～0.22μF；金属化纸介电容器：0.01pF～10μF	涤纶电容器	40pF～4μF
瓷介电容器	1pF～0.1μF	玻璃釉电容器	10pF～0.1μF
云母电容器	10pF～0.5μF	聚苯乙烯电容器	10pF～1μF

2 电解电容器

电解电容器与普通电容器不同，引脚有正、负极之分，属于有极性电容器，连接时，两个引脚不可接反。

根据电极材料的不同，常见的电解电容器主要有铝电解电容器和钽电解电容器。

铝电解电容器是一种电解质电容器，根据电解质的状态，可分为液态铝电解电容器和固态铝电解电容器（简称固态电容器），是目前应用最广泛的电解电容器。

铝电解电容器的电容量较大，与无极性电容器相比，绝缘电阻低，漏电电流大，频率特性差，电容量和损耗会随着周围环境和时间的变化而变化，当温度过低或过高时，若长时间不用，就会失效，多用于低频、低压电路，如图3-10所示。

图3-10　铝电解电容器

提示说明

铝电解电容器的规格多种多样，外形也根据制作工艺有所不同，常见的有焊针形铝电解电容器、螺栓形铝电解电容器、轴向铝电解电容器，如图3-11所示。

图3-11　铝电解电容器的实物外形

钽电解电容器是用金属钽作为正极材料的电容器，主要有固体钽电解电容器和液体钽电解电容器。固体钽电解电容器根据安装形式的不同，分为分立式钽电解电容器和贴片式钽电解电容器，如图3-12所示。钽电解电容器的温度特性、频率特性和可靠性都比铝电解电容器好，漏电电流极小，电荷储存能力好，寿命长，误差小，价格较高，通常用于高精密的电子电路。

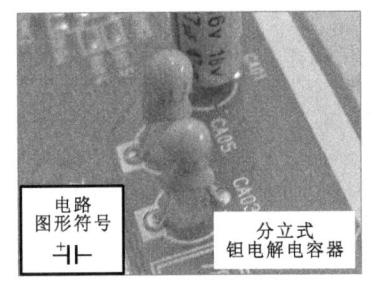

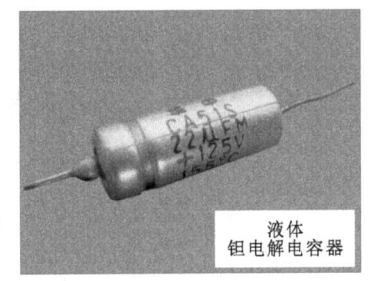

图3-12 钽电解电容器

> **提示说明**
>
> 电容器的漏电电流：当在电容器的两端加上直流电压时，由于介质不是完全的绝缘体，因此就会有漏电电流产生，若漏电电流过大，则电容器就会因发热而被烧坏。常用漏电电流表示电解电容器的绝缘性能。
>
> 电容器的漏电电阻：由于电容器的介质不是绝对的绝缘体，因此电阻不是无限大的，是一个有限的数值，如534kΩ、652kΩ。电容器两极之间的电阻被称为绝缘电阻或漏电电阻，是电容器两端的直流电压与流过的漏电电流的比值。

3 可变电容器

可变电容器是指电容量在一定范围内可调节的电容器，一般由相互绝缘的两组极片组成：固定不动的一组极片被称为定片；可动的一组极片被称为动片。通过改变极片之间的相对有效面积或极片之间的距离使电容量相应变化。可变电容器在无线电接收电路中主要用于选择信号（调谐）。

可变电容器按照结构的不同可分为微调可变电容器、单联可变电容器、双联可变电容器和多联可变电容器。

微调可变电容器又叫半可调电容器，电容量可调范围小，常见的有瓷介微调可变电容器、管形微调可变电容器（拉线微调可变电容器）、云母微调可变电容器、薄膜微调可变电容器等，电容量一般为5～45pF，主要用于收音机的调谐电路，如图3-13所示。

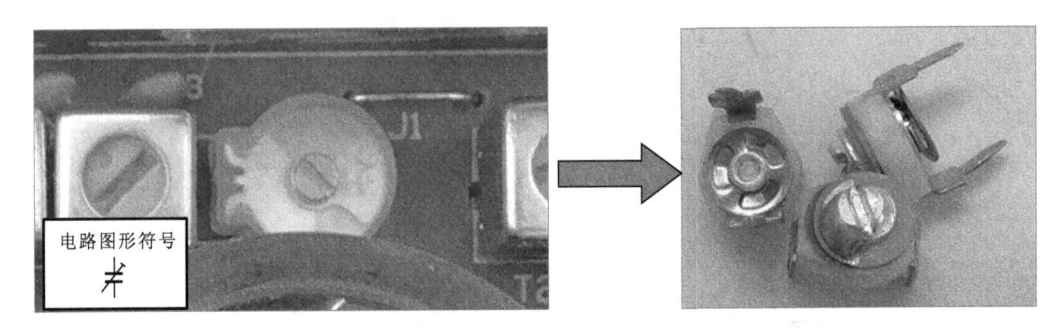

图3-13 微调可变电容器

单联可变电容器通过相互绝缘的两组金属铝片对电容量进行调节，一组为动片，一组为定片，中间用空气作为介质。调节单联可变电容器上的转轴，可带动动片转动，改变定片与动片之间的相对位置，使电容量相应变化。单联可变电容器只包含一个可调电容器，如图3-14所示。

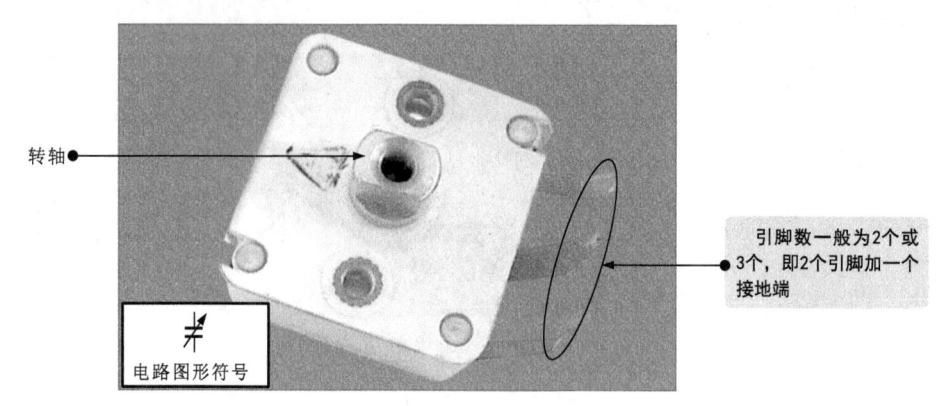

图3-14 单联可变电容器

双联可变电容器可以简单理解为由两个单联可变电容器组成，如图3-15所示，内部结构与单联可变电容器相似，只是转轴可带动两个单联可变电容器的动片，两个动片同步转动。

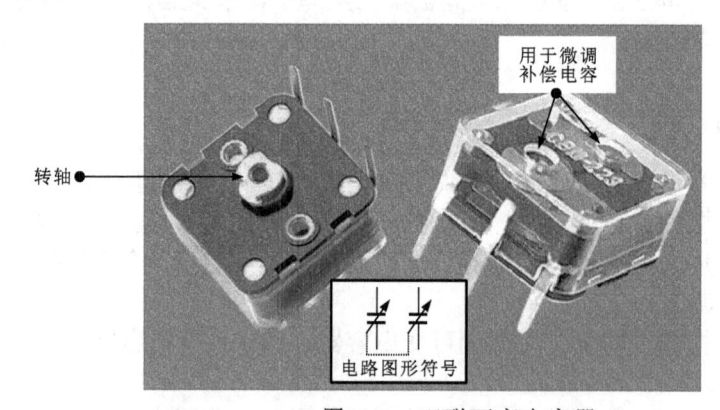

图3-15 双联可变电容器

四联可变电容器包含4个单联可变电容器，如图3-16所示。

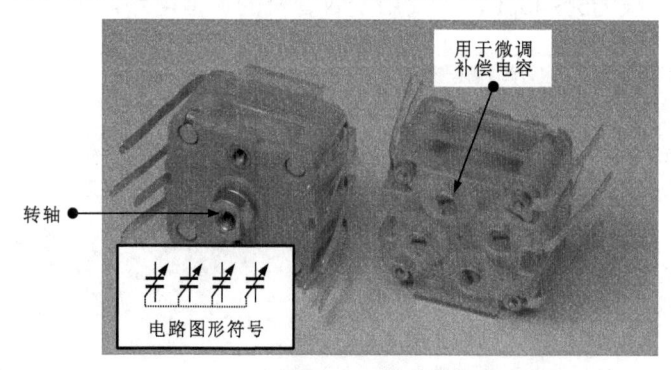

图3-16 四联可变电容器

单联可变电容器、双联可变电容器和四联可变电容器可以通过引脚和背部补偿电容的数量来区分。以双联可变电容器为例，内部结构示意图如图3-17所示。

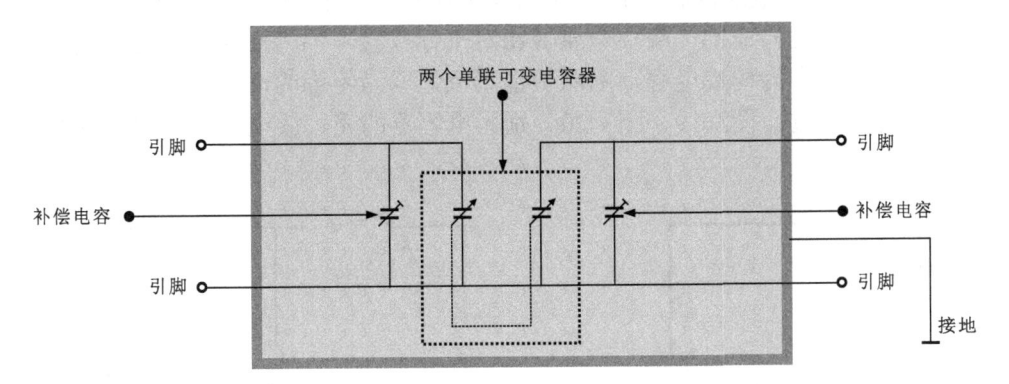

图3-17 双联可变电容器的内部结构示意图

由图3-17可知，双联可变电容器中的两个单联可变电容器都各自附带一个补偿电容。补偿电容的电容量可以单独微调，一般从双联可变电容器的背部可以看到：如果是双联可变电容器，则可以看到两个补偿电容；如果是四联可变电容器，则可以看到四个补偿电容；如果是单联可变电容器，则只有一个补偿电容。由于生产工艺的不同，可变电容器的引脚数并不完全统一。通常，单联可变电容器的引脚数一般有2个或3个，双联可变电容器的引脚数不超过7个，四联可变电容器的引脚数为7～9个。

提示说明

可变电容器按介质的不同可以分为薄膜介质可变电容器和空气介质可变电容器。

薄膜介质可变电容器是指在动片与定片（动片、定片均为不规则的半圆形金属片）之间加上云母片或塑料（聚苯乙烯等）薄膜作为介质的可变电容器，外壳为透明塑料，体积小，重量轻，电容量较小，易磨损，如单联、双联可变电容器等。

空气介质可变电容器有两组金属片：固定不动的一组为定片，能转动的一组为动片，动片与定片之间用空气作为介质，多应用在收音机、电子仪器、高频信号发生器、通信设备及有关电子设备中。常见的空气介质可变电容器主要有空气单联可变电容器和空气双联可变电容器，如图3-18所示。

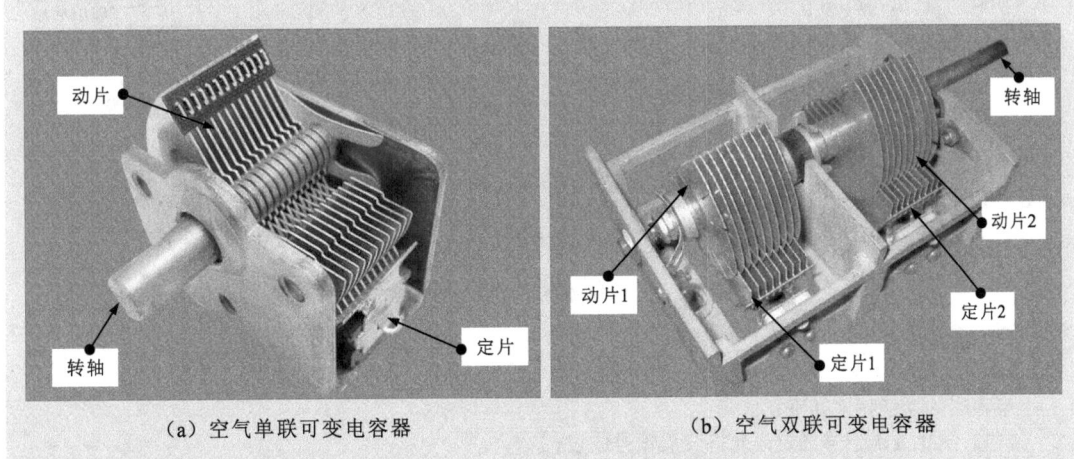

（a）空气单联可变电容器　　　　（b）空气双联可变电容器

图3-18 空气介质可变电容器

3.1.2 电容器的功能及应用

电容器是一种可储存电能的元器件，结构非常简单，主要是由两块金属板，中间夹一层不导电的绝缘介质构成的。两块金属板相对平行放置，不相接触。电容器具有隔直流、通交流的特性。因为构成电容器的两块金属板之间是绝缘的，所以直流电流不能通过，交流电流可以通过。图3-19、图3-20分别为电容器的充、放电原理及功能特性示意图。

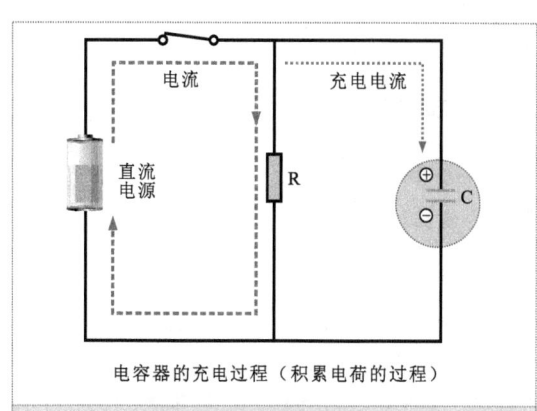

充电过程：把电容器C的两个引脚分别与直流电源的正、负极连接，开始对电容器进行充电，当电容器C上的电压与直流电源的电压相等时，充电停止，电路中不再有电流流动，相当于开路

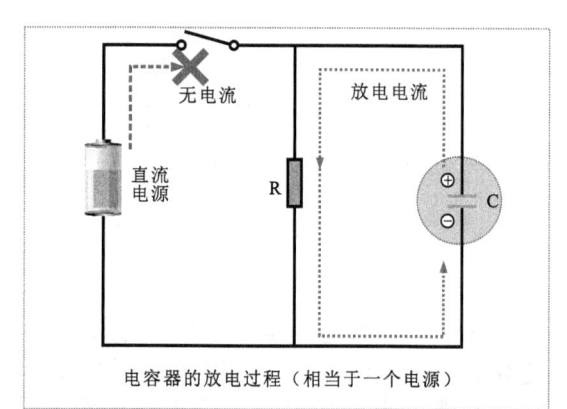

放电过程：在断开直流电源的瞬间，电容器C中的正电荷通过电阻R流动，放电电流的方向与充电电流的方向相反。随着放电电流的流动，电容器C上的电压逐渐降低，直至为0

图3-19 电容器的充、放电原理示意图

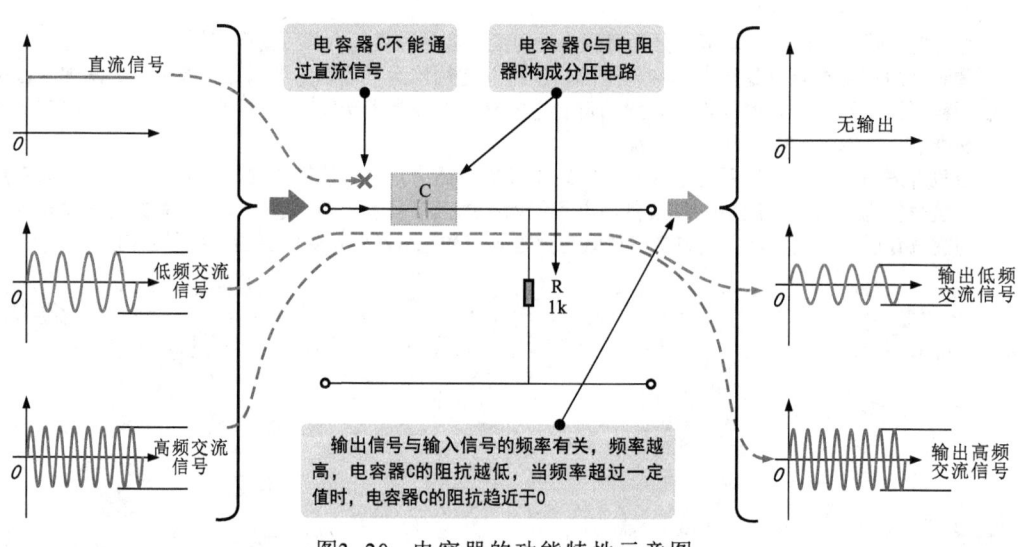

输出信号与输入信号的频率有关，频率越高，电容器C的阻抗越低，当频率超过一定值时，电容器C的阻抗趋近于0

图3-20 电容器的功能特性示意图

提示说明

电容器的功能特性如下：
（1）阻止直流信号通过，允许交流信号通过；
（2）阻抗与信号的频率有关，频率越高，阻抗越小。

1 电容器的滤波功能

电容器的滤波功能是指能够滤除杂波或干扰波，是最基本、最突出的功能。图3-21为电容器的滤波功能示意图。

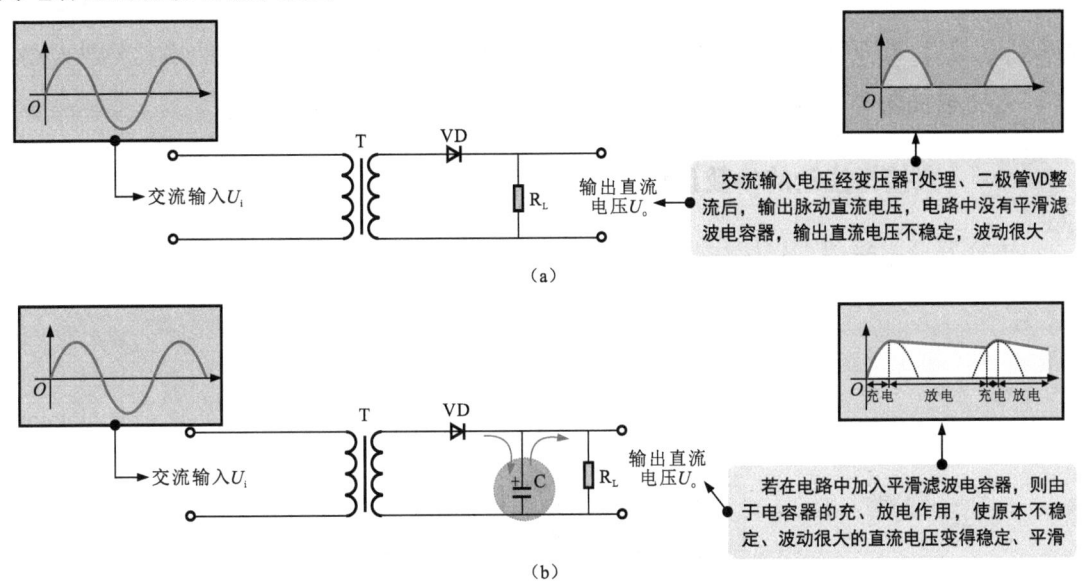

交流输入电压经变压器T处理、二极管VD整流后，输出脉动直流电压，电路中没有平滑滤波电容器，输出直流电压不稳定，波动很大

（a）

若在电路中加入平滑滤波电容器，则由于电容器的充、放电作用，使原本不稳定、波动很大的直流电压变得稳定、平滑

（b）

图3-21 电容器的滤波功能示意图

2 电容器的耦合功能

电容器对交流信号阻抗较小，可视为短路，对直流信号阻抗较大，可视为断路，常用于交流信号输入和输出的耦合电路。图3-22为电容器的耦合功能示意图。

输入信号经耦合电容C1加到三极管V的基极

三极管V将输入信号放大后，由集电极输出，经耦合电容C2加到负载电阻R_L上

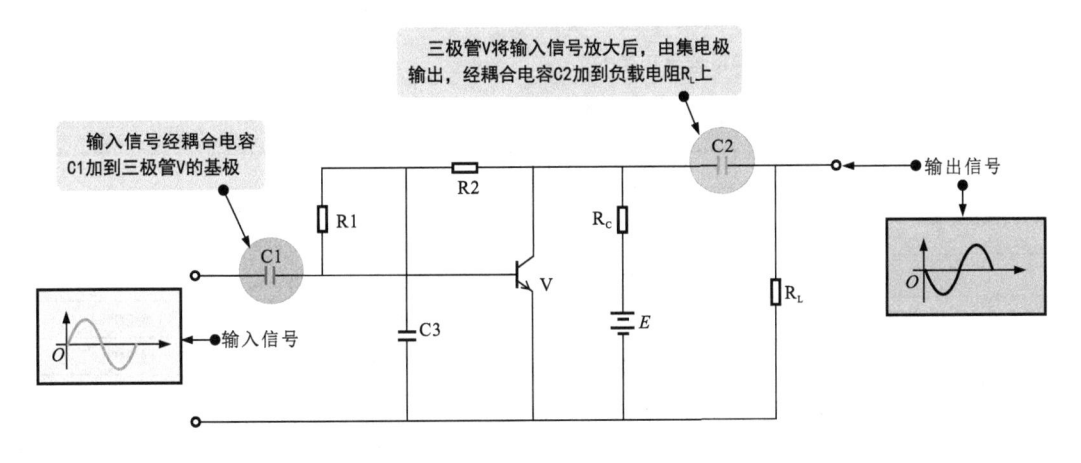

图3-22 电容器的耦合功能示意图

提示说明

由图3-22可知，由于电容器具有隔直流的作用，因此交流输入信号经耦合电容C2加到负载电阻R_L上，直流信号不会加到负载电阻R_L上。也就是说，从负载电阻R_L上只能得到交流输出信号。

3.2 电容器的识别、选用、代换

识别电容器是检测电容器的重要环节，主要包括识读电容器的电容量和相关参数及对电解电容器的引脚极性进行区分。

3.2.1 电容器的参数识读及引脚极性区分

电容器通常采用直接标注法、数字标注法及色环标注法标注参数。

1　直接标注法的参数识读

电容器通常采用直接标注法将参数标注在外壳上，如图3-23所示。

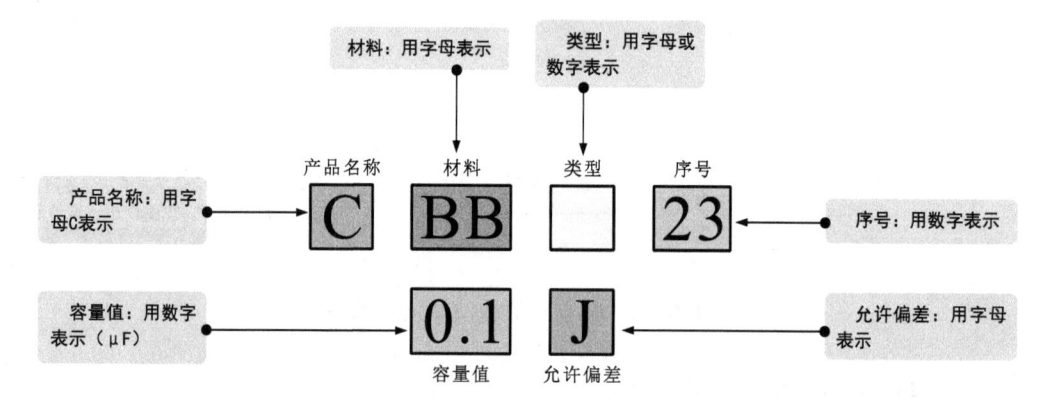

图3-23　电容器的直接标注法

提示说明

电容器直接标注法的相关字母含义见表3-2。

表3-2　电容器直接标注法的相关字母含义

材料			允许偏差		
字母	含义	字母	含义	字母	含义
A	钽电解	N	铌电解	Y	±0.001%	J	±5%
B	聚苯乙烯，非极性有机薄膜	O	玻璃膜	X	±0.002%	K	±10%
BB	聚丙烯	Q	漆膜	E	±0.005%	M	±20%
C	高频陶瓷	T	低频陶瓷	L	±0.01%	N	±30%
D	铝、铝电解	V	云母纸	P	±0.02%	H	+100%/-0%
E	其他材料	Y	云母	W	±0.05%	R	+100%/-10%
G	合金	Z	纸介	B	±0.1%	T	+50%/-10%
H	纸膜复合			C	±0.25%	Q	+30%/-10%
I	玻璃釉			D	±0.5%	S	+50%/-20%
J	金属化纸介			F	±1%	Z	+80%/-20%
L	聚酯，极性有机薄膜			G	±2%		

2 数字标注法的参数识读

电容器数字标注法是指使用数字或数字与字母相结合的方式标注参数,如图3-24所示。

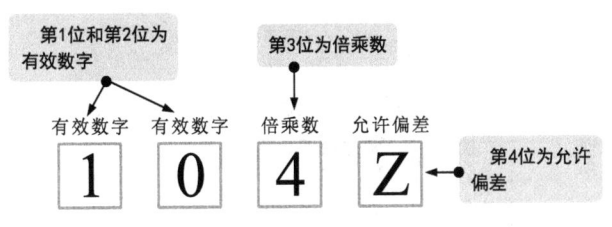

图3-24 电容器的数字标注法

> **提示说明**
>
> 电容器数字标注法与电阻器直接标注法相似。其中,前两位数字为有效数字,第3位数字为倍乘数,第4位字母为允许偏差,默认单位为pF。表示允许偏差的字母含义见表3-2。

3 色环标注法的参数识读

电容器色环标注法是指采用不同颜色的色环标注参数,如图3-25所示。

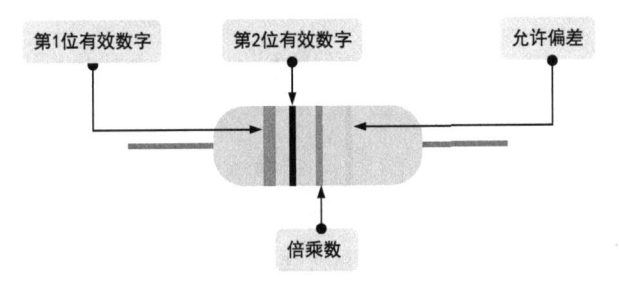

图3-25 电容器的色环标注法

> **提示说明**
>
> 电容器的主要参数有标称容量(电容量)、允许偏差、额定工作电压、绝缘电阻、温度系数及频率特性等。
> ◇标称容量是指储存电荷的能力,在相同电压下,储存电荷越多,标称容量越大。
> ◇实际容量与标称容量存在一定偏差,允许最大偏差范围被称为允许偏差。电容器的允许偏差分为3个等级:Ⅰ级,允许偏差为±5%;Ⅱ级,允许偏差为±5%或±10%;Ⅲ级,允许偏差为 ±20%。
> ◇额定工作电压是指电容器在规定的温度范围内,能够连续可靠工作的最高电压,分为额定直流工作电压和额定交流工作电压(有效值)。额定工作电压是一个参考数值,在实际应用过程中,如果工作电压大于额定工作电压,则电容器易被损坏,呈击穿状态。
> ◇绝缘电阻等于加在电容器两端的电压与电容器漏电电流的比值。电容器的绝缘电阻与电容器的介质材料和面积、引线的材料和长短、制造工艺、温度和湿度等因素有关。对于同一种介质的电容器,电容量越大,绝缘电阻越小。如果是电解电容器,则用介电系数表示电容器的绝缘能力。

图3-26为电容器参数识读举例。

字母"C"表示电容器

字母"BB"表示聚丙烯材料

电容器的产品序号为23

电容量为0.1μF

序号为23的聚丙烯电容器,电容量为0.1μF±5%

允许偏差为±5%

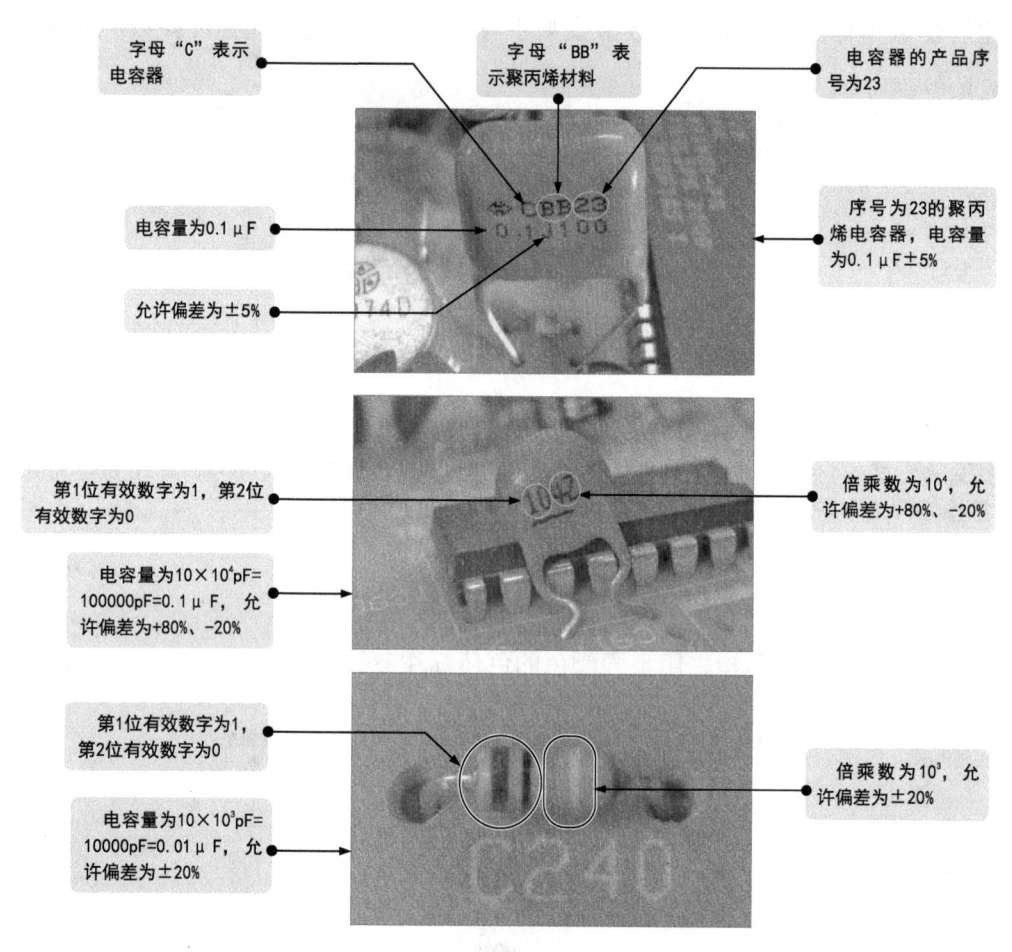

第1位有效数字为1,第2位有效数字为0

倍乘数为10^4,允许偏差为+80%、-20%

电容量为$10×10^4$pF=100000pF=0.1μF,允许偏差为+80%、-20%

第1位有效数字为1,第2位有效数字为0

倍乘数为10^3,允许偏差为±20%

电容量为$10×10^3$pF=10000pF=0.01μF,允许偏差为±20%

图3-26 电容器参数识读举例

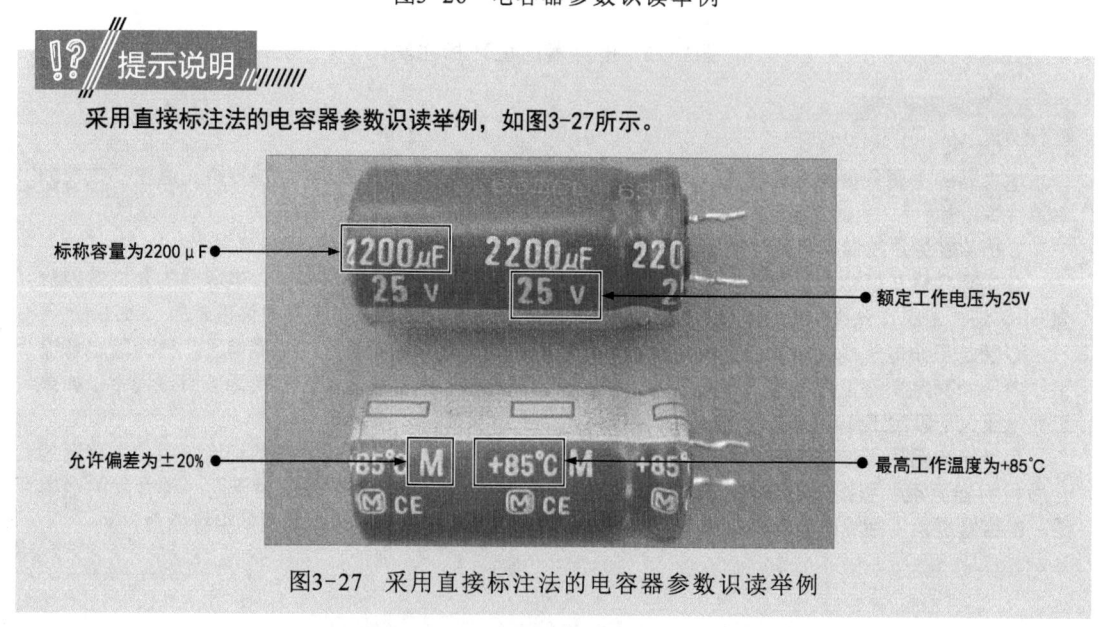

提示说明

采用直接标注法的电容器参数识读举例,如图3-27所示。

标称容量为2200μF

额定工作电压为25V

允许偏差为±20%

最高工作温度为+85℃

图3-27 采用直接标注法的电容器参数识读举例

4 电容器引脚极性区分

区分电解电容器的引脚极性一般可从三个方面入手：一是根据外壳上的颜色或符号标识区分，如图3-28所示；二是根据引脚的长短或明显标识区分；三是根据电路板上的标识符号或电路图形符号区分。

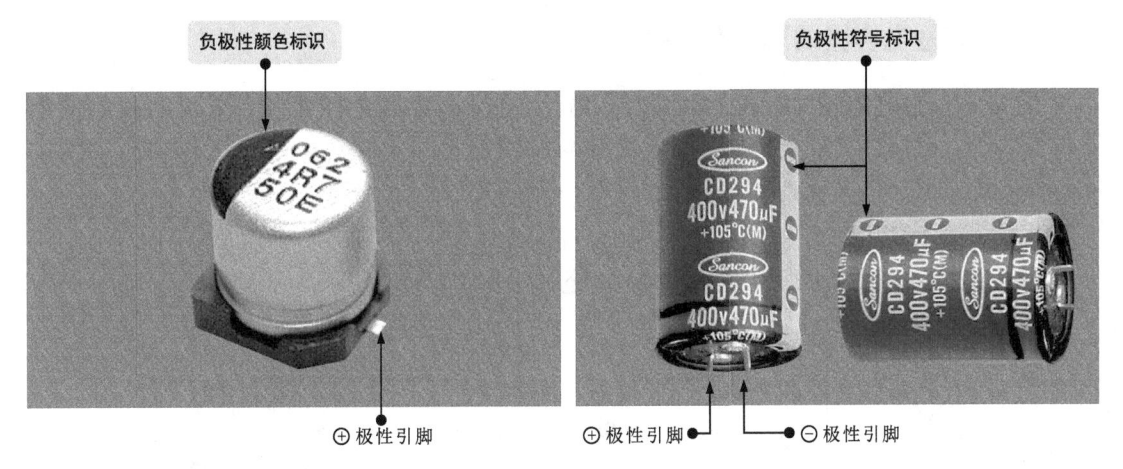

图3-28 根据外壳上的颜色或符号标识区分电解电容器的引脚极性

根据引脚的长短区分电解电容器的引脚极性，引脚较长的为正极，如图3-29所示。

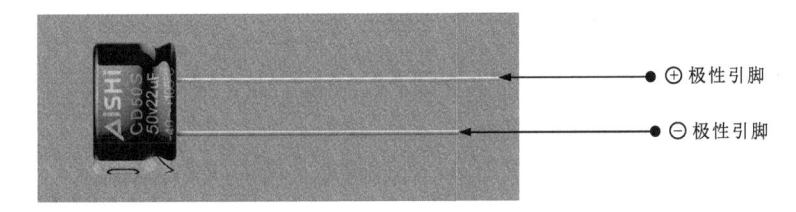

图3-29 根据引脚的长短区分电解电容器的引脚极性

根据电路板上的标识符号区分电解电容器的引脚极性，如图3-30所示。

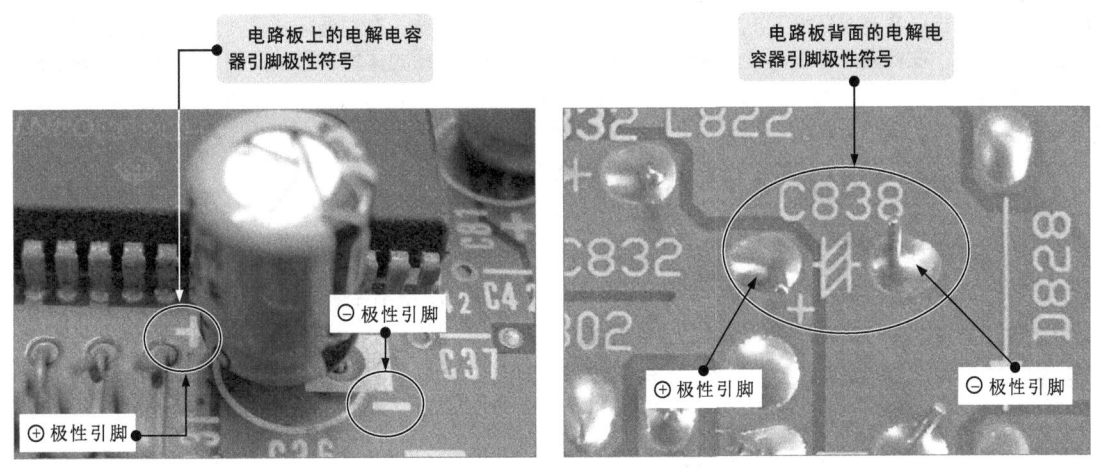

图3-30 根据电路板上的标识符号区分电解电容器的引脚极性

3.2.2 电容器的选用与代换

若电容器损坏，则应进行代换。在代换电容器时，要遵循基本的代换原则：在代换之前，要保证选用的电容器符合要求；在代换过程中，要注意安全可靠，防止造成二次故障，力求代换后的电容器能够良好、长久、稳定的工作。

1　普通电容器的选用与代换

在代换普通电容器时，应尽可能选用同型号的电容器进行代换，若无法找到同型号的电容器，则选用电容器的标称容量要与所需容量尽量接近，额定工作电压应为实际工作电压的1.2～1.3倍，如图3-31所示。

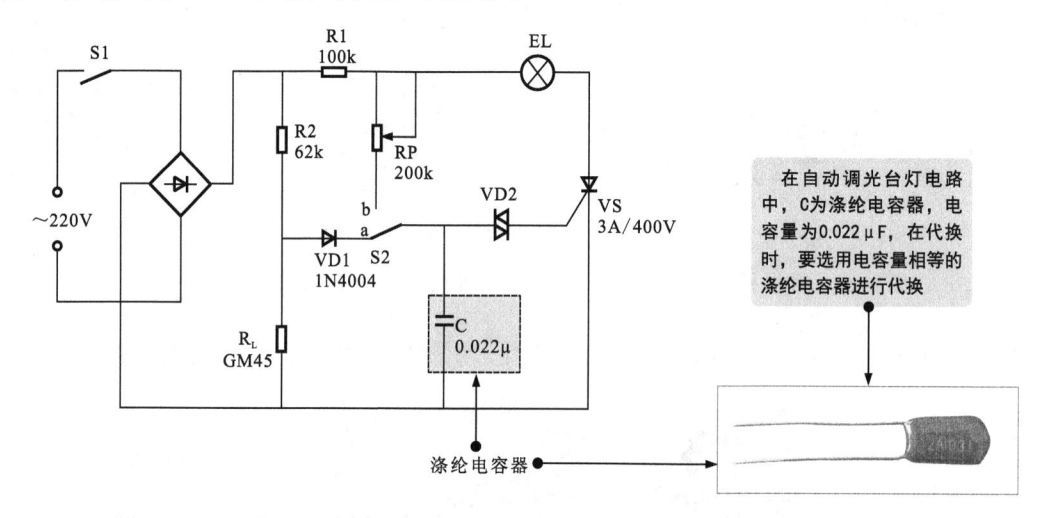

图3-31　普通电容器的选用与代换

> **提示说明**
>
> 在代换电容器时还应注意，电容器在电路中实际要承受的工作电压不能超过额定工作电压，优先选用绝缘电阻大、介质损耗小、漏电电流小的电容器；在低频耦合及去耦合电路中，选用电容量稍大一些的电容器；在高温环境下，应选用具有耐高温特性的电容器；在潮湿环境下，应选用抗湿性好的密封电容器；在低温条件下，应选用耐寒的电容器；选用电容器的体积、形状及引脚尺寸应符合电路设计要求。

2　电解电容器的选用与代换

在代换电解电容器时，应尽可能选用同型号的电解电容器进行代换，若无法找到同型号的电解电容器，应注意选用电解电容器的电容量和额定工作电压与原电解电容器接近。在代换时，应尽量选用耐高温的电解电容器，在一些滤波电路中，要求电解电容器的容量非常准确。图3-32为电解电容器的选用与代换。

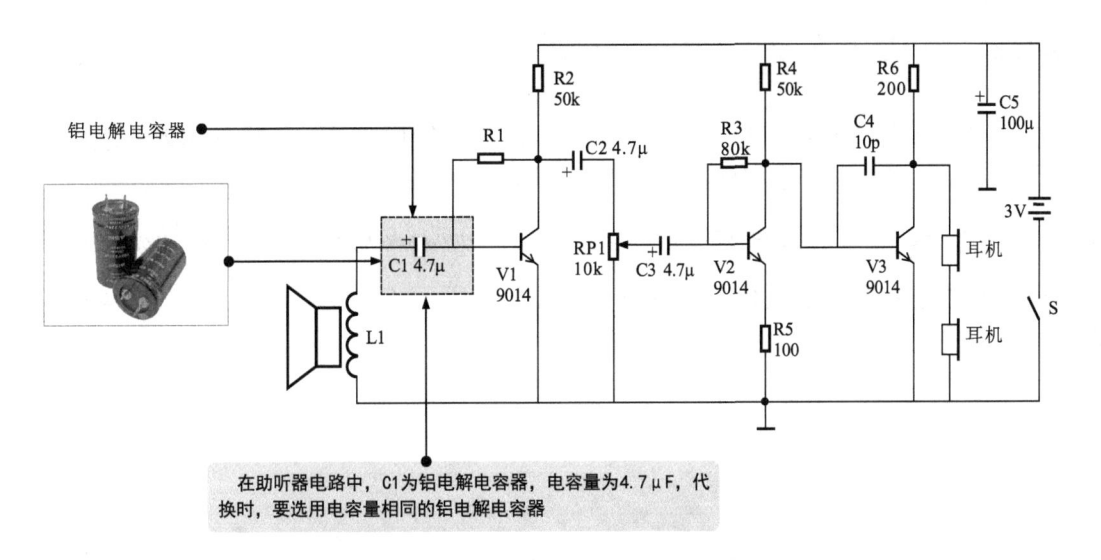

图3-32 电解电容器的选用与代换

3 可变电容器的选用与代换

在代换可变电容器时，应尽可能选用同型号的可变电容器进行代换，若无法找到同型号的可变电容器，则选用可变电容器的标称容量要与原可变电容器的标称容量尽量接近，如图3-33所示。

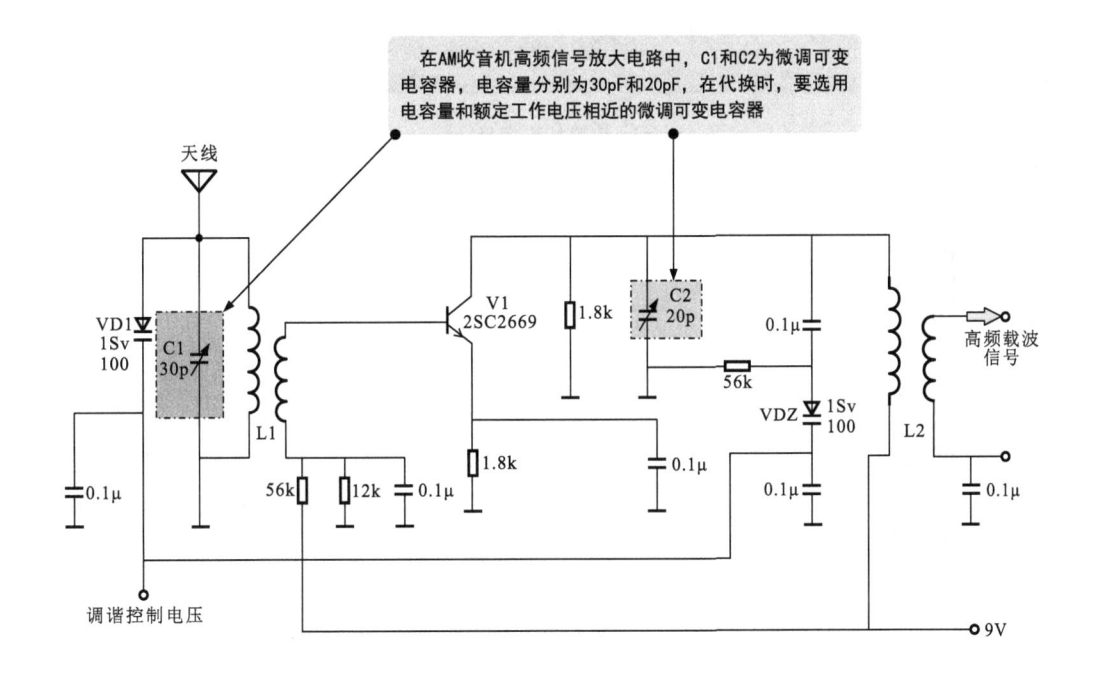

图3-33 可变电容器的选用与代换

3.3 普通电容器的检测

在检测普通电容器时，首先要根据标识信息识读标称容量，然后使用万用表检测实际容量，最后将实际容量与标称容量比较，即可判断性能是否良好。

3.3.1 普通电容器的检测方法

检测普通电容器主要是检测电容量，如图3-34所示，在检测之前，首先识读标称容量，然后使用数字万用表完成对电容量的检测。

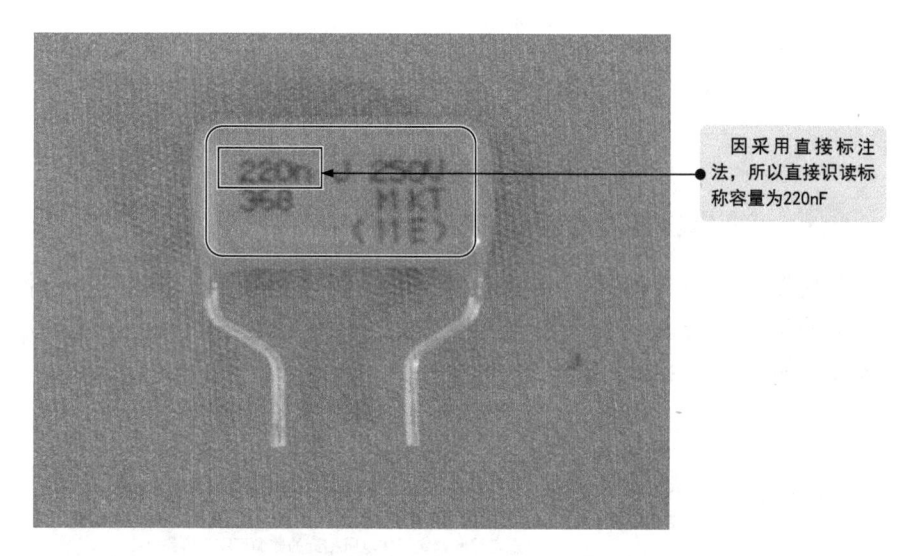

因采用直接标注法，所以直接识读标称容量为220nF

（a）识读标称容量

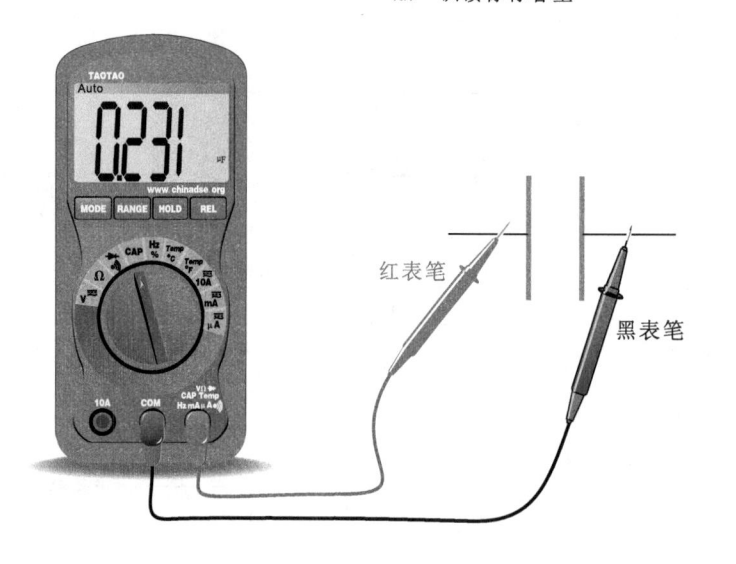

将万用表的量程设置为电容挡，红、黑表笔分别搭在普通电容器的两个引脚端，观察显示屏显示的数值，在正常情况下，应接近标称容量。若实际容量与标称容量相差较大，则说明普通电容器的性能不良。

（b）检测实际容量

图3-34 普通电容器的检测方法

在使用数字万用表检测普通电容器的电容量时，也可通过附加测试器来完成检测，如图3-35所示。

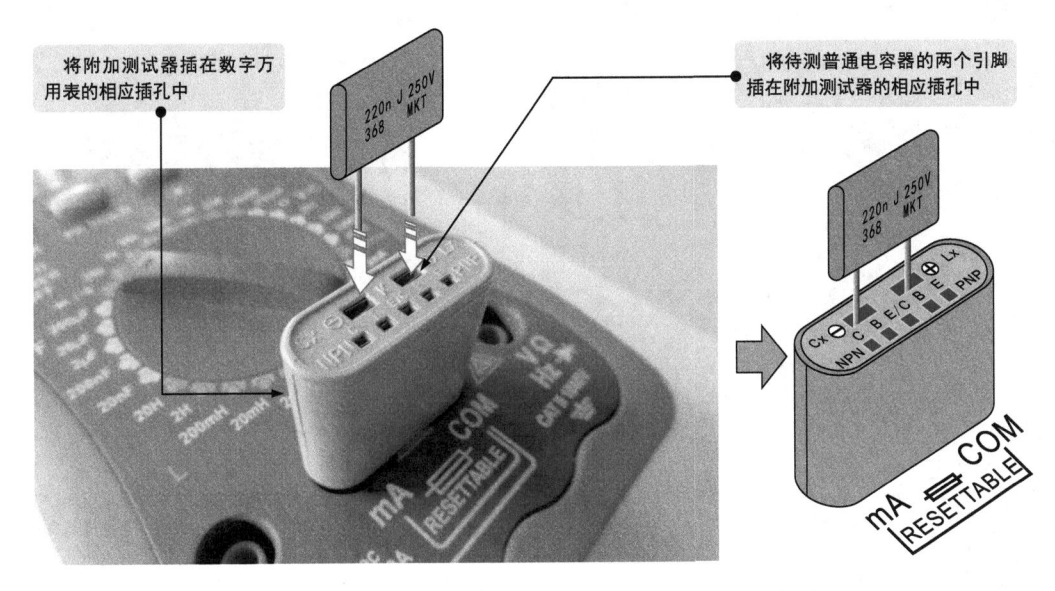

图3-35　使用附加测试器检测普通电容器电容量时的连接

如果需要精确检测普通电容器的电容量（万用表只能进行粗略检测），则需要使用专用的电感/电容测量仪，如图3-36所示。

ⓐ 将电感/电容测量仪的电容量预置选项调至适当位置，按下"进入"按钮。

ⓑ 将普通电容器与电感/电容测量仪的测量端子连接，适当调节功能选择按钮，按"方式"按钮进入"非校测"模式，"显示"模式为"直读"模式，"量程"选择为"自动"模式。

ⓒ 在实际检测过程中，主参数显示屏显示的数值为11.6，主参数单位"nF"点亮，副参数显示屏显示0.001，得出电容量为11.6 nF，损耗因数为0.001。

若主参数显示屏显示的数值等于或接近标称容量，则可判断普通电容器性能良好；若主参数显示屏显示的数值与标称容量相差很大，则可判断普通电容器性能不良。

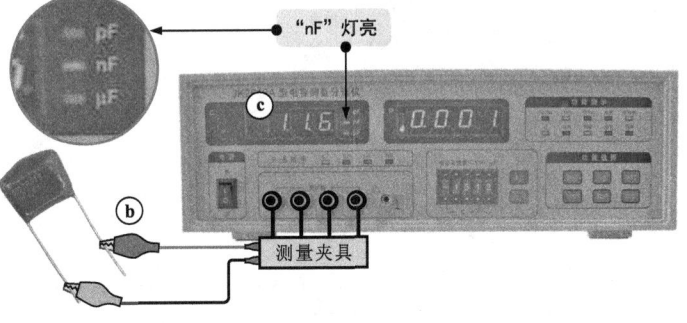

图3-36　使用电感/电容测量仪检测普通电容器的电容量

3.3.2 普通电容器的检测操作

图3-37为普通电容器电容量的检测操作。

1 将万用表的红、黑表笔分别搭在普通电容器的两个引脚端

2 在显示屏上显示的数值为0.231μF，即0.231μF×10^3=231nF，与标称容量接近，表明电容器性能良好

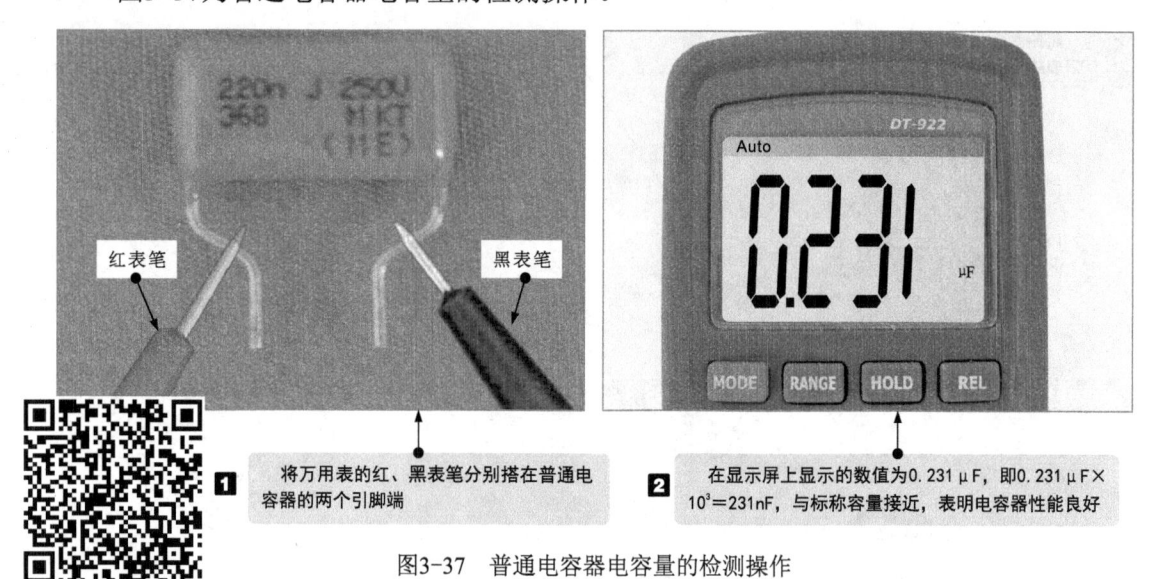

图3-37　普通电容器电容量的检测操作

借助附加测试器对普通电容器电容量的检测操作如图3-38所示。

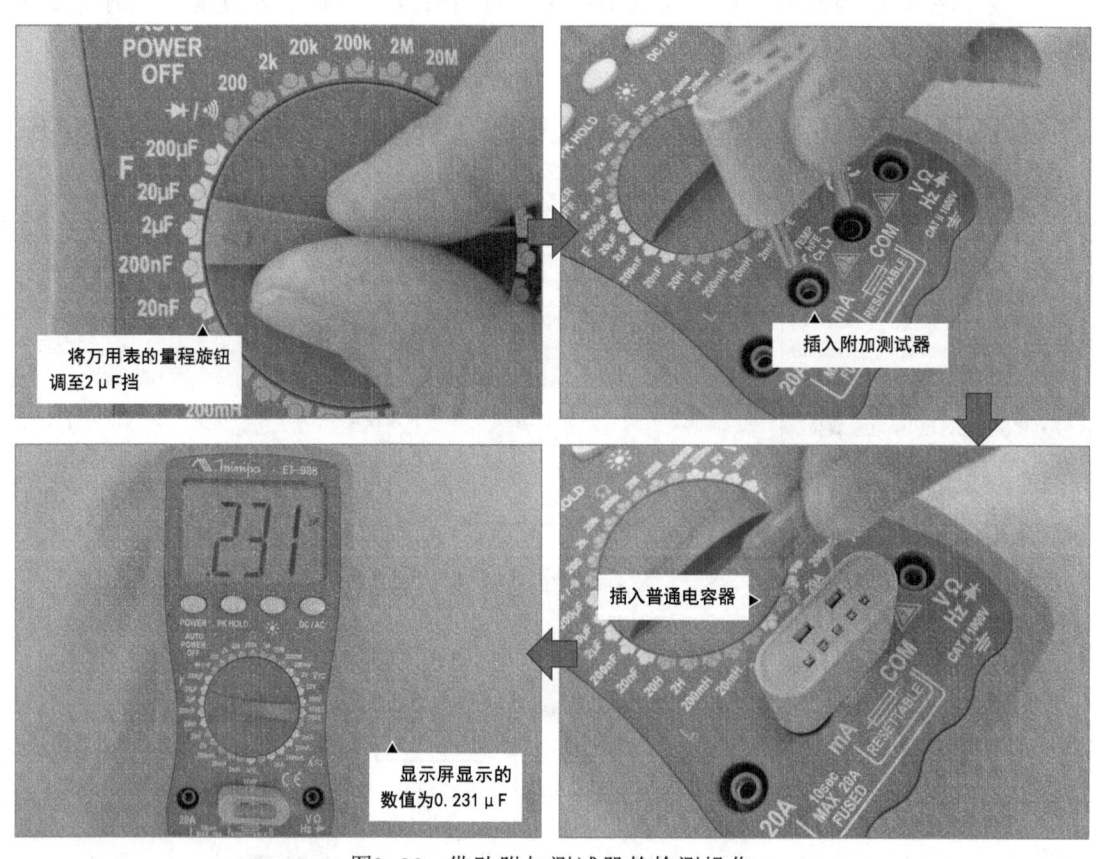

将万用表的量程旋钮调至2μF挡

插入附加测试器

插入普通电容器

显示屏显示的数值为0.231μF

图3-38　借助附加测试器的检测操作

3.4 电解电容器的检测

检测电解电容器有两种方法：一种是检测电容量；另一种是检测电解电容器的充、放电状态。

3.4.1 电解电容器的检测方法

电解电容器电容量的检测方法与普通电容器电容量的检测方法相同。下面主要介绍电解电容器充、放电状态的检测。在检测之前，首先需要区分电解电容器的引脚极性，然后用电阻器对电解电容器进行放电操作，如图3-39所示。

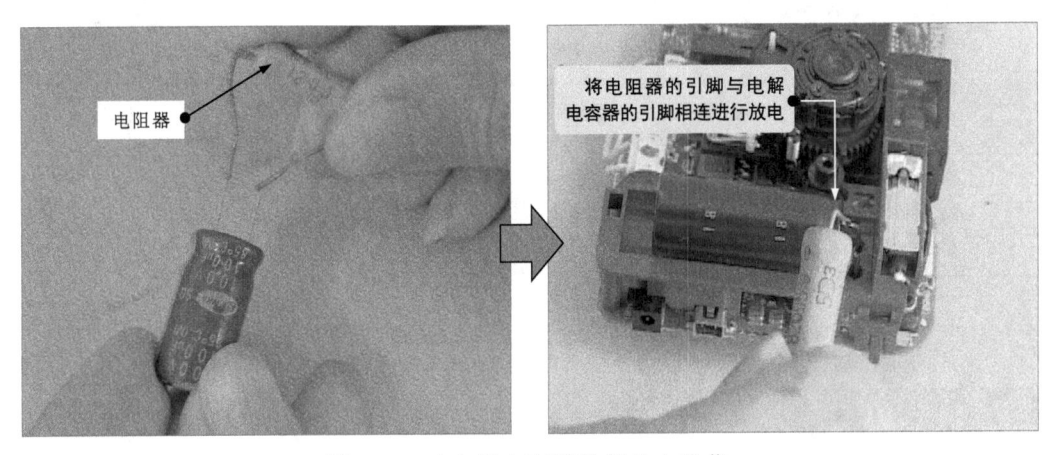

图3-39 对电解电容器进行放电操作

提示说明

电解电容器的放电操作主要是针对大容量的电解电容器，由于大容量的电解电容器在工作时可能会储存大量的电荷，因此在检测时，若未进行放电操作，则会因电击引发的火花而损坏万用表，如图3-40所示。

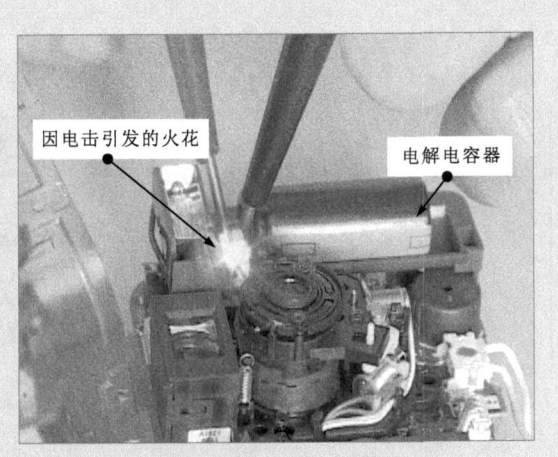

图3-40 因电击引发的火花

完成放电操作后，即可使用数字万用表对电解电容器的电容量进行检测，如图3-41所示。

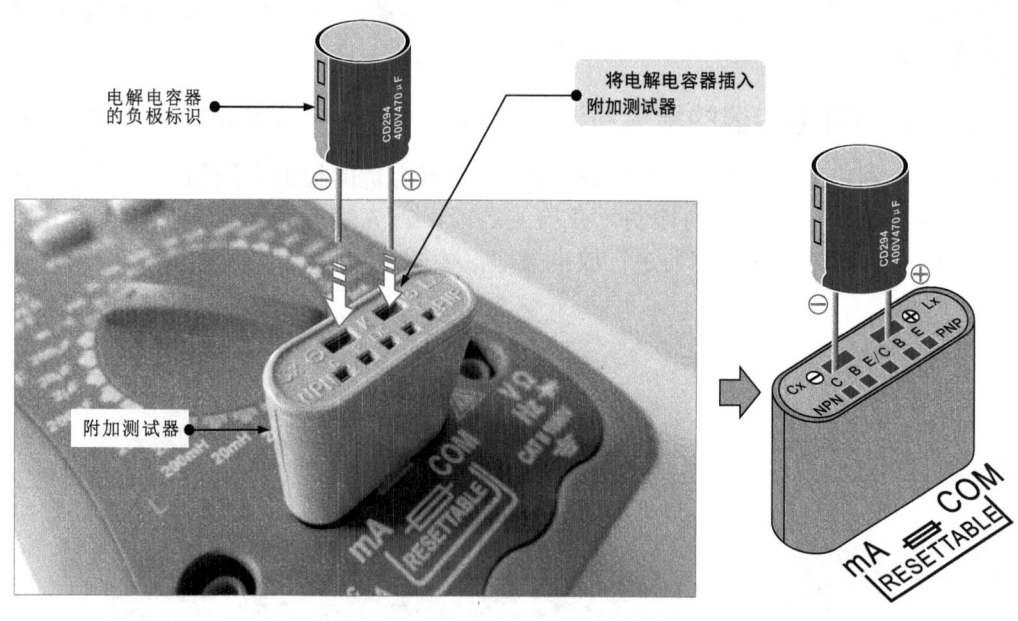

图3-41 用数字万用表检测电解电容器电容量时的连接

提示说明

在使用数字万用表的附加测试器检测电解电容器的电容量时，一定要注意区分电解电容器的引脚极性，即正极性引脚插入"正极性"插孔，负极性引脚插入"负极性"插孔，不可插反。

电解电容器的充、放电状态需要使用指针万用表进行检测，即将指针万用表的量程设置为欧姆挡，在红、黑表笔触碰电解电容器两个引脚的瞬间，通过观察指针的摆动情况，可判断电解电容器的性能，如图3-42所示。

将万用表的量程设置为欧姆挡，当红、黑表笔分别触碰电解电容器的负极性引脚、正极性引脚时，指针应有一个摆动，表明电解电容器的性能良好，若指针无摆动，或指示阻值为无穷大，则表明电解电容器的性能不良。

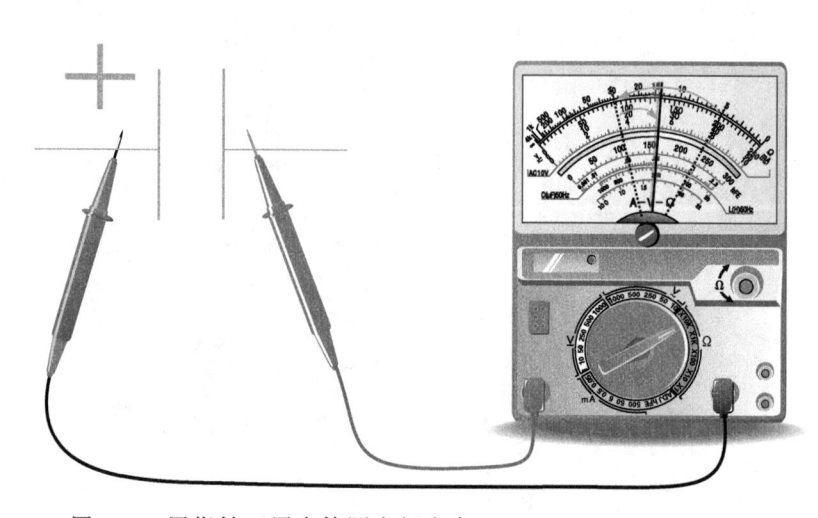

图3-42 用指针万用表检测电解电容器

3.4.2 电解电容器的检测操作

1 电解电容器电容量的检测操作

电解电容器标称容量的识读如图3-43所示。

采用直接标注法，标称容量为100μF

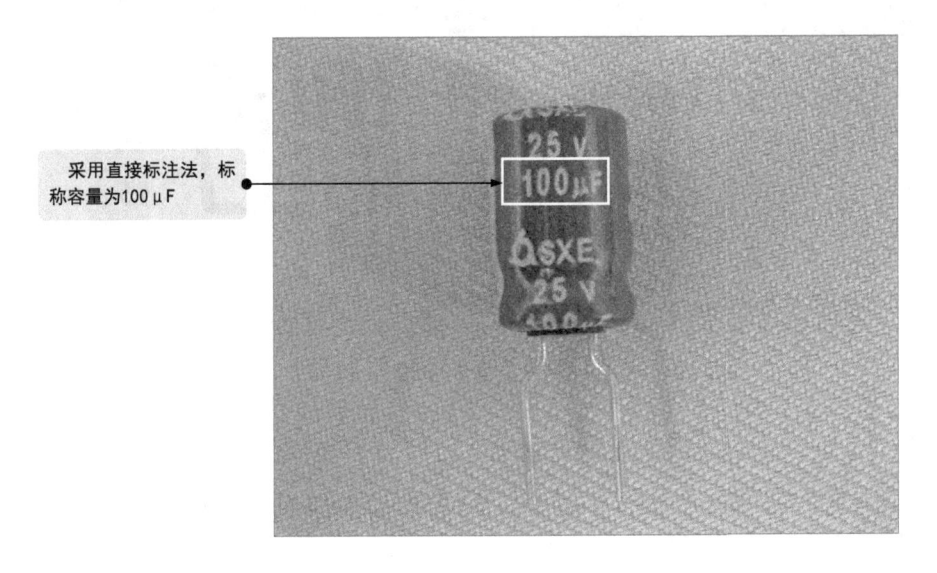

图3-43　电解电容器标称容量的识读

根据标称容量（100μF），将数字万用表的量程旋钮调至"200μF"挡，并将附加测试器插入，如图3-44所示。

1 将数字万用表的量程旋钮调至"200μF"挡

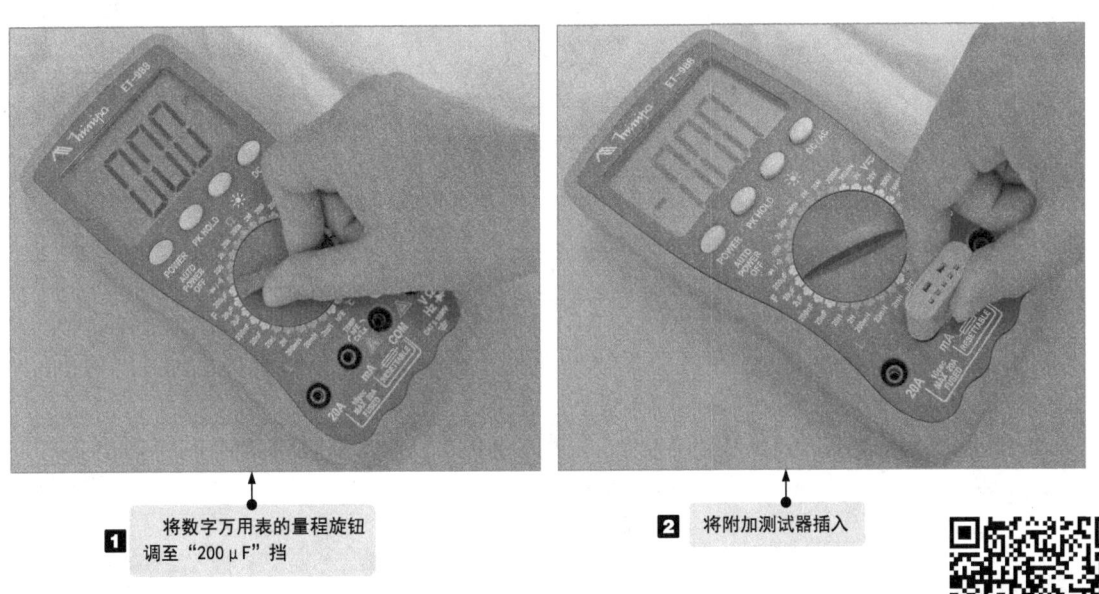

2 将附加测试器插入

图3-44　设置量程并插入附加测试器

将电解电容器按照引脚极性插入附加测试器，显示屏即可显示实际容量，实际容量为100.9μF，如图3-45所示。

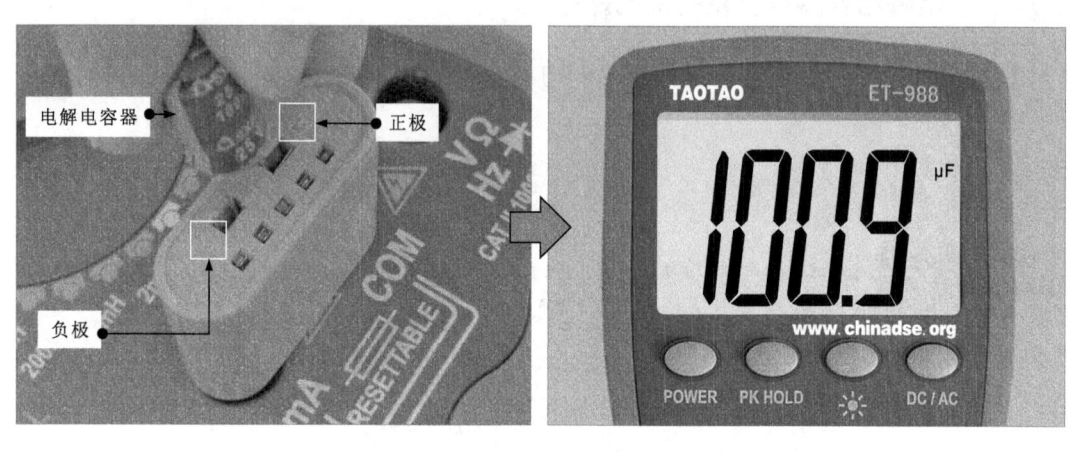

图3-45　显示屏显示的实际容量

提示说明

数字万用表的型号不同，附带的附加测试器也不同，检测的数值会略有差异。虽然附加测试器的型号不同，但检测方法一样，如图3-46所示。

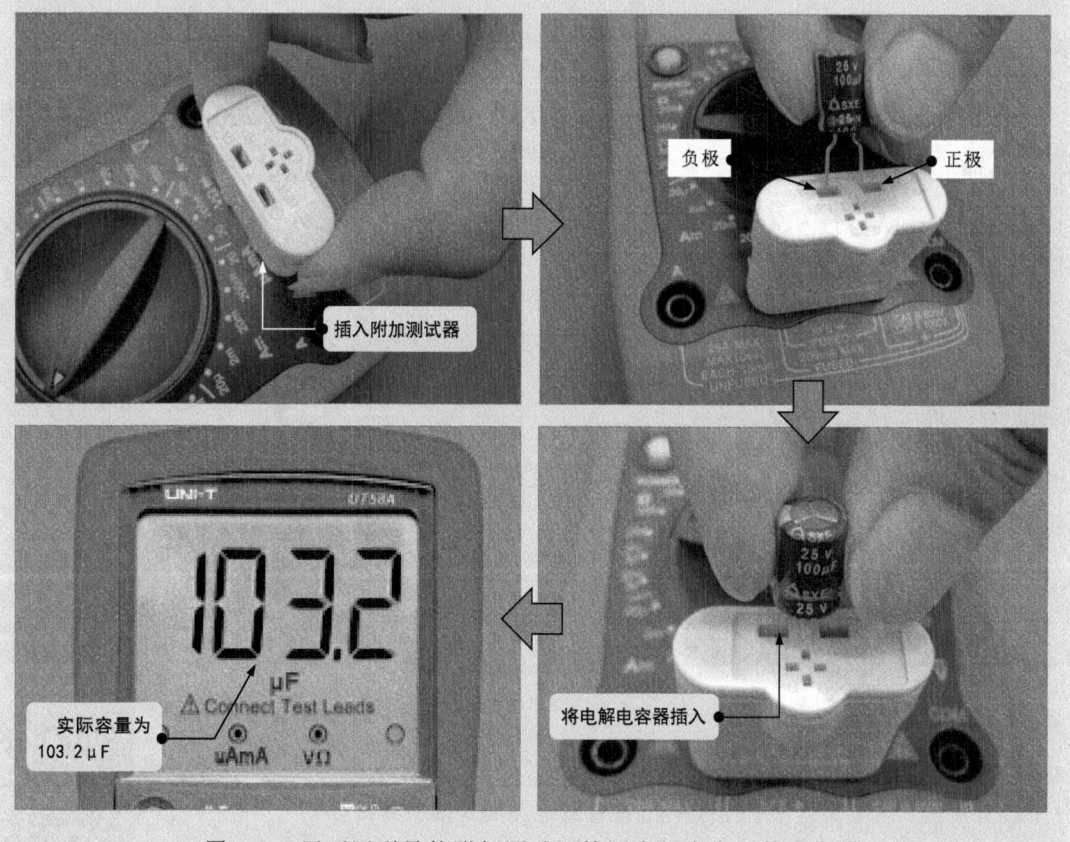

图3-46　用不同型号的附加测试器检测电解电容器的电容量

2 电解电容器直流电阻的检测操作

电解电容器直流电阻的检测操作如图3-47所示。

1 将万用表的量程旋钮调至×10k欧姆挡

2 短接红、黑表笔,进行零欧姆校正,使指针指向0位

3 将黑表笔搭在正极性引脚端,红表笔搭在负极性引脚端,检测正向直流电阻

4 在刚搭接的瞬间,指针会向右(电阻小的方向)摆动一个较大的角度,当指针摆动到最大角度后,向左回摆,直至停在一个固定位置

5 调换红、黑表笔,检测电解电容器的反向直流电阻

6 在正常情况下,反向直流电阻小于正向直流电阻

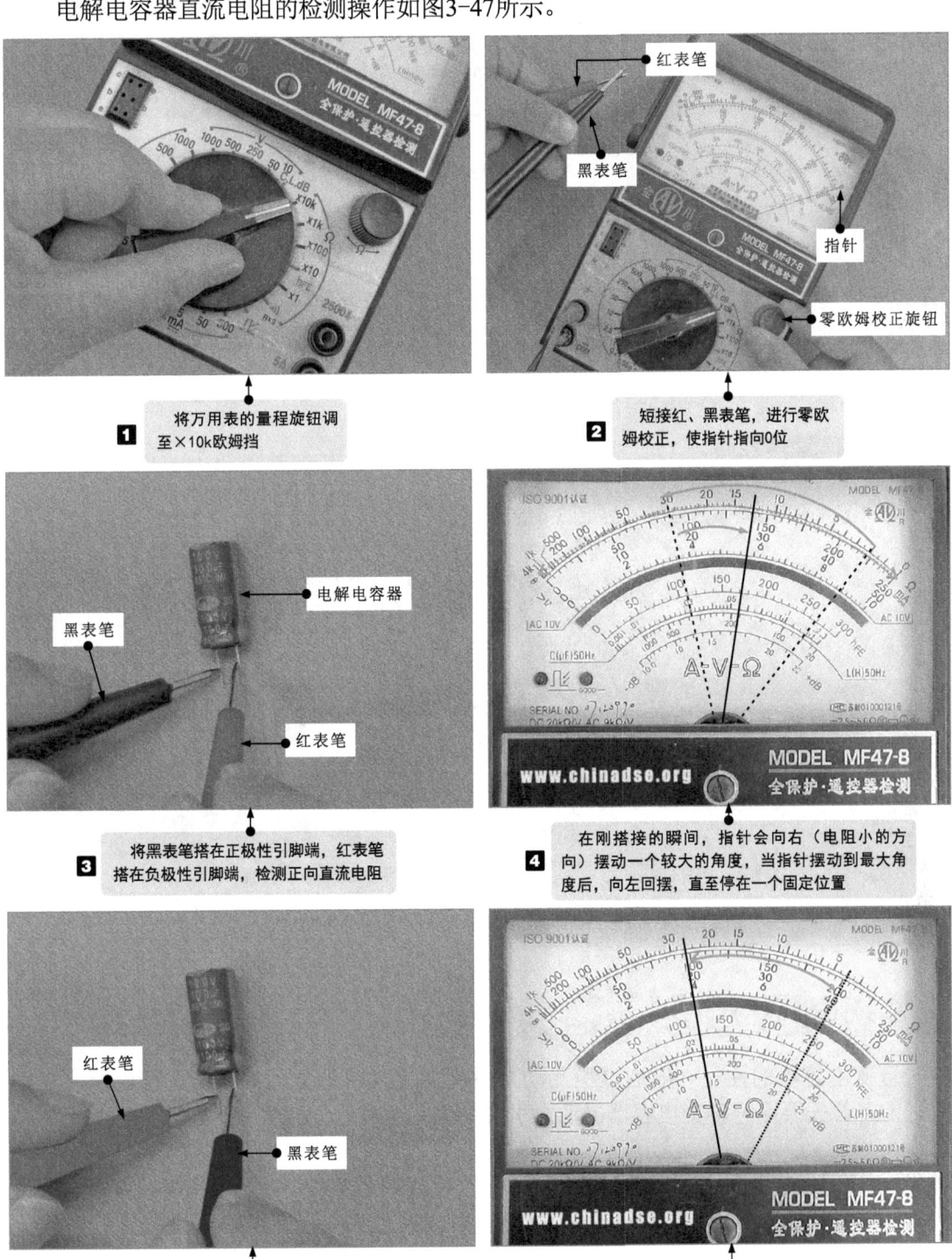

图3-47 电解电容器直流电阻的检测操作

通常，在检测电解电容器的直流电阻时，会有几种不同的检测结果，如图3-48所示，通过不同的检测结果可以大致判断电解电容器的损坏原因。

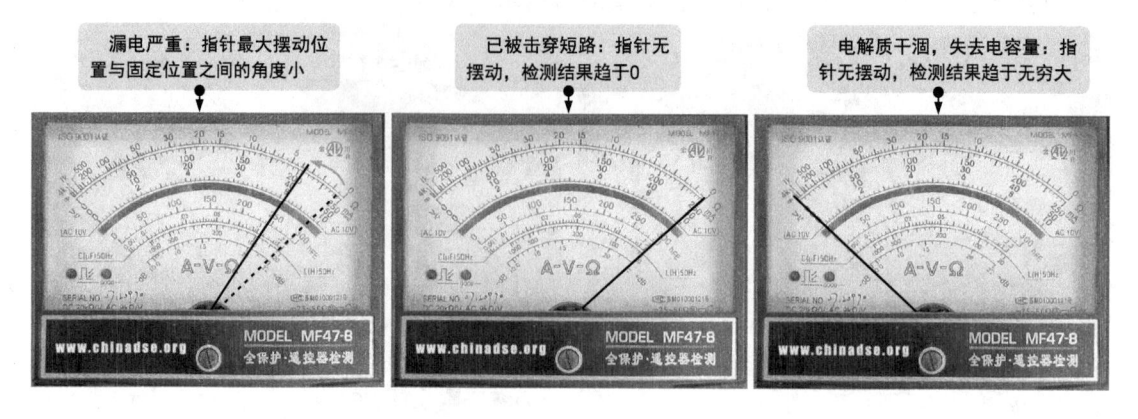

图3-48 不同的检测结果

提示说明

钽电解电容器电容量的检测方法如图3-49所示。

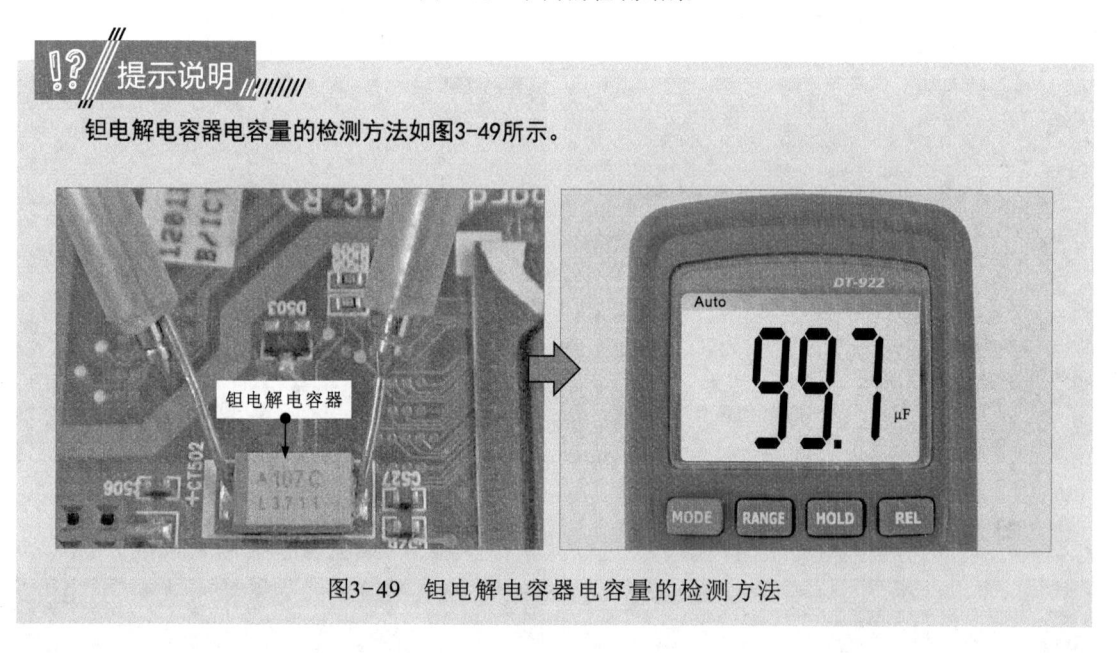

图3-49 钽电解电容器电容量的检测方法

3.5 可变电容器的检测

可变电容器的性能一般通过检测动片引脚与定片引脚之间的阻值进行判断，在检测之前，首先要区分可变电容器的动片引脚、定片引脚。

3.5.1 可变电容器的检测方法

可变电容器的检测方法如图3-50所示。

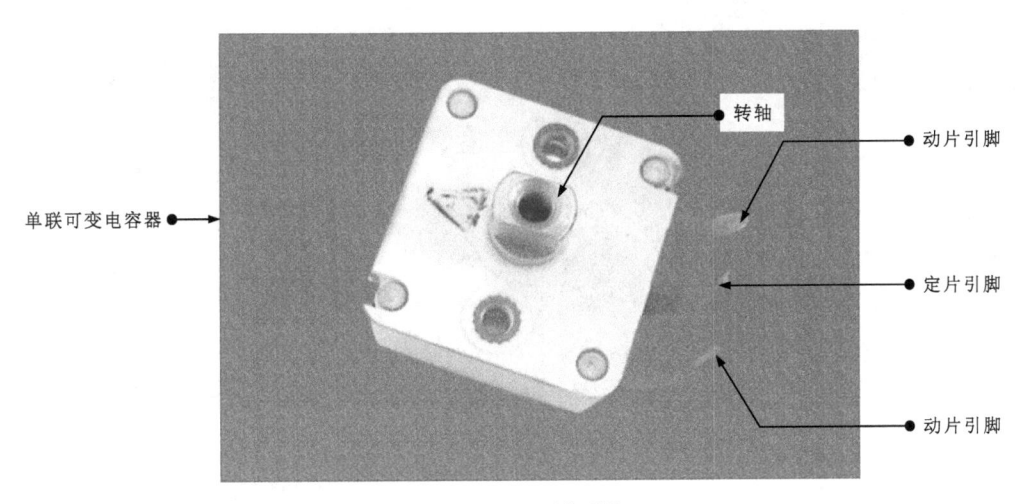

（a）区分引脚

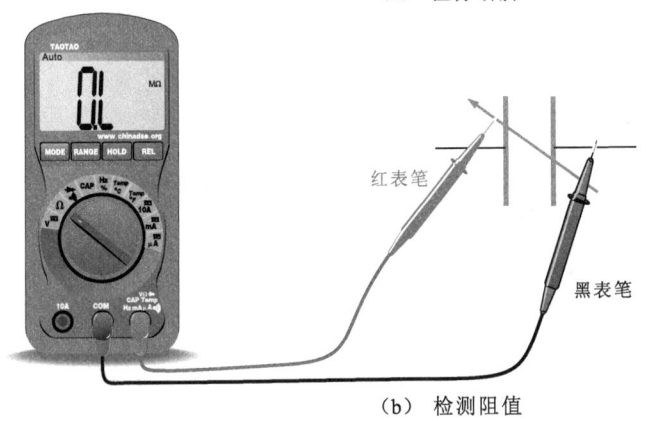

将万用表的量程设置为欧姆挡，红表笔搭在可变电容器的动片引脚端，黑表笔搭在可变电容器的定片引脚端，观察显示屏显示的数值，在正常情况下，阻值应为无穷大。保持红、黑表笔不动，转动转轴，检测动片引脚与定片引脚之间是否有短路情况。

（b）检测阻值

图3-50　可变电容器的检测方法

3.5.2 可变电容器的检测操作

图3-51为可变电容器引脚间阻值的检测操作。

1 将黑表笔搭在定片引脚上，红表笔搭在动片引脚上

2 在正常情况下，阻值应为无穷大（欧姆挡）

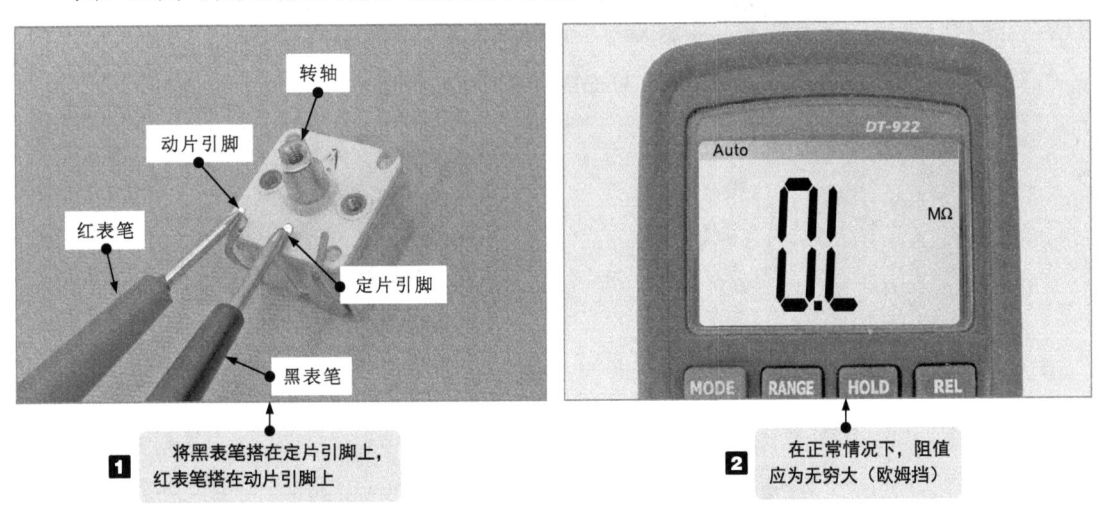

图3-51　可变电容器引脚间阻值的检测操作

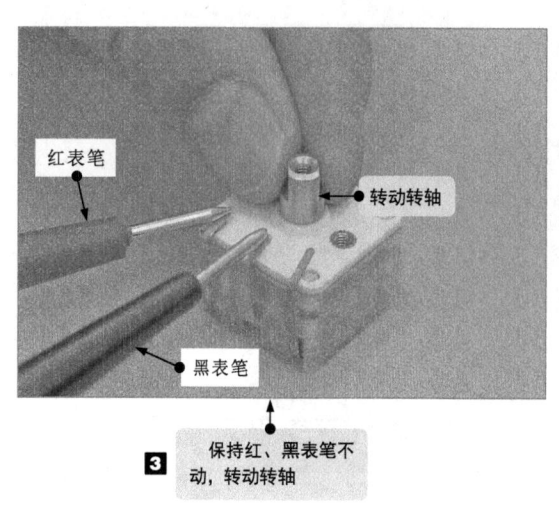

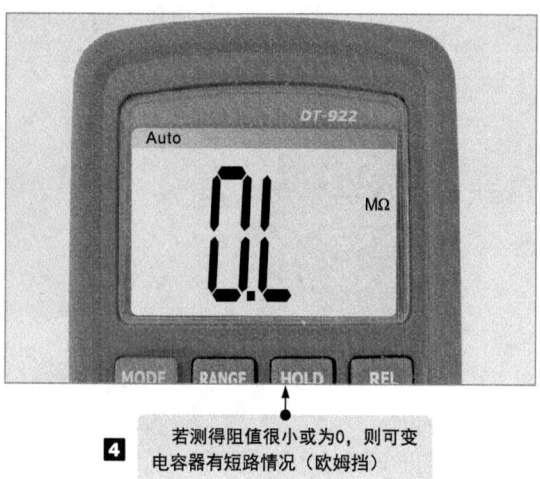

图中标注：
- 红表笔
- 黑表笔
- 转动转轴
- ③ 保持红、黑表笔不动，转动转轴
- ④ 若测得阻值很小或为0，则可变电容器有短路情况（欧姆挡）

图3-51 可变电容器引脚间阻值的检测操作（续）

!? 提示说明

　　除了对可变电容器引脚间的阻值进行检测，还可以进行机械检查，如在转动转轴时，检查转轴与动片引脚之间是否松脱或转动不灵，如图3-52所示。

转轴

转动转轴，若存在松脱或转动不灵的情况，则可变电容器存在机械故障。

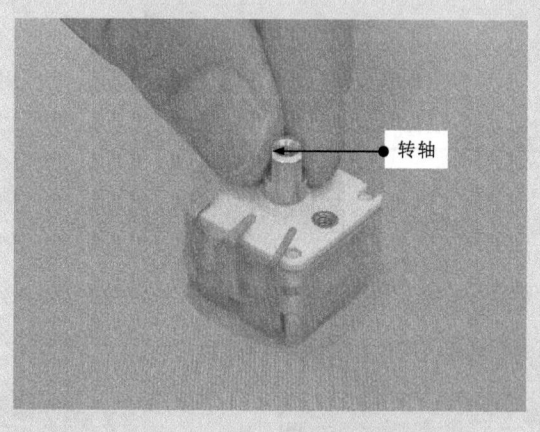

图3-52 可变电容器的机械检查

第4章 电感器的识别、选用、检测、代换

4.1 电感器的种类与应用

电感器也称为电感,是一种储能元器件,可以把电能转换成磁能并储存起来,在电子产品中应用广泛。

4.1.1 电感器的种类

电感器的种类多样,常见的有色环电感器、色码电感器、电感线圈、贴片电感器及微调电感器等,如图4-1所示。

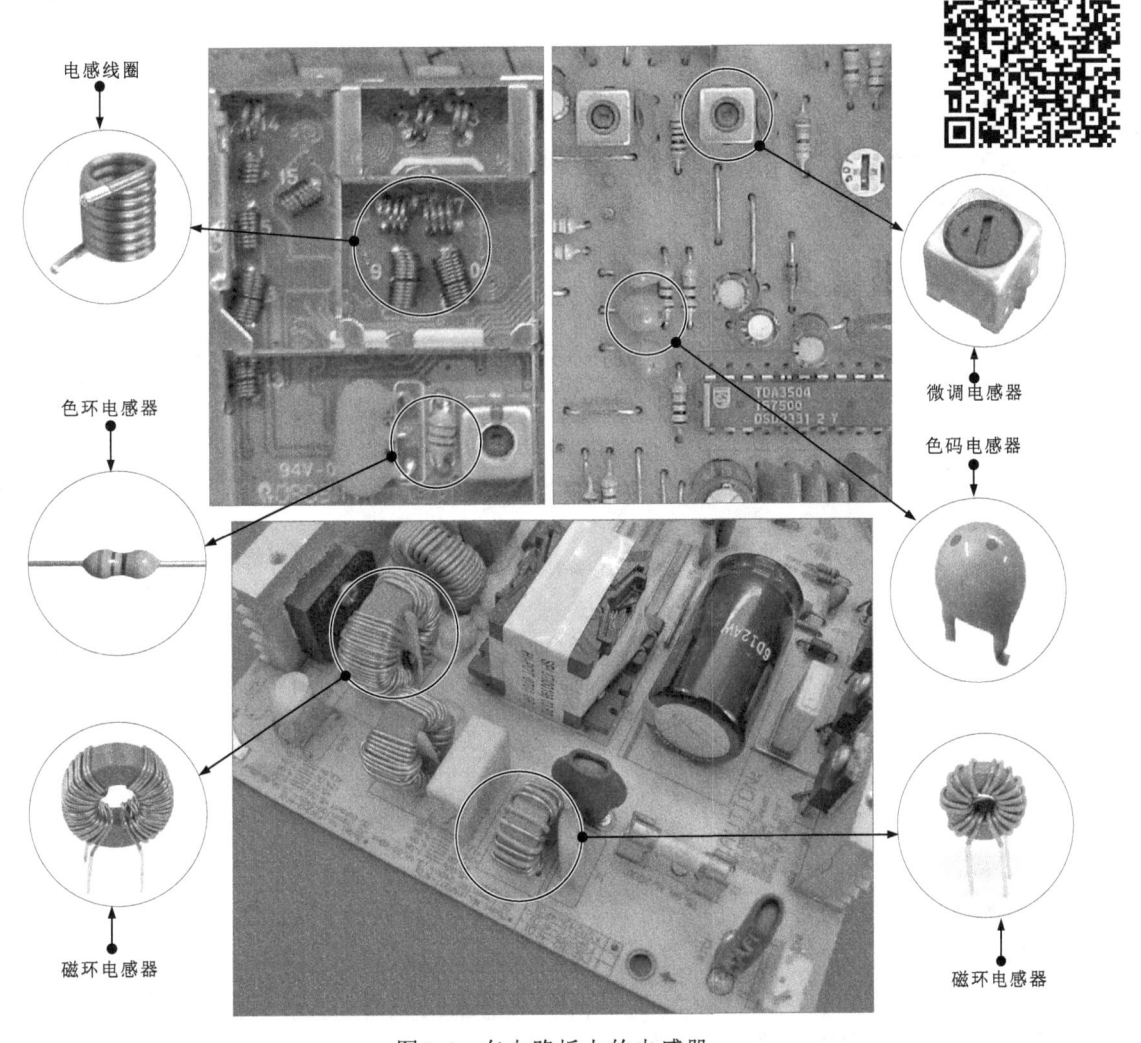

图4-1 在电路板上的电感器

1 色环电感器

色环电感器是指通过色环标识参数信息的一类电感器，如图4-2所示，属于小型电感器，工作频率一般为10kHz～200MHz，电感量一般为0.1～33000μH。

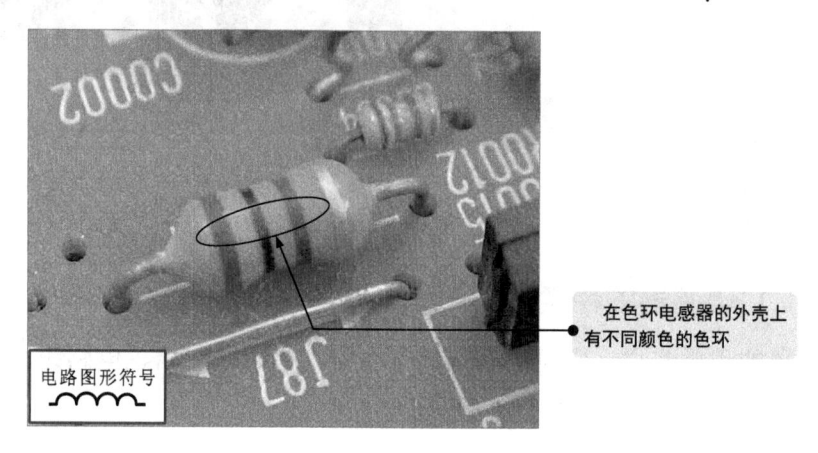

图4-2 色环电感器

提示说明

色环电感器的外形与色环电阻器、色环电容器相似，可通过电路板上的电路图形符号或字母标识进行区分。

2 色码电感器

色码电感器是指通过色码标识参数信息的一类电感器，与色环电感器相同，都属于小型电感器，如图4-3所示。色码电感器的体积小巧，性能比较稳定，广泛应用于电视机、收录机等电子设备中。

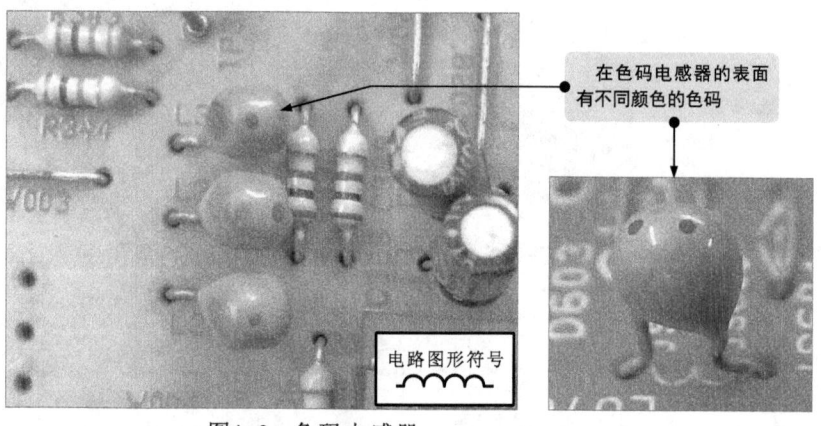

图4-3 色码电感器

提示说明

色环电感器与色码电感器除了外形、标识不同，在电路板上的安装形式也不同。色环电感器一般采用卧式安装。色码电感器采用直立安装。

3 电感线圈

电感线圈因能够直接看到线圈的匝数和紧密程度而得名，常见的主要有空芯电感线圈、磁棒电感线圈、磁环电感线圈等。

空芯电感线圈没有磁芯，线圈绕制匝数较少，电感量较小，常用在高频电路中，如电视机的高频调谐器，如图4-4所示。

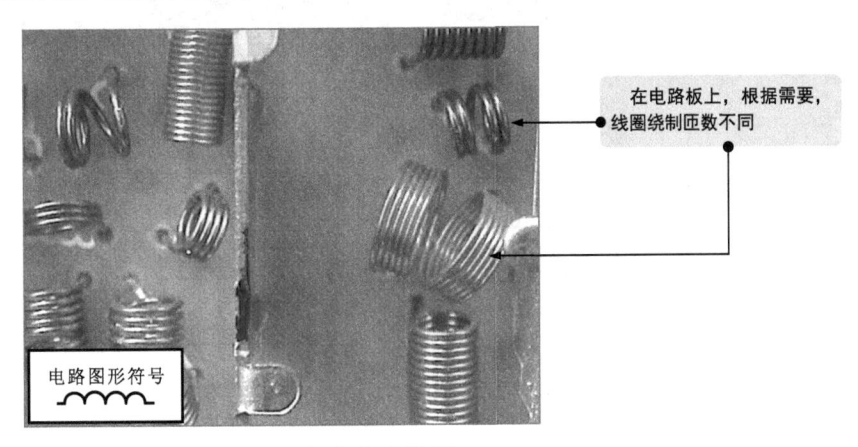

图4-4 空芯电感线圈

提示说明

空芯电感线圈的电感量，可以通过调节线圈的疏密程度来改变，调节后，用石蜡密封固定，防止因线圈形变或振动而改变疏密程度。

磁棒电感线圈（磁芯电感器）是一种在磁棒上绕制线圈的电感器，电感量较大，可以在磁棒上通过移动线圈来改变电感量，如图4-5所示。

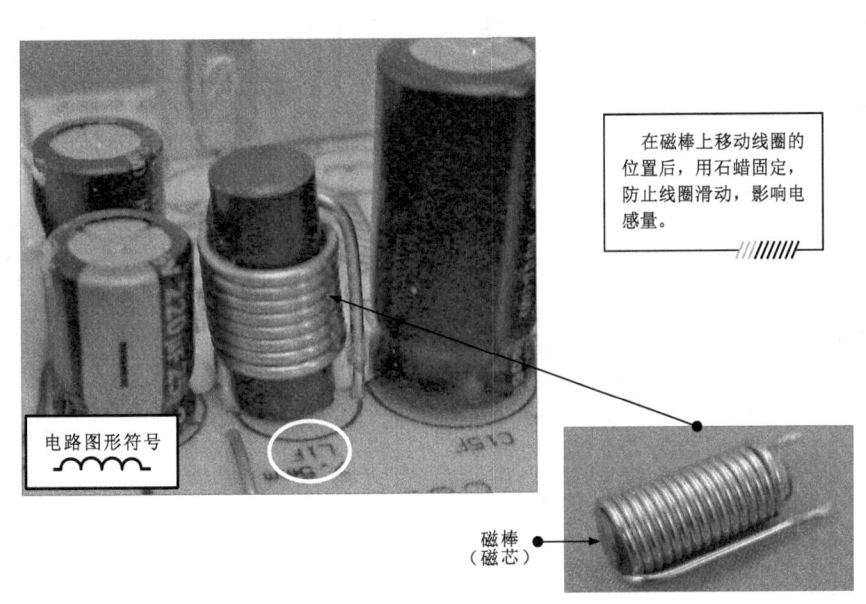

图4-5 磁棒电感线圈

磁环电感线圈是将线圈绕制在铁氧体磁环上的电感器，如图4-6所示，通过改变线圈的匝数和疏密程度可改变电感量。

铁氧体磁环的大小、形状、线圈绕制方法都对电感量有决定性的影响。

铁氧体磁环

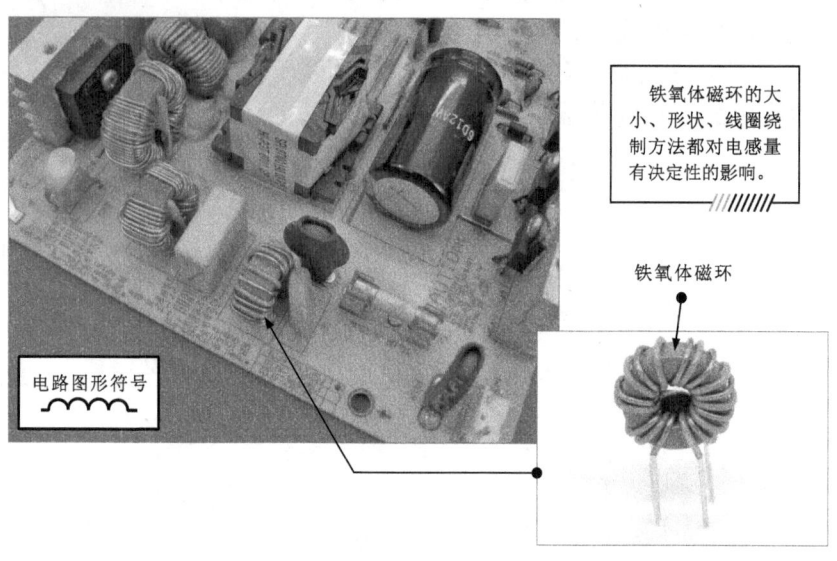

图4-6　磁环电感线圈

4　贴片电感器

贴片电感器是指可采用表面贴装方式安装在电路板上的一类电感器，电感量不能调节。

贴片电感器一般应用于体积小、集成度高的数码类电子产品中，如图4-7所示。常见的贴片电感器有小功率贴片电感器和大功率贴片电感器。

小功率贴片电感器的外形、体积与贴片电阻器相似，多为灰黑色

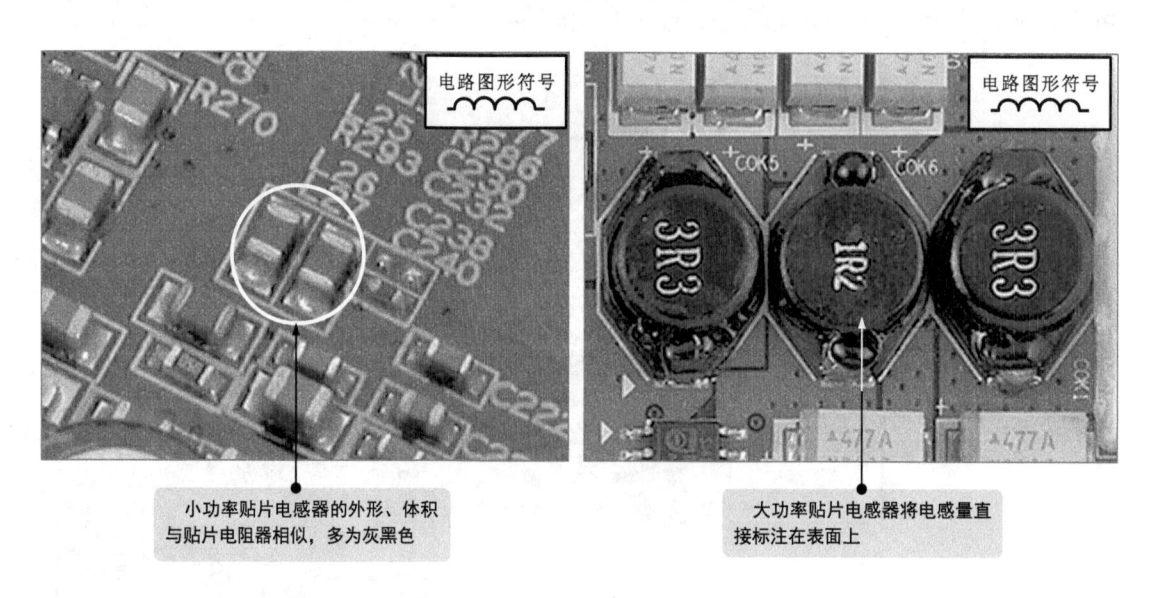

大功率贴片电感器将电感量直接标注在表面上

图4-7　贴片电感器

5　微调电感器

微调电感器是可以对电感量进行细微调节的电感器，一般设有屏蔽外壳，在磁芯上设有条形槽口，以便进行调节，如图4-8所示。

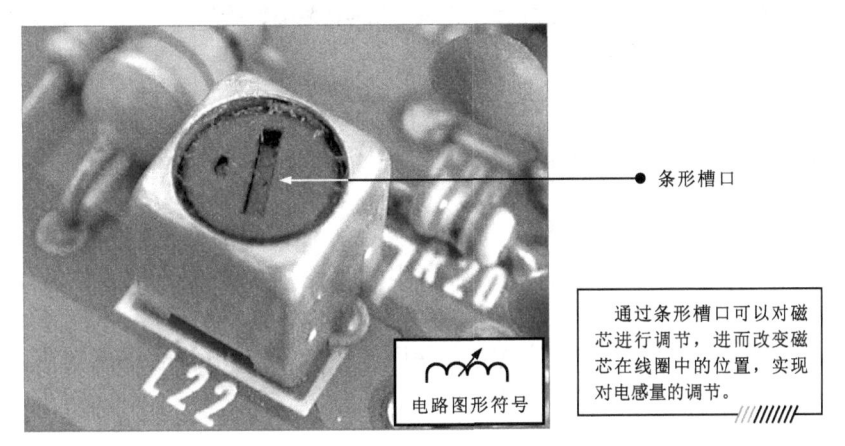

图4-8　微调电感器

提示说明

在调节微调电感器的电感量时，要使用无感螺钉旋具，即用非铁磁性金属材料制成的螺钉旋具，如用塑料或竹片等材料制成的螺钉旋具，在有些情况下可使用铜质螺钉旋具。

4.1.2　电感器的功能及应用

当电感器有电流流过时，两端就会形成较强的磁场，由于电磁感应的作用，会对电流的变化起阻碍作用，因此电感器对直流信号呈现很小的阻抗（近似短路），对交流信号呈现的阻抗较高，阻抗大小与通过交流信号的频率有关。对同一电感器，通过交流信号的频率越高，呈现的阻抗越大。图4-9为电感器的功能特性示意图。

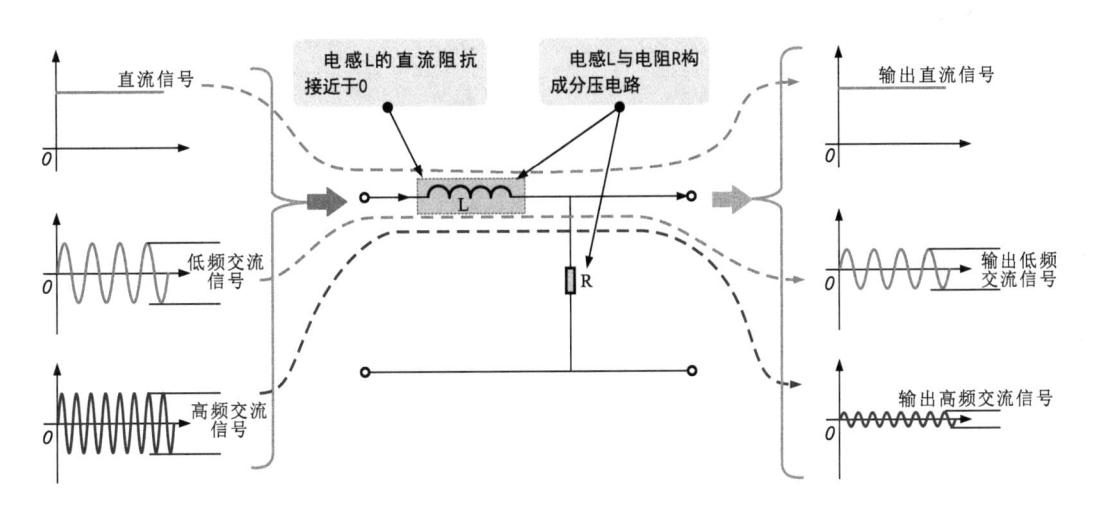

图4-9　电感器的功能特性示意图

> **提示说明**
>
> 电感器的功能特性如下:
> (1) 对直流信号呈现很小的阻抗(近似短路),对交流信号呈现的阻抗与信号频率成正比,信号频率越高,阻抗越大,电感量越大,对交流信号的阻隔越强。
> (2) 流过电感器的电流不会发生突变,常用作滤波线圈、谐振线圈等。

1 电感器的滤波功能

电感器可对脉动信号产生反电动势,对交流信号的阻抗很大,对直流信号的阻抗很小,如果将电感量较大的电感器串接在整流电路中,就会阻隔交流信号,起到滤除交流信号的作用。

通常,电感器L与电容器C串联可构成LC滤波电路,电感器阻隔交流信号,电容器阻隔直流信号,具有平滑滤波的作用。

图4-10为电感器的滤波功能示意图。

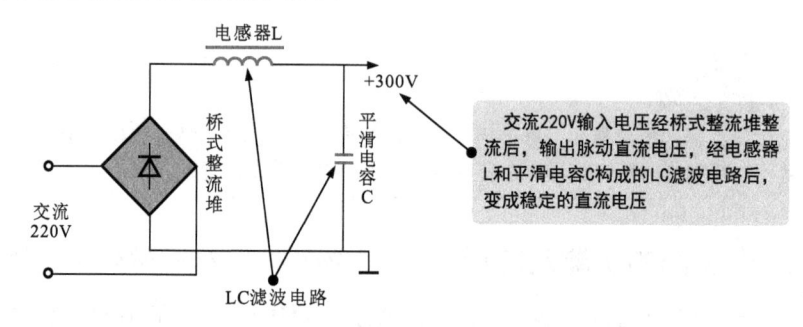

图4-10 电感器的滤波功能示意图

2 电感器的谐振功能

电感器L与电容器C并联可构成LC并联谐振电路,用于阻止信号干扰。图4-11为电感器的谐振功能示意图。

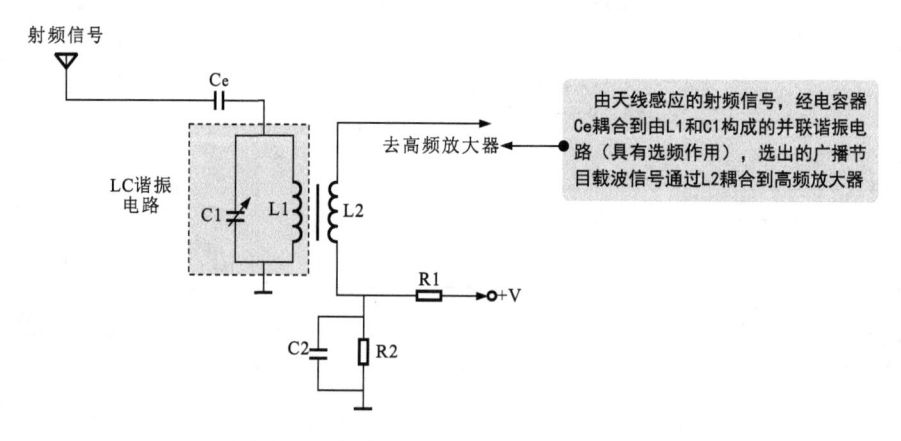

图4-11 电感器的谐振功能示意图

电感器对交流信号的阻抗随频率的增加而变大。电容器对交流信号的阻抗随频率的增加而变小。由电感器L和电容器C并联构成的LC并联谐振电路有一个固有频率，即共谐频率。在共谐频率下，LC并联谐振电路呈现的阻抗最大。利用这种特性可以制成阻波电路和选频电路，如图4-12所示。

（a）LC并联谐振电路与电阻R构成分压电路

（b）LC并联谐振电路用作选频电路

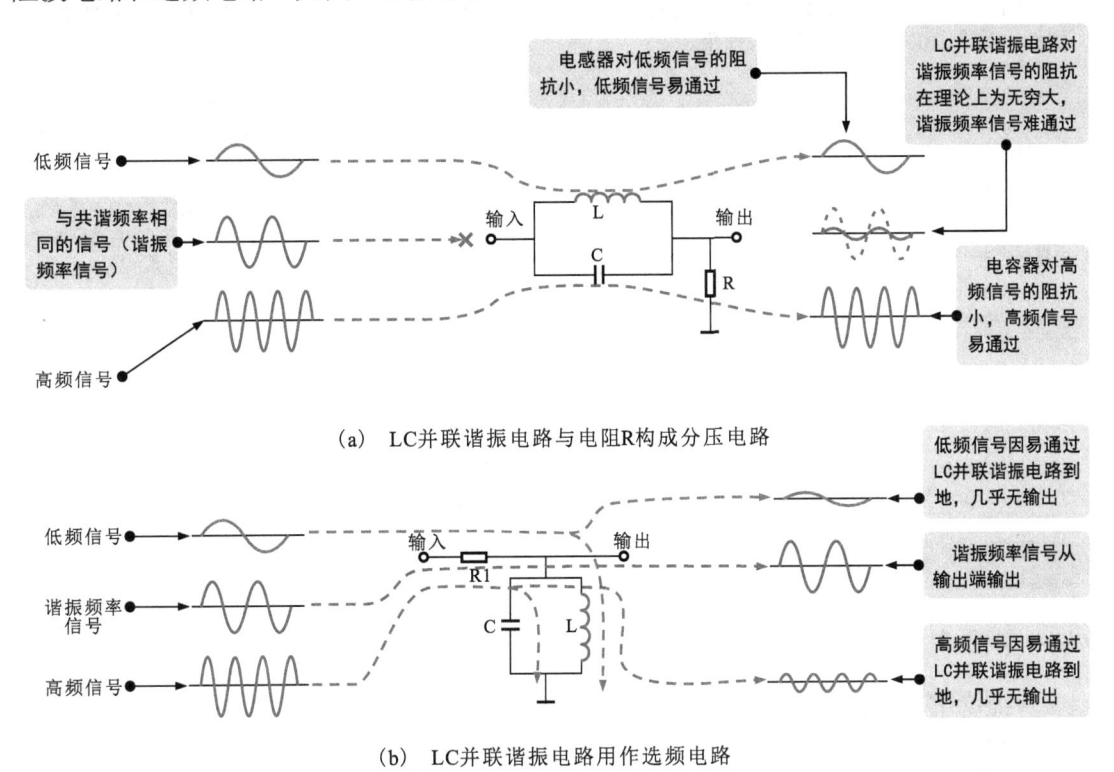

图4-12 LC并联谐振电路功能特性示意图

电感器L与电容器C串联可构成LC串联谐振电路，如图4-13所示。该电路可简单理解为与LC并联谐振电路相反。LC串联谐振电路对谐振频率信号的阻抗最小，可实现选频功能。电感器L和电容器C的参数不同，可选择的频率不同。

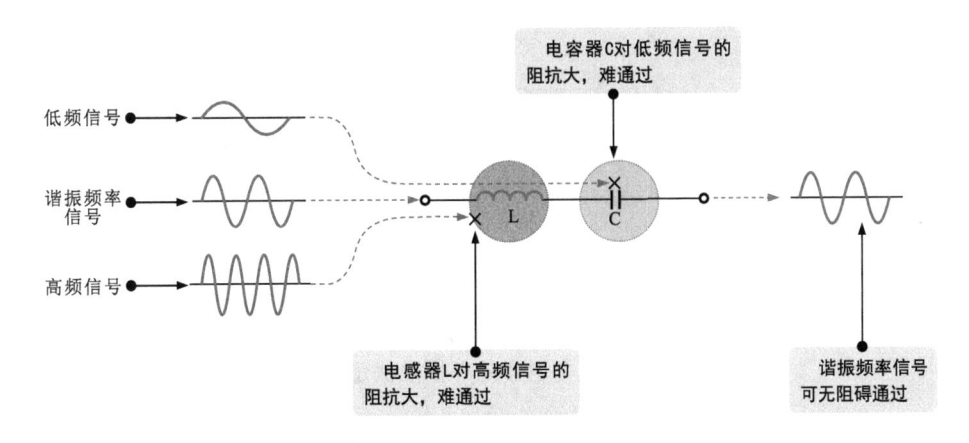

图4-13 LC串联谐振电路

> **提示说明**
>
> 当输入信号经过LC串联谐振电路时，频率较高的信号难通过电感器L，频率较低的信号难通过电容器C，谐振频率信号很容易通过LC串联谐振电路输出。LC串联谐振电路具有选频作用。
>
> 图4-14是由LC串联谐振电路构成的具有陷波功能的电路。LC串联谐振电路的阻抗很小，可被短路到地，使输出信号很小，起陷波作用。

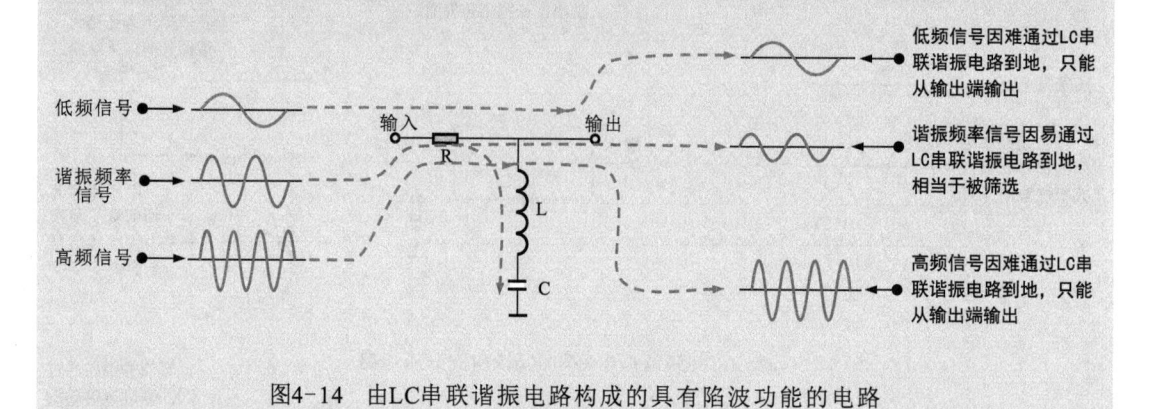

图4-14　由LC串联谐振电路构成的具有陷波功能的电路

4.2　电感器的识别、选用、代换

4.2.1　电感器的参数识读

电感器的参数主要有电感量、允许偏差、额定工作电压、绝缘电阻、温度系数及频率特性等，常见的标注方法有色环标注法、色码标注法和直接标注法。

1　色环标注法的参数识读

电感器色环标注法示意图如图4-15所示。

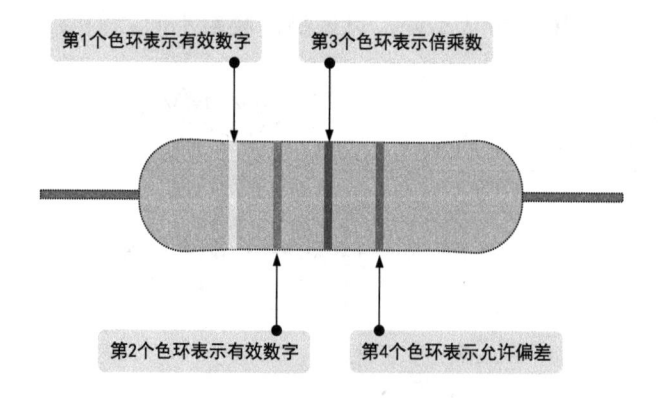

图4-15　电感器色环标注法示意图

提示说明

在图4-15中，第1个色环和第2个色环都表示有效数字，不同颜色的色环表示的有效数字不同；第3个色环表示有效数字后0的个数（以10为单位的倍乘数），不同颜色的色环表示的倍乘数不同；第4个色环表示电感器的允许电感量与标称电感量的偏差值，不同颜色的色环表示的允许偏差不同。

色环含义见表4-1。

表4-1 色环含义

色环颜色	有效数字	倍乘数	允许偏差	色环颜色	有效数字	倍乘数	允许偏差
银	—	10^{-2}	±10%	绿	5	10^5	±0.5%
金	—	10^{-1}	±5%	蓝	6	10^6	±0.25%
黑	0	10^0	—	紫	7	10^7	±0.1%
棕	1	10^1	±1%	灰	8	10^8	—
红	2	10^2	±2%	白	9	10^9	±20%
橙	3	10^3	—	无	—	—	—
黄	4	10^4	—				

色环电感器的参数识读如图4-16所示。

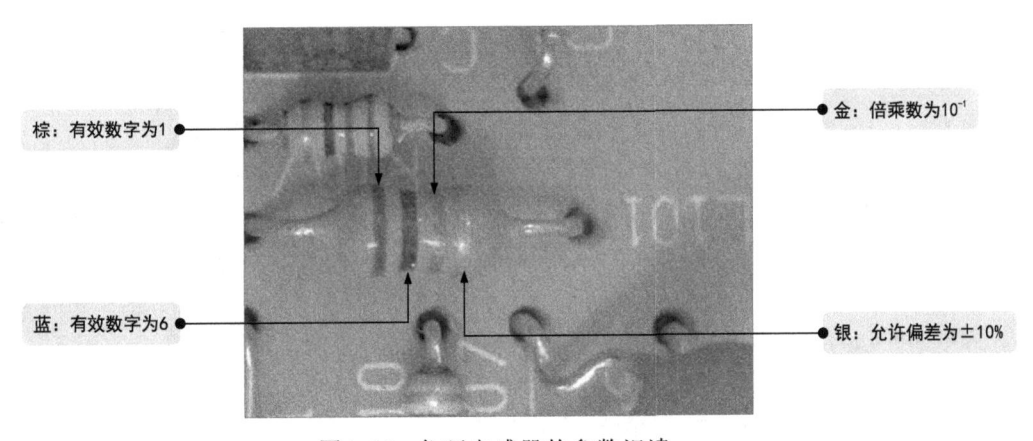

图4-16 色环电感器的参数识读

提示说明

在图4-16中，棕，表示第1位有效数字为1；蓝，表示第2位有效数字为6；金，表示倍乘数为10^{-1}；银，表示允许偏差为±10%。色环电感器的电感量为$16×10^{-1}$μH±10%=1.6μH±10%。在识读色环电感器的电感量时，在未明确标注电感量的单位时，默认单位为μH。

2 色码标注法的参数识读

电感器色码标注法示意图如图4-17所示。

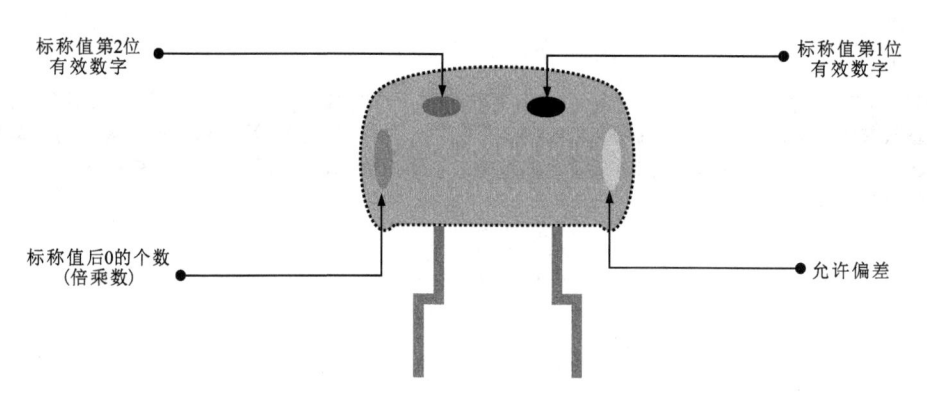

图4-17　电感器色码标注法示意图

提示说明

在色码电感器的表面上，左侧色码表示倍乘数，顶部左侧色码表示第2位有效数字，顶部右侧色码表示第1位有效数字，右侧色码表示允许偏差。

一般来说，由于色码电感器从外形上没有明显的正面、反面区分，因此左、右侧可根据电路板上的文字标识进行区分，文字标识的正方向对应色码电感器的正面。由于无色色码通常不代表有效数字和倍乘数，因此无色色码的一侧为右侧。

色码电感器的参数识读如图4-18所示。

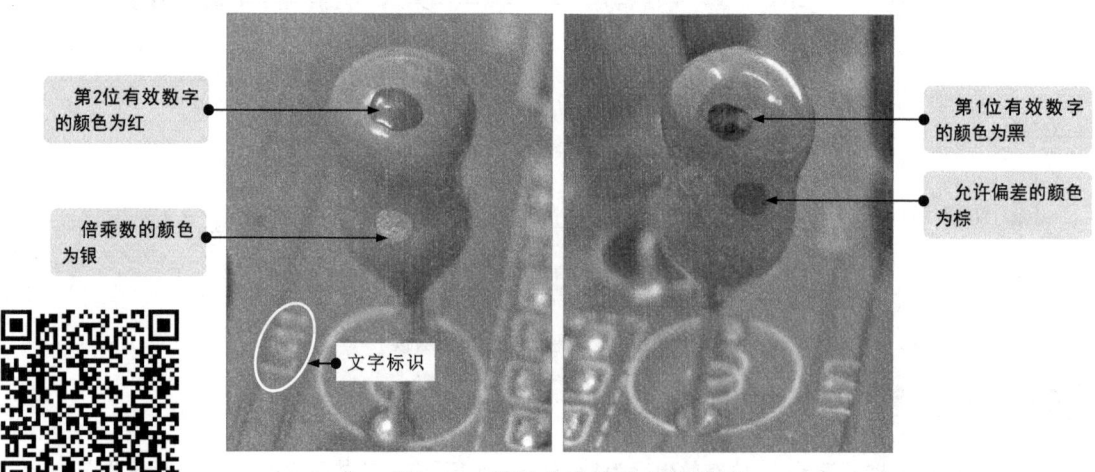

图4-18　色码电感器的参数识读

提示说明

在图4-18中，顶部色码颜色从右向左依次为黑、红，分别表示第1位有效数字0、第2位有效数字2，左侧色码颜色为银，表示倍乘数为10^{-2}，右侧色码颜色为棕，表示允许偏差为±1%。因此，色码电感器的电感量为$2\times10^{-2}\mu H\pm1\%=0.02\mu H\pm1\%$。在识读色码电感器的电感量时，在未标注电感量的单位时，默认单位为μH。

在电路板上，色码电感器的文字标识为L411，L侧为起始侧，判断色码电感器红、银色码的一侧为左侧。

3 直接标注法的参数识读

电感器直接标注法是将数字、字母等直接标注在外壳上，用来表示相关参数，通常采用简略方式，即只标注重要信息。直接标注法有三种方式：普通直接标注法、数字标注法、数字中间加字母标注法。

普通直接标注法示意图如图4-19所示。

第1部分表示产品名称，用字母表示
第2部分表示电感量，用数字表示
第3部分表示允许偏差，用字母表示

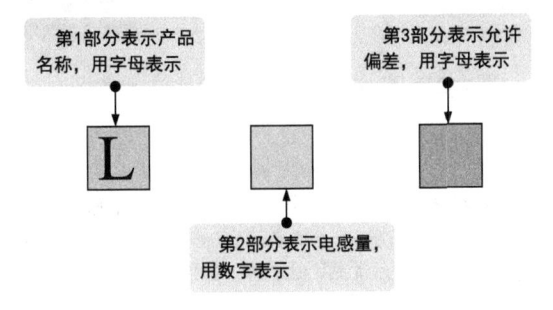

图4-19 普通直接标注法示意图

提示说明

在图4-19中，第1部分的产品名称用字母表示，如L；第2部分的电感量用数字表示；第3部分的允许偏差用字母表示，表示实际电感量与标称电感量之间允许的最大偏差。不同字母的含义见表4-2。

表4-2 不同字母的含义

产品名称		允许偏差			
字母	含义	字母	含义	字母	含义
L	电感器、线圈	J	±5%	M	±20%
ZL	阻流圈	K	±10%	L	±15%

数字标注法示意图如图4-20所示。贴片电感器的体积较小，常采用数字标注法对参数进行标注。

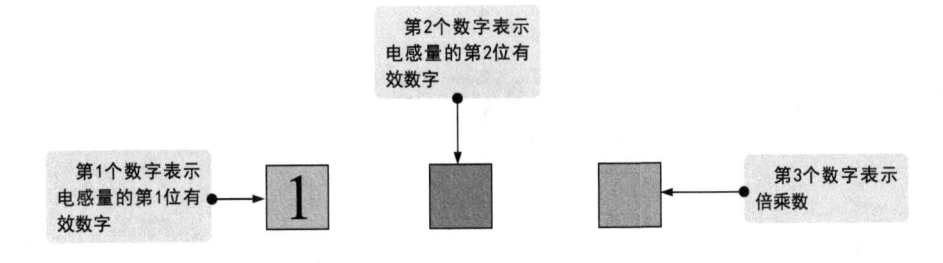

第1个数字表示电感量的第1位有效数字
第2个数字表示电感量的第2位有效数字
第3个数字表示倍乘数

图4-20 数字标注法示意图

数字中间加字母标注法示意图如图4-21所示。数字中间加字母标注法通常用于标注体积较小的贴片电感器的参数。

3 R 3

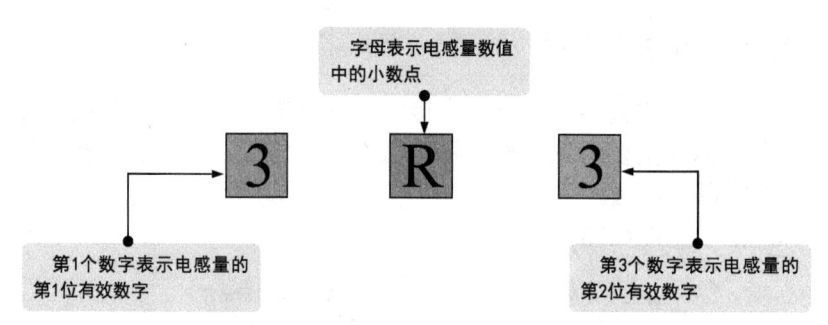

字母表示电感量数值中的小数点

第1个数字表示电感量的第1位有效数字

第3个数字表示电感量的第2位有效数字

图4-21 数字中间加字母标注法示意图

提示说明

我国早期生产的电感器一般都直接将主要参数标注在外壳上，表示最大工作电流的字母共有A、B、C、D、E等五个，对应的最大工作电流分别为50mA、150mA、300mA、700mA、1600mA，表示的型号有Ⅰ、Ⅱ、Ⅲ等三种，表示的误差有±5%、±10%、±20%，如图4-22所示。电感量为330μH±10%。

D：表示最大工作电流

Ⅱ：表示型号，误差为±10%

330：表示电感量为330

μH：表示电感量的单位

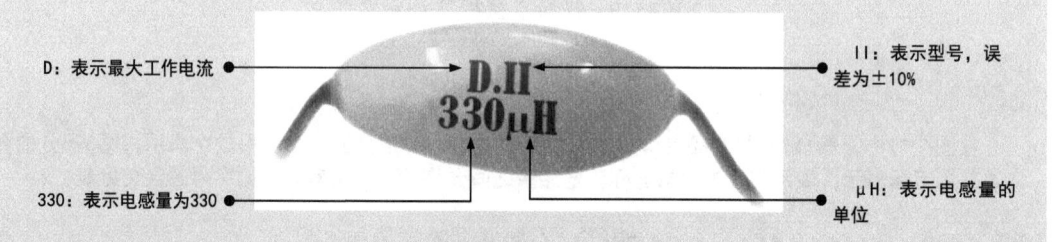

图4-22 早期生产电感器的参数标注

识别电感器比较简单，主要从外形特征入手，特别是从外观能够看到线圈的电感器，如空芯电感线圈、磁棒电感线圈、磁环电感线圈、扼流圈等。色码电感器的外形特征也比较明显，很容易识别。比较容易混淆的是色环电感器和小型贴片电感器。它们的外形分别与色环电阻器、贴片电阻器相似，主要依据电路板上的文字标识来识别。在电路板上，电感器的附近有"L+数字"标识，电阻器的附近有"R+数字"标识。识读电路板上电感器的电感量如图4-23所示。

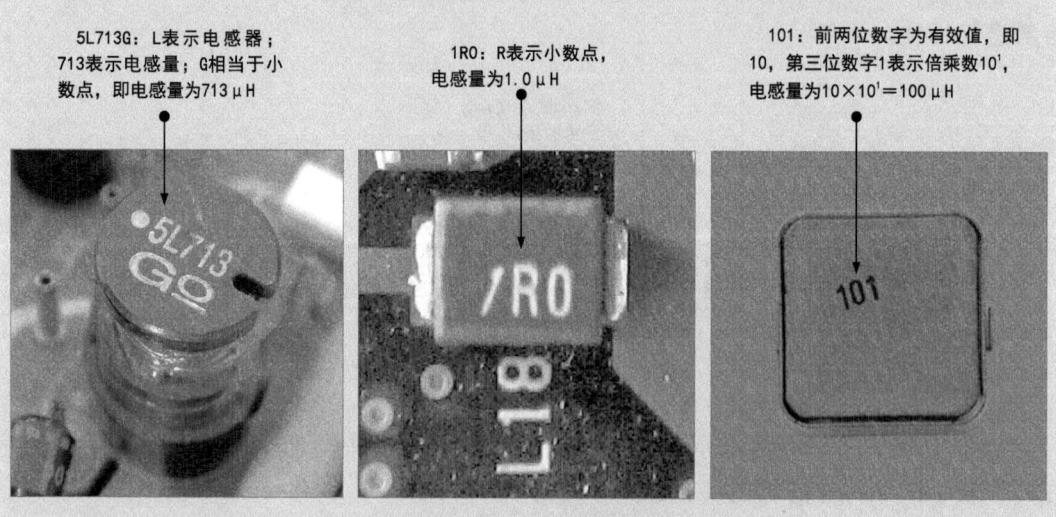

5L713G：L表示电感器；713表示电感量；G相当于小数点，即电感量为713μH

1R0：R表示小数点，电感量为1.0μH

101：前两位数字为有效值，即10，第三位数字1表示倍乘数10^1，电感量为$10 \times 10^1 = 100$μH

图4-23 识读电路板上电感器的电感量

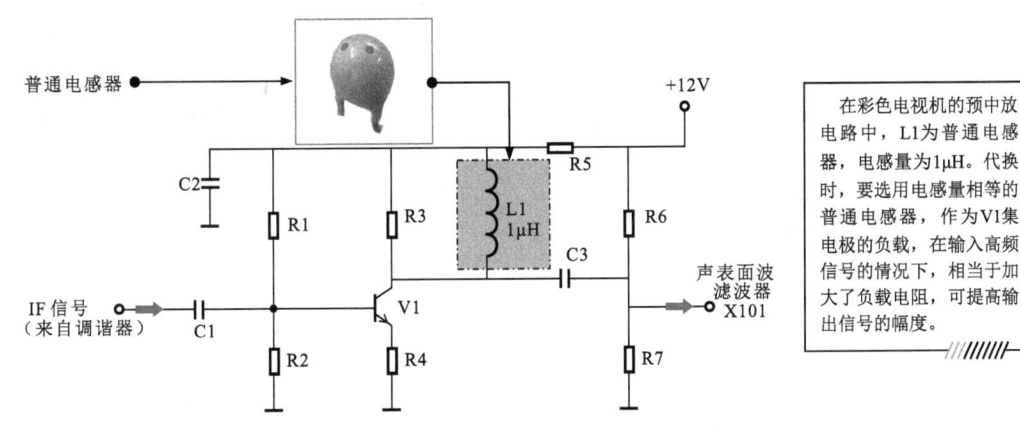

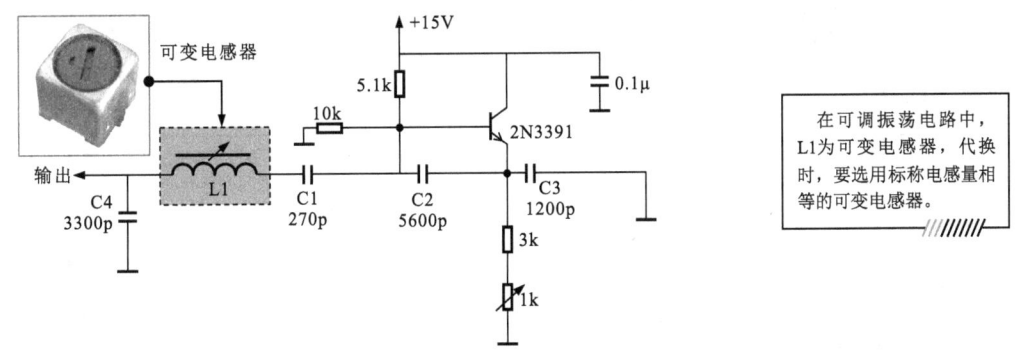

4.2.2 电感器的选用与代换

电感器的选用与代换需要遵循一定的规则。

1 普通电感器的选用与代换

在代换普通电感器时，应尽可能选用同型号的普通电感器进行代换，若无法找到同型号的普通电感器，则选用普通电感器的标称电感量和额定工作电流与原普通电感器的标称电感量和额定工作电流应尽量接近，外形和尺寸也应符合要求。

图4-24为普通电感器的选用与代换实例。

> 在彩色电视机的预中放电路中，L1为普通电感器，电感量为1μH。代换时，要选用电感量相等的普通电感器，作为V1集电极的负载，在输入高频信号的情况下，相当于加大了负载电阻，可提高输出信号的幅度。

图4-24 普通电感器的选用与代换实例

提示说明

在代换普通电感器时还应注意，对于小型固定电感器、色码电感器、色环电感器，只要标称电感量、额定工作电流相同，外形、尺寸相近，就可以直接进行代换。

2 可变电感器的选用与代换

在代换可变电感器时，应尽可能选用同型号的可变电感器进行代换，若无法找到同型号的可变电感器，则选用可变电感器的标称电感量与原可变电感器的标称电感量尽量接近，尺寸和外形应符合要求。图4-25为可变电感器的选用与代换实例。

> 在可调振荡电路中，L1为可变电感器，代换时，要选用标称电感量相等的可变电感器。

图4-25 可变电感器的选用与代换实例

提示说明

由于电感器的形态各异，安装方式不同，因此在代换时一定要注意方法，根据电感器的自身特性选择正确、稳妥的代换方法。通常，电感器采用焊接方式固定在电路板上，从焊接的形式上看，主要分为表面贴装和插装焊接两种方式。

采用表面贴装的电感器，体积普遍较小，常用于元器件密集的数码产品中，在拆卸和焊接时，最好使用热风焊机，在加热的同时用镊子抓取、固定或挪动，如图4-26所示。

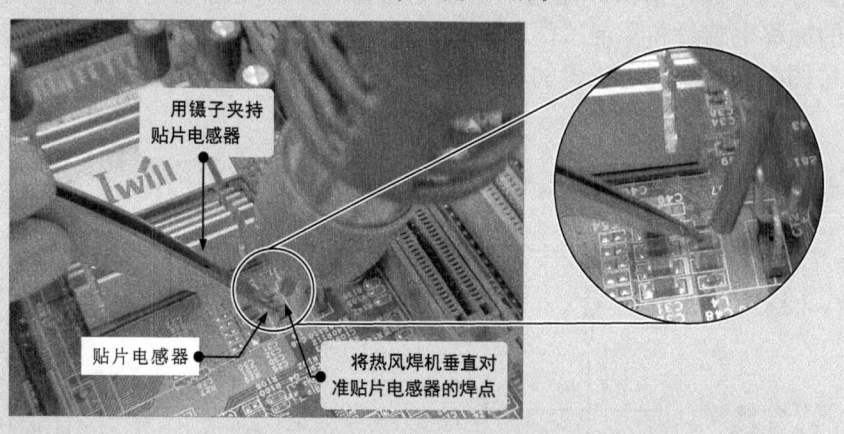

图4-26　表面贴装电感器

在代换空芯电感线圈、磁棒电感线圈和磁环电感线圈时，线圈疏密程度和磁芯的位置都会影响电感量，因此在代换后，应按要求调节电感量，并用石蜡进行固定。

4.3　色环/色码电感器的检测

4.3.1　色环/色码电感器的检测方法

在检测色环/色码电感器时，首先根据标注识读标称电感量，然后使用数字万用表进行检测，将检测结果与标称电感量进行比较，即可对性能进行判断。图4-27为色环电感器的检测方法。

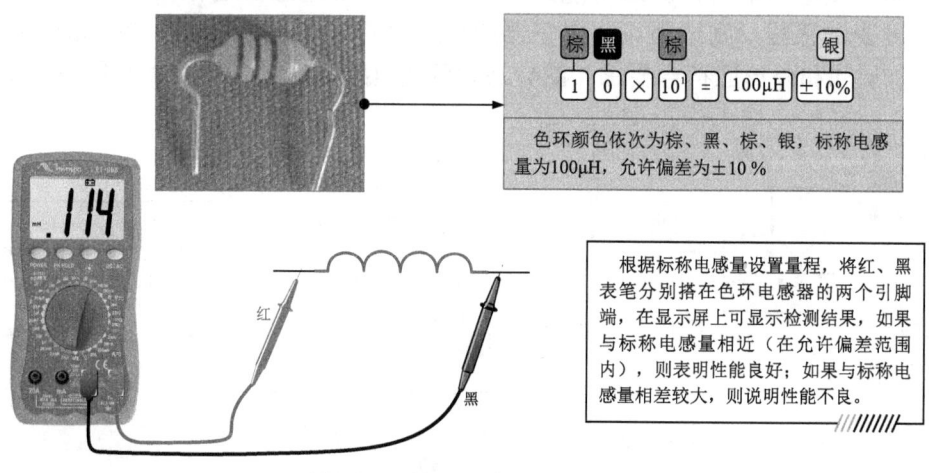

图4-27　色环电感器的检测方法

4.3.2 色环/色码电感器的检测操作

图4-28为色环电感器电感量的检测操作。

将万用表的红、黑表笔分别搭在色环电感器的两个引脚端

在显示屏上显示的电感量为0.114mH=114μH，与标称电感量相近，表明性能良好

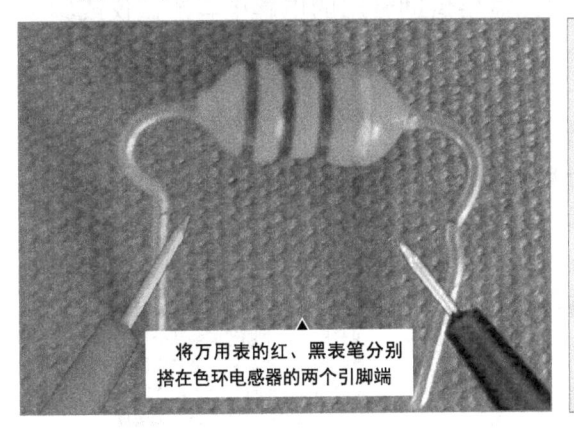

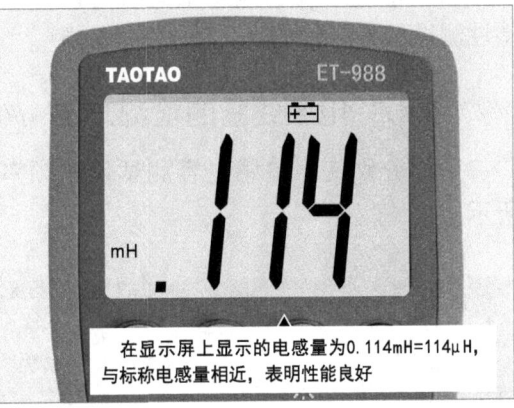

图4-28 色环电感器电感量的检测操作

!?/提示说明

借助附加测试器对电感器电感量的检测操作如图4-29所示。

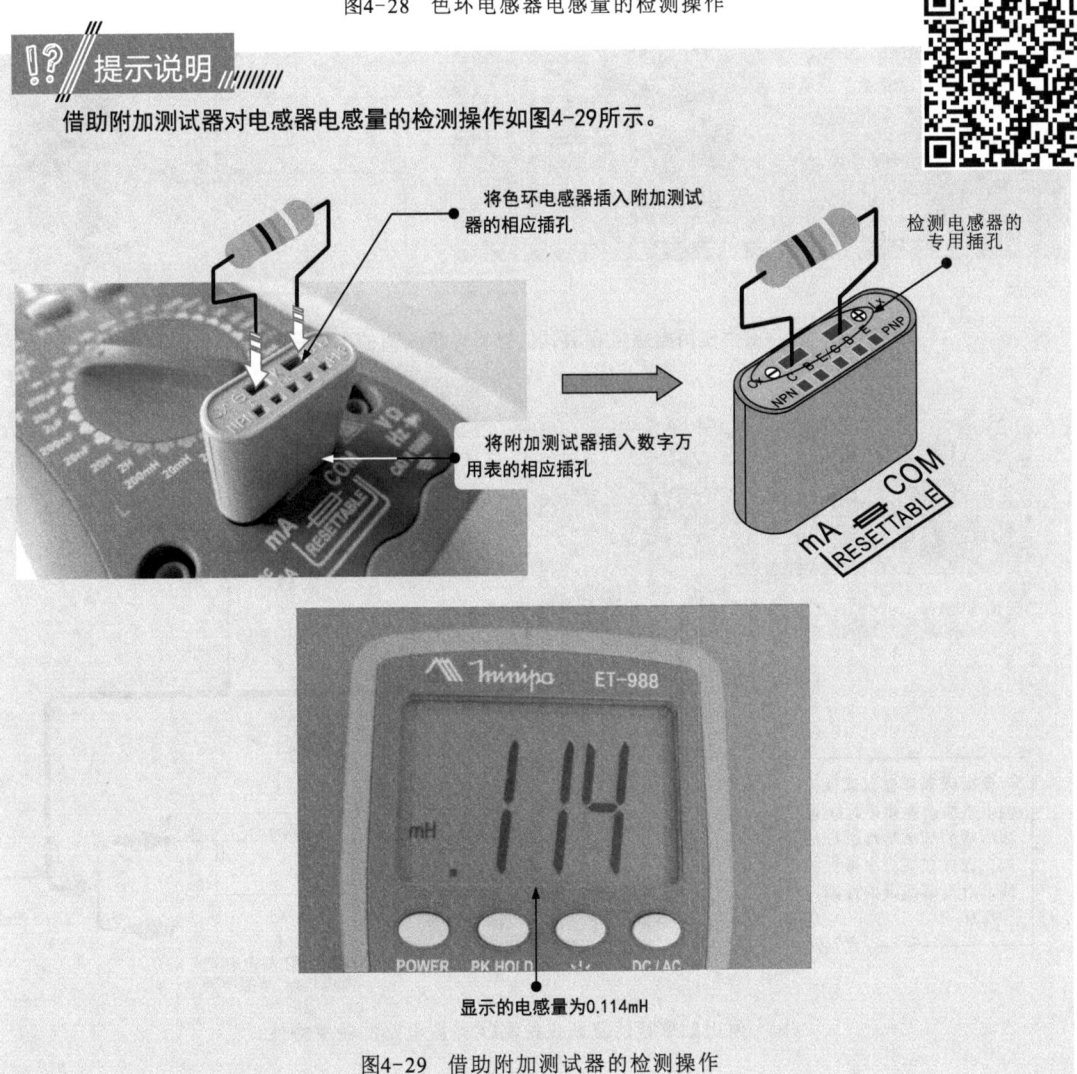

将色环电感器插入附加测试器的相应插孔

检测电感器的专用插孔

将附加测试器插入数字万用表的相应插孔

显示的电感量为0.114mH

图4-29 借助附加测试器的检测操作

4.4 电感线圈的检测

由于电感线圈的电感量具有可调性，因此需要借助专用的电感电容测试仪或频率特性测试仪进行检测。

4.4.1 电感线圈的检测方法

下面分别使用电感电容测试仪和频率特性测试仪对电感线圈进行检测，如图4-30所示。

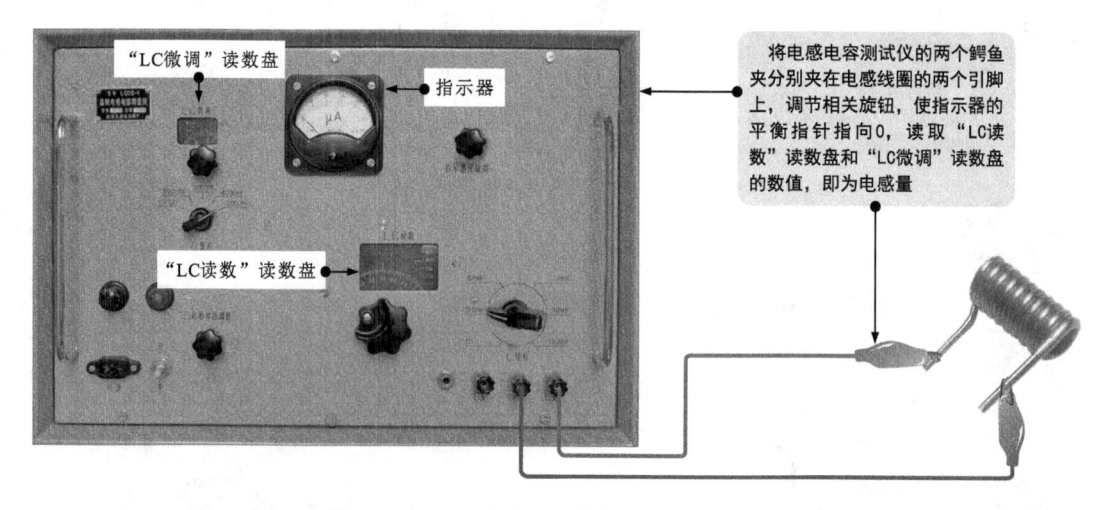

将电感电容测试仪的两个鳄鱼夹分别夹在电感线圈的两个引脚上，调节相关旋钮，使指示器的平衡指针指向0，读取"LC读数"读数盘和"LC微调"读数盘的数值，即为电感量

（a）使用电感电容测试仪检测电感线圈的电感量

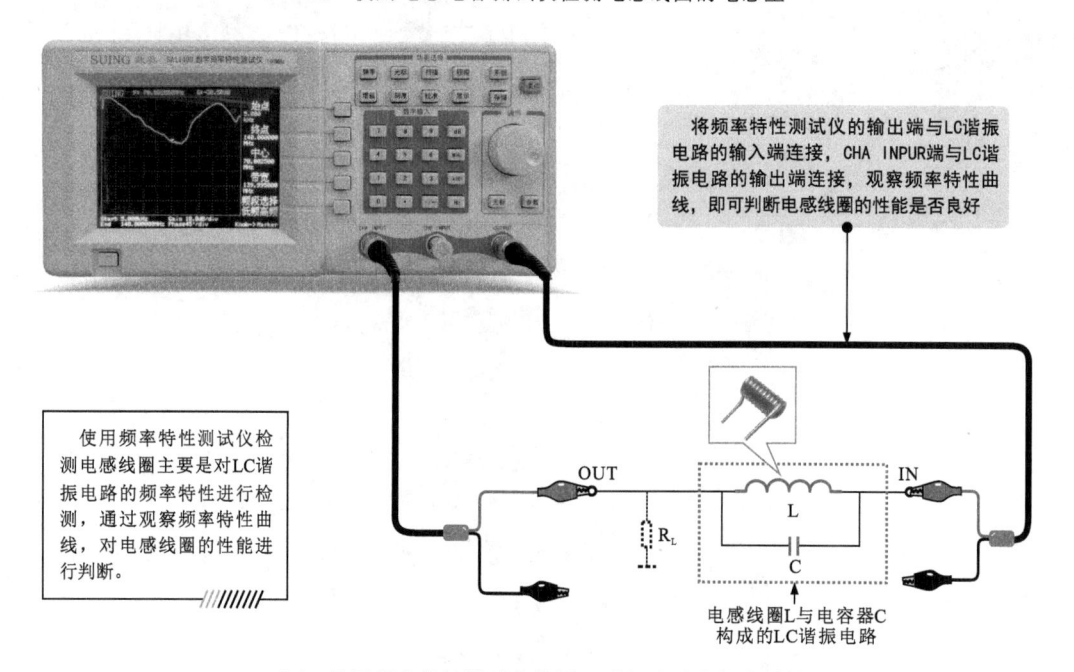

将频率特性测试仪的输出端与LC谐振电路的输入端连接，CHA INPUR端与LC谐振电路的输出端连接，观察频率特性曲线，即可判断电感线圈的性能是否良好

使用频率特性测试仪检测电感线圈主要是对LC谐振电路的频率特性进行检测，通过观察频率特性曲线，对电感线圈的性能进行判断

电感线圈L与电容器C构成的LC谐振电路

（b）使用频率特性测试仪检测LC谐振电路的频率特性

图4-30　电感线圈的检测方法

4.4.2 电感线圈的检测操作

图4-31为电感线圈的检测操作。

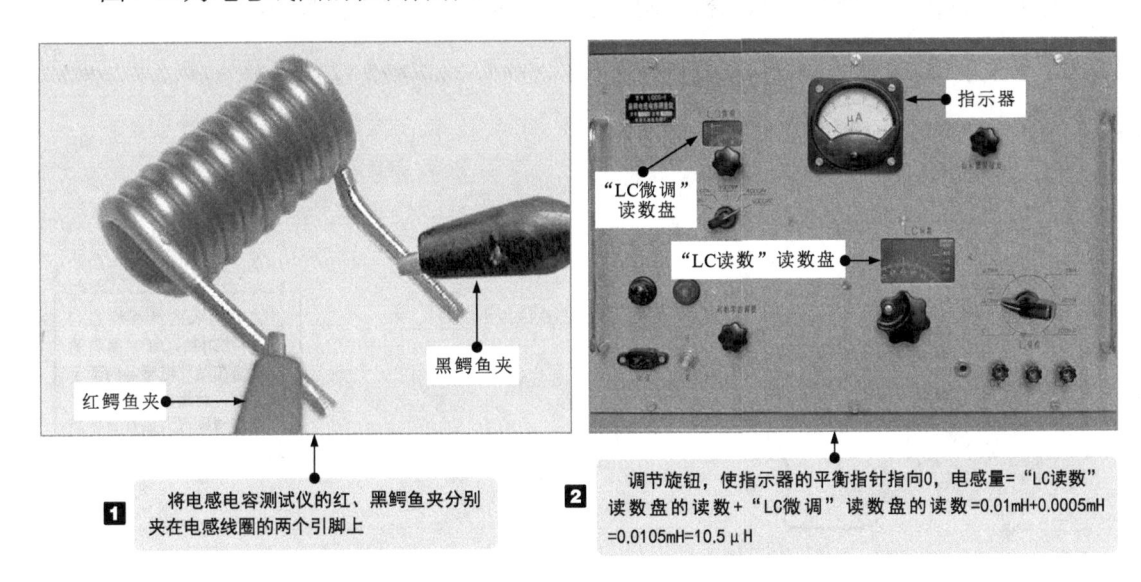

1 将电感电容测试仪的红、黑鳄鱼夹分别夹在电感线圈的两个引脚上

2 调节旋钮,使指示器的平衡指针指向0,电感量="LC读数"读数盘的读数+"LC微调"读数盘的读数=0.01mH+0.0005mH=0.0105mH=10.5μH

(a) 使用电感电容测试仪对电感线圈电感量的检测操作

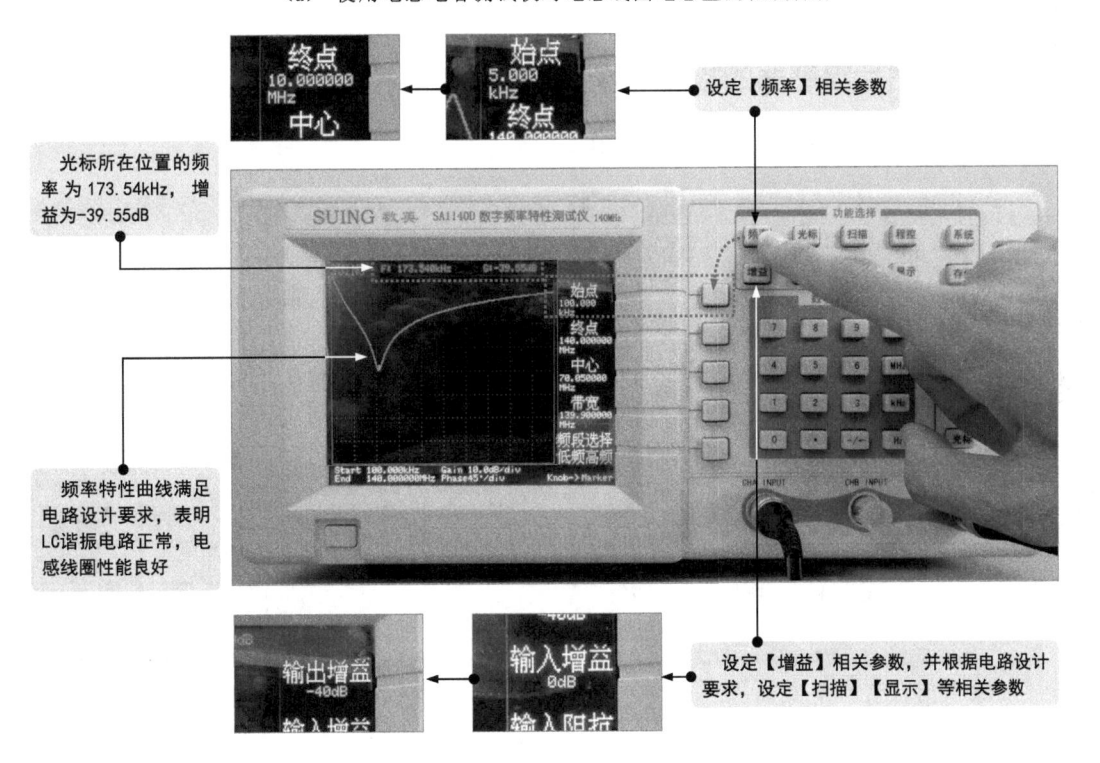

光标所在位置的频率为173.54kHz,增益为-39.55dB

频率特性曲线满足电路设计要求,表明LC谐振电路正常,电感线圈性能良好

设定【频率】相关参数

设定【增益】相关参数,并根据电路设计要求,设定【扫描】【显示】等相关参数

(b) 使用频率特性测试仪对LC谐振电路频率特性的检测操作

图4-31 电感线圈的检测操作

4.5 贴片电感器的检测

贴片电感器的性能可以通过检测两个引脚之间的阻值进行判断。

4.5.1 贴片电感器的检测方法

贴片电感器的检测方法如图4-32所示。

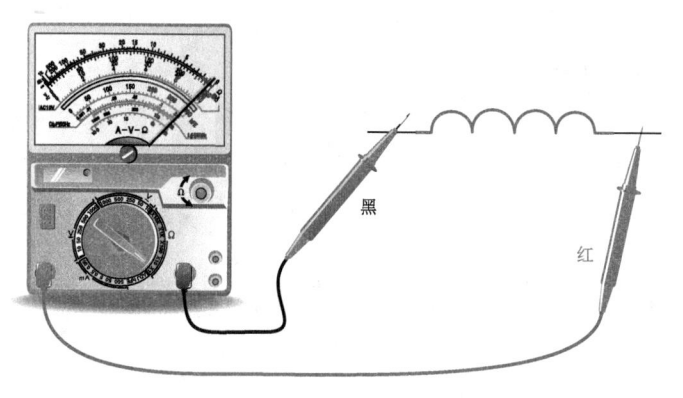

将万用表的量程旋钮调至×1欧姆挡，红、黑表笔分别搭在贴片电感器的两个引脚端，检测直流阻值，根据检测结果可大致判断性能是否良好。

图4-32 贴片电感器的检测方法

4.5.2 贴片电感器的检测操作

图4-33为贴片电感器阻值的检测操作。

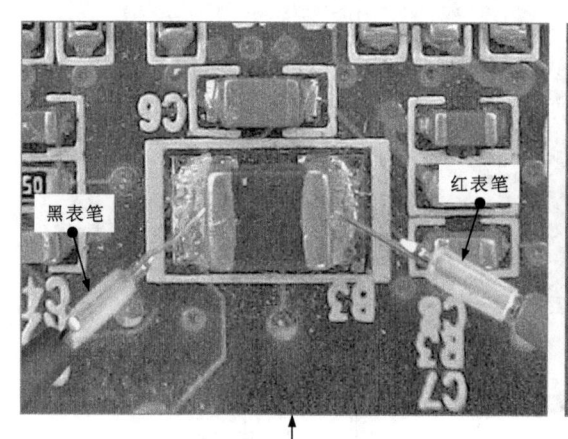

1 将万用表的红、黑表笔分别搭在贴片电感器的两个引脚端

2 在正常情况下，贴片电感器的直流阻值较小，近似为0，若实测直流阻值趋于无穷大，则多为贴片电感器性能不良

图4-33 贴片电感器阻值的检测操作

!? 提示说明

贴片电感器的体积较小，与其他元器件的间距较小，为了确保检测的准确，可先在红、黑表笔上绑扎一个大头针，再进行检测。

4.6 微调电感器的检测

微调电感器的性能一般通过万用表检测内部电感线圈的直流阻值来判断。

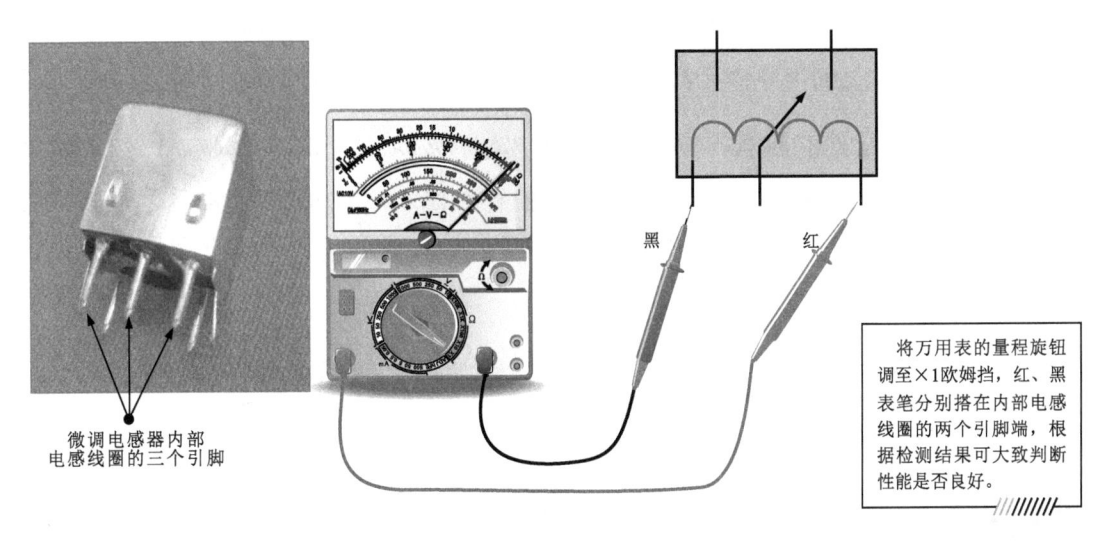

4.6.1 微调电感器的检测方法

微调电感器的检测方法如图4-34所示。

将万用表的量程旋钮调至×1欧姆挡，红、黑表笔分别搭在内部电感线圈的两个引脚端，根据检测结果可大致判断性能是否良好。

图4-34 微调电感器的检测方法

4.6.2 微调电感器的检测操作

图4-35为微调电感器阻值的检测操作。

1 将万用表的红、黑表笔分别搭在微调电感器的两个引脚端，检测内部电感线圈的直流阻值

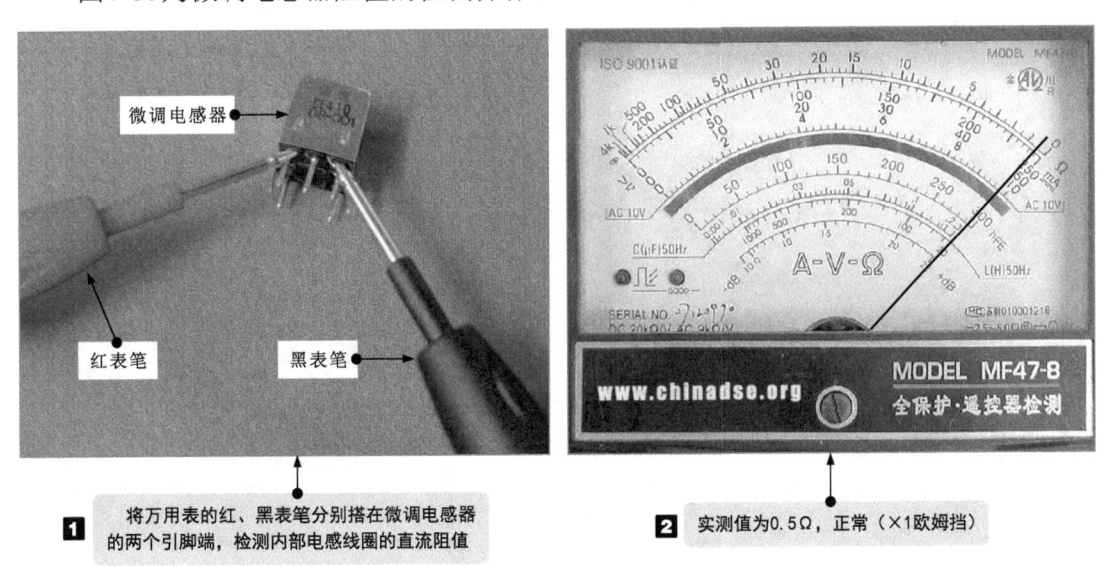

2 实测值为0.5Ω，正常（×1欧姆挡）

图4-35 微调电感器阻值的检测操作

第5章 二极管的识别、选用、检测、代换

5.1 二极管的种类与应用

二极管是最常见的半导体元器件，具有单向导电性，引脚有正极、负极之分。

5.1.1 二极管的种类

二极管是有一个PN结的元器件。二极管的种类较多，按功能分为整流二极管、稳压二极管、发光二极管、光敏二极管、检波二极管、变容二极管、双向触发二极管等，实物外形如图5-1所示。

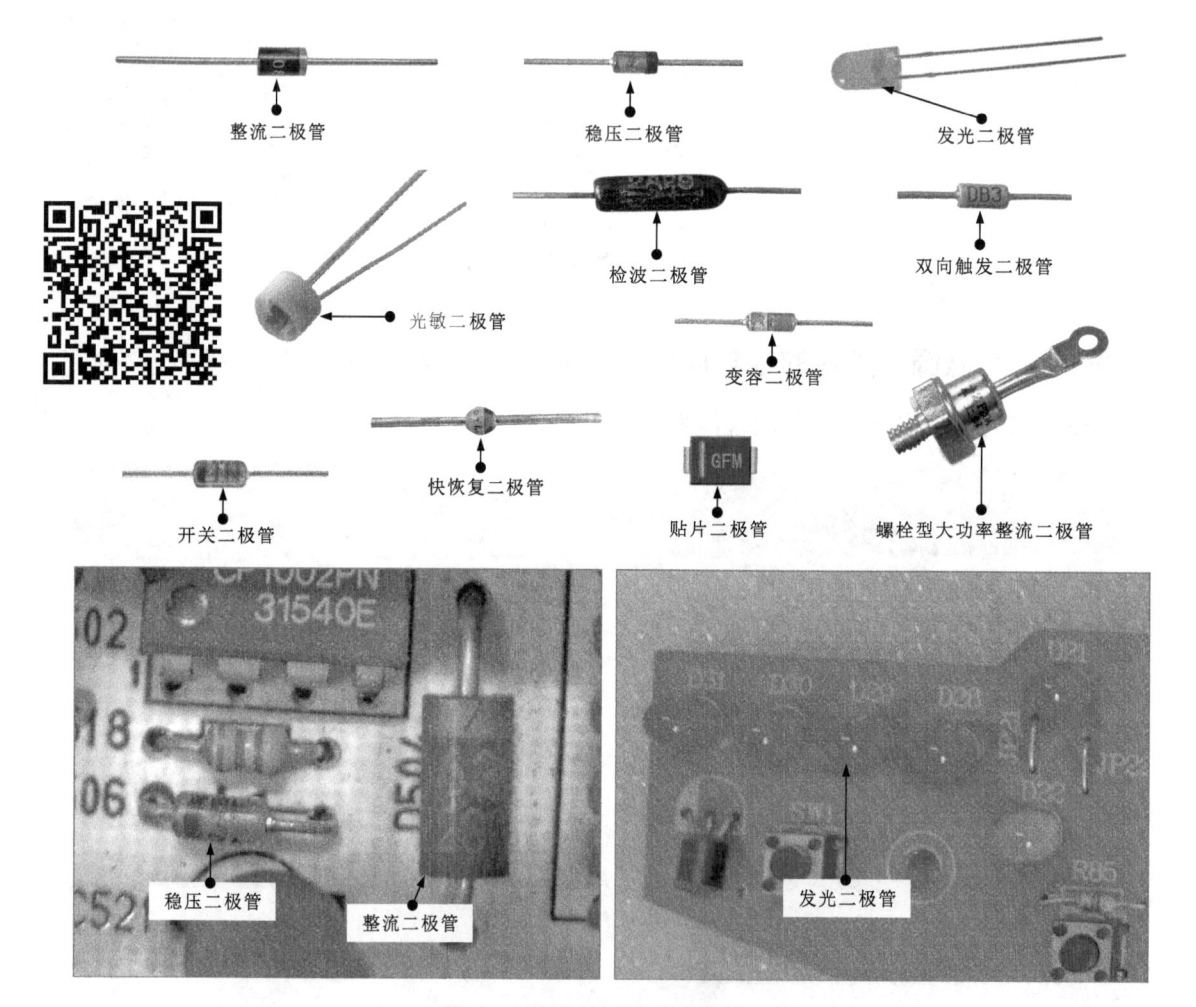

图5-1 常见二极管的实物外形

1 整流二极管

整流二极管是一种能将交流电压转变为直流电压的半导体元器件，常应用在整流电路中。整流二极管多为面接触型二极管，PN结面积大，结电容大，工作频率低，多采用硅半导体材料制成，如图5-2所示。

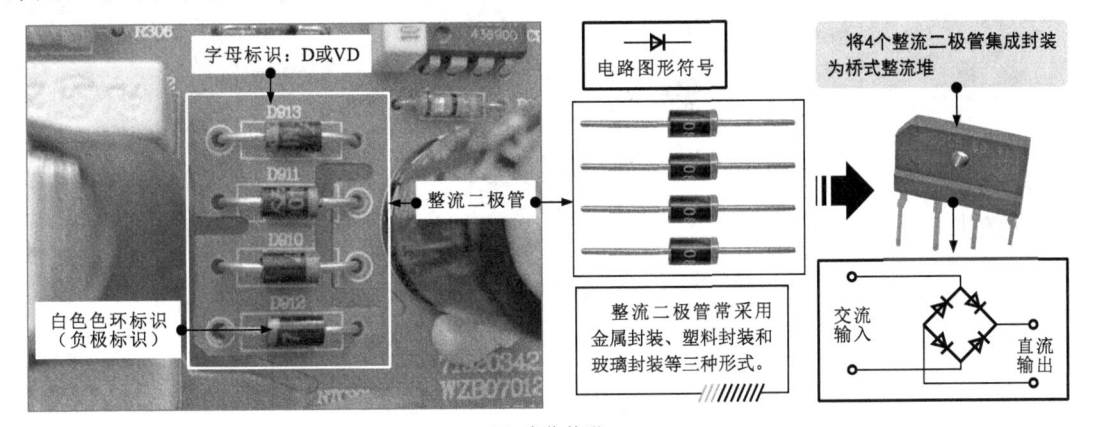

（a）实物外形

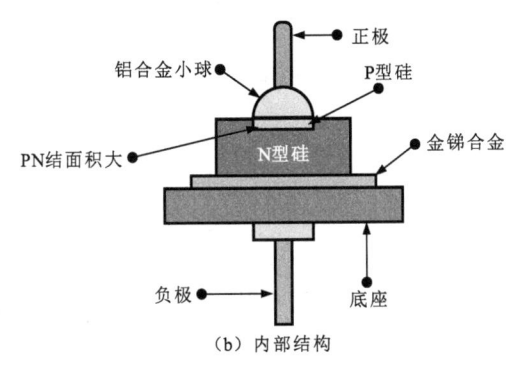

（b）内部结构

图5-2 整流二极管的实物外形及其内部结构

提示说明

面接触型二极管是指PN结采用合金法或扩散法制成的二极管。由于PN结的面积较大，因此能通过较大的电流。面接触型二极管的工作频率较低，常用作整流元器件。

相对面接触型二极管，还有一种PN结面积较小的点接触型二极管，由一根很细的金属丝（触丝）与一块N型半导体接触并熔接，构成PN结，PN结的面积较小，虽只能通过较小的电流、承受较低的反向电压，但高频特性好。点接触型二极管在高频和小功率电路中主要用作开关。

提示说明

二极管根据制作材料分为锗二极管和硅二极管，如图5-3所示。因制作材料不同，所以两种二极管的性能不同。在一般情况下，锗二极管的正向电压比硅二极管小，为0.2～0.3V，硅二极管的正向电压为0.6～0.7V。锗二极管的耐高温性能不如硅二极管。

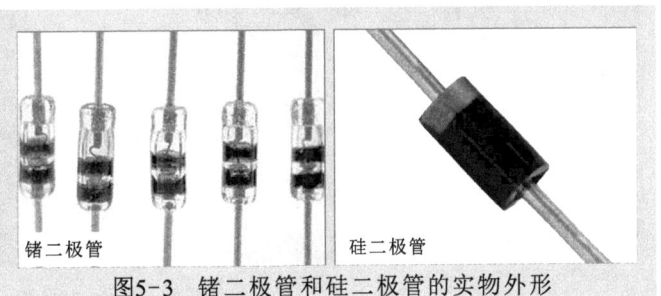

图5-3 锗二极管和硅二极管的实物外形

2 稳压二极管

稳压二极管为面接触型硅二极管，利用PN结的反向击穿特性，当通过的电流在很大范围内变化时，两端电压基本不变，具有稳压作用，如图5-4所示。

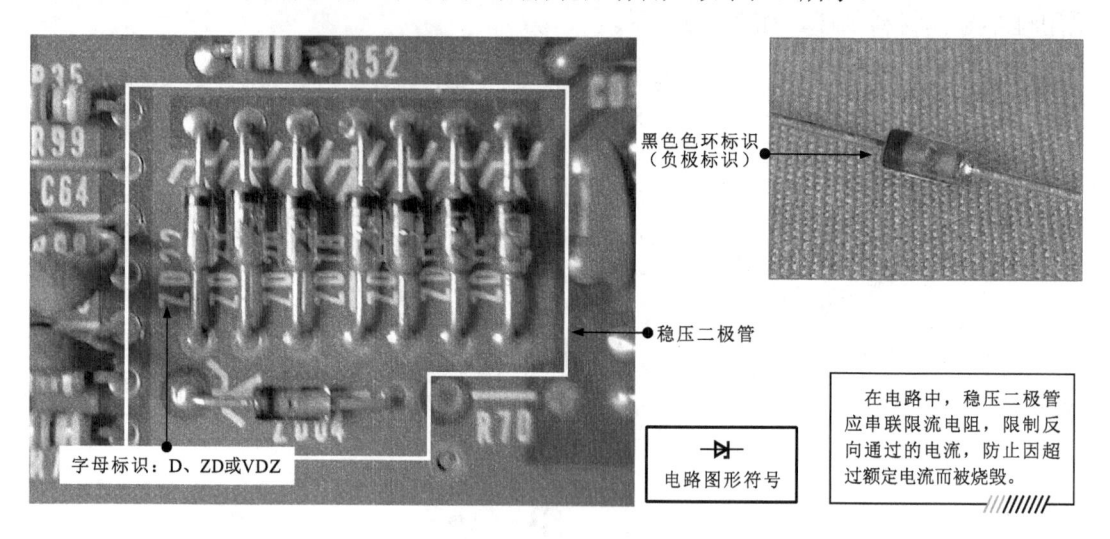

图5-4 稳压二极管

提示说明

PN结具有正向导通、反向截止的特性。若反向施加的电压过高，会使PN结反向击穿，此时的电压被称为击穿电压。

在实际应用过程中，当施加在稳压二极管上的反向电压临近击穿电压时，反向电流急剧增大，稳压二极管被击穿（并非损坏）。此时通过的电流可在很大范围内变化，稳压二极管两端的电压基本不变，起到稳定电压的作用。

3 光敏二极管

光敏二极管又称光电二极管，当受光照射时，反向阻抗会随之变化（随着光照强度的增加，反向阻抗会减小）。利用这一特性，光敏二极管常用作光电传感器，如图5-5所示。

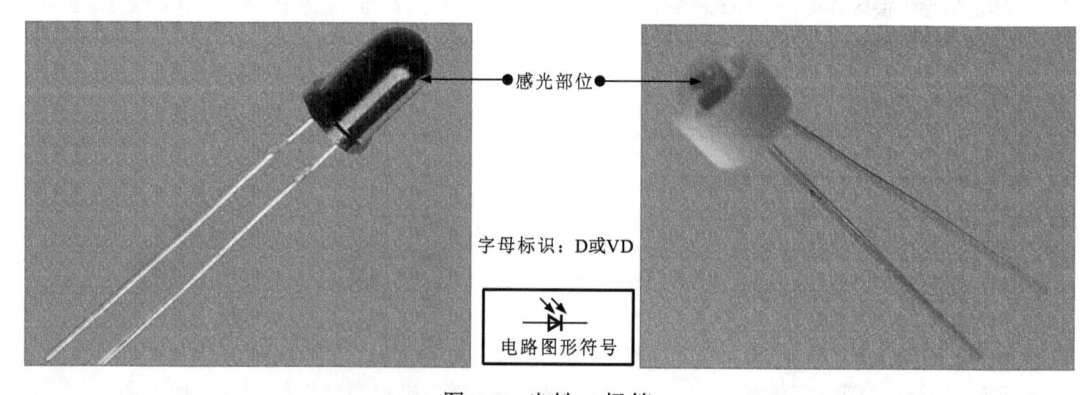

图5-5 光敏二极管

4　发光二极管

发光二极管在工作时，能够发出亮光，常用作显示器件或光电控制电路中的光源。发光二极管具有工作电压低、工作电流小、抗冲击和抗振性能好、可靠性高、寿命长等特点，如图5-6所示。

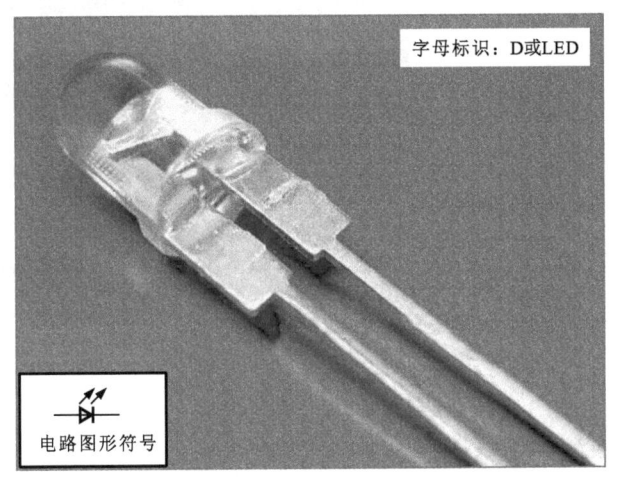

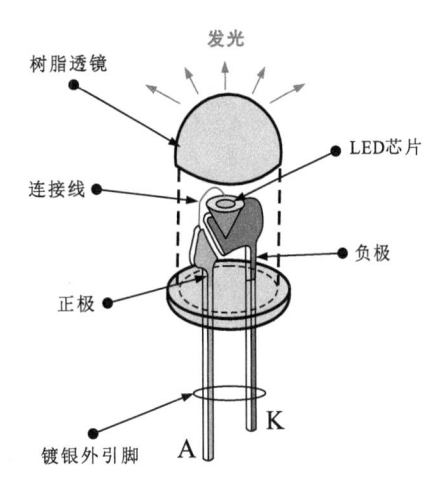

图5-6　发光二极管

提示说明

发光二极管是一种利用PN结在正向偏置时，两侧的多数载流子直接复合而释放光能的元器件，在正常工作时，处于正向偏置状态，在正向电流达到一定值时，就会发光。

5　检波二极管

检波二极管是利用单向导电性，把叠加在高频载波上的低频包络信号检出来的元器件，如图5-7所示。

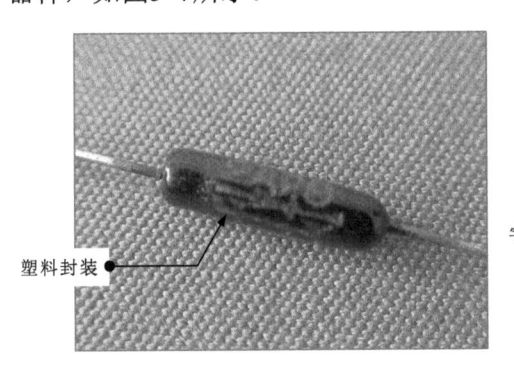

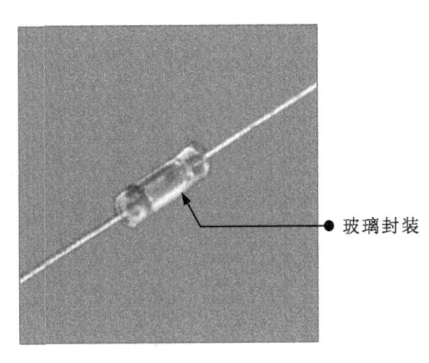

图5-7　检波二极管

提示说明

检波二极管具有较高的检波效率和良好的频率特性，常用在收音机的检波电路中。检波效率是检波二极管的特殊参数，是检波电路的输出电压与输入电压峰值之比的百分数。

6　变容二极管

变容二极管是利用PN结的电容量随外加偏压变化的特性制成的，广泛应用在参量放大器、电子调谐及倍频器等高频和微波电路中，如图5-8所示。

字母标识：D或VD

电路图形符号

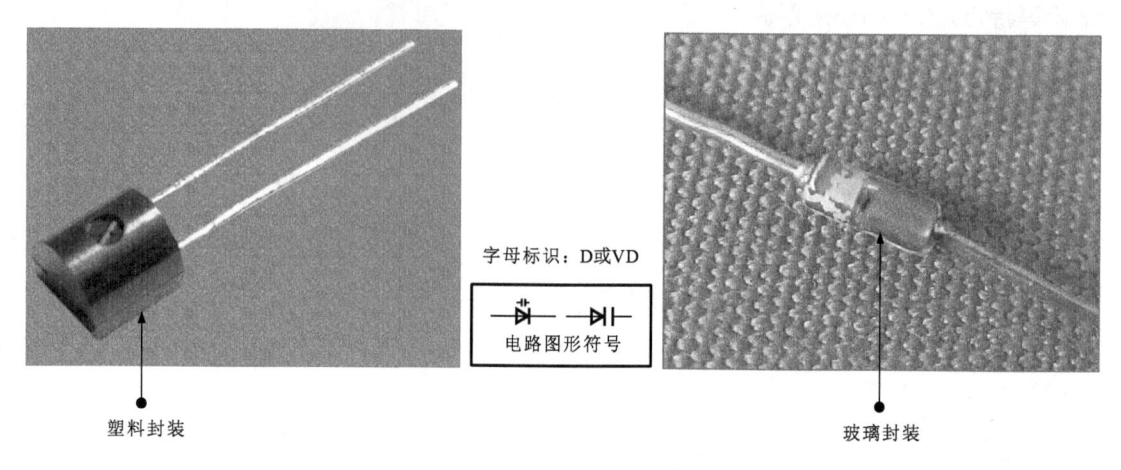

塑料封装　　玻璃封装

图5-8　变容二极管

提示说明

变容二极管两极之间的电容量为3~50pF，实际上是一个电压控制的微调电容。

7　双向触发二极管

双向触发二极管又被称为二端交流器件（DIAC），与双向晶闸管同时问世，结构简单，价格低廉，常用来触发双向晶闸管，构成过压保护电路、定时器等，如图5-9所示。

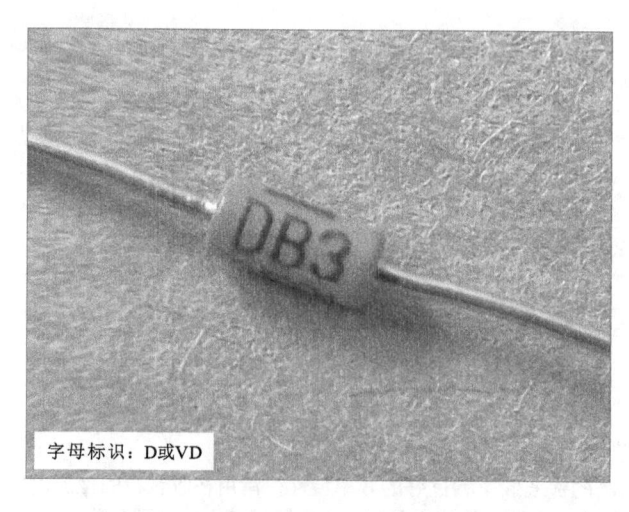

字母标识：D或VD

电路图形符号

图5-9　双向触发二极管

8 开关二极管

开关二极管利用单向导电性可对电路进行开通或关断的控制,速度非常快,能够满足高频电路和超高频电路的控制要求,广泛应用在开关和自动控制等电路中,如图5-10所示。

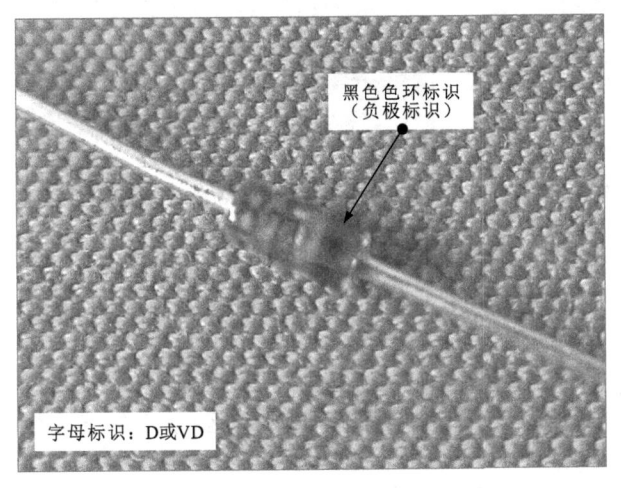

图5-10 开关二极管

提示说明

开关二极管一般采用玻璃或陶瓷封装。开关二极管从截止(高阻抗)到导通(低阻抗)的时间被称为开通时间,从导通到截止的时间被称为反向恢复时间,两个时间的总和被称为开关时间。开关二极管的开关时间很短,是一种非常理想的电子开关,具有开关速度快、体积小、寿命长、可靠性高等特点。

9 快恢复二极管

快恢复二极管(FRD)是一种高速开关二极管,开关特性好,反向恢复时间很短,正向电压低,反向击穿电压较高(耐压值较高),如图5-11所示。快恢复二极管主要应用于开关电源、PWM脉宽调制电路及变频电路。

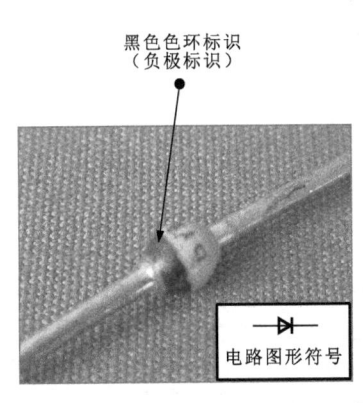

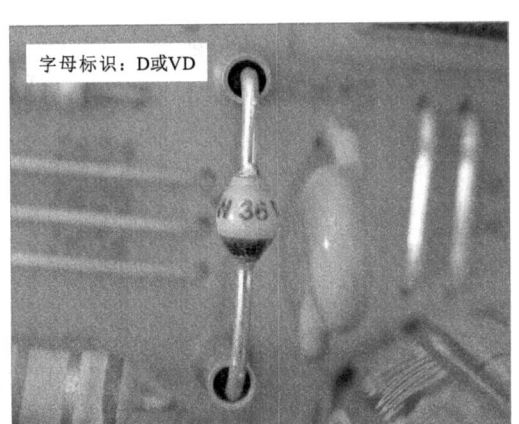

图5-11 快恢复二极管

5.1.2 二极管的功能及应用

二极管是由一个PN结构成的。PN结示意图如图5-12所示。

电流方向与自由电子的运动方向相反，与正空穴的运动方向相同，在一定的条件下，可以将P区中的正空穴看作带正电的电荷，在PN结内，正空穴与自由电子的运动方向相反。

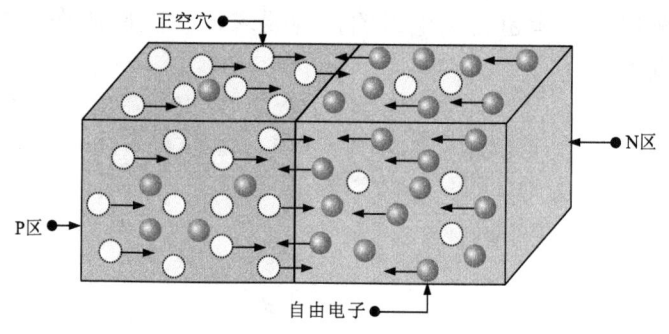

图5-12　PN结示意图

提示说明

PN结是指采用特殊工艺将P型半导体和N型半导体结合在一起后，在两者的交界面上形成的特殊带电薄层。P型半导体通常被称为P区，N型半导体通常被称为N区。由于在P区存在大量的正空穴，在N区存在大量的自由电子，因此在PN结的两侧存在载流子浓度差，于是产生扩散运动，P区的正空穴向N区扩散，N区的自由电子向P区扩散，正空穴与自由电子的运动方向相反。

二极管的单向导电性：只允许电流从正极流向负极，不允许电流从负极流向正极，如图5-13所示。

在PN结的两侧加正向电压，即P区接电源正极，N区接电源负极，这种接法被称为正向偏置，简称正偏

加正向电压

在PN结两侧加反向电压，即P区接电源负极，N区接电源正极，这种接法被称为反向偏置，简称反偏

加反向电压

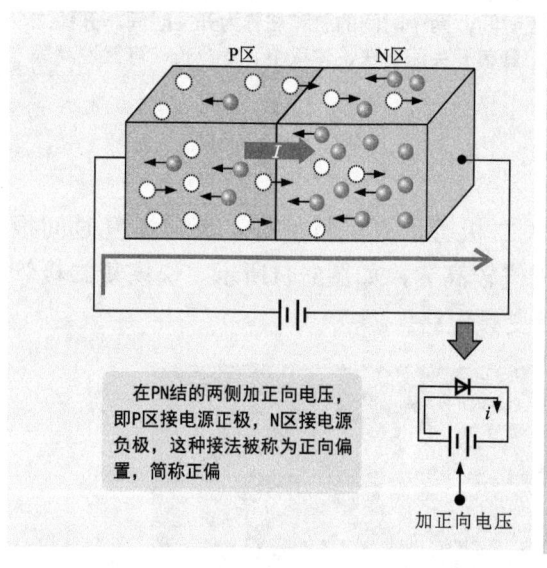

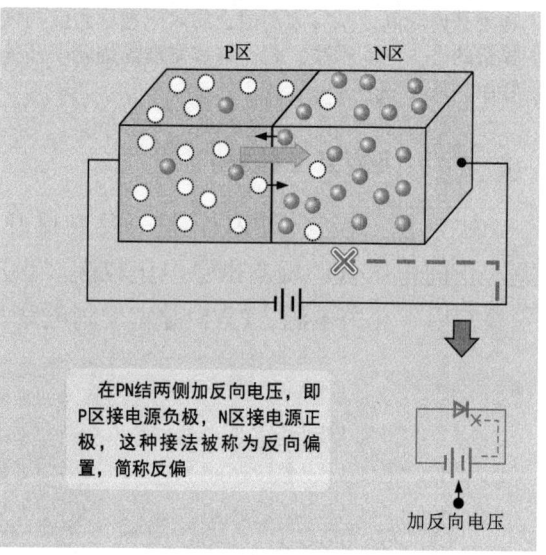

图5-13　二极管的单向导电性

提示说明

当在PN结的两侧加正向电压时，其内部的电流方向与电源提供的电流方向相同，电流很容易通过PN结形成电流回路。此时，PN结呈低阻状态（正偏状态的阻抗较小），电路处于导通状态。

当在PN结的两侧加反向电压时，其内部的电流方向与电源提供的电流方向相反，电流不能通过PN结形成回路。此时，PN结呈高阻状态（反偏状态的阻抗较大），电路处于截止状态。

二极管的伏安特性是指加在二极管两端的电压和流过二极管的电流之间的关系曲线，用来描述二极管的性能，如图5-14所示。

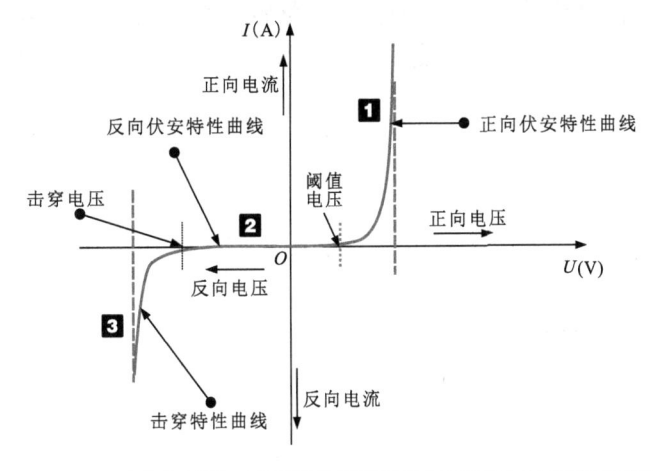

1 在电路中，二极管处于正向偏置状态，当正向电压很小时，二极管不能导通，正向电流十分微弱，只有当正向电压达到某一数值（阈值电压，锗二极管：0.2~0.3V，硅二极管：0.6~0.7V）时，二极管才能真正导通。导通后，二极管两端的电压（正向电压）大小基本上保持不变（锗二极管约为0.3V，硅二极管约为0.7V）。

2 在电路中，二极管处于反向偏置状态，当反向电压很小时，仍然会有微弱的反向电流流过二极管，被称为漏电电流。漏电电流有两个显著的特点：一是受温度影响很大；二是反向电压在不超过某一数值时，电流大小基本不变，与反向电压大小无关。反向电流（漏电电流）又被称为反向饱和电流。

3 当二极管两端的反向电压增大到某一数值（击穿电压）时，反向电流急剧增大，二极管将失去单向导电性，此时二极管被击穿。

图5-14 二极管的伏安特性

1 整流二极管在半波整流电路中的应用

当交流电压处于正半周时，整流二极管VD导通；当交流电压处于负半周时，整流二极管VD截止。交流电压经整流二极管VD整流后，变为脉动电压（缺少半个周期），再经过后级电路滤波，变为稳定的直流电压，如图5-15所示。

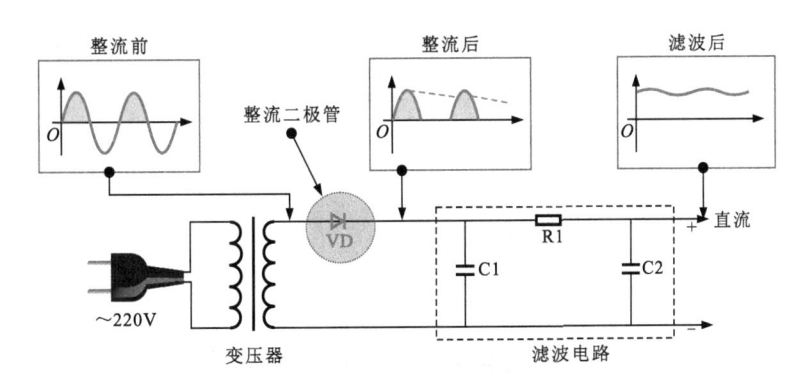

图5-15 半波整流电路（含滤波电路）

2. 整流二极管在全波整流电路中的应用

由一个整流二极管构成的整流电路被称为半波整流电路，由两个整流二极管构成的整流电路被称为全波整流电路（由两个半波整流电路构成），如图5-16所示。

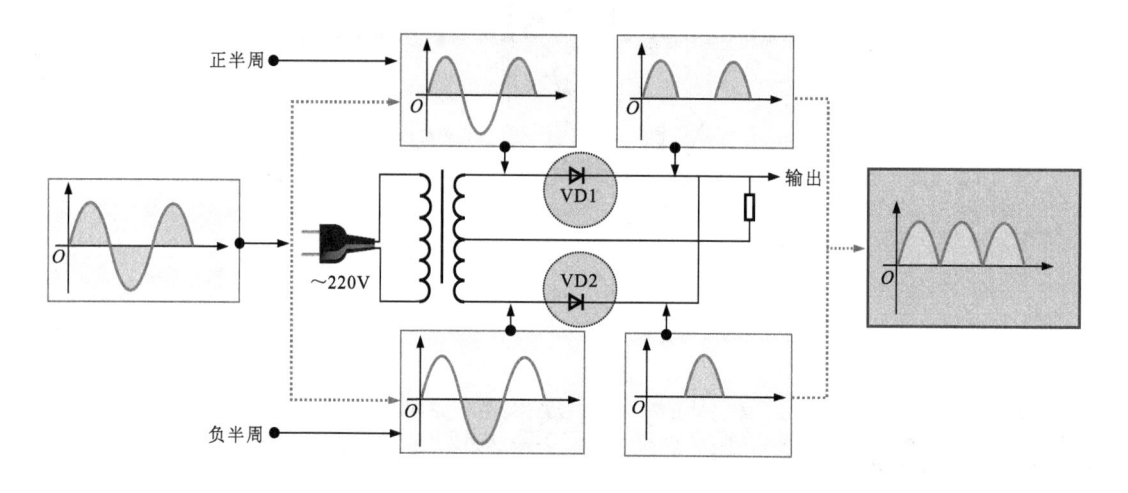

图5-16 全波整流电路

提示说明

整流二极管的整流作用利用的是二极管的正向导通、反向截止的特性，打个比方，将整流二极管想象为一个只能单方向打开的闸门，将交流电流看作不同流向的水流，如图5-17所示。

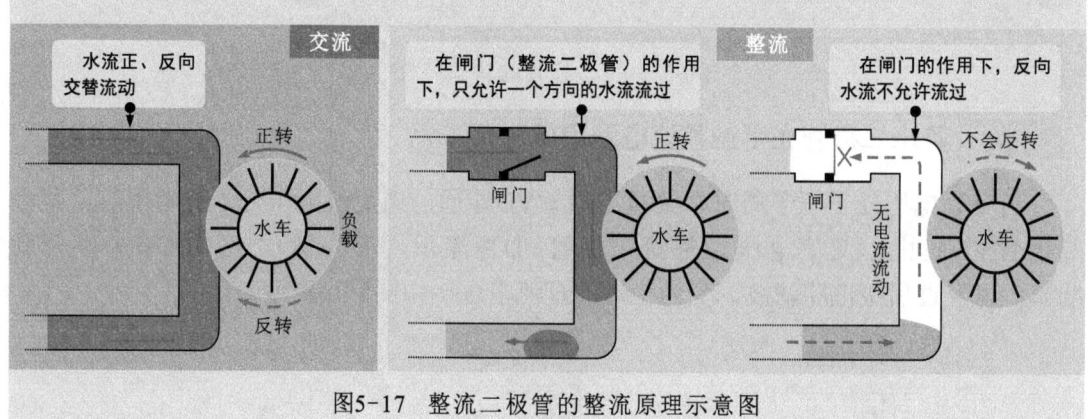

图5-17 整流二极管的整流原理示意图

3. 稳压二极管在稳压电路中的应用

图5-18为稳压二极管在稳压电路中的应用。

4. 发光二极管在电池充电电路中的应用

图5-19为发光二极管在电池充电电路中的应用。

(a) 伏安特性

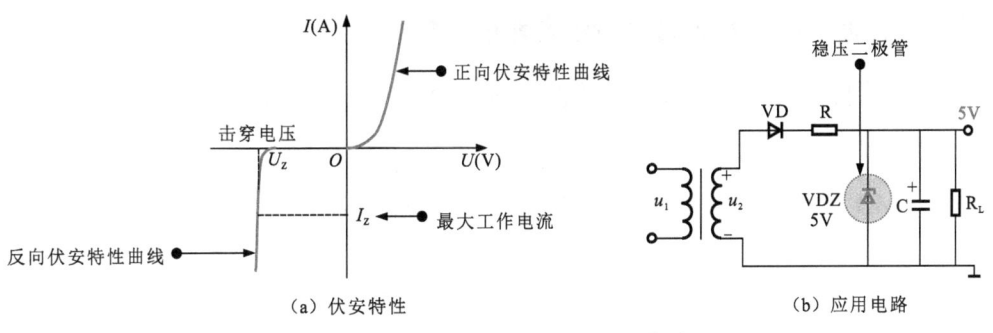

(b) 应用电路

图5-18 稳压二极管在稳压电路中的应用

提示说明

在图5-18中，稳压二极管（VDZ）的负极接电压的正极，正极接电压的负极，当反向电压接近击穿电压U_z（5V）时，电流急剧增大，两端电压的大小保持不变（5V），实现稳定直流电压的功能。

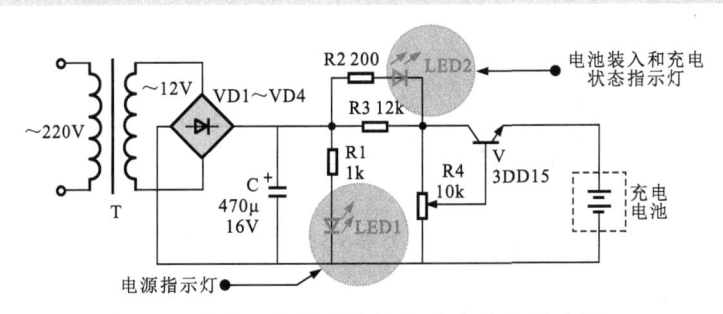

图5-19 发光二极管在电池充电电路中的应用

提示说明

在图5-19中，为了能够显示电池充电是否完成及在充电过程中的状态，通常在电路中设置发光二极管，如LED1为电源指示灯，LED2为电池装入和充电状态指示灯。

5 光敏二极管在电子玩具电路中的应用

图5-20为光敏二极管在电子玩具电路中的应用。外界光线越强，光敏二极管VD反向阻值越小，电池电压经VD加到三极管V1的基极，驱动电路工作。

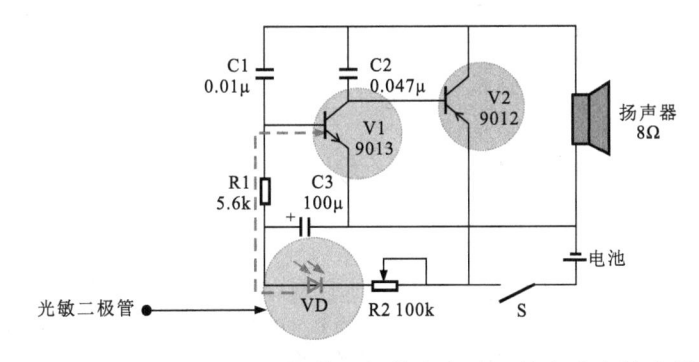

图5-20 光敏二极管在电子玩具电路中的应用

6　检波二极管在收音机检波电路中的应用

图5-21为检波二极管在收音机检波电路中的应用。

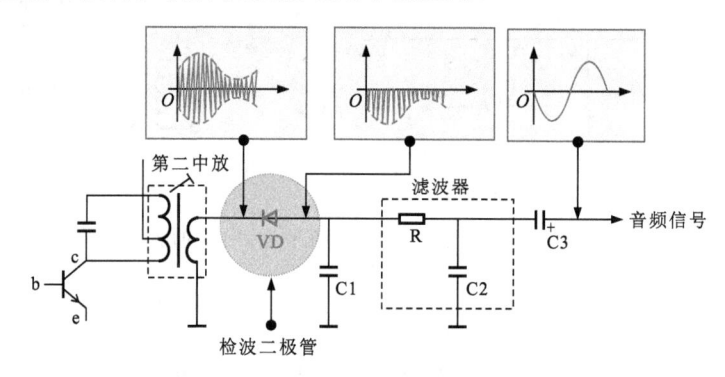

图5-21　检波二极管在收音机检波电路中的应用

提示说明

在图5-21中，由第二中放输出的调幅信号加到检波二极管VD的负极，由于检波二极管VD具有单向导电性，因此负半周的调幅信号可以通过，正半周的调幅信号被截止，经滤波器滤除高频成分后，输出的就是调制在载波上的音频信号。这个过程被称为检波。

7　变容二极管在FM调制发射电路中的应用

图5-22为变容二极管在FM调制发射电路中的应用。

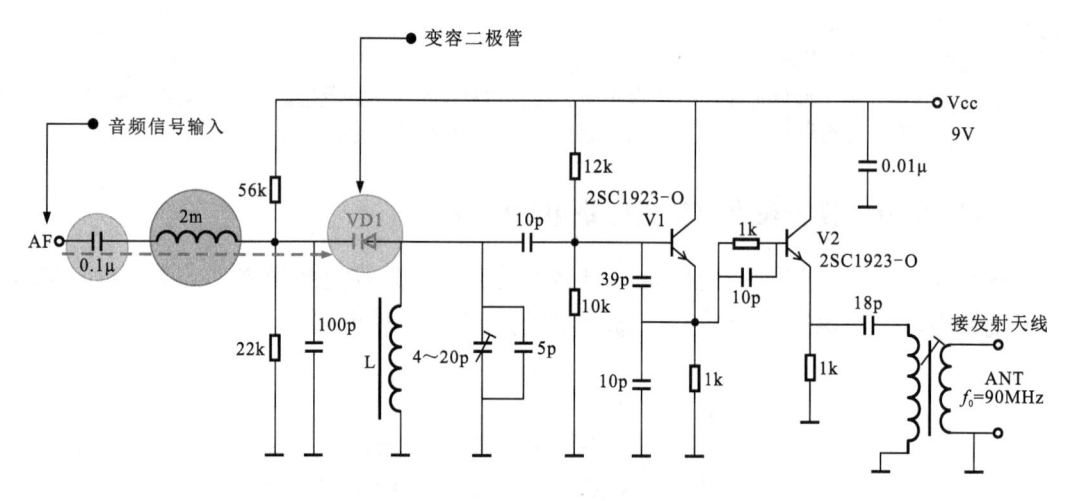

图5-22　变容二极管在FM调制发射电路中的应用

提示说明

在图5-22中，音频信号（AF）经耦合电容（0.1μF）和电感（2mH）加到变容二极管VD1的负极。在无信号输入时，变容二极管VD1的结电容为初始值，振荡频率为90MHz，当有音频信号加到变容二极管VD1时，变容二极管VD1的结电容受音频信号的控制，振荡频率会受音频信号的调制。

8　双向触发二极管在自动控制电路中的应用

图5-23为双向触发二极管在自动控制电路中的应用。

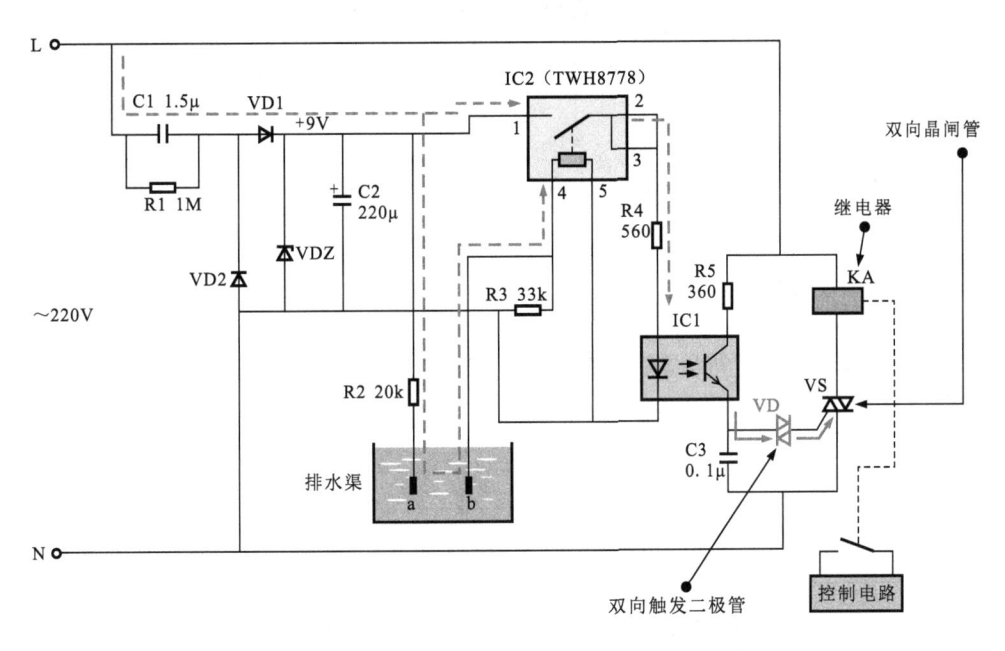

图5-23　双向触发二极管在自动控制电路中的应用

> **提示说明**
>
> 在图5-23中，交流220V电压经降压、整流、稳压、滤波后，输出+9V直流电压。
> 　当排灌渠中有水时，+9V直流电压的一路加到IC2的1脚，另一路经电阻器R2和水位检测电极a、b加到IC2的4脚。IC2内部的电子开关导通，由2脚输出+9V直流电压。
> 　+9V直流电压经电阻器R4加到IC1中的发光二极管上，发光二极管导通并发光，光敏三极管导通。由发射极发出触发信号触发双向触发二极管VD导通，进而触发双向晶闸管VS导通，中间继电器KA线圈得电，常开触点闭合，控制电路控制水泵的运转状态。

5.2　二极管的识别、选用、代换

5.2.1　二极管的参数命名规则

二极管的参数采用直接标注法命名，不同国家、不同地区、不同生产厂商的命名规则不同。

1　国产二极管的参数命名规则

图5-24为国产二极管的参数命名规则。

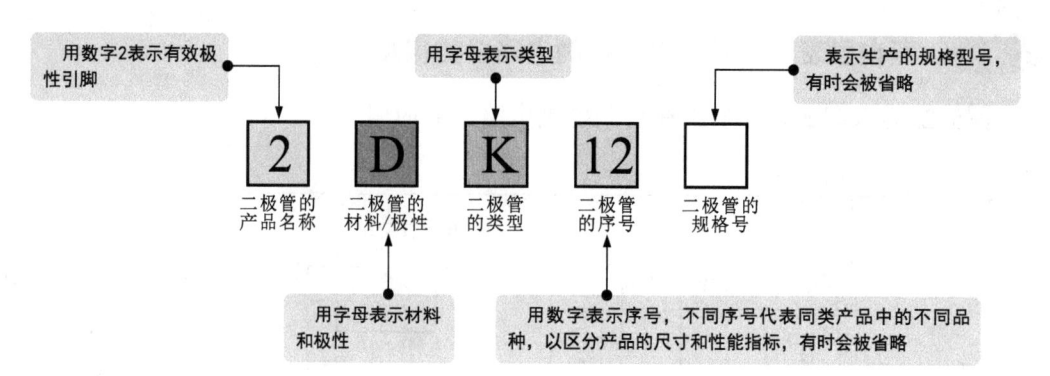

```
用数字2表示有效极        用字母表示类型                      表示生产的规格型号,
性引脚                                                有时会被省略

         2      D       K       12
      二极管的  二极管的  二极管  二极管   二极管的
      产品名称  材料/极性  的类型  的序号   规格号

              用字母表示材料    用数字表示序号,不同序号代表同类产品中的不同品
              和极性          种,以区分产品的尺寸和性能指标,有时会被省略
```

图5-24　国产二极管的参数命名规则

提示说明

在国产二极管的参数命名规则中,表示"类型"和"材料/极性"的字母含义分别见表5-1、表5-2。

表5-1　表示"类型"的字母含义

字母	含义	字母	含义	字母	含义	字母	含义
P	普通管	Z	整流管	U	光电管	H	恒流管
V	微波管	L	整流堆	K	开关管	B	变容管
W	稳压管	S	隧道管	JD	激光管	BF	发光二极管
C	参量管	N	阻尼管	CM	磁敏管		

表5-2　表示"材料/极性"的字母含义

字母	含义	字母	含义	字母	含义
A	N型锗材料	C	N型硅材料	E	化合物材料
B	P型锗材料	D	P型硅材料		

比如识读2CP10:"2"表示二极管,"C"表示N型硅材料,"P"表示普通管,"10"表示序号。

2　美产二极管的参数命名规则

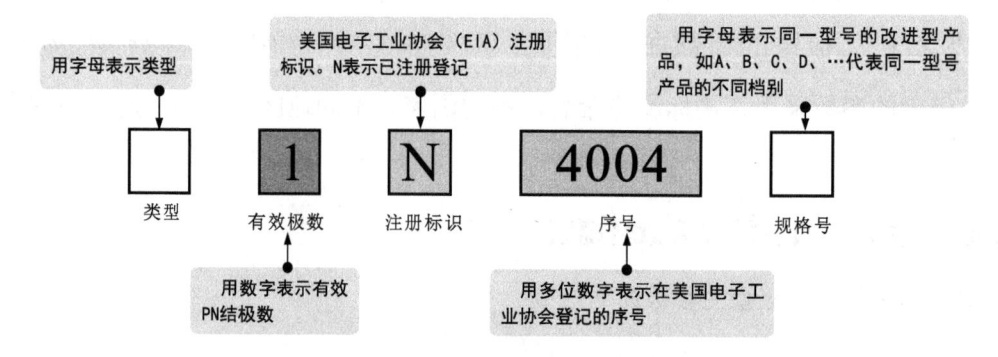

美产二极管的参数命名规则如图5-25所示。

```
用字母表示类型      美国电子工业协会(EIA)注          用字母表示同一型号的改进型产
                 册标识。N表示已注册登记           品,如A、B、C、D、…代表同一型号
                                           产品的不同档别

         □      1       N       4004      □
        类型   有效极数  注册标识    序号      规格号

              用数字表示有效        用多位数字表示在美国电子
              PN结极数            工业协会登记的序号
```

图5-25　美产二极管的参数命名规则

3 日产二极管的参数命名规则

日产二极管的参数命名规则如图5-26所示。

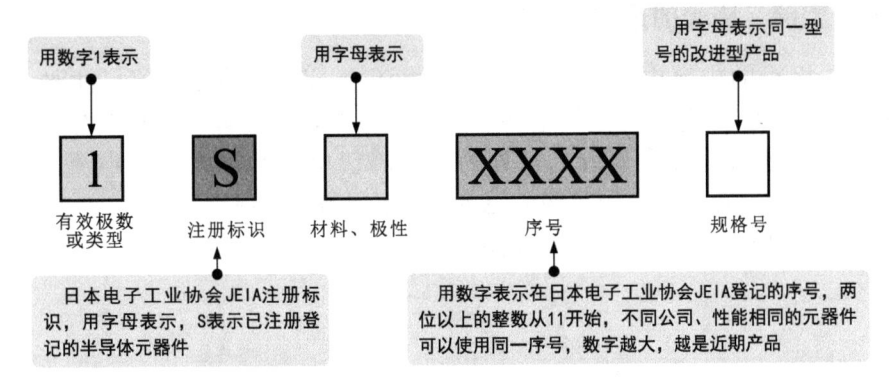

1 用数字1表示 — 有效极数或类型
S 用字母表示 — 注册标识 — 日本电子工业协会JEIA注册标识，用字母表示，S表示已注册登记的半导体元器件
用字母表示 — 材料、极性
XXXX 序号 — 用数字表示在日本电子工业协会JEIA登记的序号，两位以上的整数从11开始，不同公司、性能相同的元器件可以使用同一序号，数字越大，越是近期产品
用字母表示同一型号的改进型产品 — 规格号

图5-26 日产二极管的参数命名规则

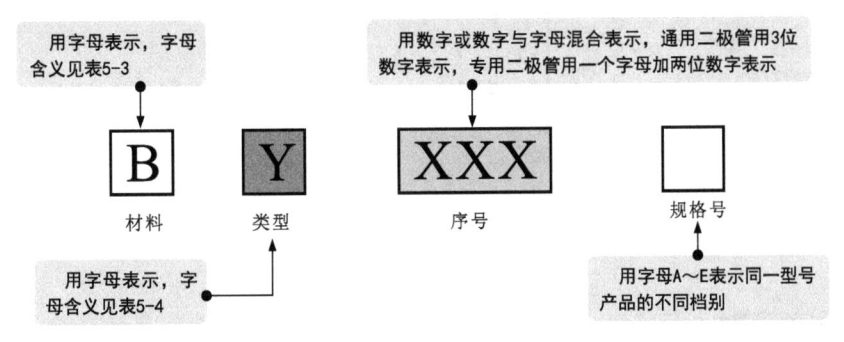

4 国际电子联合会二极管的参数命名规则

国际电子联合会二极管的参数命名规则如图5-27所示。

B 材料 — 用字母表示，字母含义见表5-3
Y 类型 — 用字母表示，字母含义见表5-4
XXX 序号 — 用数字或数字与字母混合表示，通用二极管用3位数字表示，专用二极管用一个字母加两位数字表示
规格号 — 用字母A~E表示同一型号产品的不同档别

图5-27 国际电子联合会二极管的参数命名规则

提示说明

表5-3 国际电子联合会二极管参数命名规则中表示"材料"的字母含义

字母	含义	字母	含义	字母	含义
A	锗材料	C	砷化镓	R	复合材料
B	硅材料	D	锑化铟		

表5-4 国际电子联合会二极管参数命名规则中表示"类型"的字母含义

字母	含义	字母	含义	字母	含义
A	检波管	H	磁敏管	Y	整流管
B	变容管	P	光敏管	Z	稳压管
E	隧道管	Q	发光管		
G	复合管	X	倍压管		

109

5.2.2 二极管的选用与代换

若二极管损坏或性能异常，则需要进行选用与代换。

1 整流二极管的选用与代换

整流二极管的击穿电压高，反向漏电电流小，高温性能良好，主要用在整流电路、保护电路、测量电路、控制电路、照明电路中，若损坏或性能异常，则需要进行选用与代换，选用与代换整流二极管的反向峰值电压、最大整流电流、最大反向电流、截止频率、反向恢复时间等均应符合电路设计要求。

整流二极管的选用与代换实例如图5-28所示。

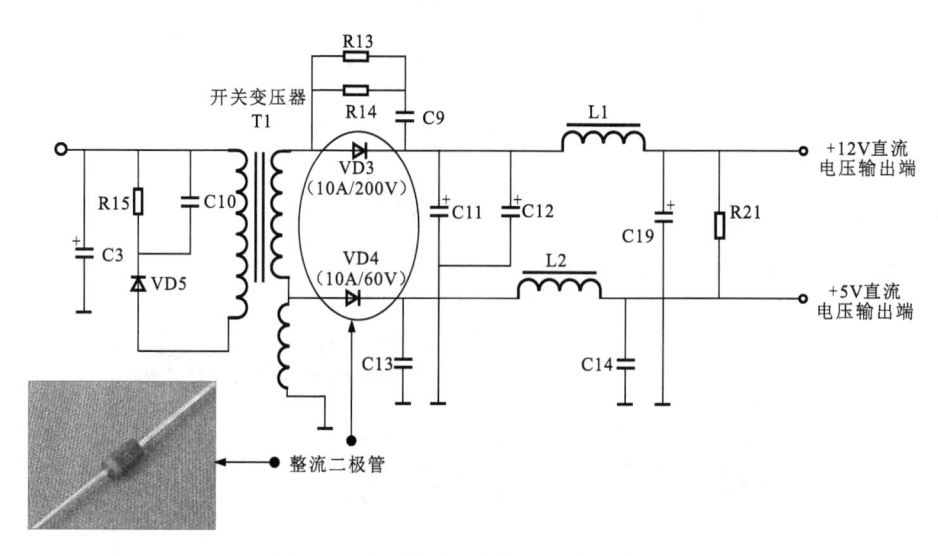

图5-28 整流二极管的选用与代换实例

提示说明

在图5-28中，VD3和VD4为整流二极管，额定电流均为10A，VD3的额定电压为200V，VD4的额定电压为60V。开关变压器的输出电压经VD3整流，C11、L1、C19滤波，输出+12V直流电压。开关变压器绕组中间抽头的输出电压经VD4整流，C13、L2、C14滤波，输出+5V直流电压。若VD3、VD4损坏或性能异常，则需要进行选用与代换，即选用额定电流、额定电压大于或等于标称参数的整流二极管进行代换。

2 稳压二极管的选用与代换

稳压二极管的特点是工作在反向击穿状态下，若损坏或性能异常，则需要进行选用与代换，选用与代换稳压二极管的稳压值应与应用电路的基准电压相同，最大稳定电流应高于应用电路最大负载电流的50%左右，动态电阻应较小，功率应符合应用电路的设计要求。若应用环境不同，则应选用不同的耗散功率类型，若环境温度超过50℃，则温度每升高1℃，最大耗散功率降低1%。

图5-29为稳压二极管的选用与代换实例。

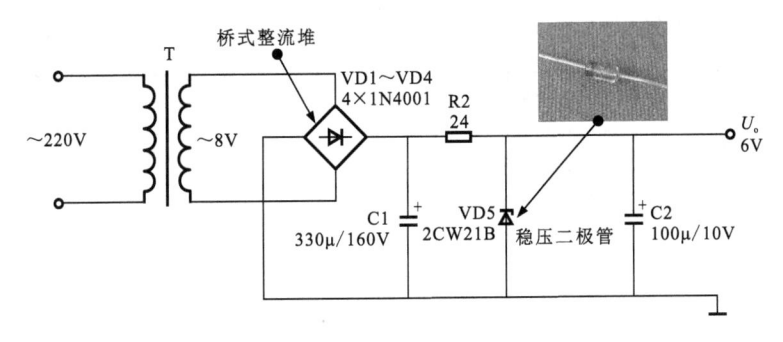

图5-29 稳压二极管的选用与代换实例

提示说明

在图5-29中，VD5为稳压二极管，型号为2CW21B。交流220V电压经变压器T降压后，输出8V交流电压，经桥式整流堆输出约11V的直流电压，再经C1滤波，R2、VD5稳压，C2滤波后，输出6V稳定直流电压，在代换时，应尽量选用同类型、同型号的稳压二极管。

常用1N系列稳压二极管型号及可代换型号见表5-5。

表5-5 常见1N系列稳压二极管型号及可代换型号

型号	额定电压 （V）	最大工作电流 （mA）	可代换型号
1N708	5.6	40	BWA54、2CW28（5.6V）
1N709	6.2	40	2CW55/B（硅稳压二极管）、BWA55/E
1N710	6.8	36	2CW55A、2CW105（硅稳压二极管：6.8V）
1N711	7.5	30	2CW56A（硅稳压二极管）、2CW28（硅稳压二极管）、2CW106（稳压范围为7.0～8.8V，选用7.5V）
1N712	8.2	30	2CW57/B、2CW106（稳压范围为7.0～8.8V，选用8.2V）
1N713	9.1	27	2CW58A/B、2CW74
1N714	10	25	2CW18、2CW59/A/B
1N715	11	20	2CW76、2DW12F、BS31-12
1N716	12	20	2CW61/A、2CW77/A
1N717	13	18	2CW62/A、2DW21G
1N718	15	16	2CW112（稳压范围为13.5～17V，选用15V）、2CW78A
1N719	16	15	2CW63/A/B、2DW12H
1N720	18	13	2CW20B、2CW64/B、2CW68（稳压范围为18～21V，选用18V）
1N721	20	12	2CW65（稳压范围为20～24V，选用20V）、2DW12I、BWA65
1N722	22	11	2CW20C、2DW12J
1N723	24	10	WCW116、2DW13A
1N724	27	9	2CW20D、2CW68、BWA68/D
1N725	30	13	2CW119（稳压范围为29～33V，选用30V）
1N726	33	12	2CW120（稳压范围为32～36V，选用33V）
1N727	36	11	2CW120（稳压范围为32～36V，选用36V）

!?提示说明

（续）

型号	额定电压（V）	最大工作电流（mA）	可代换型号
1N728	39	10	2CW121（稳压范围为35~40V，选用39V）
1N748	3.8~4.0	125	HZ4B2
1N752	5.2~5.7	80	HZ6A
1N753	5.8~6.1	80	2CW132（稳压范围为5.5~6.5V）
1N754	6.3~6.8	70	H27A
1N755	7.1~7.3	65	HZ7.5EB
1N757	8.9~9.3	52	HZ9C
1N962	9.5~11	45	2CW137（稳压范围为10.0~11.8V）
1N963	11~11.5	40	2CW138（稳压范围为11.5~12.5V）、HZ12A-2
1N964	12~12.5	40	HZ12C-2、MA1130TA
1N969	21~22.5	20	RD245B
1N4240A	10	100	2CW108（稳压范围为9.2~10.5V，选用10 V）、2CW109（稳压范围为10.0~11.8V）、2DW5
1N4724A	12	76	2DW6A、2CW110（稳压范围为11.5~12.5V，选用12 V）
1N4728	3.3	270	2CW101（稳压范围为2.5~3.6V，选用3.3V）
1N4729	3.6	252	2CW101（稳压范围为2.5~3.6V，选用3.6V）
1N4729A	3.6	252	2CW101（稳压范围为2.5~3.6V，选用3.6V）
1N4730A	3.9	234	2CW102（稳压范围为3.2~4.7V，选用3.9V）
1N4731	4.3	217	2CW102（稳压范围为3.2~4.7V，选用4.3V）
1N4731A	4.3	217	2CW102（稳压范围为3.2~4.7V，选用4.3V）
1N4732/A	4.7	193	2CW102（稳压范围为3.2~4.7V，选用4.7V）
1N4733/A	5.1	179	2CW103（稳压范围为4.0~5.8V，选用5.1V）
1N4734/A	5.6	162	2CW103（稳压范围为4.0~5.8V，选用5.6V）
1N4735/A	6.2	146	1W6V2、2CW104（稳压范围为5.5~6.5V，选用6.2V）
1N4736/A	6.8	138	1W6V8、2CW104（稳压范围为5.5~6.5V，选用6.5V）
1N4737/A	7.5	121	1W7V5、2CW105（稳压范围为6.2~7.5V，选用7.5V）
1N4738/A	8.2	110	1W8V2、2CW106（稳压范围为7.0~8.8V，选用8.2V）
1N4739/A	9.1	100	1W9V1、2CW107（稳压范围为8.5~9.5V，选用9.1V）
1N4740/A	10	91	2CW286-10 V、B563-10
1N4741/A	11	83	2CW109（稳压范围为10.0~11.8V，选用11V）、2DW6
1N4742/A	12	76	2CW110（稳压范围为11.5~12.5V，选用12V）、2DW6A
1N4743/A	13	69	2CW111（稳压范围为12.2~14V，选用13V）、2DW6B、BWC114D
1N4744/A	15	57	2CW112（稳压范围为13.5~17V，选用15V）、2DW6D
1N4745/A	16	51	2CW112（稳压范围为13.5~17V，选用16V）、2DW6E
1N4746/A	18	50	2CW113（稳压范围为16~19V，选用18V）、1W18V
1N4747/A	20	45	2CW114（稳压范围为18~21V，选用20V）、BWC115E
1N4748/A	22	41	2CW115（稳压范围为20~24V，选用22V）、1W22V

提示说明

（续）

型号	额定电压(V)	最大工作电流(mA)	可代换型号
1N4749/A	24	38	2CW116（稳压范围为23~26V，选用24V）、1W24V
1N4750/A	27	34	2CW117（稳压范围为25~28V，选用27V）、1W27V
1N4751/A	30	30	2CW118（稳压范围为27~30V，选用30V）、1W30V、2DW19F
1N4752/A	33	27	2CW119（稳压范围为29~33V，选用33V）、1W33V
1N4753	36	13	2CW120（稳压范围为32~36V，选用36V）、1/2W36V
1N4754	39	12	2CW121（稳压范围为35~40V，选用39V）、1/2W39V
1N4755A	43	12	2CW122（43 V）、1/2W43V
1N4756	47	10	2CW122（47 V）、1/2W47V
1N4757	51	9	2CW123（51 V）、1/2W51V
1N4758	56	8	2CW124（56 V）、1/2W56V
1N4759	62	8	2CW124（62 V）、1/2W62 V
1N4760	68	7	2CW125（68 V）、1/2W68V
1N4761	75	6.7	2CW126（75 V）、1/2W75V
1N4762	82	6	2CW126（82 V）、1/2W82V
1N4763	91	5.6	2CW127（91 V）、1/2W91V
1N4764	100	5	2CW128（100 V）、1/2W100V
1N5226/A	3.3	138	2CW51（稳压范围为2.5~3.6V，选用3.3V）、2CW5226
1N5227/A/B	3.6	126	2CW51（稳压范围为2.5~3.6V，选用3.6V）、2CW5227
1N5228/A/B	3.9	115	2CW52（稳压范围为3.2~4.5V，选用3.9V）、2CW5228
1N5229/A/B	4.3	106	2CW52（稳压范围为3.2~4.5V，选用4.3V）、2CW5229
1N5230/A/B	4.7	97	2CW53（稳压范围为4.0~5.8V，选用4.7V）、2CW5230
1N5231/A/B	5.1	89	2CW53（稳压范围为4.0~5.8V，选用5.1V）、2CW5231
1N5232/A/B	5.6	81	2CW103（稳压范围为4.0~5.8V，选用5.6V）、2CW5232
1N5233/A/B	6	76	2CW104（稳压范围为5.5~6.5V，选用6V）、2CW5233
1N5234/A/B	6.2	73	2CW104（稳压范围为5.5~6.5V，选用6.2V）、2CW5234
1N5235/A/B	6.8	67	2CW105（稳压范围为6.2~7.5V，选用6.8V）、2CW5235

3 检波二极管的选用与代换

检波二极管主要应用在高频检波、混频、鉴频、鉴相限幅、钳位、开关和调制、AGC等电路中，若损坏或性能异常，则需要进行选用与代换，在选用与代换时，应根据应用电路的具体要求，选择工作频率高、反向电流小、正向电流足够大的检波二极管，因检波是对高频信号整流，结电容一定要小，所以选用点接触型检波二极管，正向电阻为200~900Ω，反向电阻越大越好。

图5-30为检波二极管的选用与代换实例。

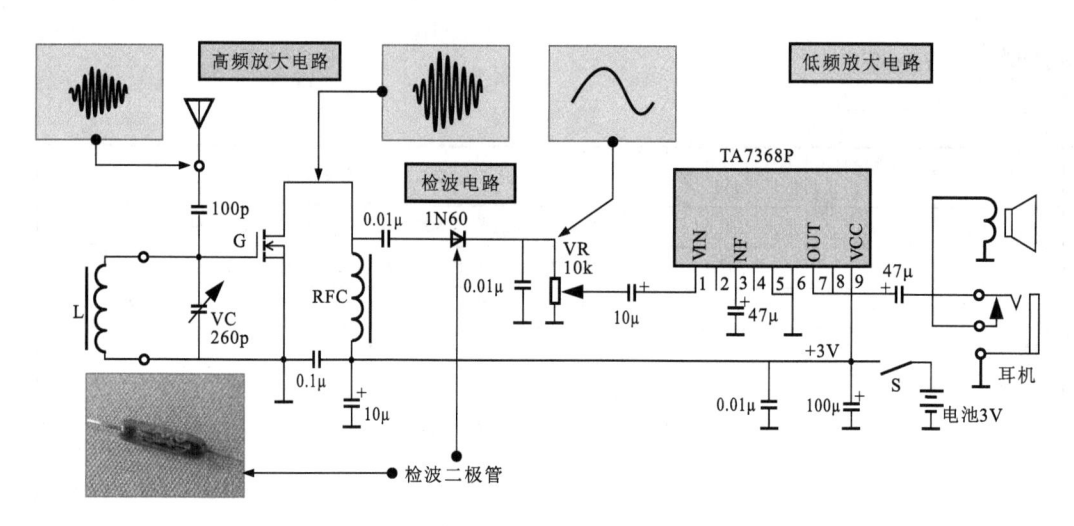

图5-30 检波二极管的选用与代换实例

提示说明

在图5-30中，高频放大电路输出的调幅信号加到检波二极管1N60的正极，由于1N60具有单向导电性，因此调幅信号的正半周可以通过，调幅信号的负半周被截止，调幅信号的正半周经滤波器滤除高频成分后，再经低频放大电路即可输出调制在载波上的音频信号，在选用与代换时，应尽量选用同类型、同型号的检波二极管。

4 发光二极管的选用与代换

发光二极管主要应用在检测电路、指示灯电路、数字化仪表电路、计算机或其他电子设备的数字显示电路、工作状态指示电路（如显示器的电源指示灯）中等。

若损坏或性能异常，应进行选用与代换，选用与代换发光二极管的额定电流应大于应用电路的最大允许电流，发光颜色应符合要求，形状和尺寸根据安装位置选择。

图5-31为发光二极管的选用与代换实例。

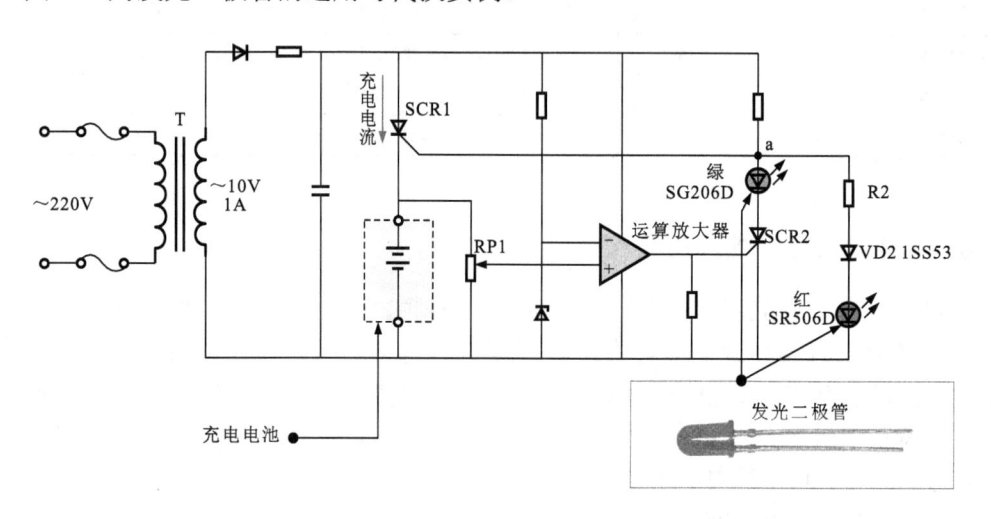

图5-31 发光二极管的选用与代换实例

> **提示说明**
>
> 在图5-31中，交流220V电压经变压器T变为交流10V电压，经整流滤波后变为直流电压，分别加到SCR1和显示控制电路中。a点电压上升，电池充电，红色发光二极管发光，表示开始充电。当充电结束时，运算放大器的正（+）端电压上升，SCR2导通，绿色发光二极管发光，a点电压下降，电池停止充电，红色发光二极管熄灭。通常，发光二极管是可以通用的，在选用与代换时，应注意外形、尺寸及发光颜色要符合电路设计要求。
>
> 一般，普通绿色、黄色、红色、橙色发光二极管的工作电压均为2V左右，白色发光二极管的工作电压通常大于2.4V，蓝色发光二极管的工作电压通常大于3.3V。

5 变容二极管的选用与代换

在正常时，变容二极管工作在反向偏置状态，即负极电压大于正极电压，PN结的结电容随反向电压的变化而变化（反向电压越大，结电容越小）。变容二极管主要应用在电视机中的电子调谐电路、调频收音机AFC电路中的振荡回路、倍频电路、手机或座机的高频调制电路中。若损坏或性能异常，则应进行选用与代换，选用与代换变容二极管的工作频率、最高反向工作电压、最大正向工作电流、零偏压结电容、结电容变化范围等参数均应符合电路设计要求，尽量选用结电容变化大、高Q值、反向漏电电流小的变容二极管。

图5-32为变容二极管的选用与代换实例。

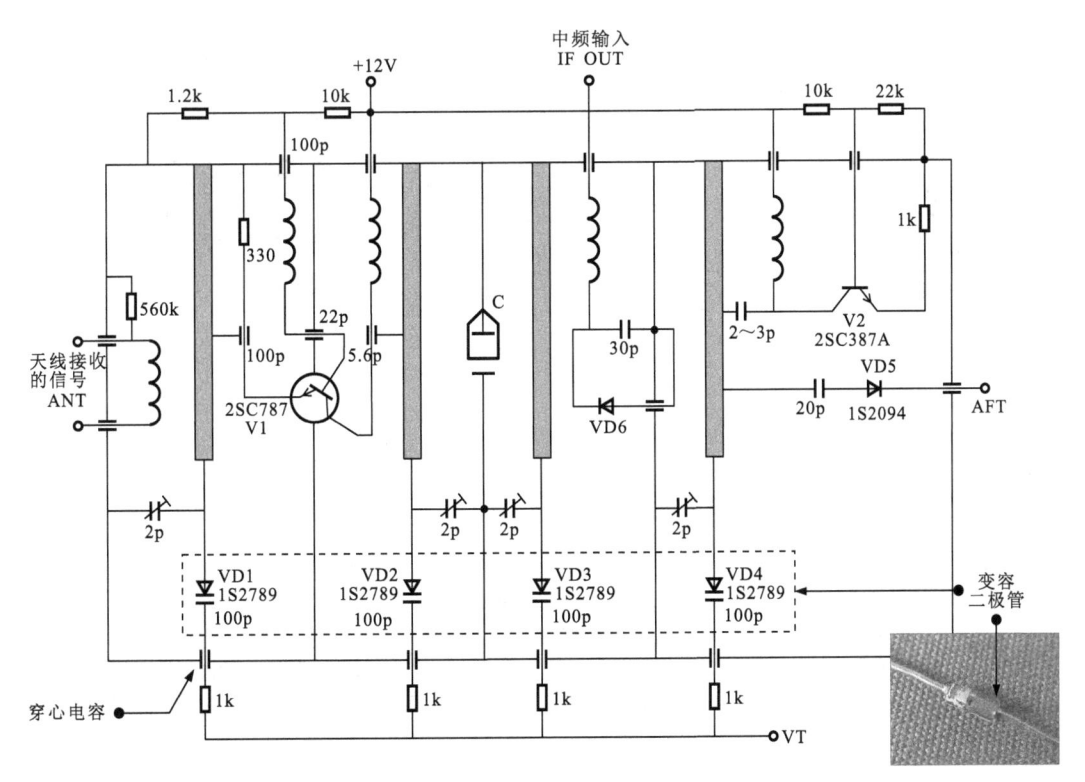

图5-32 变容二极管的选用与代换实例

> **提示说明**
>
> 在图5-32中，VD1～VD4为变容二极管，天线接收的信号经扁平电缆加到输入线圈，经腔体谐振电路耦合到V1的发射极，放大后，由V1的集电极输出，经双调谐电路耦合到VD6。在选用与代换变容二极管时，应尽量选择同型号的变容二极管并注意极性，以确保变容二极管的应用性能。

6 开关二极管的选用与代换

开关二极管主要应用在开关电路、检波电路、高频脉冲整流电路、门电路、钳位电路、自动控制电路中，利用PN结的单向导电性，实现对电路开和关的控制，具有开关速度快、体积小、寿命长、可靠性高等特点。

在选择与代换开关二极管时，应注意开关二极管的正向电流、最高反向电压、反向恢复时间等均应满足电路设计要求。例如，在收录机、电视机及其他电子设备的开关电路（包括检波电路）中，常选用2CK、2AK系列小功率开关二极管；在彩色电视机高速开关电路中，常选用1N4148、1N4151、1N4152等开关二极管；在录像机、彩色电视机的电子调谐器等开关电路中，常选用MA165、MA166、MA167等高速开关二极管。

图5-33为开关二极管的选用与代换实例。

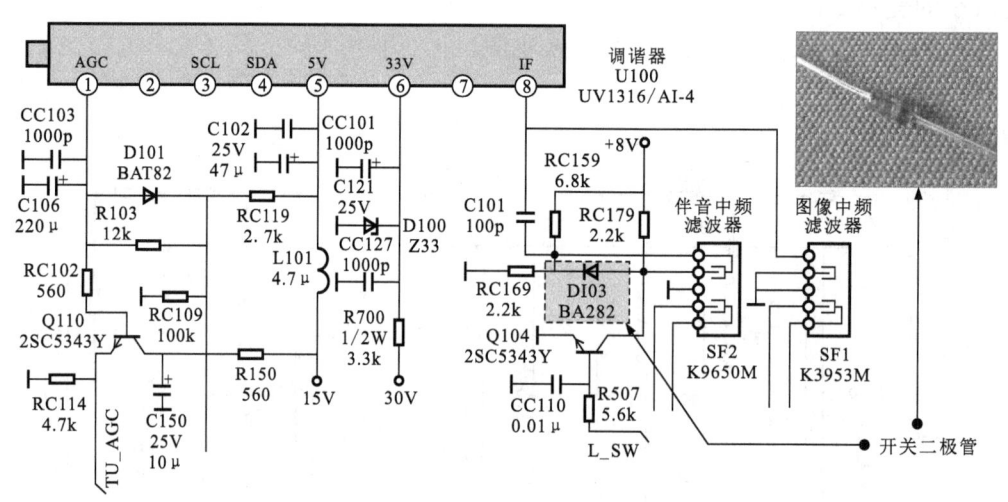

图5-33 开关二极管的选用与代换实例

> **提示说明**
>
> 在图5-33中，D103为BA282型号的开关二极管。经查表，该二极管为P型锗材料高频大功率二极管（$f > 3MHz$，$P_o > 1W$）。在声表面波滤波器的前级，通常会选用一个开关二极管作为开关控制元器件。
>
> 若开关二极管损坏或性能异常，则应进行选用与代换，应尽量选用同型号、同类型的开关二极管进行代换。若没有同型号的开关二极管，则应选用与损坏开关二极管的参数相匹配的开关二极管。若选用与代换不当，则不仅会损坏新的开关二极管，还会对应用电路或设备造成损伤，严重时还可能损坏相关的元器件。

5.3 二极管引脚极性和制作材料的检测

5.3.1 二极管引脚极性的检测

在检测二极管之前，准确区分引脚极性是检测的关键环节。

二极管的引脚极性可以根据标识信息进行区分，对于一些没有明显标识信息的二极管，可以使用万用表的欧姆挡通过检测进行区分，如图5-34所示。

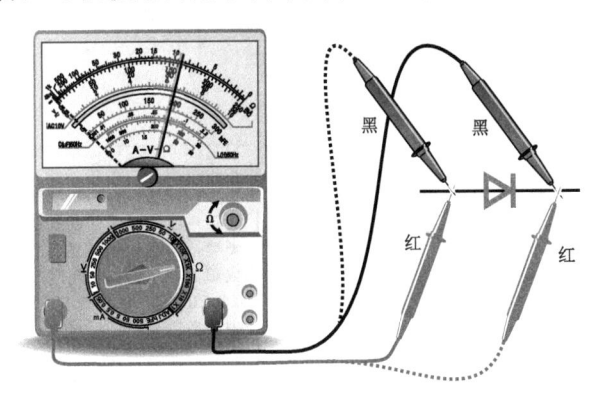

> 将指针万用表的量程旋钮调至×1k欧姆挡，黑表笔搭在二极管的一侧引脚上，红表笔搭在另一侧引脚上，记录检测结果；调换表笔再次检测。在检测结果较小的操作中，黑表笔搭接的引脚为二极管的正极，红表笔搭接的引脚为二极管的负极。若使用数字万用表进行检测，则检测结果正好相反，在检测结果较小的操作中，红表笔搭接的引脚为二极管的正极，黑表笔搭接的引脚为二极管的负极。

图5-34 二极管引脚极性的检测方法

提示说明

大部分二极管在外壳上都有极性标识信息，还有一些通过电路图形符号、色环、引脚的长短特征进行标识，如图5-35所示。

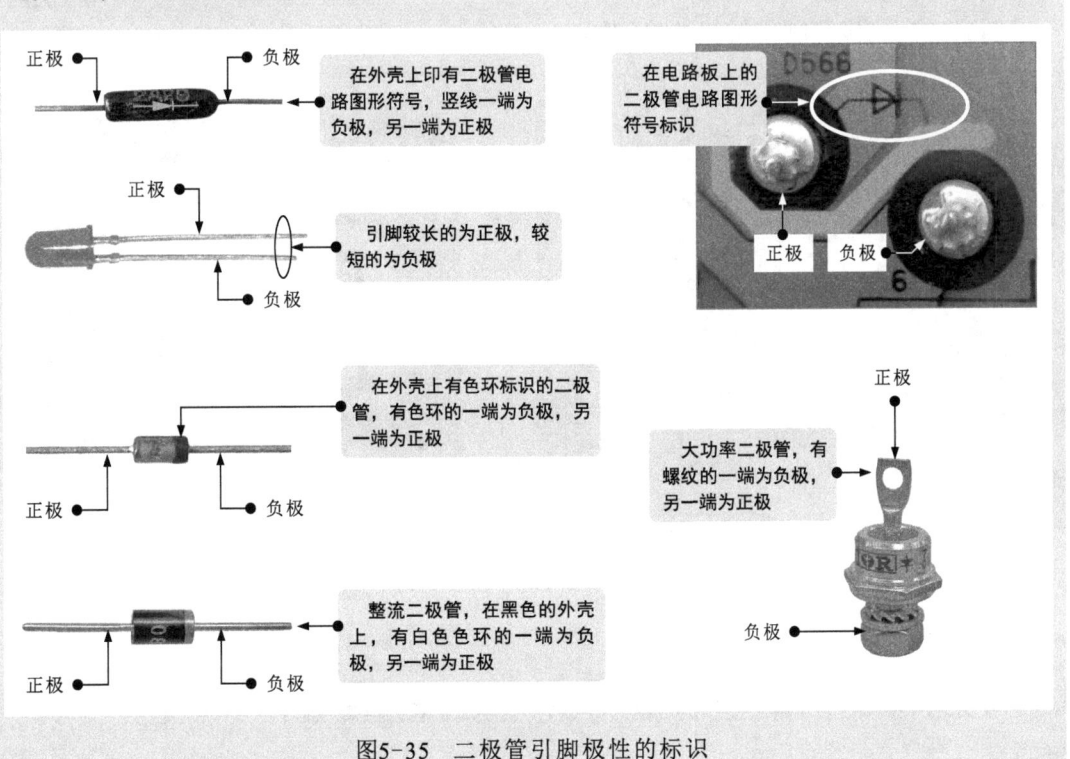

- 在外壳上印有二极管电路图形符号，竖线一端为负极，另一端为正极
- 在电路板上的二极管电路图形符号标识
- 引脚较长的为正极，较短的为负极
- 在外壳上有色环标识的二极管，有色环的一端为负极，另一端为正极
- 大功率二极管，有螺纹的一端为负极，另一端为正极
- 整流二极管，在黑色的外壳上，有白色色环的一端为负极，另一端为正极

图5-35 二极管引脚极性的标识

5.3.2 二极管制作材料的检测

二极管的制作材料有锗半导体材料和硅半导体材料，在选用与代换时，准确区分二极管的制作材料是十分关键的。

1　二极管制作材料的检测方法

二极管制作材料的检测方法如图5-36所示。

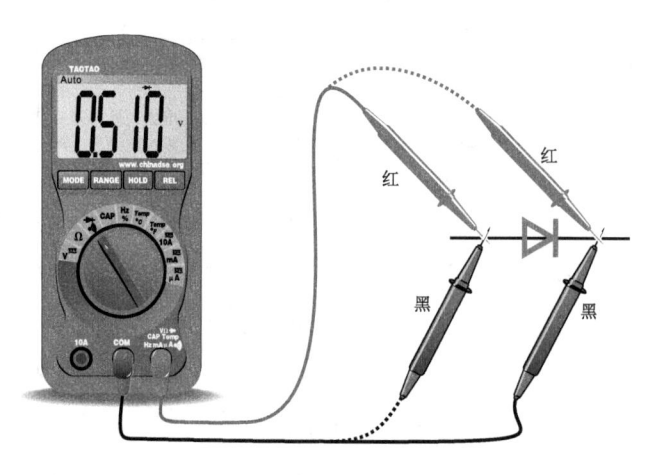

> 将万用表的量程旋钮调至二极管挡，红、黑表笔任意搭在二极管的两个引脚端，观察显示屏显示的数值。若显示的数值为0.2～0.3V，则为锗二极管；若显示的数值为0.5～0.7V，则为硅二极管。

图5-36　二极管制作材料的检测方法

2　二极管制作材料的检测操作

图5-37为二极管制作材料的检测操作。

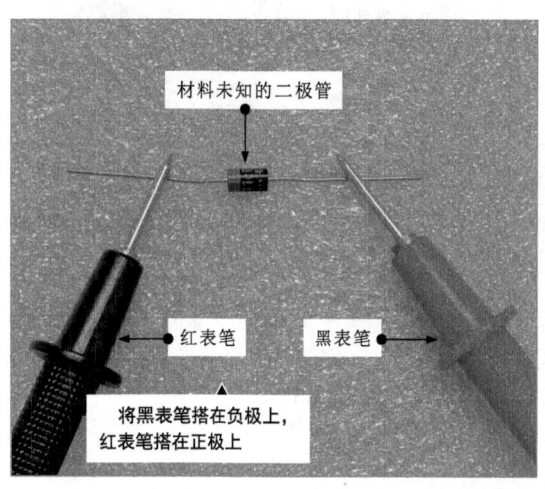

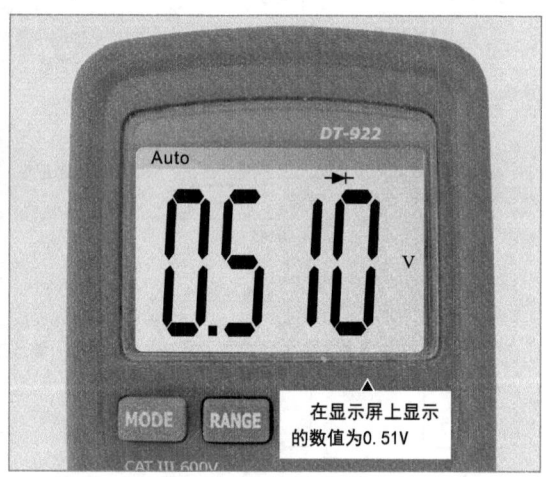

图5-37　二极管制作材料的检测操作

提示说明

在图5-37中，在显示屏上显示的数值为0.51V，说明二极管为硅二极管。

5.4 整流二极管的检测

5.4.1 整流二极管的检测方法

整流二极管的检测方法如图5-38所示。

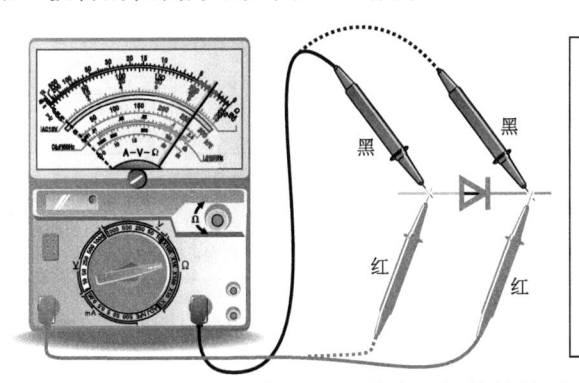

将万用表的量程旋钮调至×1k欧姆挡,红、黑表笔任意搭在二极管的两个引脚端。在正常情况下,整流二极管的正向阻值为几千欧姆,反向阻值为无穷大。若正、反向阻值都为无穷大或都很小,则说明该整流二极管损坏;若正、反向阻值相近,则说明该整流二极管性能不良;若万用表的指针一直不断摆动,不能停止在某一个数值上,则说明该整流二极管的热稳定性不好。

图5-38 整流二极管的检测方法

5.4.2 整流二极管的检测操作

图5-39为整流二极管阻值的检测操作。

1 将万用表的黑表笔搭在正极上,红表笔搭在负极上

2 实测正向阻值为3kΩ(×1k欧姆挡)

3 对调表笔

4 实测反向阻值为无穷大(×1k欧姆挡)

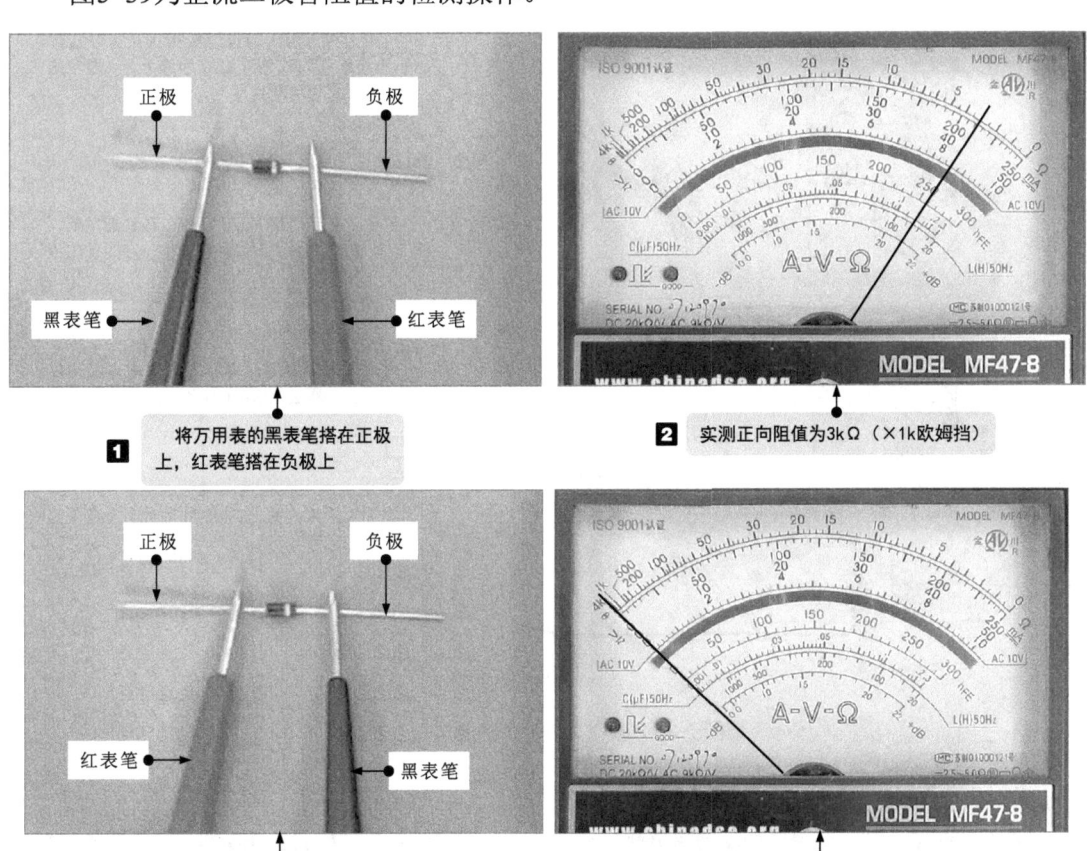

图5-39 整流二极管阻值的检测操作

5.5 发光二极管的检测

5.5.1 发光二极管的检测方法

发光二极管的检测方法如图5-40所示。

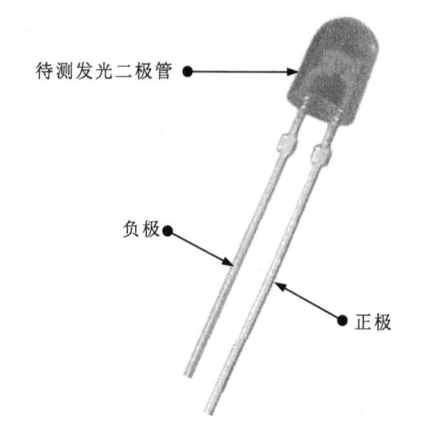

在发光二极管的两个引脚中,相对较短的引脚为负极引脚,相对较长的引脚为正极引脚。

(a) 区分发光二极管引脚的正、负极

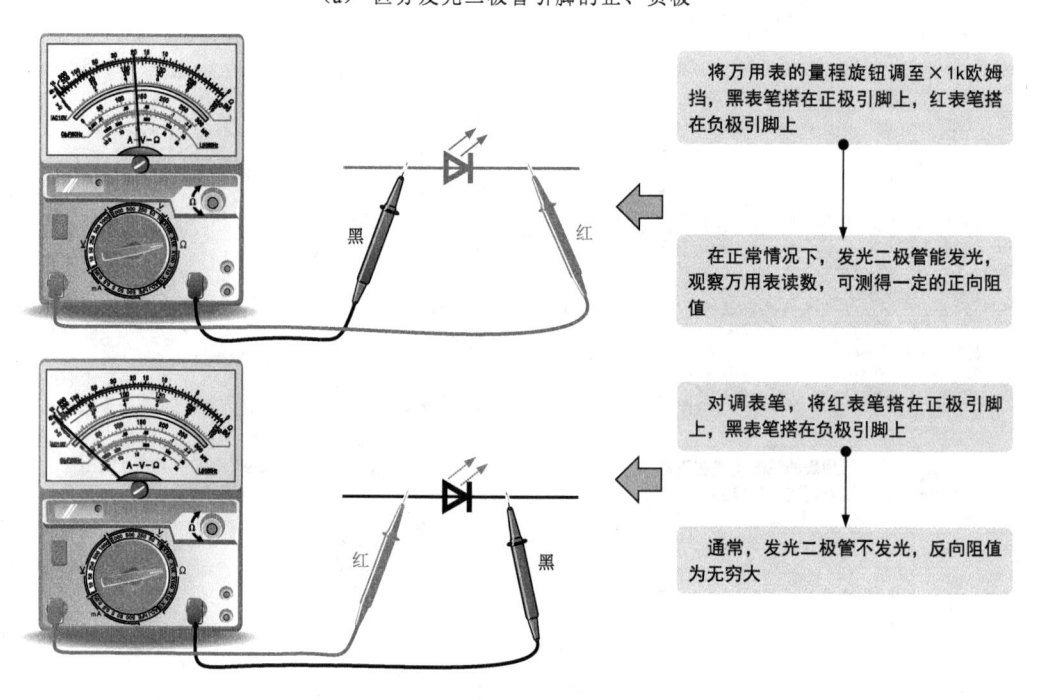

将万用表的量程旋钮调至×1k欧姆挡,黑表笔搭在正极引脚上,红表笔搭在负极引脚上

在正常情况下,发光二极管能发光,观察万用表读数,可测得一定的正向阻值

对调表笔,将红表笔搭在正极引脚上,黑表笔搭在负极引脚上

通常,发光二极管不发光,反向阻值为无穷大

(b) 检测发光二极管

图5-40 发光二极管的检测方法

提示说明

在图5-40中,若正向阻值和反向阻值都趋于无穷大,则说明发光二极管存在断路故障;若正向阻值和反向阻值都趋于0,则说明发光二极管被击穿短路;若正向阻值和反向阻值都很小,则说明发光二极管已被击穿(有一点阻值,未短路)。

5.5.2 发光二极管的检测操作

图5-41为发光二极管的检测操作。

1 将黑表笔搭在正极引脚上，红表笔搭在负极引脚上

2 二极管发光，测得正向阻值为20kΩ（×1k欧姆挡）

3 对调表笔

4 二极管不发光，测得反向阻值为无穷大（×1k欧姆挡）

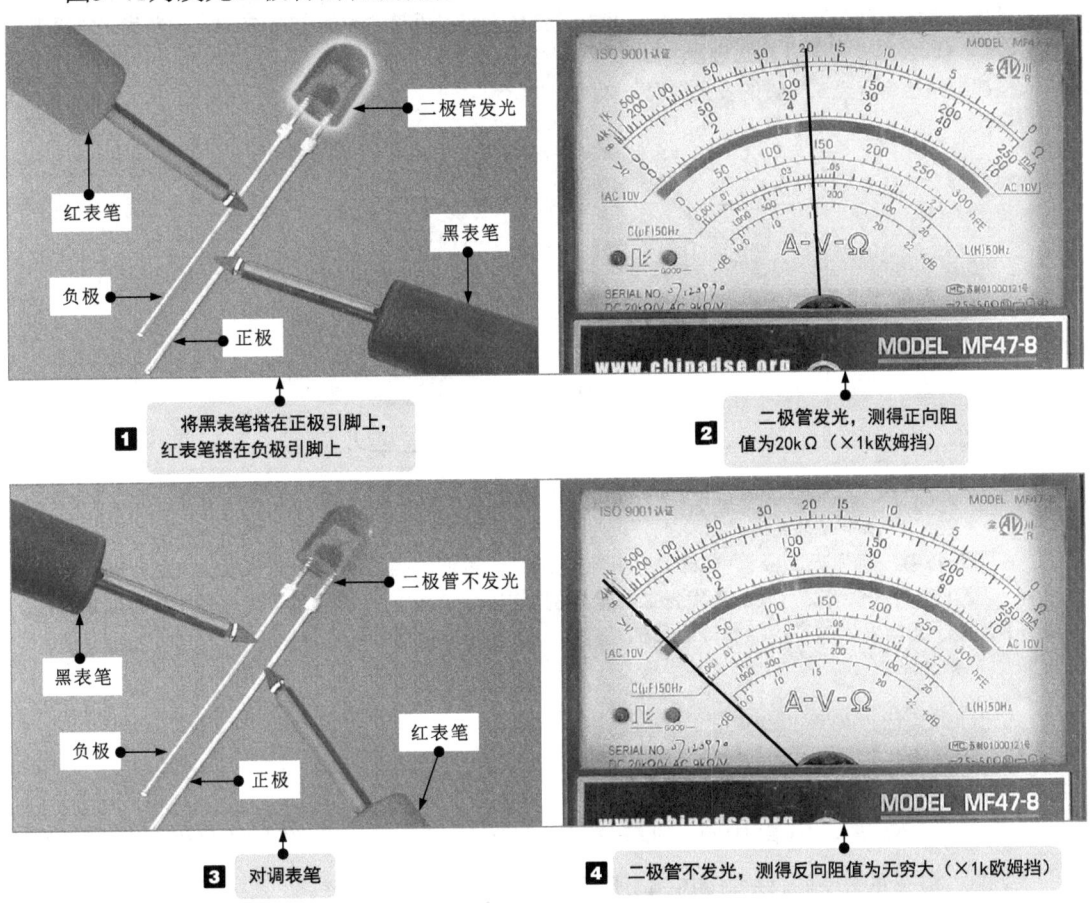

图5-41 发光二极管的检测操作

提示说明

在检测发光二极管的正向阻值时，若选择的量程不同，则发光亮度也会不同。通常，所选量程的输出电流越大，发光二极管发光越亮，如图5-42所示。

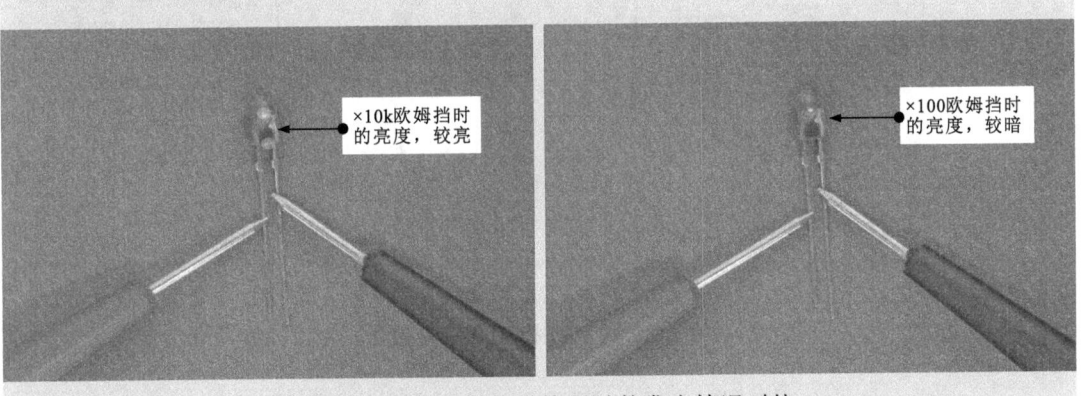

×10k欧姆挡时的亮度，较亮

×100欧姆挡时的亮度，较暗

图5-42 发光二极管在检测时的发光情况对比

> **提示说明**
>
> 发光二极管的型号不同，参数也不同。例如，红色发光二极管的参数为2V/20mA，白色发光二极管的参数为3.5V/20mA，绿色发光二极管的参数为3.6V/30mA。
>
> 搭建电路检测发光二极管的发光情况，如图5-43所示。

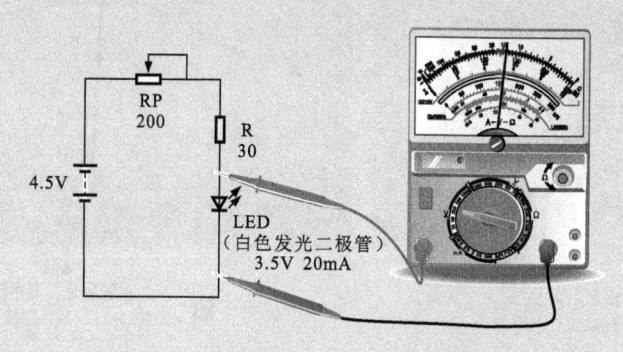

图5-43 搭建电路检测发光二极管的发光情况

在图5-43中，将发光二极管（LED）串接在电路中，可调电阻器RP用于调节限流电阻，在调节过程中，观察LED的发光情况，以白色发光二极管为例，当RP为20Ω时，白色发光二极管工作在额定电压状态下，处于正常发光状态，随着RP阻值的增大，白色发光二极管发光变弱。

5.6 检波二极管的检测

5.6.1 检波二极管的检测方法

检波二极管的检测方法如图5-44所示。

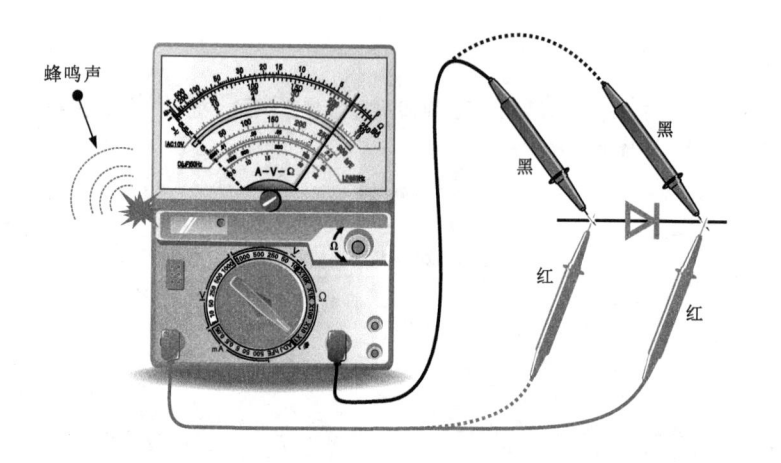

> 将万用表的量程旋钮调至蜂鸣挡，红、黑表笔任意搭在检波二极管的两个引脚端。通常，检波二极管有一定的正向阻值，且万用表能发出蜂鸣声；反向阻值为无穷大，没有蜂鸣声。若检测结果与上述情况不符，则说明检波二极管已损坏。

图5-44 检波二极管的检测方法

5.6.2 检波二极管的检测操作

图5-45为检波二极管的检测操作。

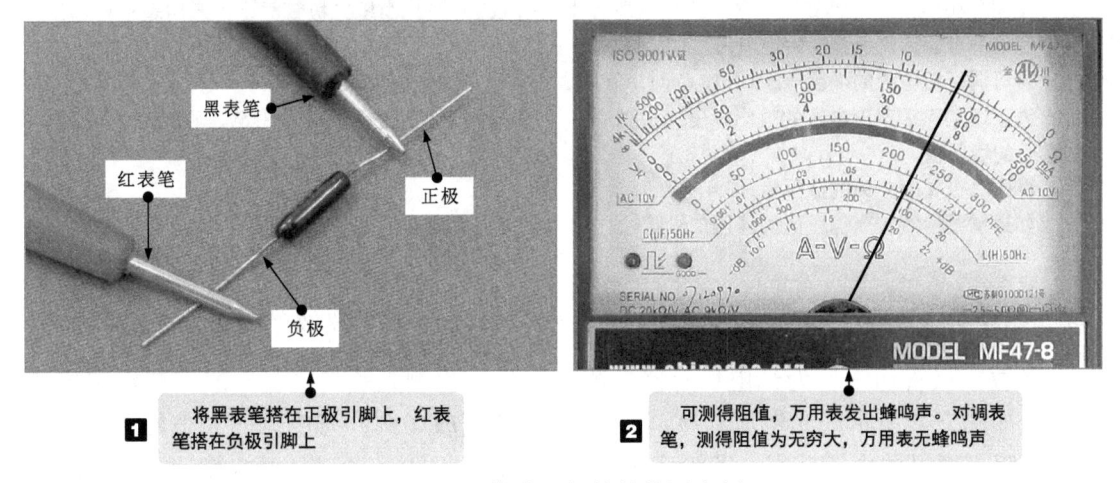

1 将黑表笔搭在正极引脚上，红表笔搭在负极引脚上

2 可测得阻值，万用表发出蜂鸣声。对调表笔，测得阻值为无穷大，万用表无蜂鸣声

图5-45　检波二极管的检测案例

5.7　其他二极管的检测

5.7.1 稳压二极管的检测方法

稳压二极管是利用二极管的反向击穿特性制成的，当反向电压较低时，呈截止状态，当反向电压达到一定值时，反向电流急剧增加，呈反向击穿状态。在此状态下，稳压二极管的两端电压为一固定值，即稳压二极管的稳压值。检测稳压二极管主要就是检测稳压性能和稳压值。

检测稳压二极管的稳压值首先需要搭建检测电路，即将稳压二极管（RD3.6E）、可调直流电源（3～10V）、限流电阻（220Ω）搭建为如图5-46所示的检测电路，然后将万用表的量程旋钮调至直流电压挡，黑表笔搭在稳压二极管的正极，红表笔搭在稳压二极管的负极，观察指针指示的数值。

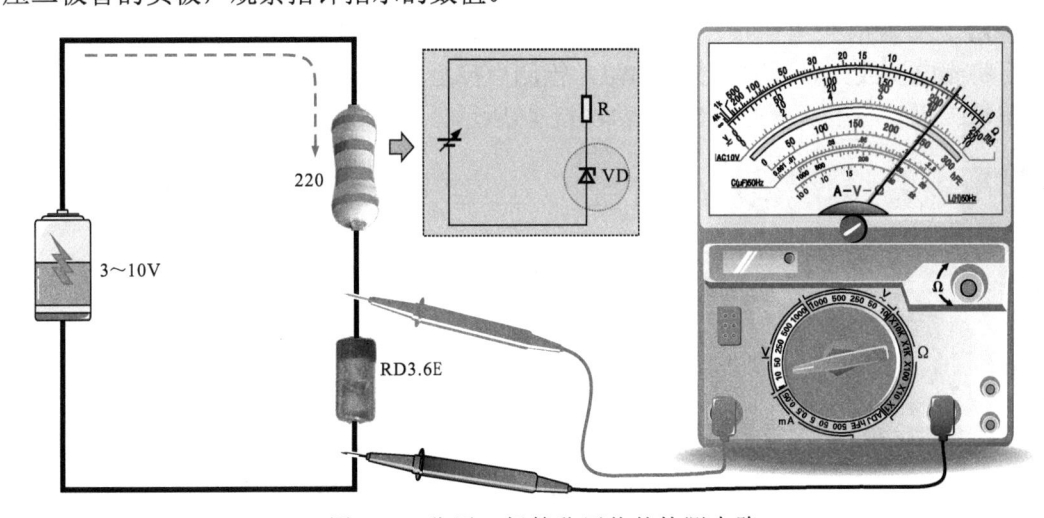

图5-46　稳压二极管稳压值的检测电路

> **提示说明**
>
> 在图5-46中，当可调直流电源的输出电压较小（<3.6V）时，稳压二极管截止，万用表指针指示的数值等于可调直流电源的输出电压。
>
> 当可调直流电源的输出电压超过3.6V时，万用表指针指示的数值为3.6V。
>
> 继续增加可调直流电源的输出电压，直到10V，万用表指针指示的数值仍为3.6V，则3.6V即为稳压二极管的稳压值。
>
> 稳压二极管RD3.6E的稳压值为3.47～3.83V。
>
> 如果需要检测较高稳压值的稳压二极管，则选用输出电压更高的可调直流电源。

5.7.2 光敏二极管的检测方法

光敏二极管通常作为光电传感器检测环境光。检测光敏二极管一般需要搭建检测电路，如图5-47所示。光电流（I）与照射光的强度成比例。光电流的大小可通过检测负载电阻上通过的电流获得，即检测负载电阻上的电压U，通过欧姆定律计算光电流。改变照射光的强度，光电流就会变化，U也会变化。

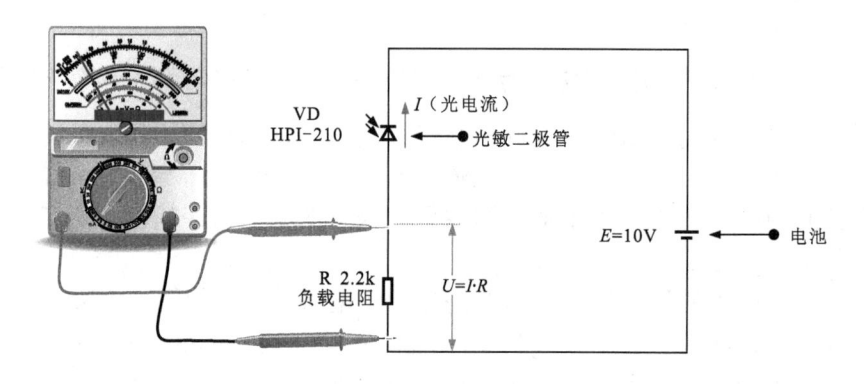

图5-47 光敏二极管的检测电路

光敏二极管的光电流很小，作用于负载电阻的能力较差，与三极管搭建组合电路，可将光电流放大后再驱动负载电阻，检测更接近实用。

光敏二极管与三极管的组合电路如图5-48所示。

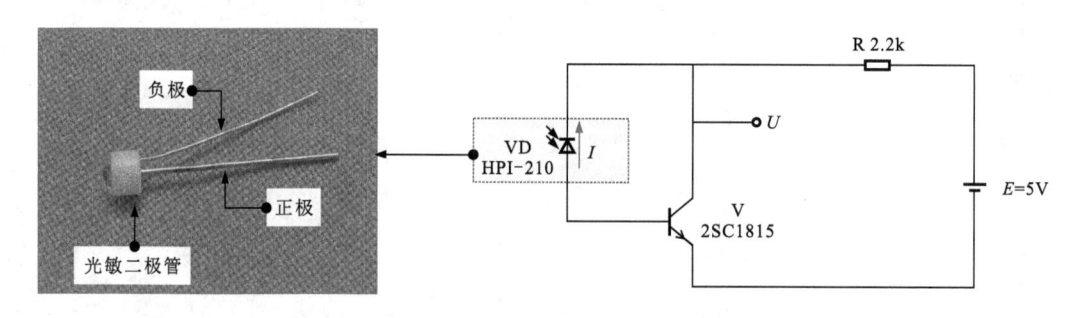

图5-48 光敏二极管与三极管的组合电路

> **提示说明**
>
> 在图5-48中，光敏二极管接在三极管的基极电路中，光电流为三极管的基极电流，集电极电流等于放大h_{FE}倍的基极电流，通过检测集电极的电压U，可计算集电极电流，将光敏二极管与三极管的组合电路作为单元电路，驱动负载电阻的能力更强。

图5-49（a）为光敏二极管与三极管组成的发射极输出电路，采用光敏二极管与电阻器Rb构成分压电路，为三极管的基极提供偏压，可有效抑制暗电流的影响。

图5-49（b）为采用发射极输出的测试电路。

图5-49（c）为采用集电极输出的测试电路。

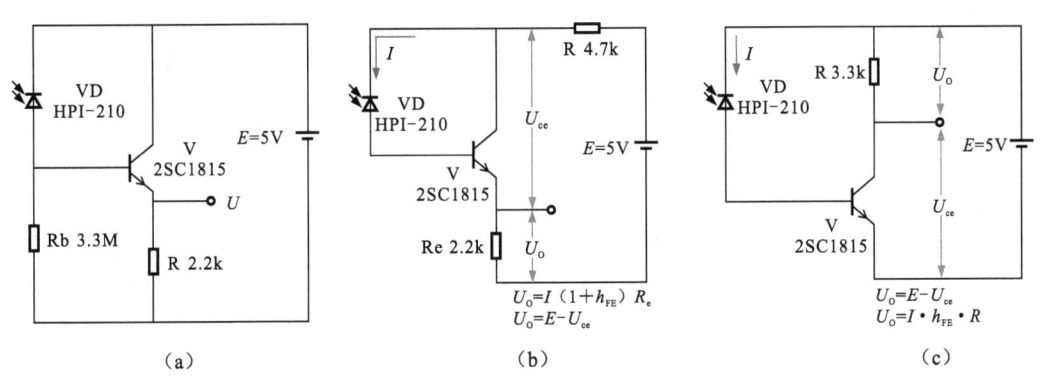

图5-49 光敏二极管与三极管构成的测试电路

5.7.3 双向触发二极管的检测方法

双向触发二极管属于三层结构的二端交流器件，等效为基极开路、发射极与集电极对称的NPN型三极管，正、反向伏安特性完全对称，当两端电压小于正向击穿电压时，呈高阻态；当两端电压大于正向击穿电压时，被击穿（导通），进入负阻区；当两端电压大于反向击穿电压时，进入负阻区。

不同型号双向触发二极管的击穿电压是不同的，检测双向触发二极管主要就是检测击穿电压，可搭建如图5-50所示的检测电路。

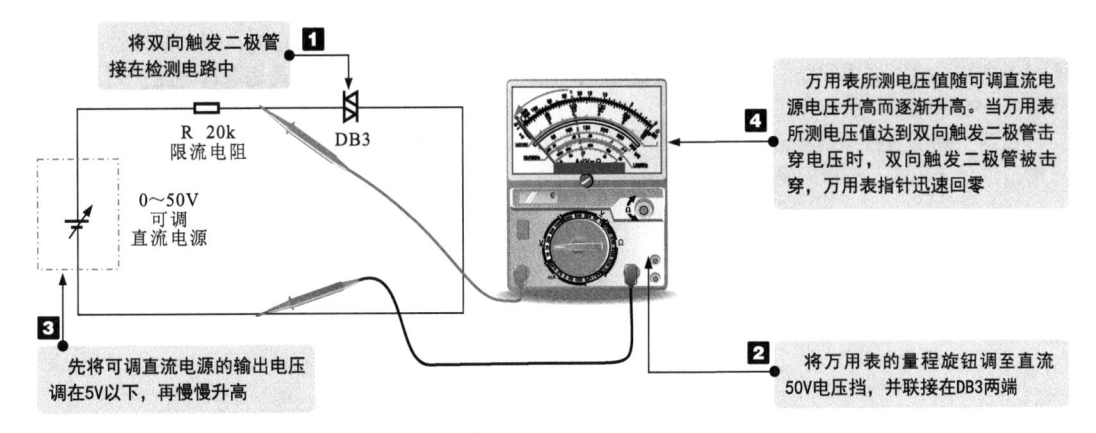

图5-50 双向触发二极管击穿电压的检测电路

双向触发二极管开路状态的检测方法如图5-51所示。

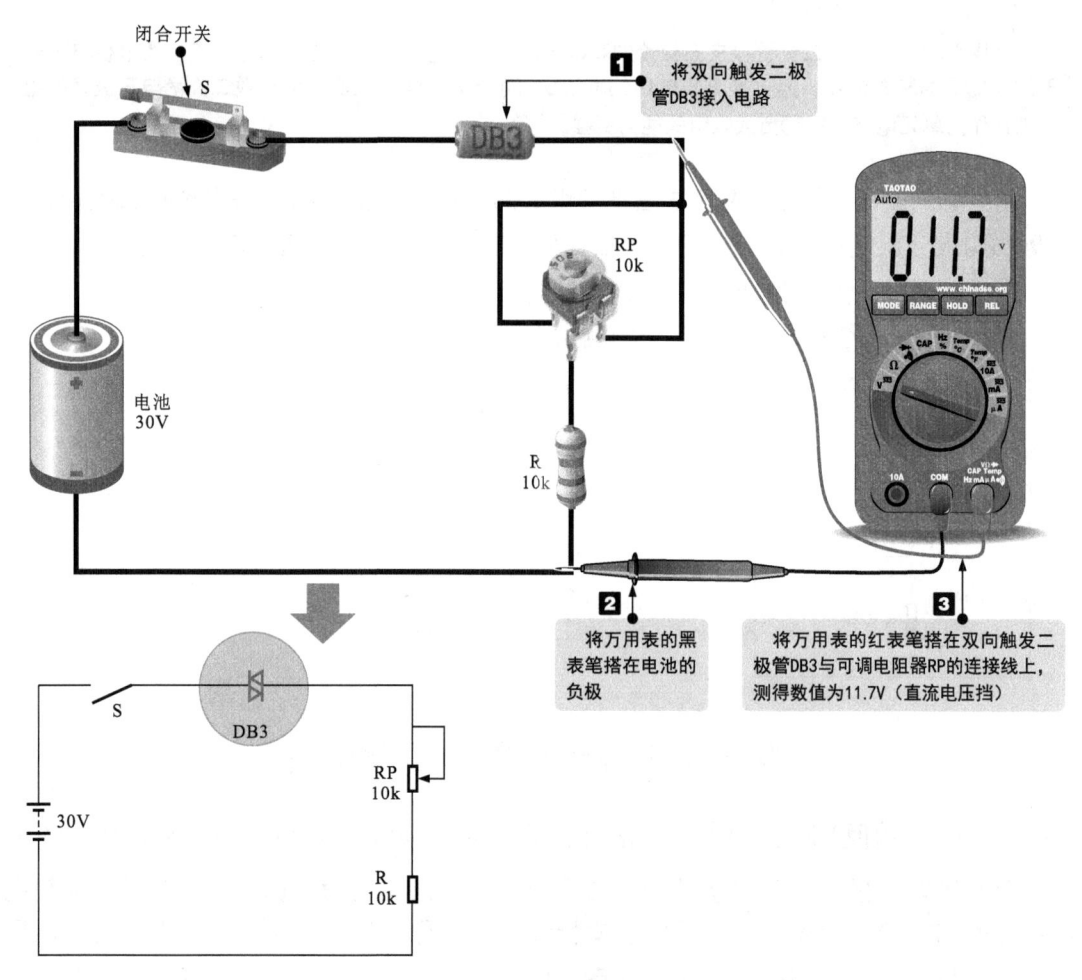

1 将双向触发二极管DB3接入电路

2 将万用表的黑表笔搭在电池的负极

3 将万用表的红表笔搭在双向触发二极管DB3与可调电阻器RP的连接线上，测得数值为11.7V（直流电压挡）

图5-51 双向触发二极管开路状态的检测方法

提示说明

在图5-51中，在正常情况下，当外加电压大于双向触发二极管的击穿电压时，双向触发二极管导通（击穿），电路形成回路，用数字万用表可检测出约11.7V的直流电压。若无法测得电压，则说明双向触发二极管无法导通，存在断路故障。

在这一判断过程中需要注意，若外加电压小于双向触发二极管的击穿电压，即使双向触发二极管正常，也无法导通，测得的电压仍为0V。

第6章 三极管的识别、选用、检测、代换

6.1 三极管的种类与应用

三极管是一种具有放大功能的半导体元器件，在电子电路中有着广泛的应用。

6.1.1 三极管的种类

三极管是在一块半导体基片上制作两个距离很近的PN结，两个PN结把半导体基片分成三个部分，中间为基极（b），两侧分别为集电极（c）和发射极（e），有NPN和PNP两种结构类型，如图6-1所示。

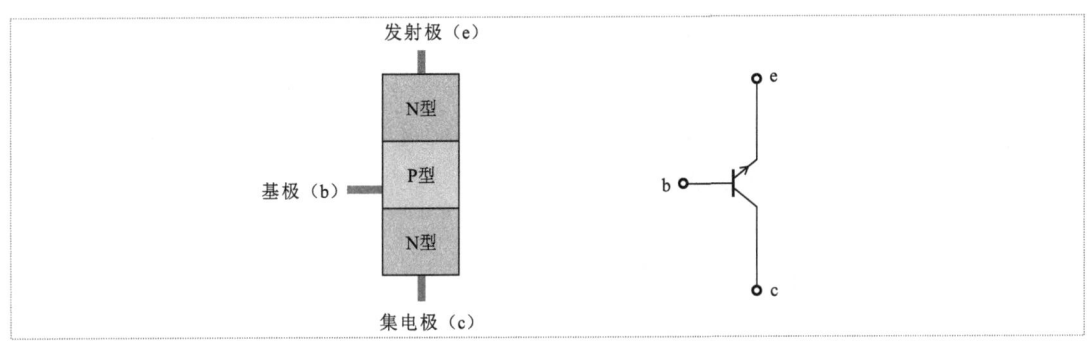

（a）NPN型三极管的结构、电路图形符号

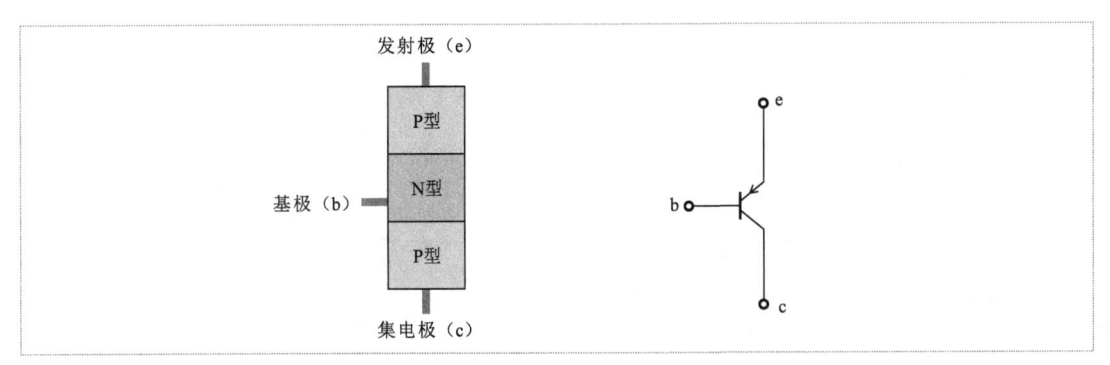

（b）PNP型三极管的结构、电路图形符号

（c）实物外形

图6-1 三极管的结构、电路图形符号及实物外形

1　小功率、中功率和大功率三极管

根据功率的不同，三极管可分为小功率三极管、中功率三极管和大功率三极管，实物外形如图6-2所示。

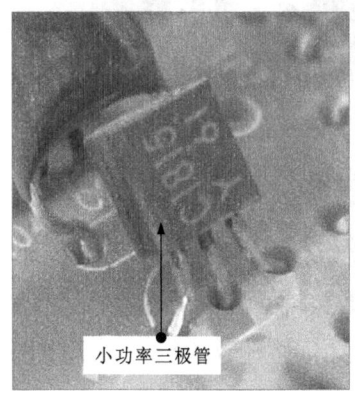

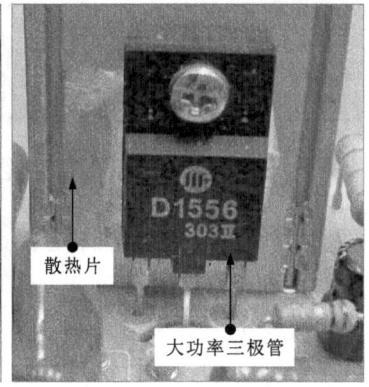

图6-2　不同功率三极管的实物外形

> **提示说明**
>
> 小功率三极管的功率一般小于0.3W。中功率三极管的功率一般在0.3～1W之间。大功率三极管的功率一般在1W以上，通常需要安装在散热片上。

2　低频三极管和高频三极管

根据特征频率的不同，三极管可分为低频三极管和高频三极管，实物外形如图6-3所示。

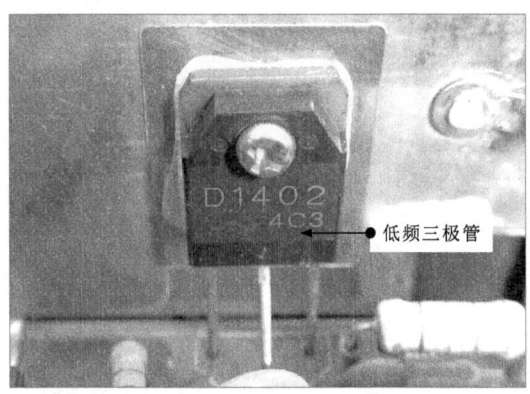

图6-3　不同特征频率三极管的实物外形

> **提示说明**
>
> 低频三极管的特征频率小于3MHz，多应用于低频放大电路。高频三极管的特征频率大于3MHz，多应用于高频放大电路、混频电路或高频振荡电路。

3. 塑料封装三极管和金属封装三极管

根据封装材料的不同，三极管可分为塑料封装三极管和金属封装三极管。塑料封装三极管主要S-1型、S-2型、S-4型、S-5型、S-6A型、S-6B型、S-7型、S-8型、F3-04型和F3-04B型。金属封装三极管主要有B型、C型、D型、E型、F型和G型，如图6-4所示。图中，数值单位为mm。

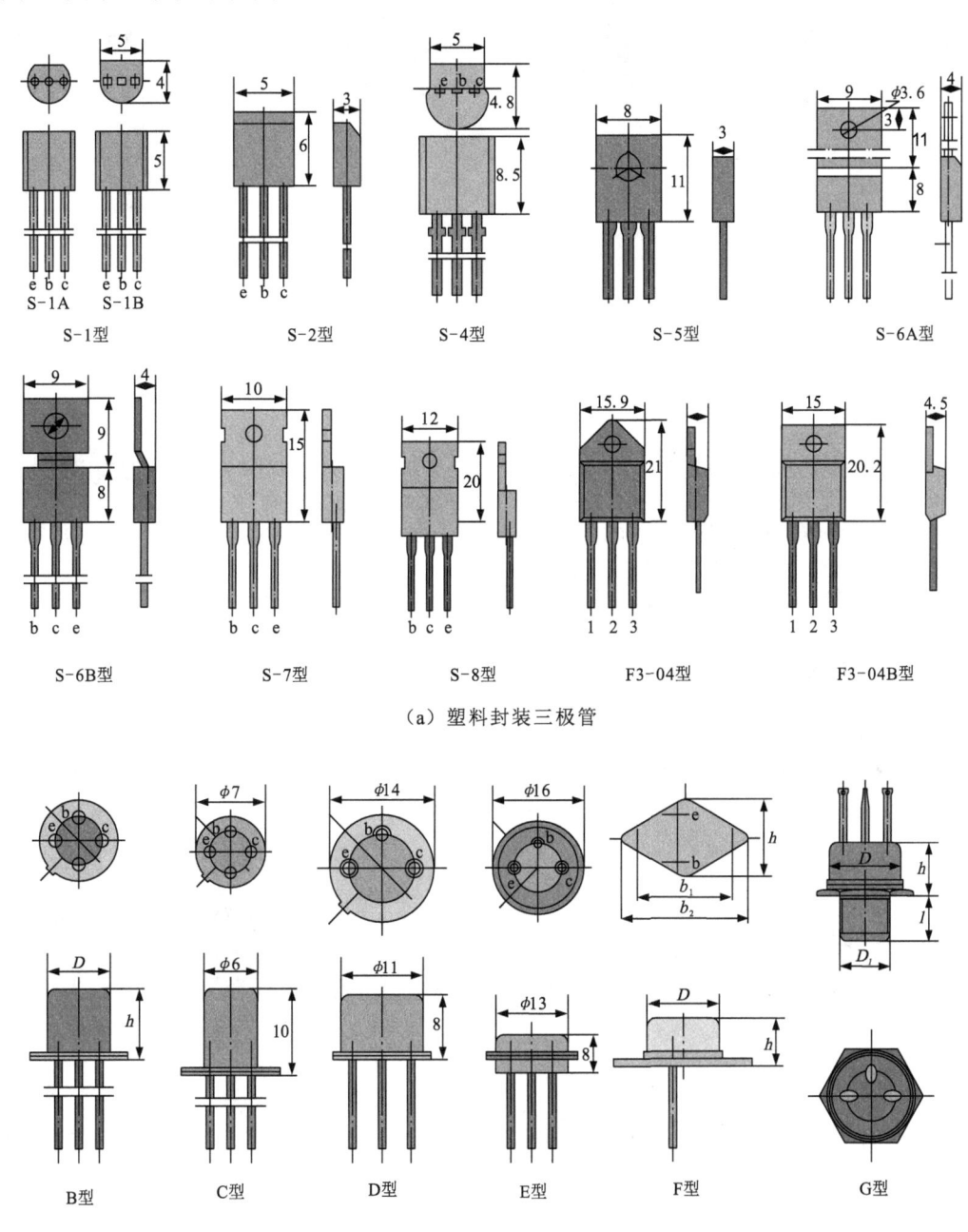

（a）塑料封装三极管

（b）金属封装三极管

图6-4 不同封装材料三极管的实物外形

4 锗三极管和硅三极管

根据PN结材料的不同,三极管可分为锗三极管和硅三极管,实物外形如图6-5所示。

图6-5 不同PN结材料三极管的实物外形

提示说明

不论锗三极管还是硅三极管,工作原理完全相同,都有PNP型和NPN型两种结构,都有高频和低频、大功率和小功率之分,只是因为材料不同,所以电气性能有一定的差异。

◇ 锗材料PN结的正向导通电压为0.2~0.3V,硅材料PN结的正向导通电压为0.6~0.7V,锗三极管发射极与基极之间的起始工作电压低于硅三极管。

◇ 锗三极管比硅三极管的饱和压降低。

5 其他类型的三极管

三极管除上述几种类型外,还有不同安装形式的分立式三极管、贴片式三极管,以及一些特殊的三极管,实物外形如图6-6所示。

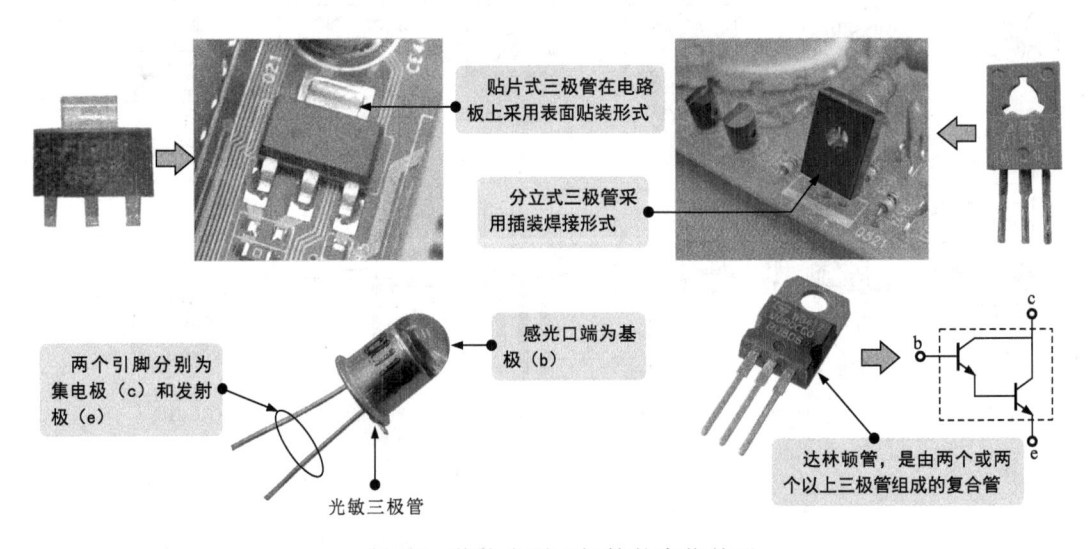

图6-6 其他类型三极管的实物外形

6.1.2 三极管的功能及应用

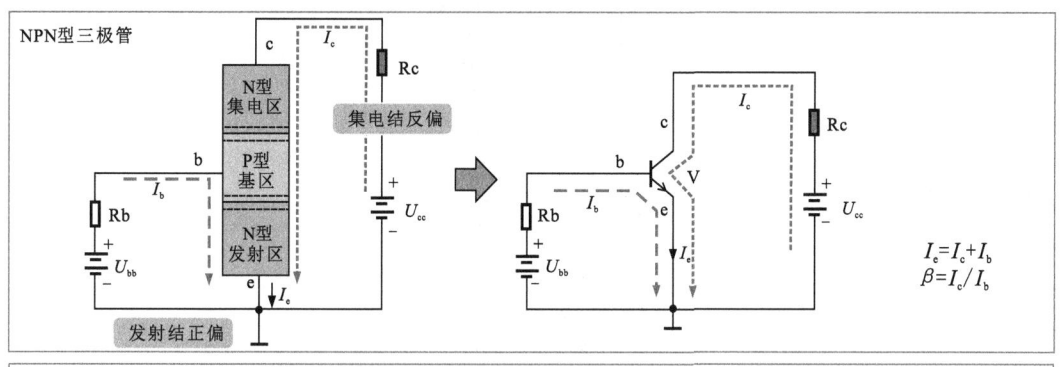

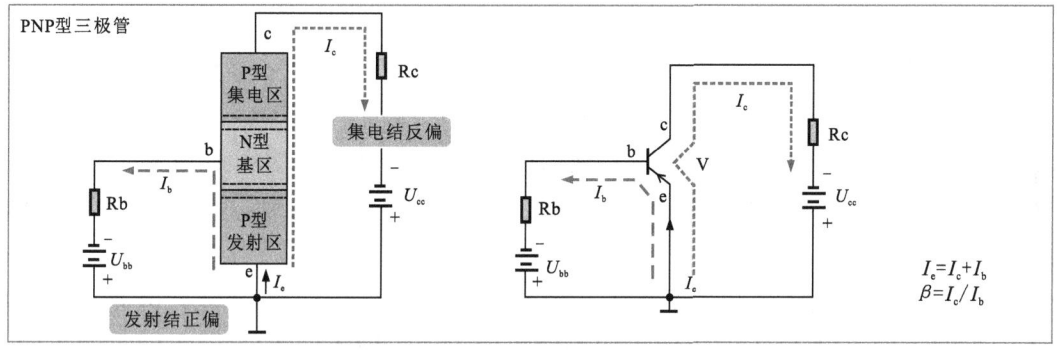

1 三极管的电流放大功能

三极管的电流放大功能示意图如图6-7所示。三极管具有电流放大功能的基本条件：发射结正偏，集电结反偏。

图6-7 三极管的电流放大功能示意图

提示说明

在图6-7中，三极管的基极（b）电流最小，发射极（e）电流最大，等于集电极电流和基极电流之和。集电极（c）电流与基极（b）电流之比为三极管的放大倍数。

三极管的电流放大功能可以想象为一个水闸。水闸上方有水，存在水压，相当于集电极上的电压。水闸侧面流入的水相当于基极电流。当水闸侧面的水流冲击水闸时，水闸便会开启，水闸侧面很小的水流（相当于电流I_b）与水闸上方的大水流（相当于电流I_c）汇集在一起流下（相当于电流I_e），如图6-8所示。

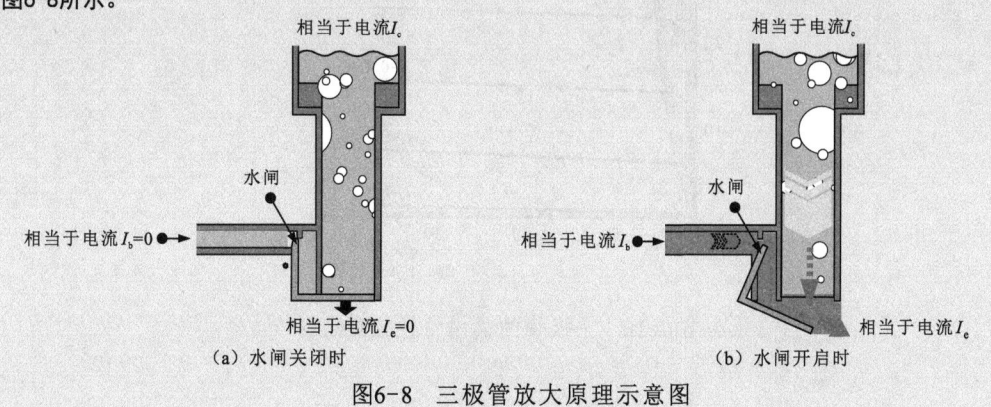

(a) 水闸关闭时　　(b) 水闸开启时

图6-8 三极管放大原理示意图

三极管的输入特性曲线如图6-9所示。

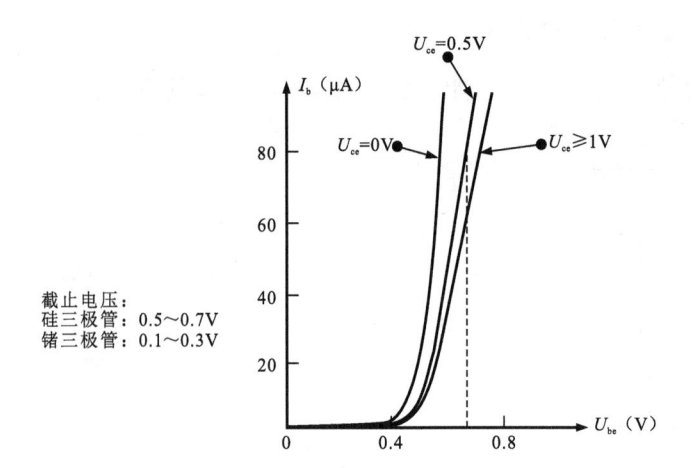

图6-9　三极管的输入特性曲线

三极管的输入特性曲线表示当发射极与集电极之间的电压U_{ce}为常数时，基极电流I_b（输入电流）与基极、发射极之间电压U_{be}（输入电压）的关系。由图6-9可知，当$U_{ce}=0V$时，曲线在最左侧，随着U_{ce}的增大，曲线右移，当U_{ce}增大到一定程度（$U_{ce}\geqslant 1V$）时，对输入特性的影响明显减小，曲线不再右移，基本与$U_{ce}=1V$时的特性曲线重合。

当U_{ce}固定时，随着U_{be}的不断增大，起初，由于U_{be}未达到截止电压，因此基极电流I_b接近于0。当U_{be}大于截止电压时，I_b将随着U_{be}的增大而增大。

三极管的输出特性曲线如图6-10所示。

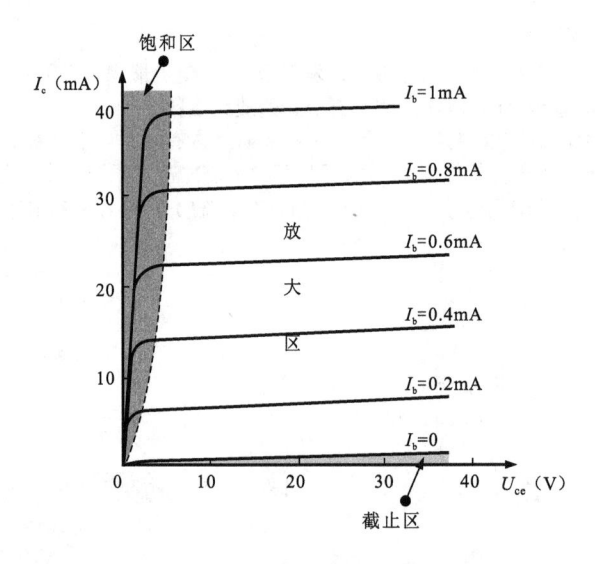

图6-10　三极管的输出特性曲线

三极管的输出特性曲线反映的是当基极电流I_b为常数时，在输出电路（集电极电路）中，集电极电流I_c与集-射极电压U_{ce}之间的关系。

根据三极管不同的工作状态，输出特性曲线分为3个工作区。

- 截止区。

I_b=0对应曲线以下的区域为截止区。在截止区，I_b=0，$I_c=I_{ceo}$，被称为三极管的穿透电流，数值较小，趋近于0，三极管无电流输出，截止，发射极与集电极之间的阻值很大，类似于一个断开的开关。

- 放大区。

在放大区，三极管的发射结正偏，集电结反偏，$I_c=\beta I_b$，集电极（c）电流与基极（b）电流成正比关系，也称为线性区。

- 饱和区。

输出特性曲线上升和弯曲部分的区域被称为饱和区，集电极与发射极之间的电压趋近于0。I_b对I_c的控制作用最强，三极管的放大作用消失。这种工作状态被称为临界饱和。此时，$U_{ce}≈0$，发射极与集电极之间的阻值很小，类似于一个闭合的开关。

> **提示说明**
>
> 根据三极管的特性曲线，若测得NPN型三极管的U_e=2.1V，U_b=2.8V，U_c=4.4V，$U_b>U_e$，U_{be}处于正偏，$U_b<U_c$，U_{bc}处于反偏，符合三极管的放大条件。
>
> 若三极管三个电极的静态电流分别为0.06mA、3.6mA和3.66mA，根据$I_e>I_c>I_b$，可知I_c为3.6mA，I_b为0.06mA，I_e为3.66mA，三极管的放大系数$\beta=I_c/I_b=3.6/0.06=60$。

2 三极管的开关功能

三极管具有开关功能，可以通过控制电流来控制导通和截止，相当于开关闭合和断开：当基极电流为0时，集电极与发射极之间几乎没有电流，三极管截止，相当于开关断开；当基极有电流时，集电极与发射极之间有电流，三极管导通，相当于开关闭合，示意图如图6-11所示。

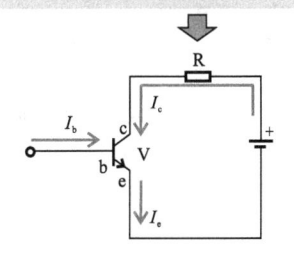

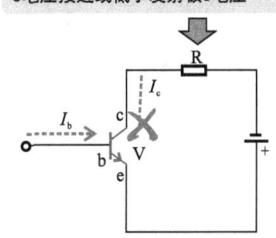

图6-11 三极管的开关功能示意图

3 三极管的应用

图6-12为三极管的应用。

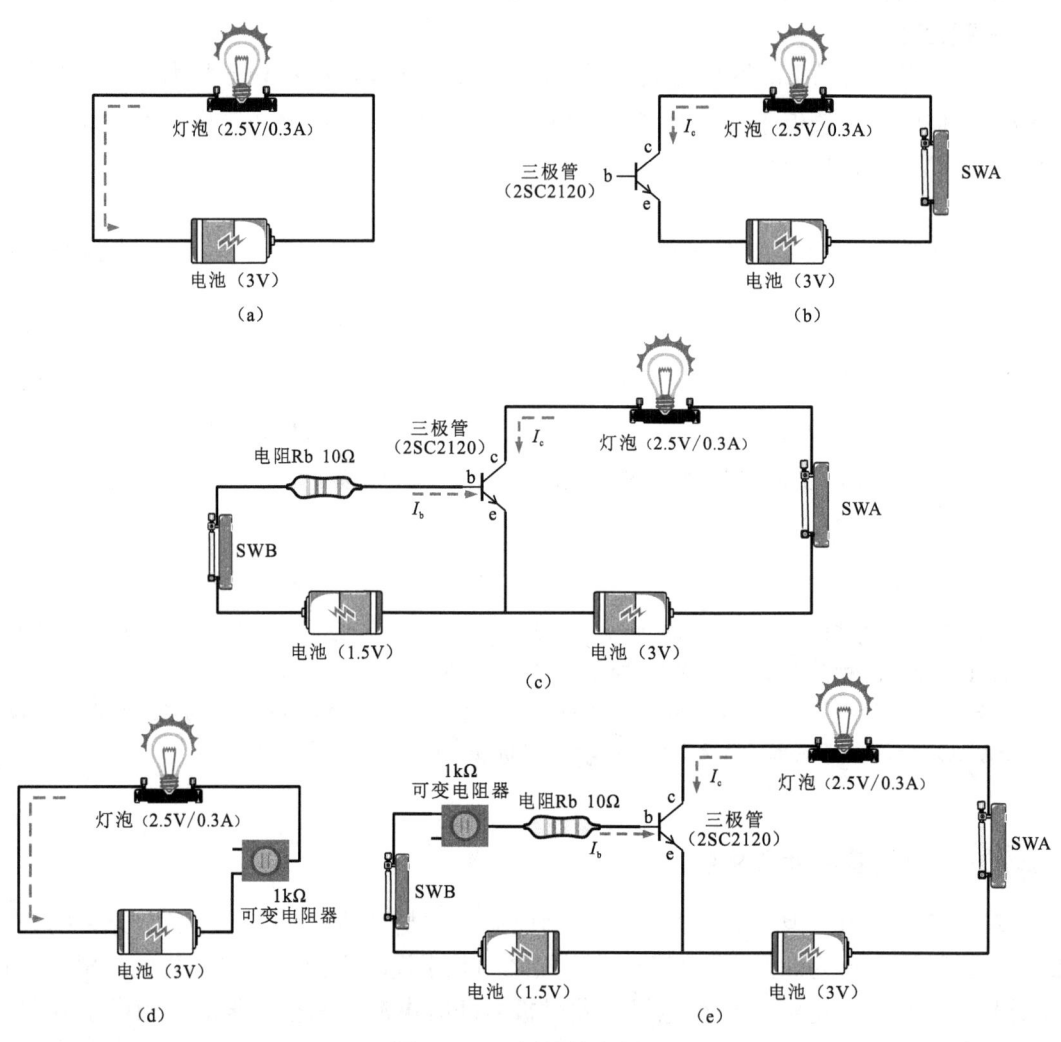

图6-12 三极管的应用

提示说明

在图6-12（a）中，电池（3V）为灯泡供电，接通电路，有电流流过灯泡，灯泡亮。

在图6-12（b）中，在灯泡供电电路中串入三极管，闭合开关SWA，由于三极管处于截止状态，因此电路中无电流，灯泡不亮。

在图6-12（c）中，在三极管的基极接入一个电池（1.5V）、一个开关SWB和一个电阻器Rb，当闭合开关SWB时，电池（1.5V）经电阻器Rb为三极管的基极b施加电压，基极有电流，集电极产生电流I_c，灯泡亮。如果断开SWB，基极失电，基极无电流，集电极无电流，电路无电流，灯泡熄灭。

在图6-12（d）中，在灯泡的供电电路中串入可变电阻器，用于限流，阻值越大，电路中的电流越小，灯泡变暗。

在图6-12（e）中，在三极管的基极接入可变电阻器，通过调节阻值可改变基极电流，基极电流变化，使三极管的集电极电流I_c发生变化，灯泡亮度发生变化。

6.2 三极管的识别、选用、代换

6.2.1 三极管的参数识读

三极管的参数命名规则不同，具体的识读方法也不一样。

1 国产三极管的参数识读

图6-13为国产三极管的参数命名规则。

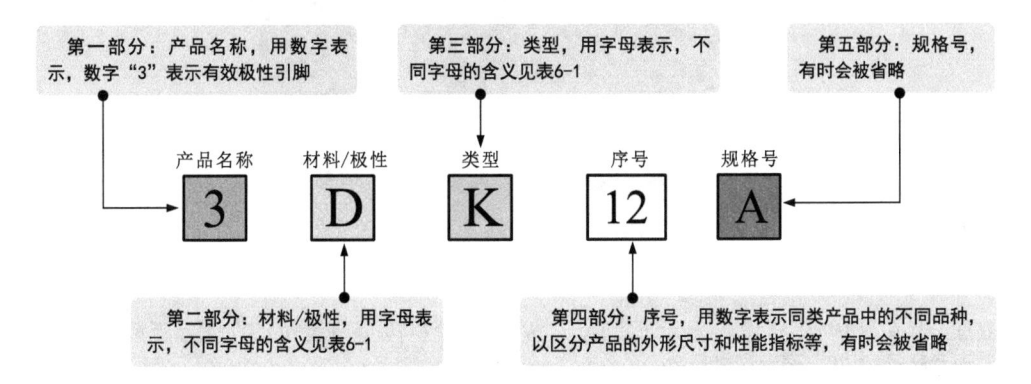

第一部分：产品名称，用数字表示，数字"3"表示有效极性引脚

第三部分：类型，用字母表示，不同字母的含义见表6-1

第五部分：规格号，有时会被省略

产品名称　材料/极性　类型　序号　规格号

3　D　K　12　A

第二部分：材料/极性，用字母表示，不同字母的含义见表6-1

第四部分：序号，用数字表示同类产品中的不同品种，以区分产品的外形尺寸和性能指标等，有时会被省略

图6-13　国产三极管的参数命名规则

表6-1　国产三极管参数命名规则中表示材料/极性和类型的字母含义

	字母	含义
材料/极性	A	锗材料，PNP型
	B	锗材料，NPN型
	C	硅材料，PNP型
	D	硅材料，NPN型
	E	化合物材料
类型	G	高频小功率管
	X	低频小功率管
	A	高频大功率管
	D	低频大功率管
	T	闸流管
	K	开关管
	V	微波管
	B	雪崩管
	J	阶跃恢复管
	U	光敏管（光电管）
	J	结型场效应晶体管

图6-14为国产三极管的参数识读举例。

三极管的参数标识为3AD50C，是PNP型锗材料低频大功率三极管

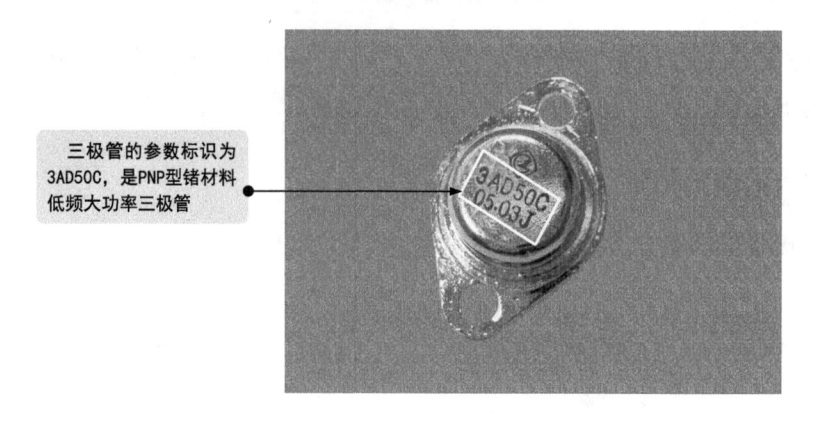

图6-14　国产三极管的参数识读举例

提示说明

在图6-15中，3AD50C："3"表示三极管；"A"表示锗材料、PNP型；"D"表示低频大功率管；"50"表示序号；"C"表示规格号。

2　日产三极管的参数识读

图6-15为日产三极管的参数命名规则及识读。第一部分和第二部分的"2S"经常被省略。

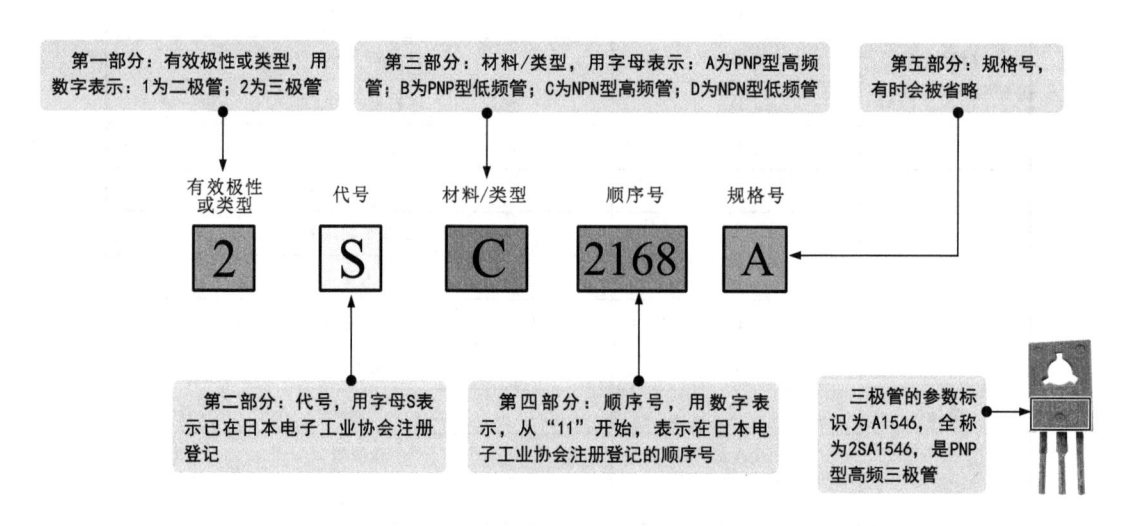

第一部分：有效极性或类型，用数字表示：1为二极管；2为三极管

第三部分：材料/类型，用字母表示：A为PNP型高频管；B为PNP型低频管；C为NPN型高频管；D为NPN型低频管

第五部分：规格号，有时会被省略

有效极性或类型	代号	材料/类型	顺序号	规格号
2	S	C	2168	A

第二部分：代号，用字母S表示已在日本电子工业协会注册登记

第四部分：顺序号，用数字表示，从"11"开始，表示在日本电子工业协会注册登记的顺序号

三极管的参数标识为A1546，全称为2SA1546，是PNP型高频三极管

图6-15　日产三极管的参数命名规则及识读

3 美产三极管的参数识读

图6-16为美产三极管的参数命名规则及识读。

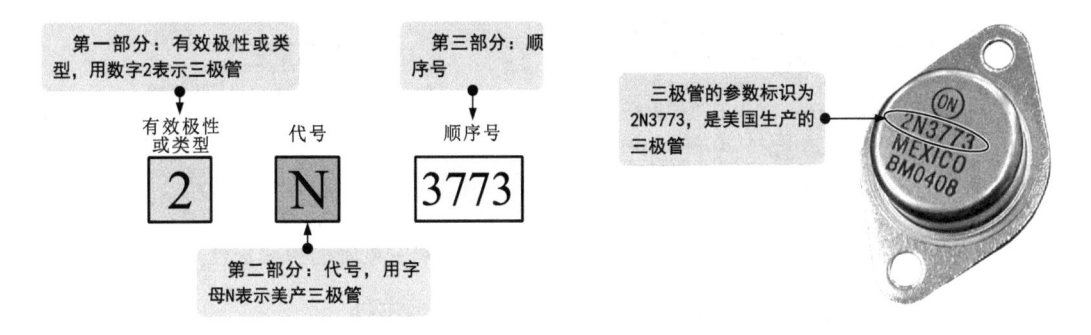

第一部分：有效极性或类型，用数字2表示三极管

第二部分：代号，用字母N表示美产三极管

第三部分：顺序号

有效极性或类型：2
代号：N
顺序号：3773

三极管的参数标识为2N3773，是美国生产的三极管

图6-16　美产三极管的参数命名规则及识读

6.2.2　三极管引脚极性的识别

三极管的引脚排列根据品种、型号及功能的不同而不同，识别引脚极性对测试、安装、调试等十分重要。

图6-17为根据参数标识，通过查阅资料识别三极管的引脚极性。

参数标识为BD136

在互联网中下载BD136的相关资料

BD136的引脚极性，从左向右依次为e、c、b

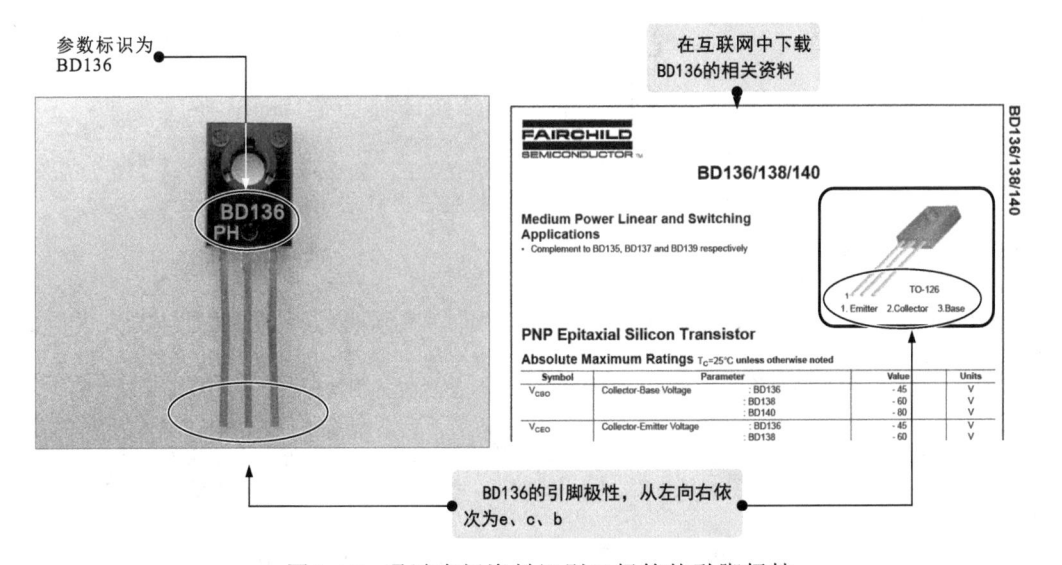

图6-17　通过查阅资料识别三极管的引脚极性

提示说明

在图6-17中，在确定三极管的参数标识后，可在互联网中搜索BD136的相关信息，找到很多BD136的说明资料（PDF文件），从这些资料中便可找到BD136引脚极性示意图及各种参数信息。

图6-18为根据电路板上的标识信息或电路图纸中的电路图形符号识别三极管的引脚极性。

(a) 　　　　　　　　　　　　　　　(b)

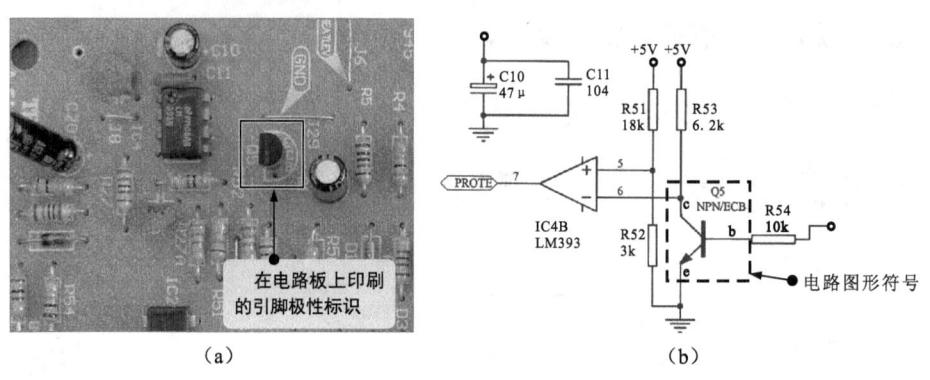

图6-18　根据标识信息或电路图形符号识别三极管的引脚极性

图6-19为根据一般规律识别塑料封装三极管的引脚极性。

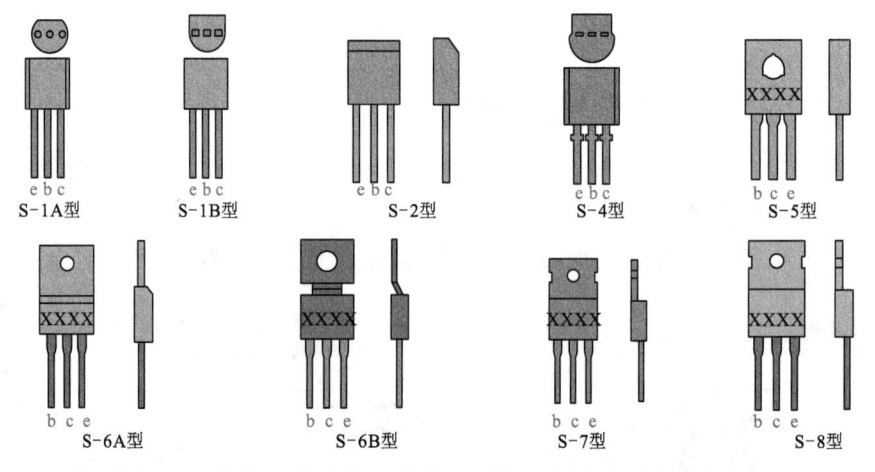

图6-19　根据一般规律识别塑料封装三极管的引脚极性

提示说明

在图6-19中，S-1A型、S-1B型都有半圆形底面，识别时，将引脚朝下，切口面朝向自己，引脚极性，从左向右依次为e、b、c。

S-2型有切角，识别时，将引脚朝下，切角朝向自己，三极管的引脚极性，从左向右依次为e、b、c。

S-4型，识别时，将引脚朝下，圆面朝向自己，三极管的引脚极性，从左向右依次为e、b、c。

S-5型，中间有一个三角形孔，识别时，将引脚朝下，型号面朝向自己，三极管的引脚极性，从左向右依次为b、c、e。

S-6A型、S-6B型、S-7型、S-8型，一般都有散热面，识别时，将引脚朝下，型号面朝向自己，三极管的引脚极性，从左向右依次为b、c、e。

图6-20为根据一般规律识别金属封装三极管的引脚极性。

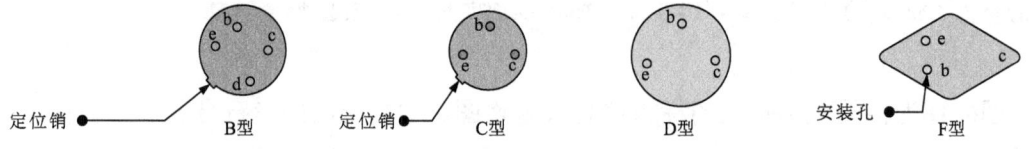

图6-20　根据一般规律识别金属封装型三极管的引脚极性

> **提示说明**
>
> 在图6-20中，B型，外壳上有一个突出的定位销，将引脚朝上，三极管的引脚极性，从定位销开始，顺时针依次为e、b、c、d，其中d为外壳引脚。
> C型、D型，引脚呈等腰三角形，将引脚朝上，三极管的引脚极性，底边分别为e、c，顶部为b。
> F型，只有两个引脚，将引脚朝上，按图中方式放置，上面的引脚极性为e，下面的引脚极性为b，管壳极性为c。

6.2.3 三极管的选用与代换

三极管是电子设备中应用最广泛的元器件之一，损坏时，应尽量选用参数完全相同的三极管进行代换。

在选用三极管时，在能够满足电路设计要求的前提下，不要选用直流放大系数过大的三极管，以防产生自激，并需要注意区分NPN型、PNP型。例如，在前置放大电路中，多选用放大系数较大的三极管，集电极最大允许电流应是工作电流的2～3倍，集电极与发射极之间的反向击穿电压应至少大于等于电源电压，集电极最大允许耗散功率应至少大于等于电路的输出功率（P_o），特征频率应大于等于3倍的工作频率；在中波收音机振荡电路中，最高工作频率为2MHz左右，选用三极管的特征频率不应低于6MHz；在调频收音机中，最高振荡频率为120Hz左右，选用三极管的特征频率不应低于360MHz；在电视机中，VHF频段的最高振荡频率为250MHz左右，选用三极管的特征频率不应低于750MHz。

图6-21为调频收音机的高频放大电路（共基极放大电路）。

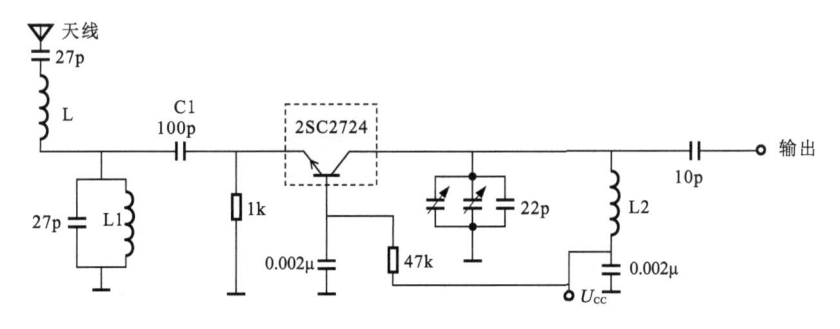

图6-21 调频收音机的高频放大电路（共基极放大电路）

> **提示说明**
>
> 在图6-21中，天线接收天空中的信号，分别经串联谐振电路和并联谐振电路调谐输出所需的高频信号，再经耦合电容C1送入三极管（三极管2SC2724为日产NPN型三极管）的发射极，由三极管进行放大。若三极管损坏，则需要进行代换，在代换时，应选用同类型的三极管。

在如图6-22所示的三极管音频放大电路中，2N2078为美产三极管；V1和V2为PNP型三极管，V3为NPN型三极管。话筒信号经可变电阻器RP1加到V1上，经三级放大后，加到变压器T1的一次侧线圈上，经变压器T1输出，送往录音磁头。若三极管损坏，则需进行代换，在代换时，应选用同类型、同性能参数的三极管。

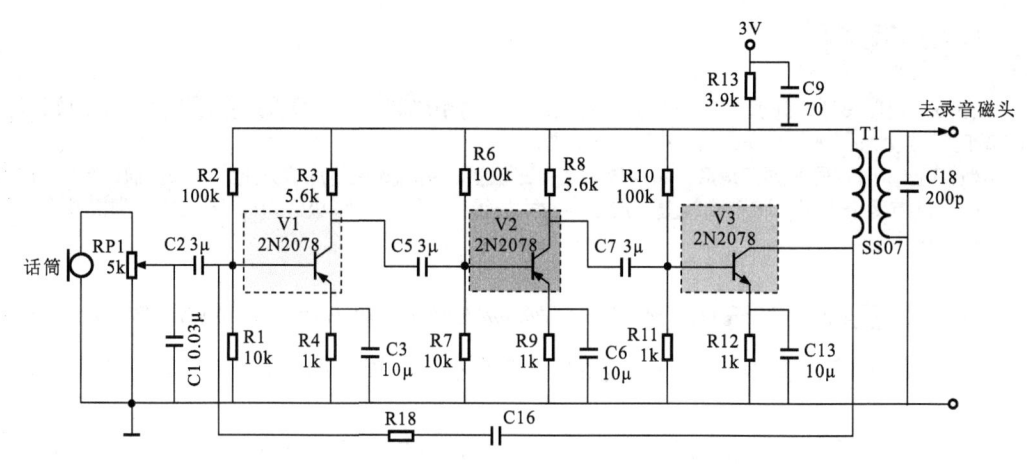

图6-22 三极管音频放大电路

不同种类三极管的参数不同,在代换时,应尽量选用参数相同的三极管,若无法找到同参数的,则也可用参数相近的三极管进行代换。

提示说明

常用三极管的代换型号见表6-2。

表6-2 常用三极管的代换型号

型号	类型	I_{cm}(A)	U_{bceo}(V)	代换型号
3DG9011	NPN	0.3	50	2N4124、CS9011、JE9011
9011	NPN	0.1	50	LM9011、SS9011
9012	PNP	0.5	25	LM9012
9013	NPN	0.5	40	LM9013
3DG9013	NPN	0.5	40	CS9013、JE9013
9013LT1	NPN	0.5	40	C3265
9014	NPN	0.1	50	LM9014、SS9014
9015	PNP	0.1	50	LM9015、SS9015
TEC9015	PNP	0.15	50	BC557、2N3906
9016	NPN	0.25	30	SS9016
3DG9016	NPN	0.025	30	JE9016
8050	NPN	1.5	40	SS8050
8050LT1	NPN	1.5	40	KA3265
ED8050	NPN	0.8	50	BC337
8550	PNP	15	40	LM8550、SS8550
SDT85501	PNP	10	60	3DK104C
SDT85502	PNP	10	80	3DK104D
8550LT1	PNP	1.5	40	KA3265
2SA1015	PNP	0.15	50	BC117、BC204、BC212、BC213、BC251、BC257、BC307、BC512、BC557、CG1015、CG673
2SC1815	NPN	0.15	60	BC174、BC182、BC184、BC190、BC384、BC414、BC546、DG458、DG1815

提示说明 (续)

型号	类型	I_{cm}(A)	U_{bceo}(V)	代换型号
2SC945	NPN	0.1	50	BC107、BC171、BC174、BC182、BC183、BC190、BC207、BC237、BC382、BC546、BC547、BC582、DG945、2N2220、2N2221、2N2222、3DG120B、3DG4312
2SA733	NPN	0.1	50	BC177、BC204、BC212、BC213、BC251、BC257、BC307、BC513、BC557、3CG120C、3CG4312
2SC3356	NPN	0.1	20	2SC3513、2SC3606、2SC3829
2SC3838K	NPN	0.1	20	BF517、BF799、2SC3015、2SC3016、2SC3161
BC807	PNP	0.5	45	BC338、BC537、BC635、3DK14B
BC817	NPN	0.5	45	BCX19、BCW65、BCX66
BC846	NPN	0.1	65	BCV71、BCV72
BC847	NPN	0.1	45	BCW71、BCW72、BCW81
BC848	NPN	0.1	30	BCW31、BCW32、BCW33、BCW71、BCW72、BCW81
BC848-W	NPN	0.1	30	BCW31、BCW32、BCW33、BCW71、BCW72、BCW81、2SC4101、2SC4102、2SC4117
BC856	PNP	0.1	50	BCW89
BC856-W	PNP	0.1	50	BCW89、2SA1507、2SA1527
BC857	PNP	0.1	50	BCW69、BCW70、BCW89
BC857-W	PNP	0.1	50	BCW69、BCW70、BCE89、2SA1507、2SA1527
BC858	PNP	0.1	30	BCW29、BCW30、BCW69、BCW70、BCW89
BC858-W	PNP	0.1	30	BCW29、BCW30、BCW69、BCW70、BCW89、2SA1507、2SA1527
MMBT3904	NPN	0.1	60	BCW72、3DG120C
MMBT3906	PNP	0.2	60	BCW70、3DG120C
MMBT2222	NPN	0.6	60	BCX19、3DG120C
MMBT2222A	NPN	0.6	60	3DK10C
MMBT5401	PNP	0.5	150	3CA3F
MMBTA92	PNP	0.1	300	3CG180H
MMUN2111	NPN	0.1	50	UN2111
MMUN2112	NPN	0.1	50	UN2112
MMUN2113	NPN	0.1	50	UN2113
MMUN2211	NPN	0.1	50	UN2211
MMUN2212	NPN	0.1	50	UN2212
MMUN2213	NPN	0.1	50	UN2213
UN2111	NPN	0.1	50	FN1A4M、DTA114EK、RN2402、2SA1344
UN2112	NPN	0.1	50	FN1F4M、DTA124EK、RN2403、2SA1342
UN2113	NPN	0.1	50	FN1L4M、DTA144EK、RN2404、2SA1341
UN2211	NPN	0.1	50	DTC114EK、FA1A4M、RN1402、2SC3398
UN2212	NPN	0.1	50	DTC124EK、FA1F4M、RN1403、2SC3396
UN2213	NPN	0.1	50	DTC144EK、FA1L4M、RN1404、2SC3395

6.3 NPN型三极管引脚极性的识别

6.3.1 NPN型三极管引脚极性的识别方法

在检测NPN型三极管时，若无法确定引脚极性，则可借助万用表，通过检测各引脚之间的阻值来识别。

待测三极管为NPN型三极管，引脚极性不明，在识别引脚极性时，需要先假设一个引脚为基极（b），再对集电极和发射极进行识别，如图6-23所示。

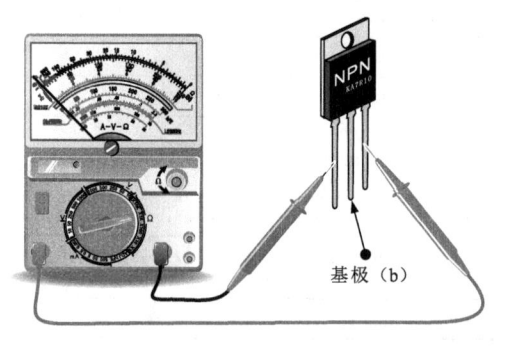

先假设中间引脚为基极（b），使用万用表检测基极与另外两个引脚之间的正向阻值。通常，NPN型三极管的基极与集电极、发射极之间的正向阻值较小。若两次检测结果都较小，则假设成立。

（a）假设基极（b）

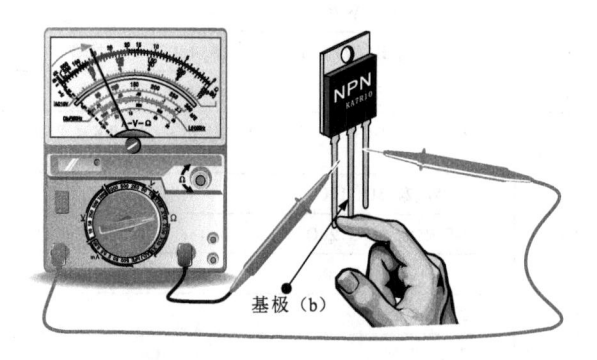

将万用表的黑表笔搭在左侧引脚上，红表笔搭在右侧引脚上，用手指同时接触基极（b）和左侧引脚，相当于给基极加一个偏压，当基极有电流时，集电极与发射极之间的阻值会减小，将变化量记为R_1（一般正向阻值下降较多，反向阻值下降较少）。

调换表笔，用手指同时接触基极（b）和右侧引脚，当基极有电流时，集电极与发射极之间的阻值会减小，将变化量记为R_2（一般正向阻值下降较多，反向阻值下降较少）。

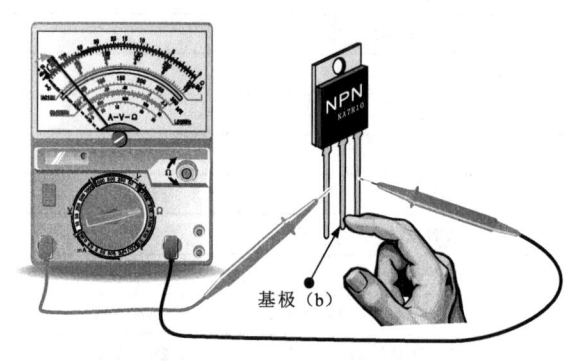

若$R_1 > R_2$，则在测得R_1时，黑表笔所搭引脚为集电极，红表笔所搭引脚为发射极；在测得R_2时，黑表笔所搭引脚为发射极，红表笔所搭引脚为集电极。

（b）识别集电极（c）和发射极（e）

图6-23　NPN型三极管引脚极性的识别方法

提示说明

当基极无偏压（手指无接触）时，集电极与基极之间的正、反向阻值很大，当基极有偏压（手指接触）时，集电极与基极之间的阻值变小，有电流流过，如图6-24所示。

（a）手指无接触　　　　　　　　　（b）手指接触

图6-24　NPN型三极管引脚极性的识别机理

6.3.2 NPN型三极管引脚极性的识别操作

图6-25为NPN型三极管引脚极性的识别操作。

1 假设中间引脚为基极（b）

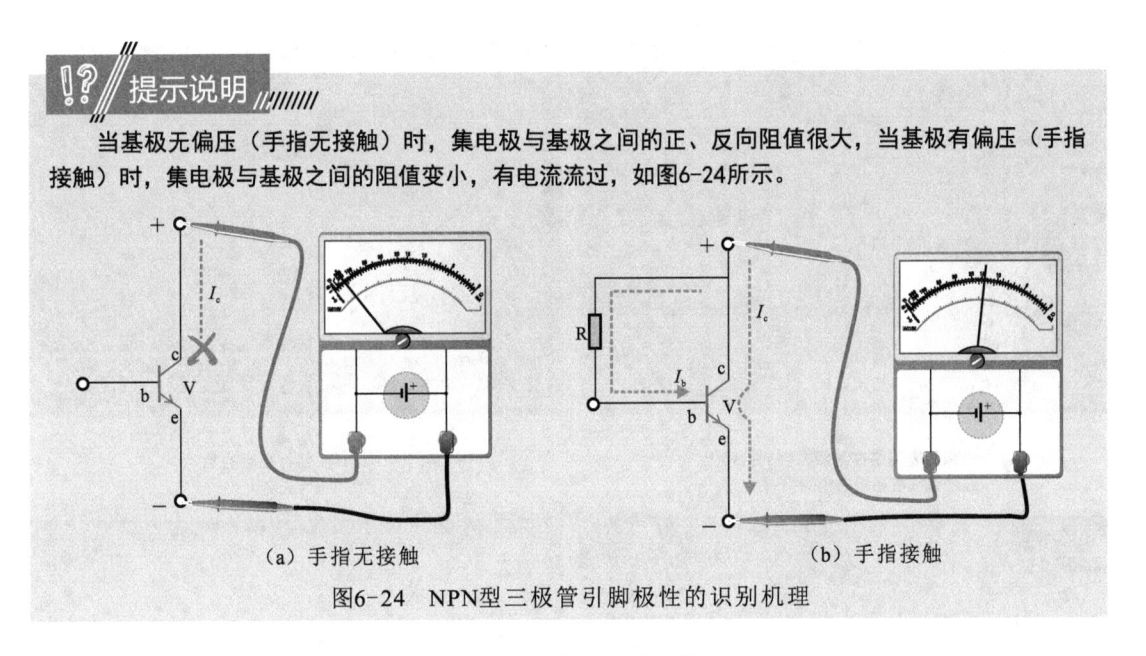

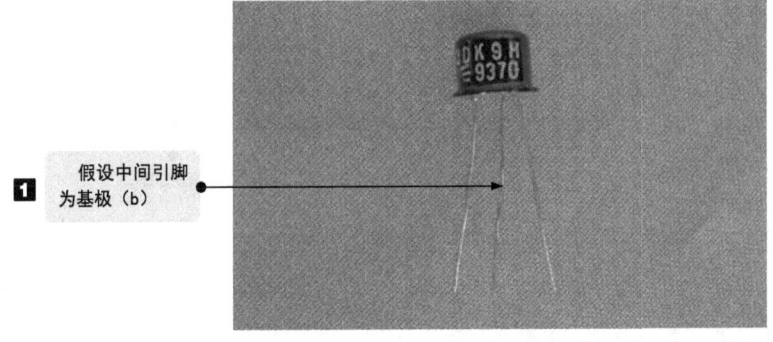

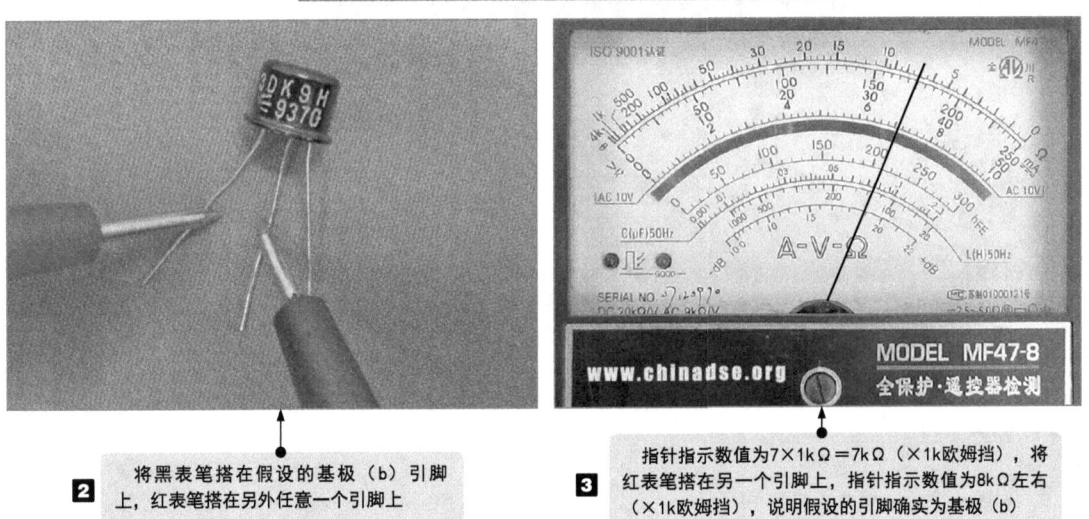

2 将黑表笔搭在假设的基极（b）引脚上，红表笔搭在另外任意一个引脚上

3 指针指示数值为7×1kΩ=7kΩ（×1k欧姆挡），将红表笔搭在另一个引脚上，指针指示数值为8kΩ左右（×1k欧姆挡），说明假设的引脚确实为基极（b）

图6-25　NPN型三极管引脚极性的识别操作

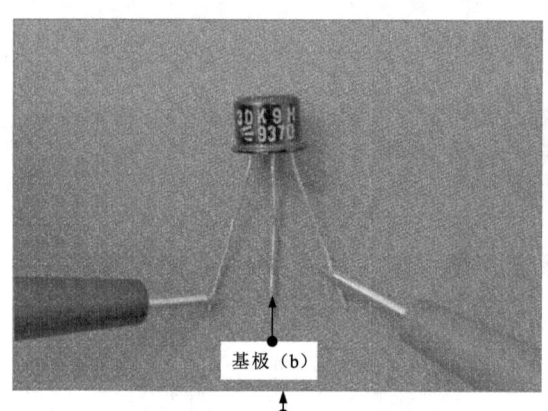

基极（b）

4 将黑表笔搭在基极左侧的引脚上，红表笔搭在基极右侧的引脚上

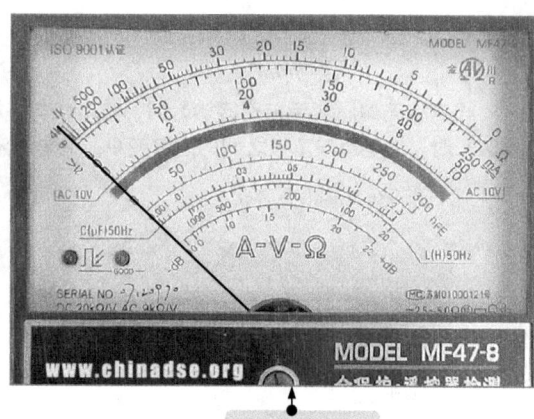

5 指针指示的数值为无穷大

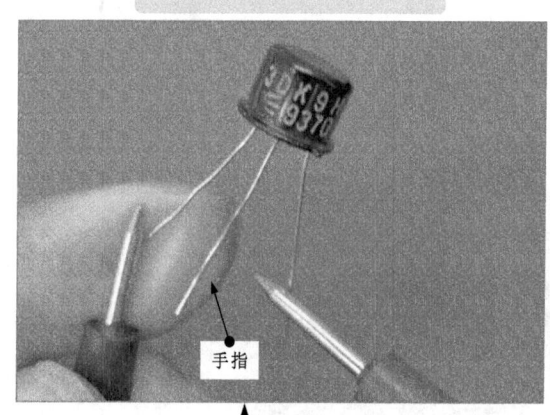

手指

6 保持红、黑表笔不动，用手指接触基极和基极左侧的引脚

7 阻值变化为R_1

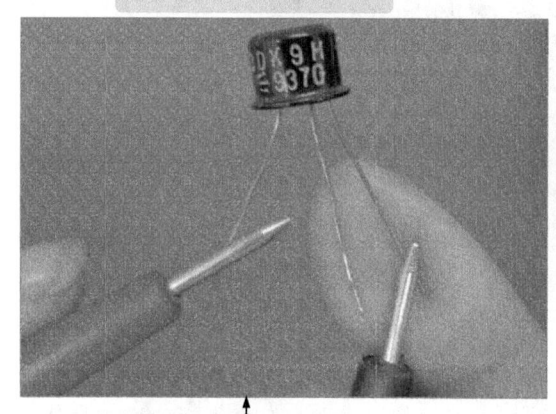

R_2

8 对调红、黑表笔，用手指接触基极和基极右侧的引脚

9 阻值变化为R_2

图6-25 NPN型三极管引脚极性的识别操作（续）

提示说明

在图6-25中，由$R_1 > R_2$可知：

在测得R_1时，黑表笔所搭引脚为集电极，红表笔所搭引脚为发射极；

在测得R_2时，黑表笔所搭引脚为发射极，红表笔所搭引脚为集电极。

6.4 PNP型三极管引脚极性的识别

6.4.1 PNP型三极管引脚极性的识别方法

在检测PNP型三极管时，若无法确定引脚极性，则可借助万用表，通过检测各引脚之间的阻值来识别。

待测三极管为PNP型三极管，引脚极性不明，在识别引脚极性时，需要先假设一个引脚为基极（b），再对集电极和发射极进行识别，如图6-26所示。

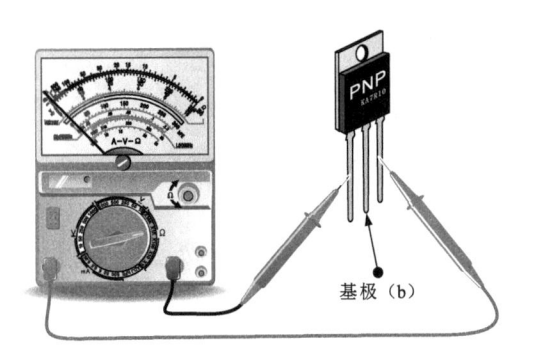

先假设中间引脚为基极（b），使用万用表检测基极与另外两个引脚之间的反向阻值。通常，PNP型三极管的基极与集电极、发射极之间有一定的反向阻值，若两次检测结果都较小，则假设成立。

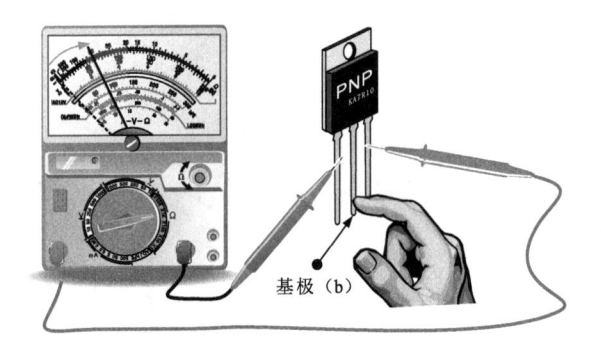

（a）假设基极（b）

将万用表的黑表笔搭在左侧引脚上，红表笔搭在右侧引脚上，用手指同时接触基极（b）和右侧引脚，相当于给基极加一个偏压，当基极有电流时，集电极与发射极之间的阻值会减小，将变化量记为R_1（一般正向阻值下降较多，反向阻值下降较少）。

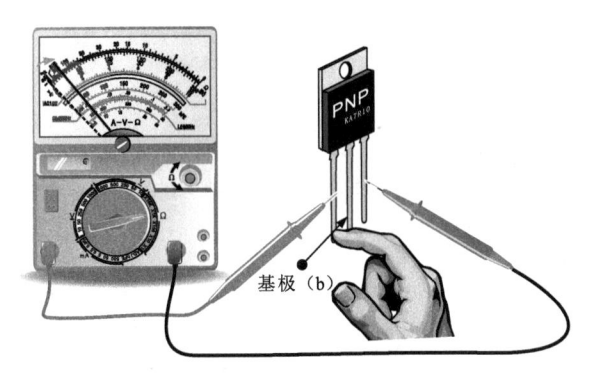

调换表笔，用手指同时接触基极（b）和左侧引脚，当基极有电流时，集电极与发射极之间的阻值会减小，将变化量记为R_2（一般正向阻值下降较多，反向阻值下降较少）。

若$R_1>R_2$，则在测得R_1时，黑表笔所搭引脚为发射极，红表笔所搭引脚为集电极；在测得R_2时，黑表笔所搭引脚为集电极，红表笔所搭引脚为发射极。

（b）识别集电极（c）和发射极（e）

图6-26 PNP型三极管引脚极性的识别方法

提示说明

在对三极管的集电极和发射极进行识别时，还可以用舌头舔触基极的方法，具体做法：将红、黑表笔分别搭在除基极引脚以外的两个引脚上，用舌头舔触一下基极引脚，观察万用表指针的摆动情况，如图6-27所示。对调红、黑表笔，再次用舌头舔触一下基极引脚，观察万用表指针的摆动情况。

对于NPN型三极管，比较两次万用表指针的摆动幅度，以摆动幅度大的一次为准，黑表笔所搭引脚为集电极（c），红表笔所搭引脚为发射极（e）。

对于PNP型三极管，比较两次万用表指针的摆动幅度，以摆动幅度大的一次为准，红表笔所搭引脚为集电极（c），黑表笔所搭引脚为发射极（e）。

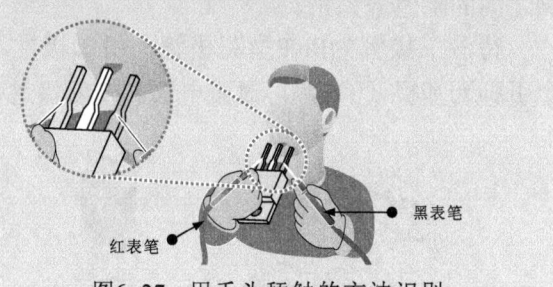

图6-27 用舌头舔触的方法识别

6.4.2 PNP型三极管引脚极性的识别操作

图6-28为PNP型三极管引脚极性的识别操作。

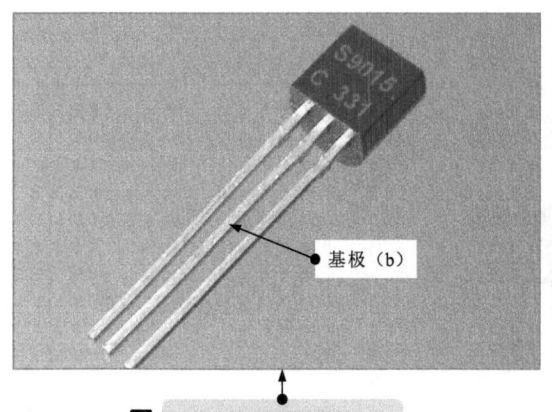

1 假设中间的引脚为基极（b）

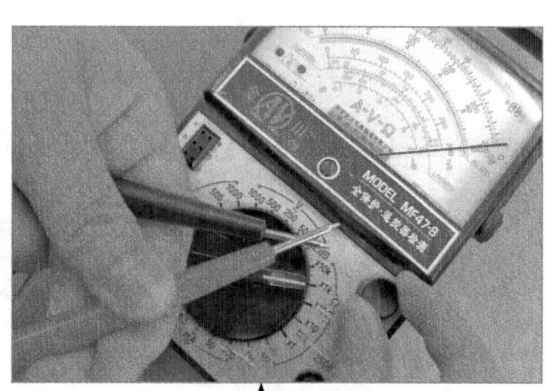

2 将量程旋钮调至×1k欧姆挡，并进行欧姆调零

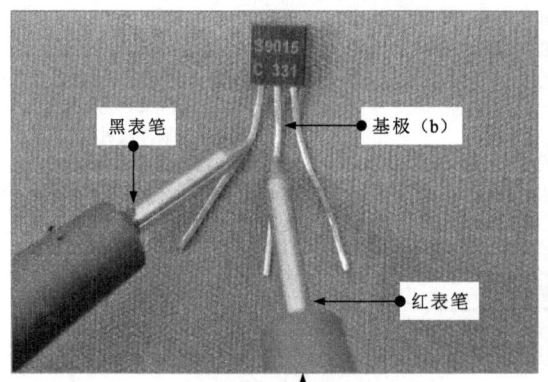

3 将红表笔搭在基极（b）引脚上，黑表笔搭在左侧引脚上

4 观察万用表的指针，结合量程，阻值为9.5kΩ

图6-28 PNP型三极管引脚极性的识别操作

第6章 三极管的识别、选用、检测、代换

5 将红表笔搭在基极（b）引脚上，黑表笔搭在右侧引脚上

6 观察万用表的指针，结合量程，阻值为9kΩ

7 将黑表笔搭在左侧引脚上，红表笔搭在右侧引脚上

8 观察指针位置，阻值为无穷大

9 保持红、黑表笔不变，用手指接触基极和右侧引脚

10 阻值由无穷大开始减小，变化量为R_1

11 将红表笔搭在左侧引脚上，黑表笔搭在右侧引脚上，用手指轻触基极和左侧引脚

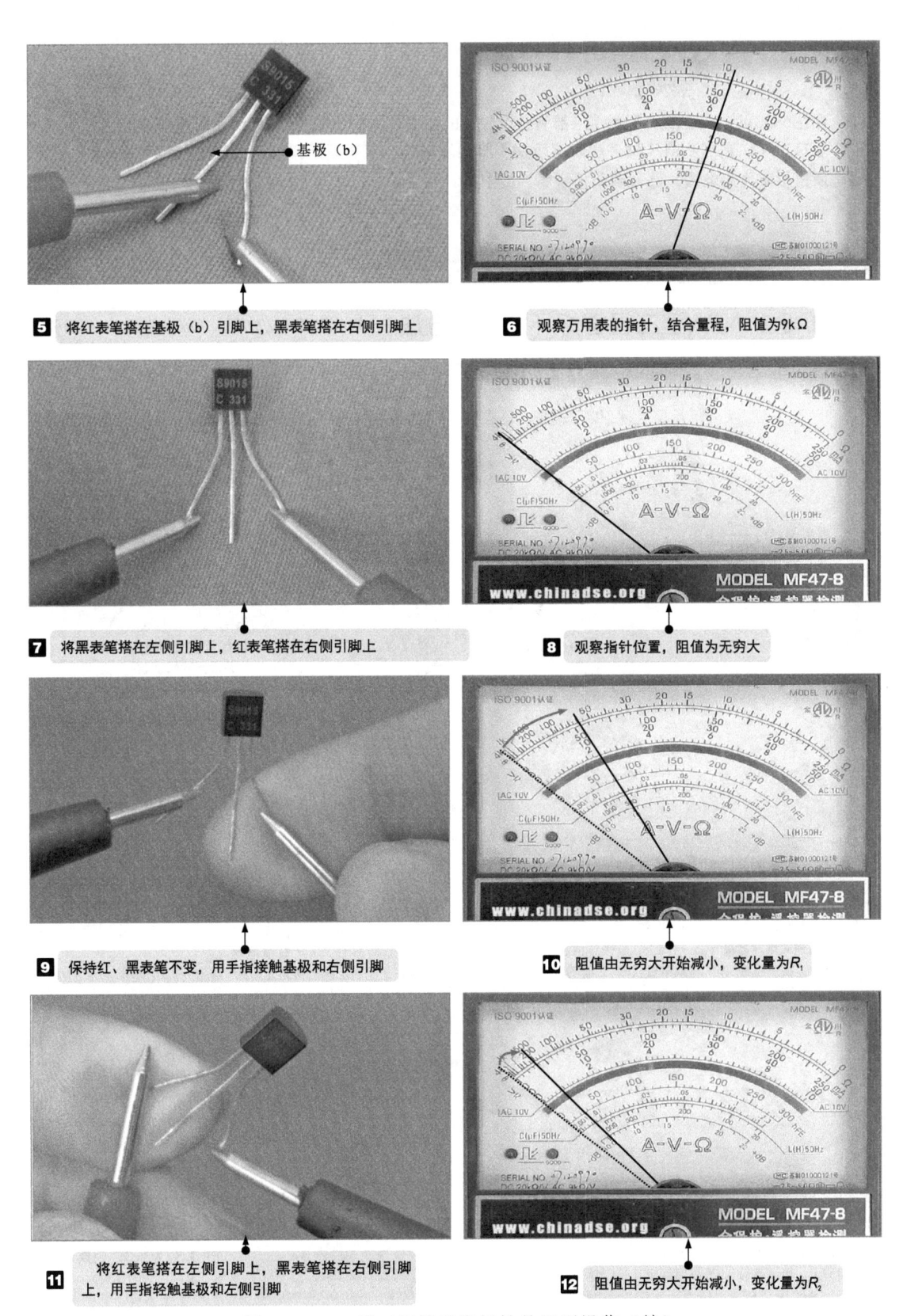

12 阻值由无穷大开始减小，变化量为R_2

图6-28　PNP型三极管引脚极性的识别操作（续）

147

> **提示说明**
>
> 由图6-28可知，若两次检测结果都有一个较小的数值，则假设的基极（b）引脚是正确的。
>
> 若$R_1 > R_2$，则当测得R_1时，黑表笔所搭引脚为发射极，红表笔所搭引脚为集电极；测得R_2时，黑表笔所搭引脚为集电极，红表笔所搭引脚为发射极。

6.5 三极管好坏的检测方法

6.5.1 NPN型三极管好坏的检测方法

NPN型三极管好坏的检测方法如图6-29所示。

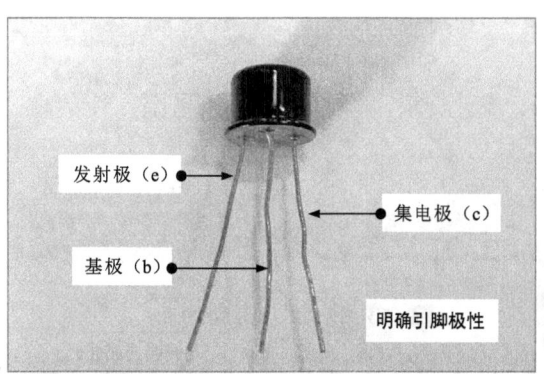

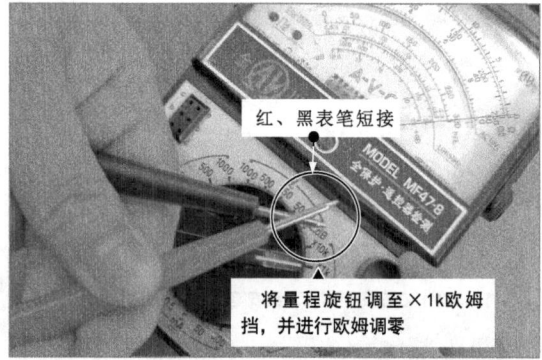

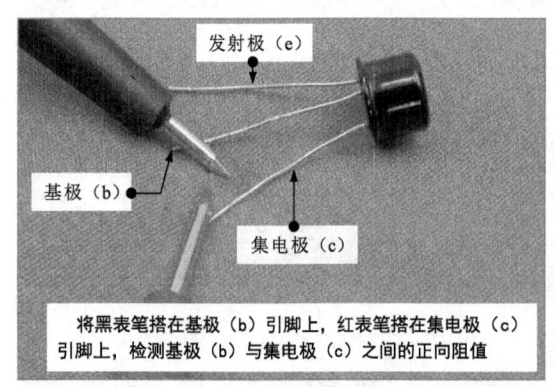

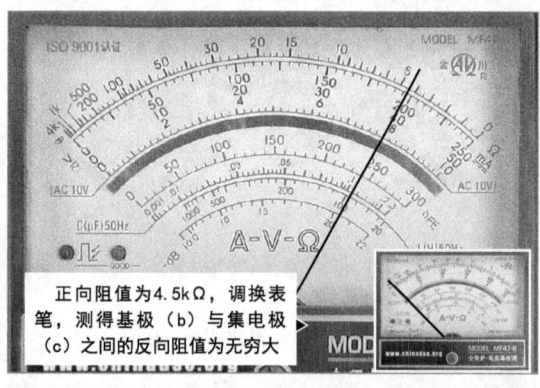

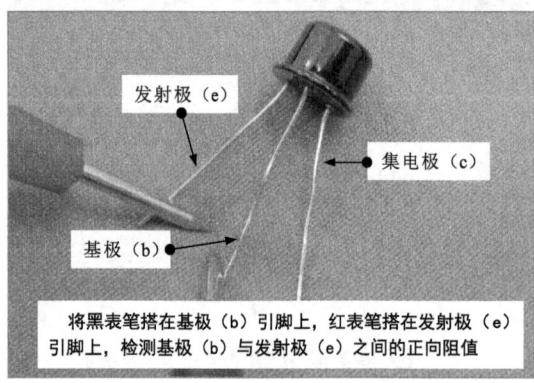

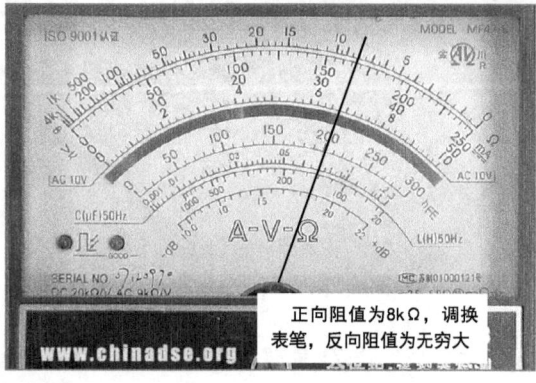

图6-29 NPN型三极管好坏的检测方法

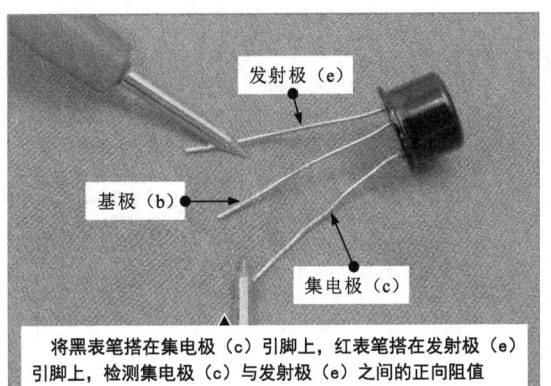

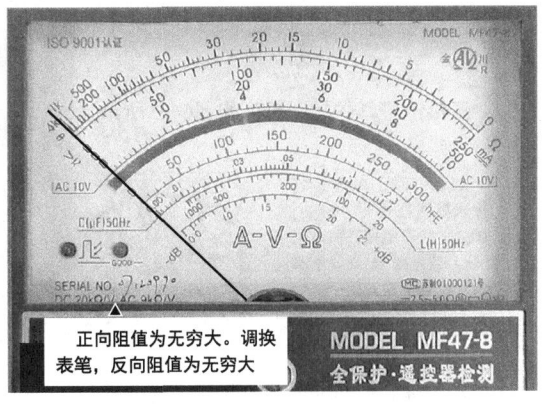

图6-29 NPN型三极管好坏的检测方法（续）

> **提示说明**
>
> 在图6-29中，NPN型三极管的基极与集电极之间应有一定的正向阻值，反向阻值为无穷大；基极与发射极之间应有一定的正向阻值，反向阻值为无穷大；集电极与发射极之间的正、反向阻值均为无穷大。

6.5.2 PNP型三极管好坏的检测方法

PNP型三极管好坏的检测方法如图6-30所示。

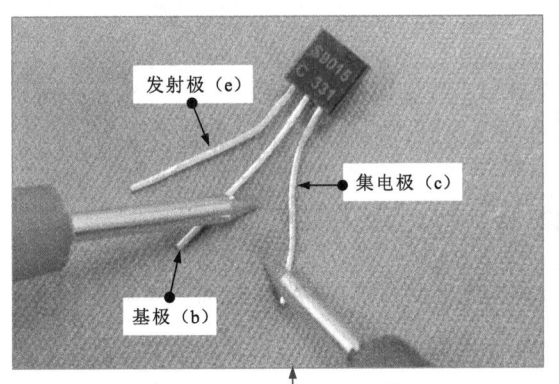

1 将红表笔搭在基极（b）引脚上，黑表笔分别搭在集电极（c）和发射极（e）引脚上，检测正向阻值

2 基极与集电极之间的正向阻值为9kΩ（×1k欧姆挡），调换表笔，测得反向阻值为无穷大

图6-30 PNP型三极管好坏的检测方法

> **提示说明**
>
> 在图6-30中，将黑表笔搭在集电极（c）引脚上，红表笔搭在基极（b）引脚上，测得b、c极之间的正向阻值为$9×1k\Omega=9k\Omega$，调换表笔，测得b、c极之间的反向阻值为无穷大。
>
> 将黑表笔搭在发射极（e）引脚上，红表笔搭在基极（b）引脚上，测得b、e极之间的正向阻值为$9.5×1k\Omega=9.5k\Omega$，调换表笔，测得b、e极之间的反向阻值为无穷大。
>
> 将红、黑表笔分别搭在集电极（c）和发射极（e）引脚上，测得c、e极之间的正、反向阻值均为无穷大。

> **提示说明**
>
> 三极管好坏的检测机理如图6-31所示。
>
> 对于NPN型三极管，将黑表笔搭在基极（b）引脚上，红表笔搭在集电极（c）或发射极（e）引脚上，相当于检测两个二极管的正向阻值，所测结果为b→c、b→e之间的正向阻值。
>
> 调换表笔，相当于检测两个二极管的反向阻值，所测结果为b→c、b→e之间的反向阻值
>
> 对于PNP型三极管，将红表笔搭在基极（b）引脚上、黑表笔搭在集电极（c）或发射极（e）引脚上，相当于检测两个二极管的正向阻值，所测结果为b→c、b→e之间的正向阻值。
>
> 调换表笔，相当于检测两个二极管的反向阻值，所测结果为b→c、b→e之间的反向阻值
>
> b端等效为两个二极管的正极，e、c端等效为两个二极管的负极
>
> b端等效为两个二极管的负极，e、c端等效为两个二极管的正极

图6-31　三极管好坏的检测机理

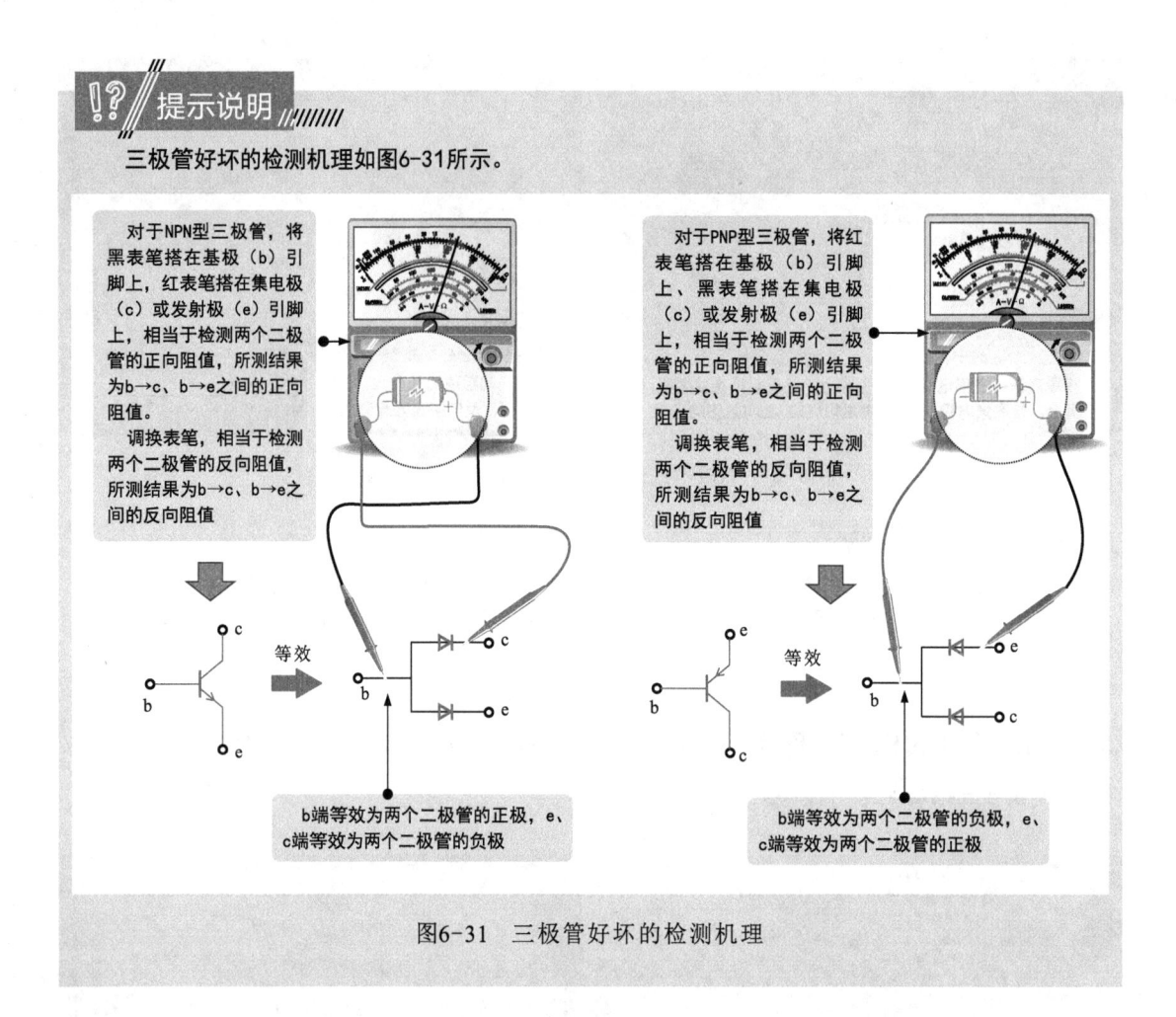

6.6　光敏三极管的检测

6.6.1　光敏三极管的检测方法

当光敏三极管受光照射时，引脚间的阻值会发生变化，可根据在受到不同强度的光照射时，阻值发生变化的特性对光敏三极管的好坏进行判断，如图6-32所示。

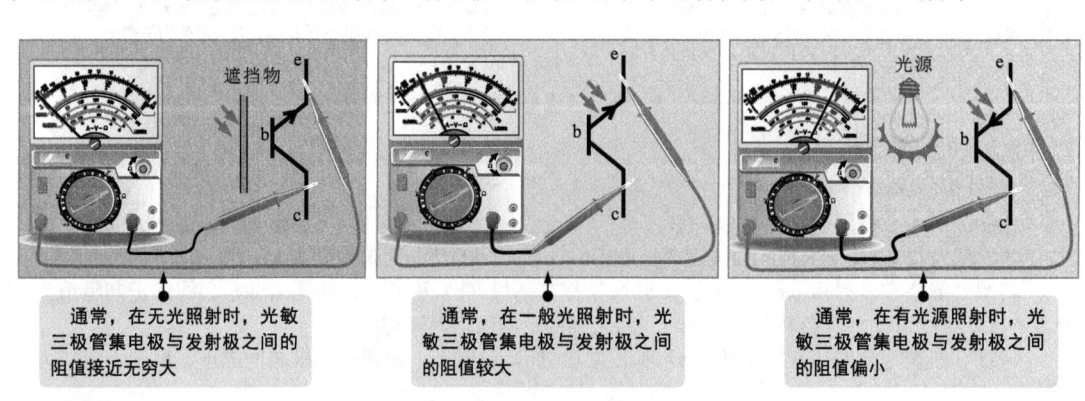

通常，在无光照射时，光敏三极管集电极与发射极之间的阻值接近无穷大

通常，在一般光照射时，光敏三极管集电极与发射极之间的阻值较大

通常，在有光源照射时，光敏三极管集电极与发射极之间的阻值偏小

图6-32　光敏三极管好坏的检测方法

6.6.2 光敏三极管的检测操作

图6-33为光敏三极管的检测操作。

1 将光敏三极管用遮挡物遮挡，红、黑表笔分别搭在发射极（e）和集电极（c）引脚上

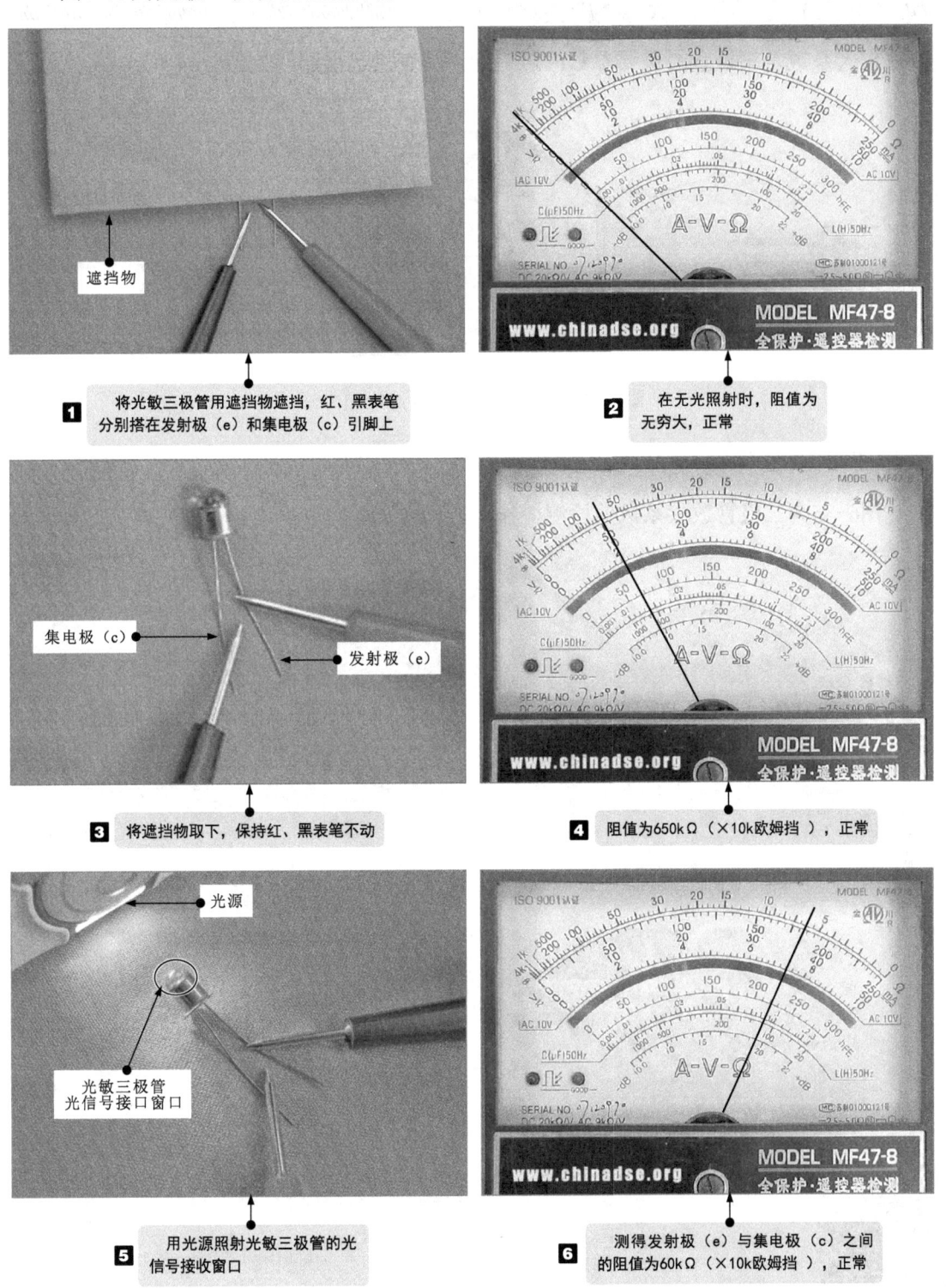

2 在无光照射时，阻值为无穷大，正常

3 将遮挡物取下，保持红、黑表笔不动

4 阻值为650kΩ（×10k欧姆挡），正常

5 用光源照射光敏三极管的光信号接收窗口

6 测得发射极（e）与集电极（c）之间的阻值为60kΩ（×10k欧姆挡），正常

图6-33 光敏三极管的检测操作

6.7 三极管放大系数的检测

6.7.1 三极管放大系数的检测方法

放大系数是三极管的重要参数，可借助万用表进行检测，如图6-34所示。

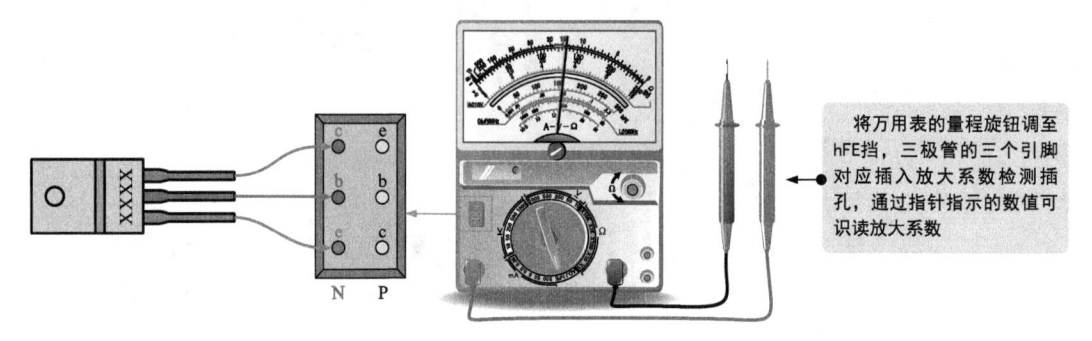

将万用表的量程旋钮调至hFE挡，三极管的三个引脚对应插入放大系数检测插孔，通过指针指示的数值可识读放大系数

图6-34 三极管放大系数的检测方法

6.7.2 三极管放大系数的检测操作

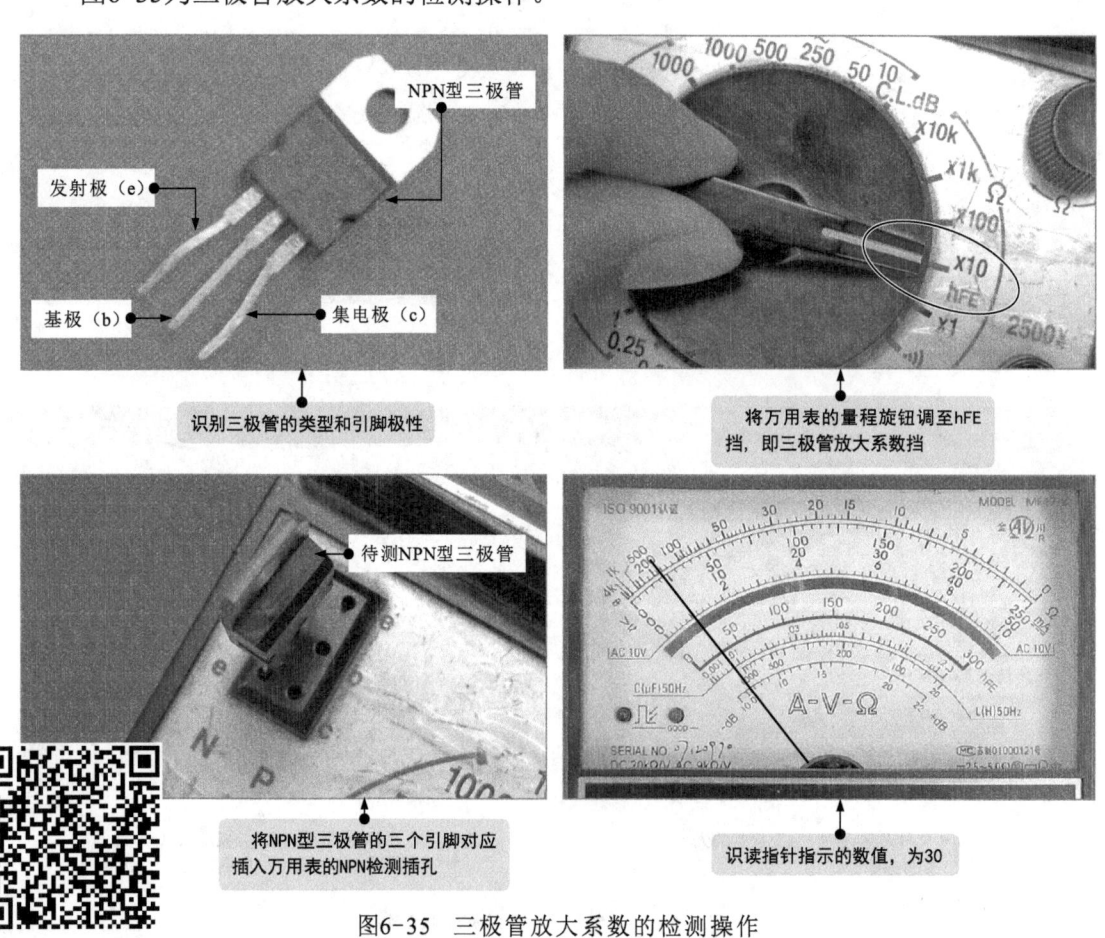

图6-35为三极管放大系数的检测操作。

NPN型三极管
发射极（e）
基极（b）
集电极（c）

识别三极管的类型和引脚极性

将万用表的量程旋钮调至hFE挡，即三极管放大系数挡

待测NPN型三极管

将NPN型三极管的三个引脚对应插入万用表的NPN检测插孔

识读指针指示的数值，为30

图6-35 三极管放大系数的检测操作

提示说明

除可借助指针万用表检测三极管的放大系数外，还可借助数字万用表进行检测，如图6-36所示。

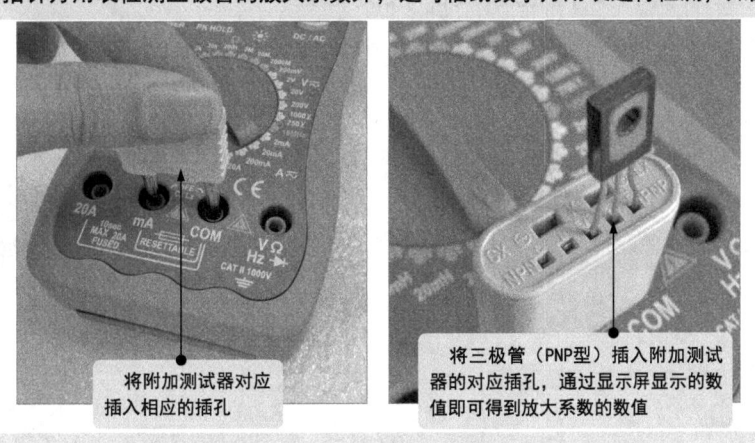

将附加测试器对应插入相应的插孔

将三极管（PNP型）插入附加测试器的对应插孔，通过显示屏显示的数值即可得到放大系数的数值

图6-36 使用数字万用表检测三极管的放大系数

提示说明

三极管的电流放大系数是在放大状态下集电极电流与基极电流的比值，即 $h_{FE}=I_c/I_b$。NPN型三极管电流放大系数的检测电路如图6-37所示。

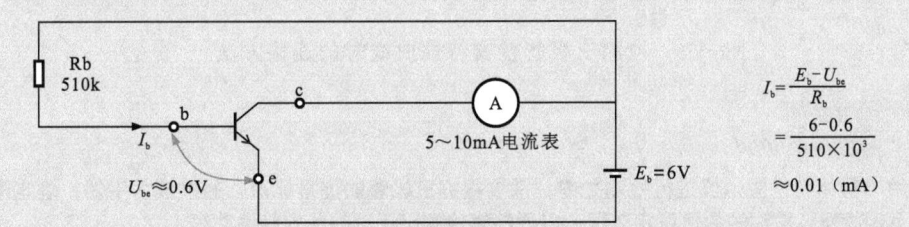

Rb 510k
I_b
$U_{be}≈0.6V$
b
c
e
5~10mA电流表
$E_b=6V$

$$I_b = \frac{E_b - U_{be}}{R_b} = \frac{6 - 0.6}{510 \times 10^3} ≈ 0.01\ (mA)$$

图6-37 NPN型三极管电流放大系数的检测电路

用电流表或万用表的电流挡可测量三极管的集电极电流，如测得集电极电流为2mA，则 $h_{FE}=2/0.01=200$。三极管电流放大系数检测电路的连接方法如图6-38所示。

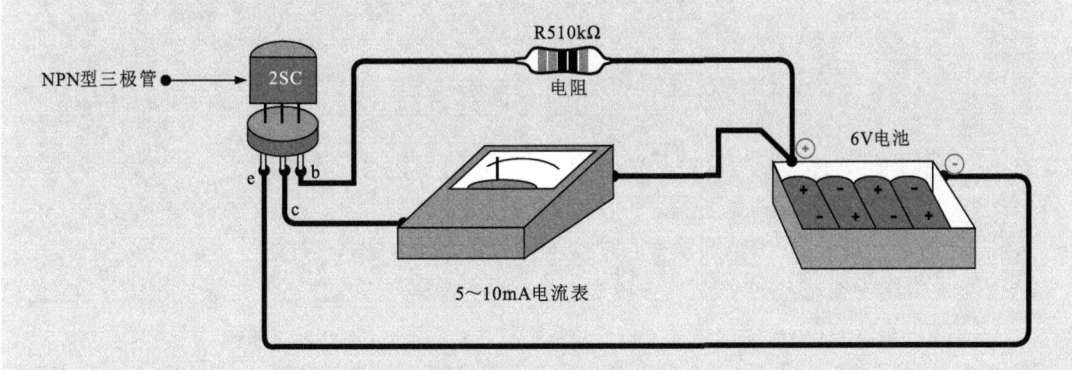

NPN型三极管
2SC
R510kΩ 电阻
6V电池
5~10mA电流表

图6-38 三极管电流放大系数检测电路的连接方法

PNP型三极管电流放大系数的检测电路和连接方法与NPN型三极管相比，只需要将电池反接。

6.8 三极管伏安特性曲线的检测

6.8.1 三极管伏安特性曲线的检测方法

三极管伏安特性曲线需要使用专用的半导体特性图示仪进行检测,连接方法如图6-39所示。

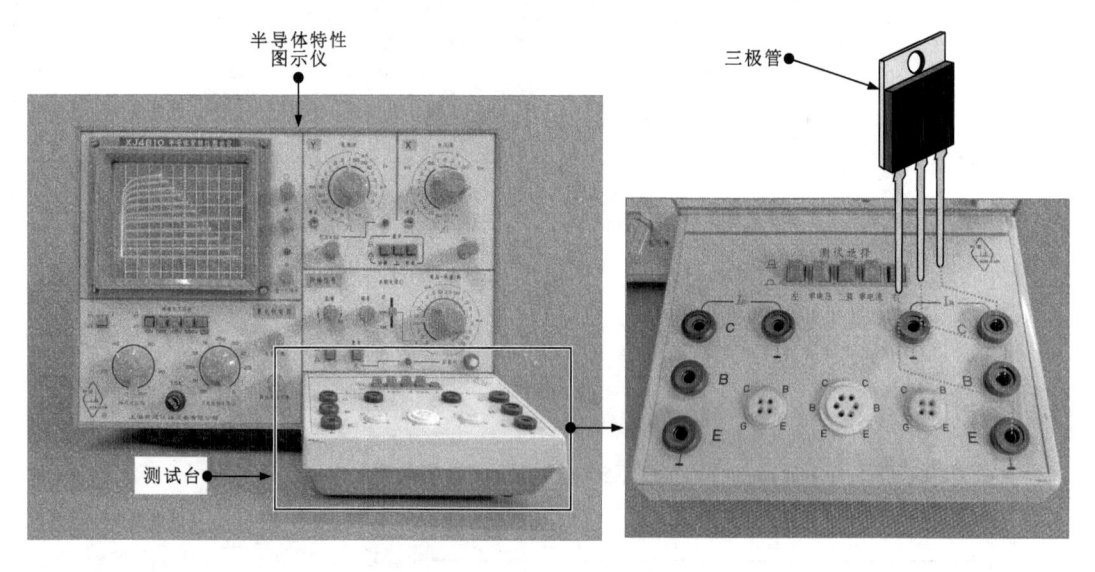

图6-39 检测三极管伏安特性曲线时的连接方法

提示说明

在使用半导体特性图示仪进行检测之前,需要根据三极管的型号标识,通过技术手册,确定半导体特性图示仪旋钮、按键的数值设定范围,以便能够检测出正确的伏安特性曲线。

NPN型三极管和PNP型三极管伏安特性曲线的检测方法相同,输出特性曲线如图6-40所示。

(a) NPN型三极管　　(b) PNP型三极管

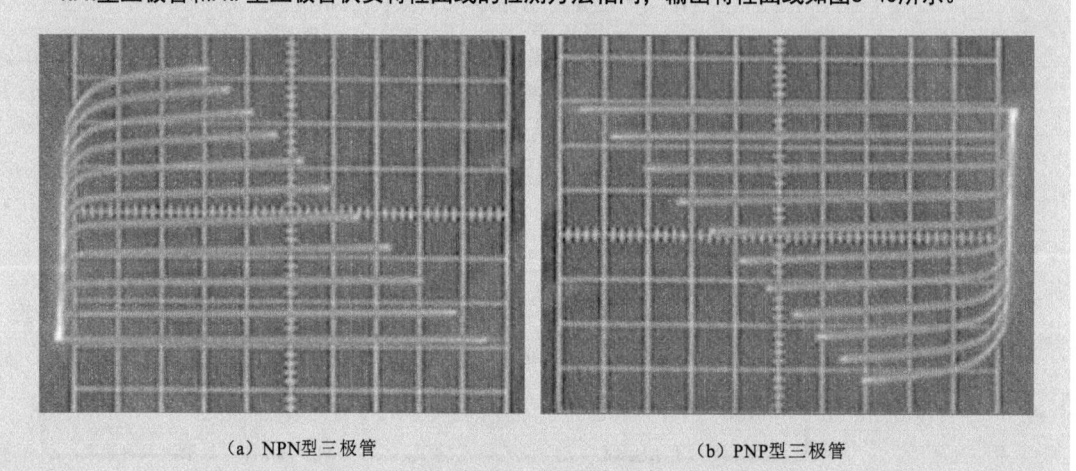

图6-40 NPN型三极管和PNP型三极管的输出特性曲线

6.8.2 三极管伏安特性曲线的检测操作

图6-41为三极管伏安特性曲线的检测操作。

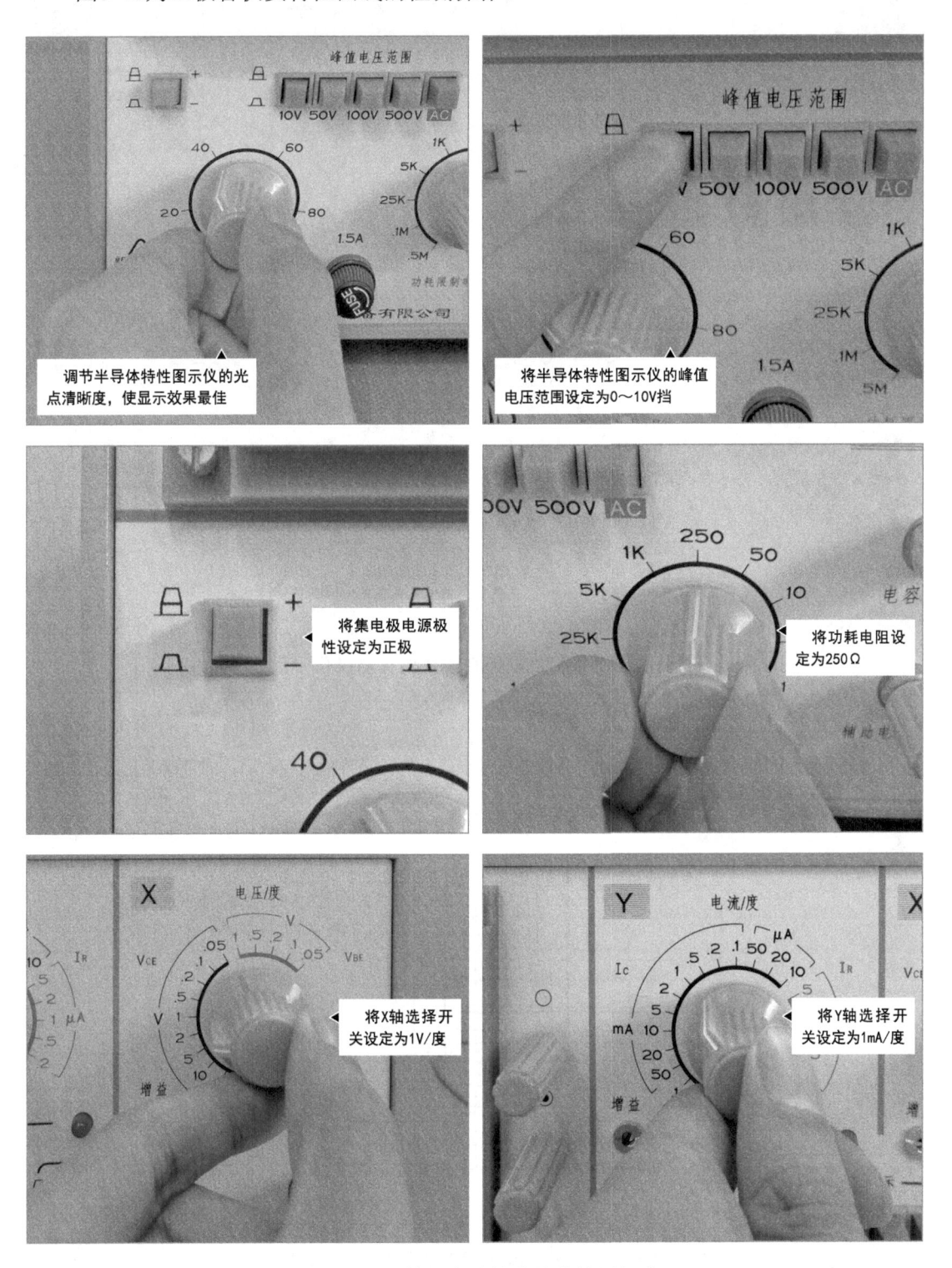

调节半导体特性图示仪的光点清晰度，使显示效果最佳

将半导体特性图示仪的峰值电压范围设定为0～10V挡

将集电极电源极性设定为正极

将功耗电阻设定为250Ω

将X轴选择开关设定为1V/度

将Y轴选择开关设定为1mA/度

图6-41 三极管伏安特性曲线的检测操作

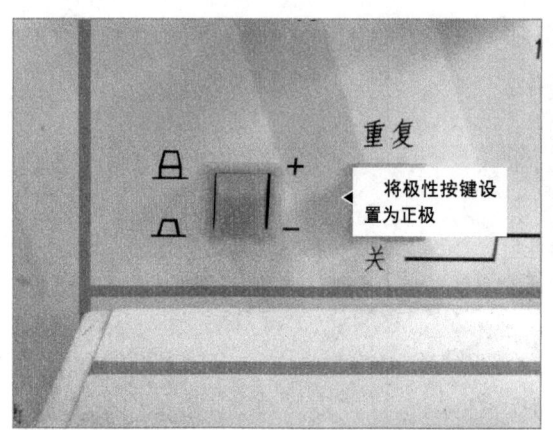

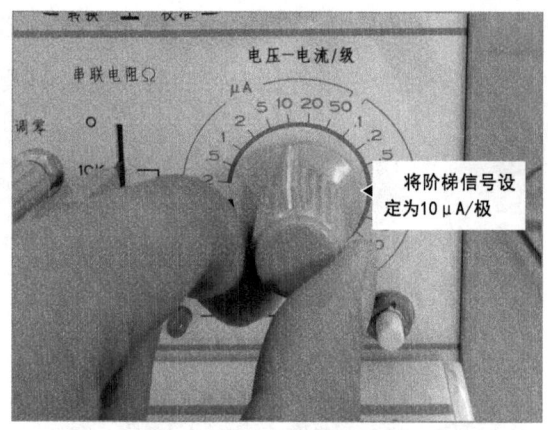

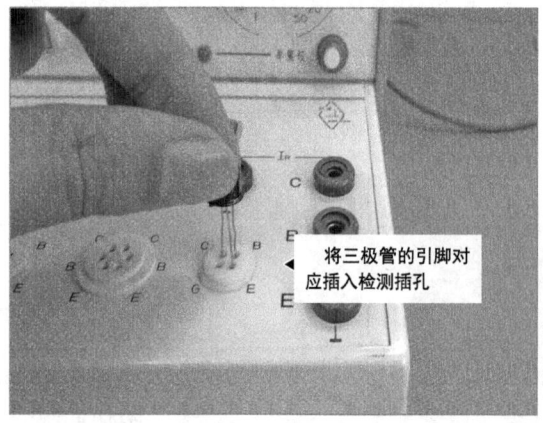

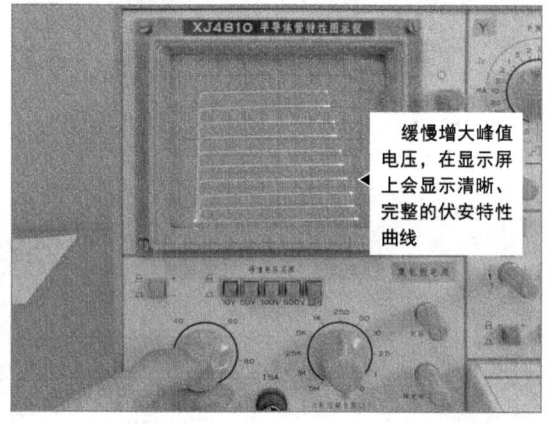

图6-41 三极管伏安特性曲线的检测操作（续）

提示说明

将显示屏上显示的伏安特性曲线与三极管技术手册上的伏安特性曲线对比，即可确定三极管的性能是否良好，信息识读如图6-42所示。

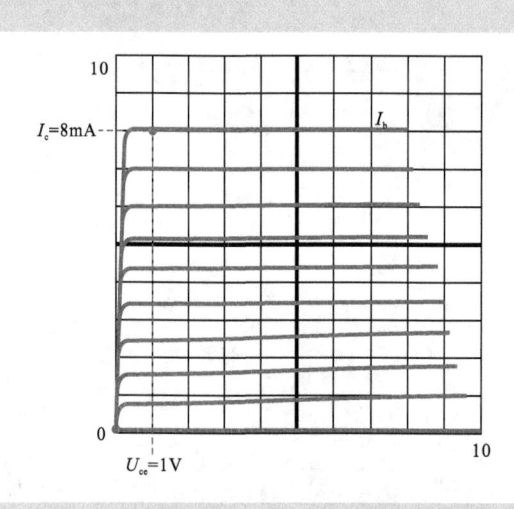

当 $U_{ce}=1V$ 时，最上面一条曲线的 I_b 为 100μA，I_c 为 8mA

电流放大系数为

$$h_{FE} = \frac{I_c}{I_b} = \frac{8mA}{100\mu A} = \frac{8}{0.1} = 80$$

图6-42 三极管伏安特性曲线的信息识读

第7章 场效应晶体管的识别、选用、检测、代换

7.1 场效应晶体管的种类与应用

场效应晶体管（Field-Effect Transistor，FET）是电压控制型半导体元器件，具有输入阻抗高、噪声小、热稳定性好、便于集成等特点，容易被静电击穿。

7.1.1 场效应晶体管的种类

场效应晶体管有3个引脚，即漏极（D）、源极（S）、栅极（G）。根据结构的不同，场效应晶体管可分为两大类：结型场效应晶体管（JFET）和绝缘栅型场效应晶体管（MOSFET），如图7-1所示。

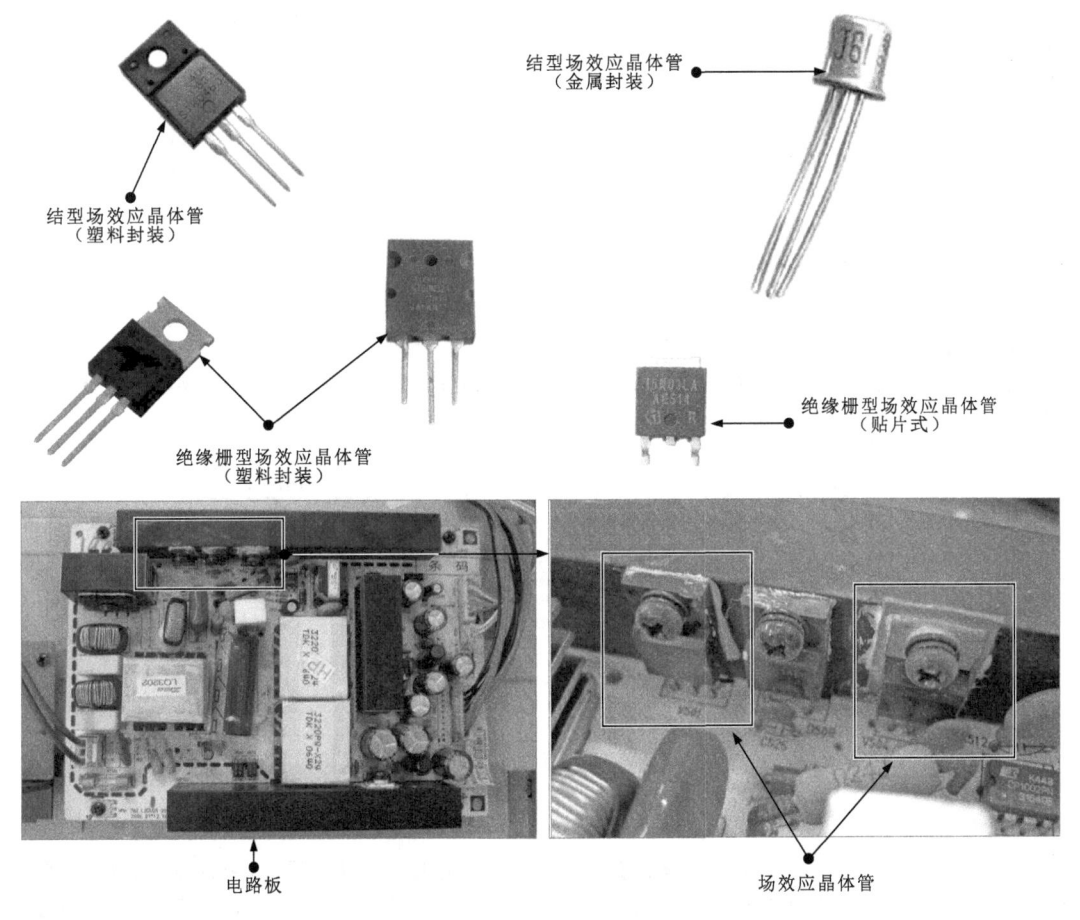

图7-1 场效应晶体管的实物外形

1 结型场效应晶体管

结型场效应晶体管（JFET）是在一块N型（或P型）半导体上制作两个高掺杂的P型或N型区域形成PN结构成的，有N沟道和P沟道两种。结型场效应晶体管的实物外形、电路图形符号、内部结构和应用电路如图7-2所示。

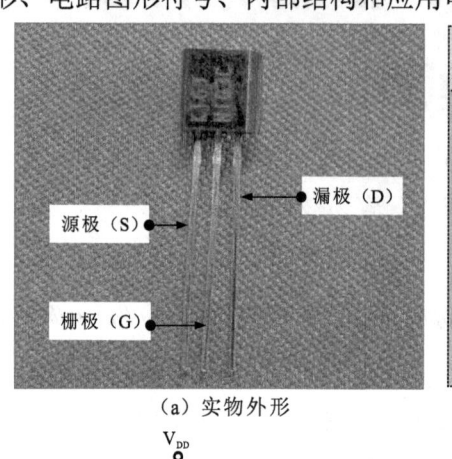

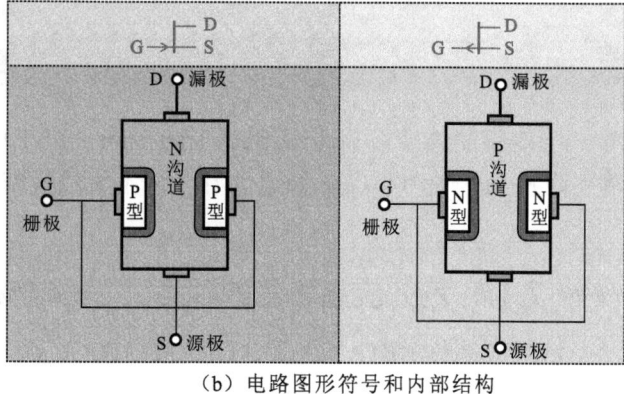

（a）实物外形

（b）电路图形符号和内部结构

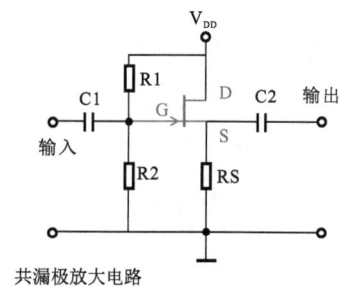

共源极放大电路　　共栅极放大电路　　共漏极放大电路

（c）应用电路

图7-2　结型场效应晶体管的实物外形、电路图形符号、内部结构和应用电路

提示说明

图7-3（a）为N沟道结型场效应晶体管漏极转移特性曲线。图7-3（b）为N沟道结型场效应晶体管漏极输出特性曲线。

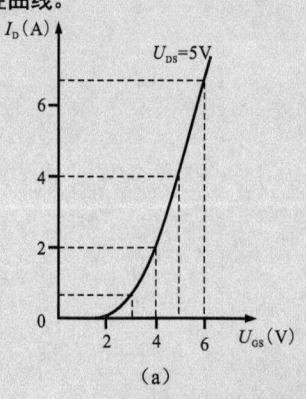

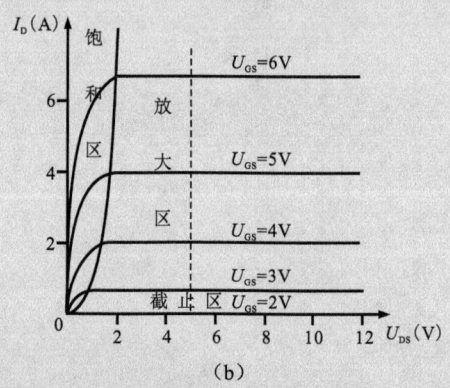

图7-3　N沟道结型场效应晶体管的特性曲线

在图7-3中，（a）是指在漏-源电压U_{DS}为常数时，栅-源电压U_{GS}与I_D之间的关系曲线。由于输出特性曲线和转移特性曲线均用来描述场效应晶体管电压与电流的关系，因此转移特性曲线可以直接在输出特性曲线上通过作图法获得。

2 绝缘栅型场效应晶体管

绝缘栅型场效应晶体管（MOSFET）简称MOS场效应晶体管，由金属、氧化物、半导体材料制成。绝缘栅型场效应晶体管的实物外形、电路图形符号和内部结构如图7-4所示。

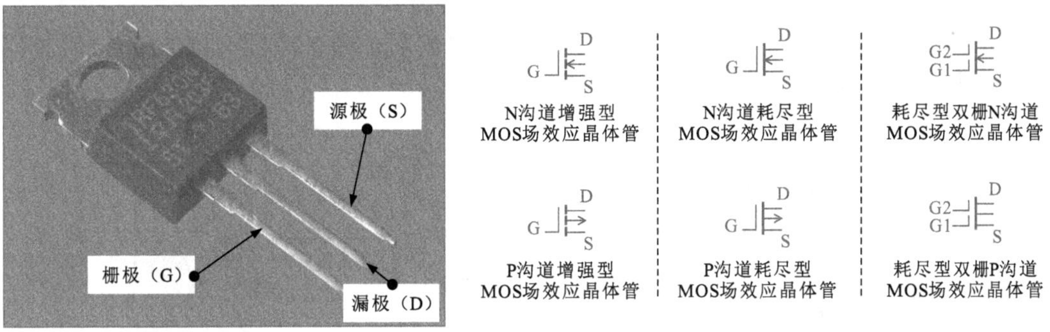

（a）实物外形、电路图形符号

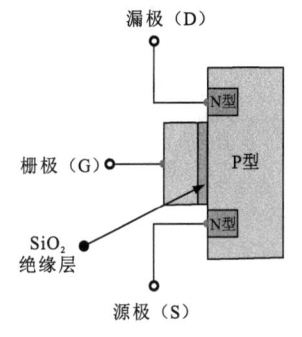

（b）N沟道增强型MOS场效应晶体管的内部结构

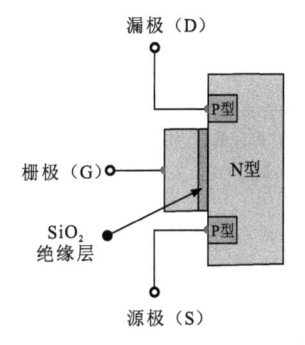

（c）P沟道增强型MOS场效应晶体管的内部结构

图7-4 绝缘栅型场效应晶体管的实物外形、电路图形符号和内部结构

提示说明

图7-5为N沟道增强型MOS场效应晶体管的特性曲线。

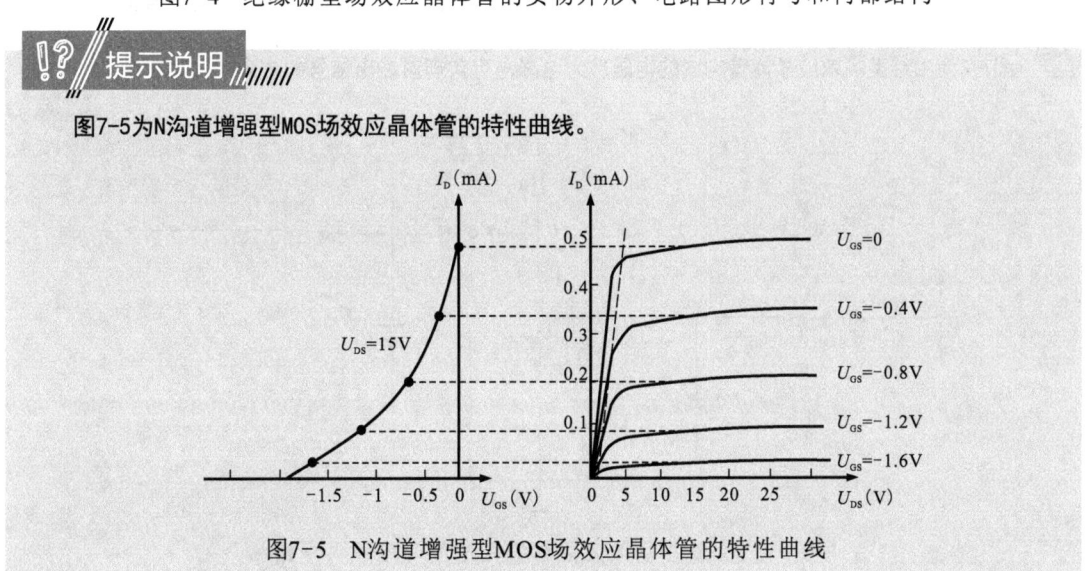

图7-5 N沟道增强型MOS场效应晶体管的特性曲线

7.1.2 场效应晶体管的功能及应用

场效应晶体管是电压控制型元器件，栅极不需要控制电流，只需要一个控制电压就可以控制漏极和源极之间的电流，在电路中具有放大功能。

1 结型场效应晶体管的功能及应用

结型场效应晶体管是利用沟道两边耗尽层的宽窄，通过改变沟道的导电特性来控制漏极电流实现放大功能的，如图7-6所示。

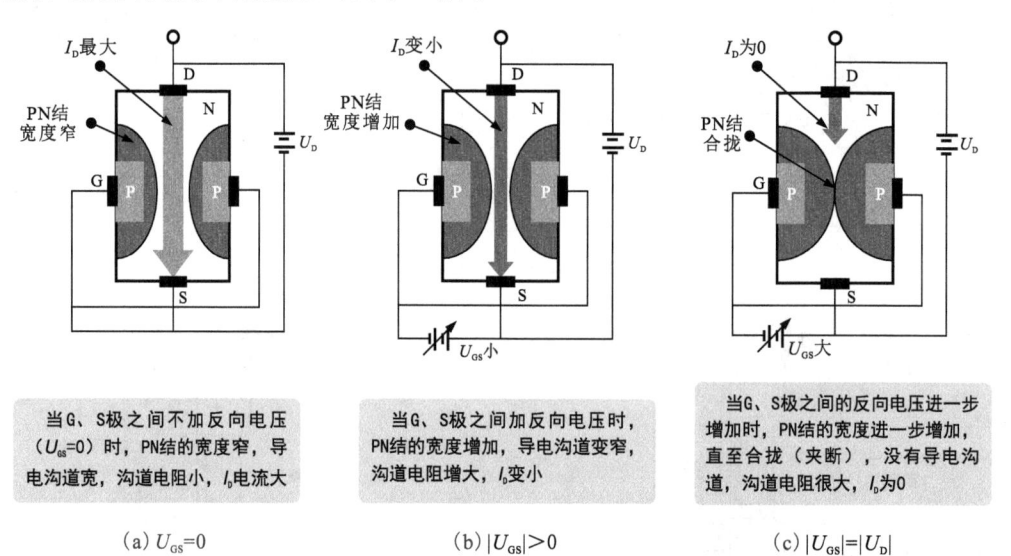

(a) $U_{GS}=0$

当G、S极之间不加反向电压（$U_{GS}=0$）时，PN结的宽度窄，导电沟道宽，沟道电阻小，I_D电流大

(b) $|U_{GS}|>0$

当G、S极之间加反向电压时，PN结的宽度增加，导电沟道变窄，沟道电阻增大，I_D变小

(c) $|U_{GS}|=|U_D|$

当G、S极之间的反向电压进一步增加时，PN结的宽度进一步增加，直至合拢（夹断），没有导电沟道，沟道电阻很大，I_D为0

图7-6 结型场效应晶体管的放大功能示意图

提示说明

结型场效应晶体管一般用在音频放大器的差分输入电路及调制、放大、阻抗变换、稳流、限流、自动保护等电路中。

图7-7为由结型场效应晶体管构成的电压放大电路，可实现对输出信号的放大。

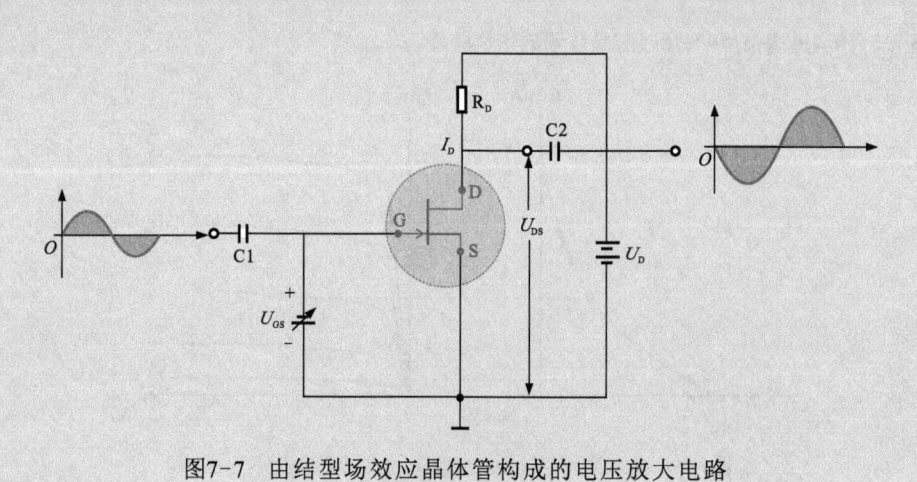

图7-7 由结型场效应晶体管构成的电压放大电路

2　绝缘栅型场效应晶体管的功能及应用

以N沟道增强型绝缘栅型场效应晶体管为例，放大功能示意图如图7-8所示。

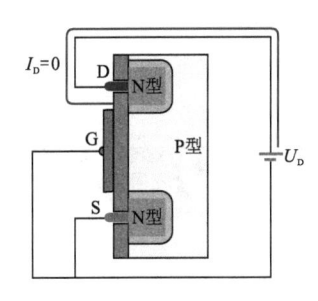

当$U_{GS}=0$时，漏极D和源极S之间相当于两个背靠背放置的二极管，漏极D和源极S的两个N型区域之间没有导电沟道，无法导通，$I_D=0$

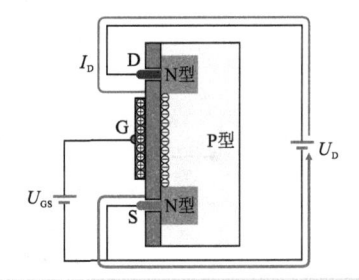

当$U_{GS}>0$时，栅极G和P型区域之间会产生一个垂直于表面的电场，在电场的作用下，将靠近栅极G的P型区域的空穴向右排斥，吸引电子，形成薄层电子耗尽层，随着U_{GS}的增大（$U_{GS}>U_{GS(th)}$开启电压），靠近栅极G的P型区域会聚集较多的电子，形成沟道，将漏极D和源极S沟通，形成漏极电流I_D

（a）$U_{GS}=0$　　　　　　　（b）$U_{GS}>0$

图7-8　绝缘栅型场效应晶体管的放大功能示意图

绝缘栅型场效应晶体管常用于音频功率放大电路、开关电源、逆变器、电源转换器、镇流器、充电器、电动机驱动电路、继电器驱动电路等。

图7-9为绝缘栅型场效应晶体管在收音机高频放大电路中的应用，可实现高频放大作用。

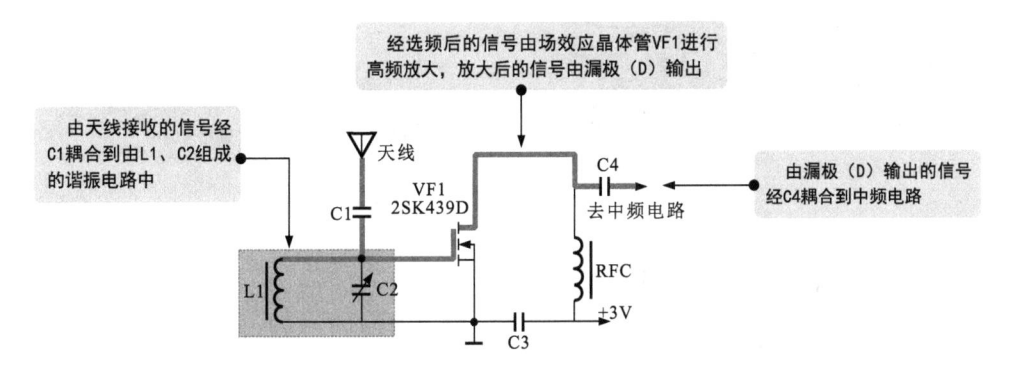

图7-9　绝缘栅型场效应晶体管在收音机高频放大电路中的应用

7.2　场效应晶体管的识别、选用、代换

7.2.1　场效应晶体管的参数识读

场效应晶体管的类型、参数等均采用直接标注法标注在外壳上，识读时，需要了解不同国家、地区及生产厂商的命名规则。

1 国产场效应晶体管的识读

国产场效应晶体管的命名规则主要有两种，如图7-10所示。

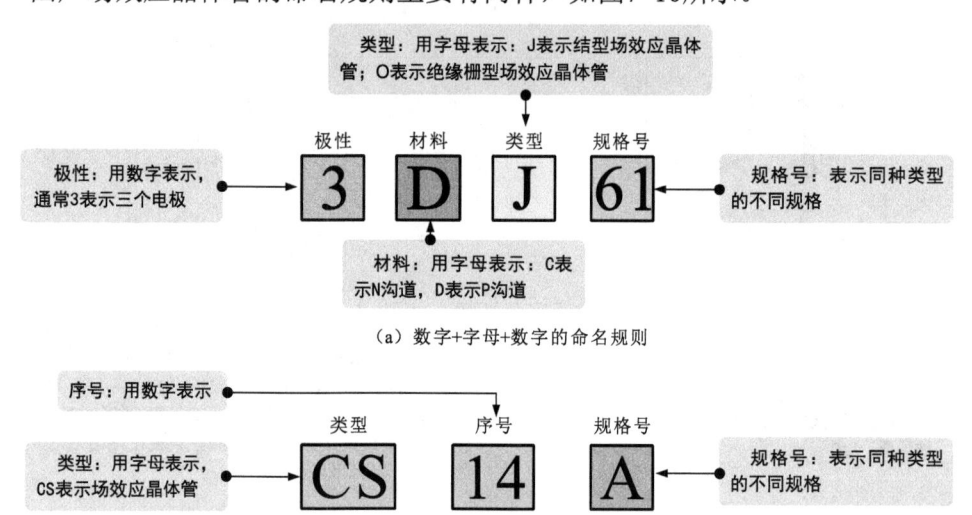

极性：用数字表示，通常3表示三个电极 → **3**（极性）
D（材料）← 材料：用字母表示：C表示N沟道，D表示P沟道
J（类型）← 类型：用字母表示：J表示结型场效应晶体管；O表示绝缘栅型场效应晶体管
61（规格号）→ 规格号：表示同种类型的不同规格

（a）数字+字母+数字的命名规则

类型：用字母表示，CS表示场效应晶体管 → **CS**（类型）
序号：用数字表示 → **14**（序号）
A（规格号）→ 规格号：表示同种类型的不同规格

（b）CS+数字+字母的命名规则

图7-10 国产场效应晶体管的命名规则

图7-11为国产场效应晶体管的参数识读举例。

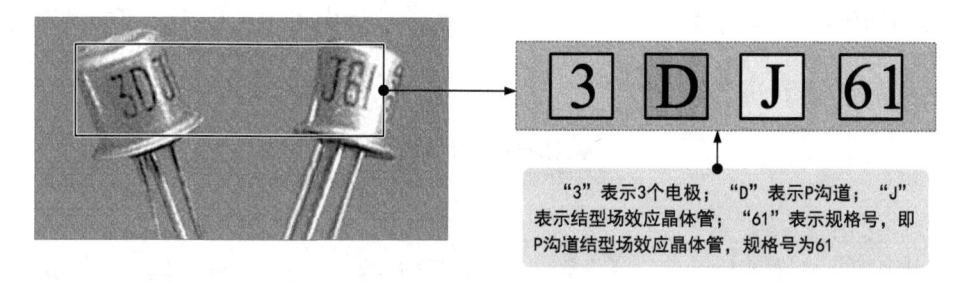

3 D J 61

"3"表示3个电极；"D"表示P沟道；"J"表示结型场效应晶体管；"61"表示规格号，即P沟道结型场效应晶体管，规格号为61

图7-11 国产场效应晶体管的参数识读举例

2 日产场效应晶体管的识读

日产场效应晶体管的命名规则如图7-12所示。

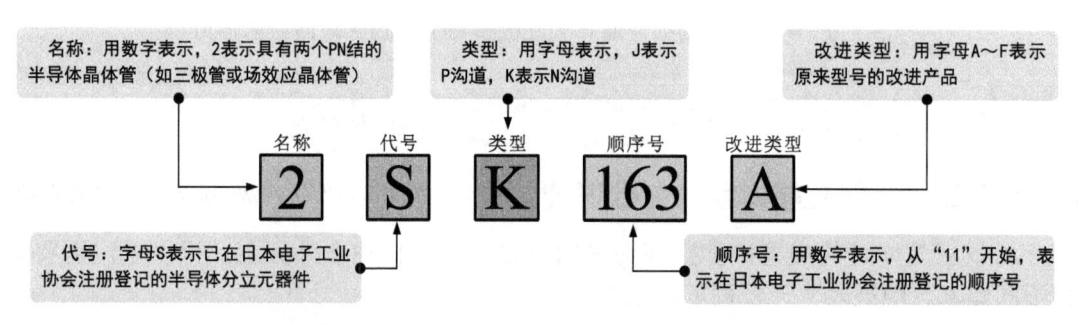

名称：用数字表示，2表示具有两个PN结的半导体晶体管（如三极管或场效应晶体管） → **2**（名称）
代号：字母S表示已在日本电子工业协会注册登记的半导体分立元器件 → **S**（代号）
类型：用字母表示，J表示P沟道，K表示N沟道 → **K**（类型）
163（顺序号）← 顺序号：用数字表示，从"11"开始，表示在日本电子工业协会注册登记的顺序号
A（改进类型）← 改进类型：用字母A~F表示原来型号的改进产品

图7-12 日产场效应晶体管的命名规则

图7-13为日产场效应晶体管的参数识读举例。

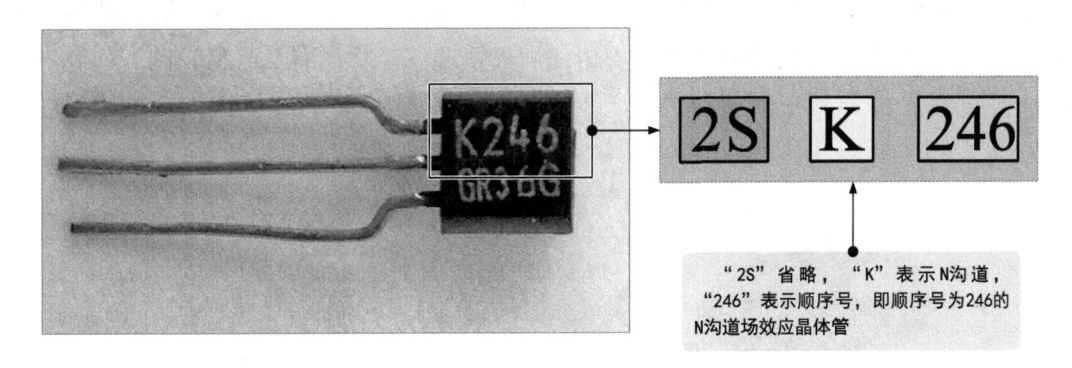

图7-13　日产场效应晶体管的参数识读举例

7.2.2　场效应晶体管引脚极性的识别

与三极管一样，场效应晶体管也有三个引脚，分别为栅极（G）、源极（S）和漏极（D）。由于场效应晶体管的引脚排列根据品种、型号及功能的不同而不同，因此识别场效应晶体管的引脚极性在测试、安装、调试等应用场合都十分重要。

◇ 根据型号标识查阅引脚极性：首先识读场效应晶体管标识的型号，然后通过查阅手册或在互联网上搜索即可得知引脚极性，如图7-14所示。

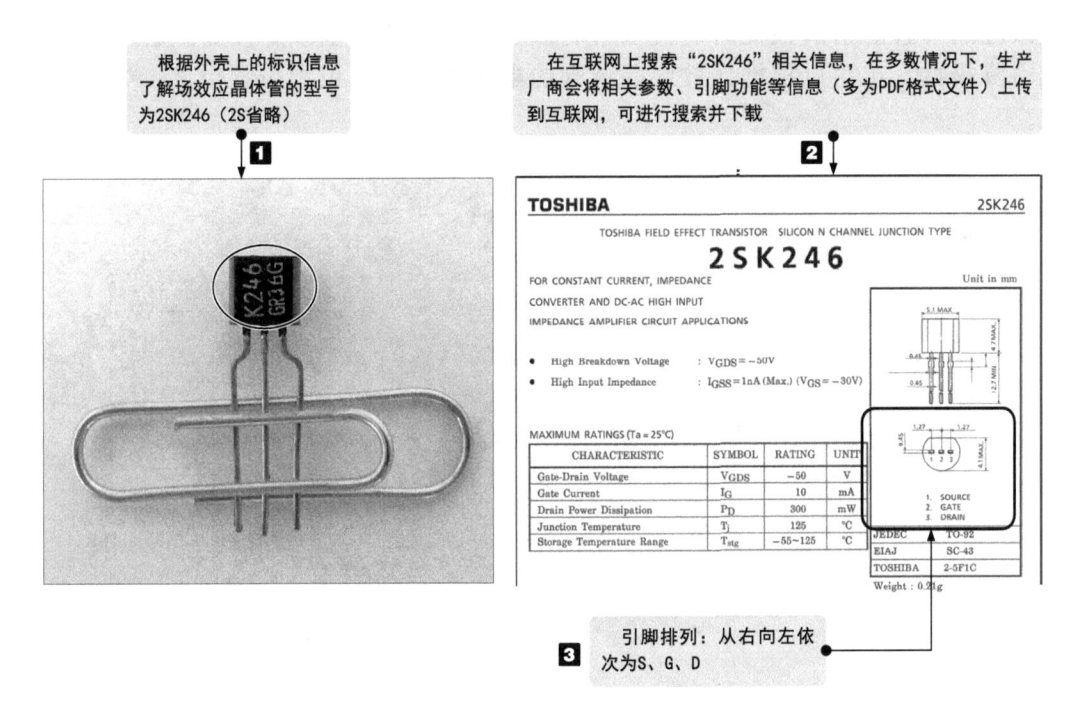

图7-14　根据型号标识查阅引脚极性

◇ 根据引脚排列规律识别引脚极性：对于大功率场效应晶体管，在一般情况下，将印有型号标识的一面朝上放置，从左至右，引脚排列为G、D、S（散热片连接引脚D）；对于贴片封装的场效应晶体管，在一般情况下，将印有型号标识的一面朝上放置，上面的宽引脚与中间引脚为D，下面的三个引脚从左到右依次为G、D、S，如图7-15所示。

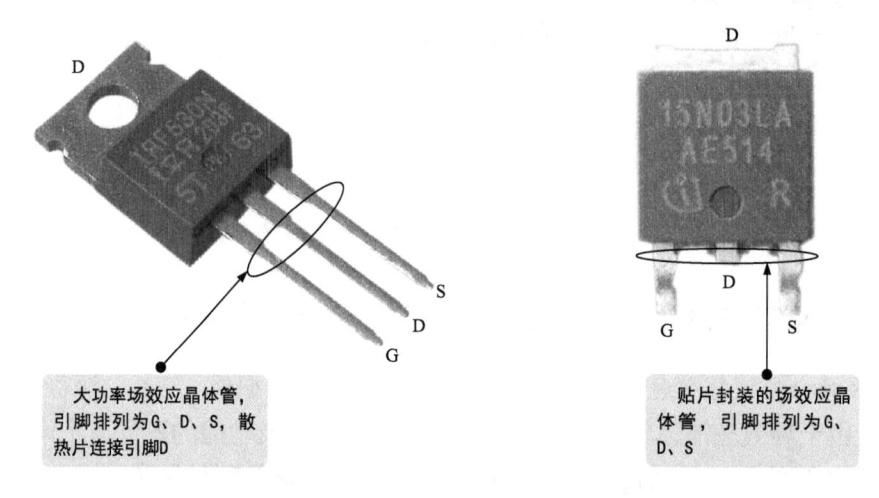

图7-15　根据引脚排列规律识别场效应晶体管的引脚极性

◇ 根据电路板上的标识信息或电路图形符号识别引脚极性：在识别安装在电路板上场效应晶体管的引脚极性时，可根据场效应晶体管的周围或焊接面上的标识信息识别引脚极性，也可以根据场效应晶体管的电路图形符号识别引脚极性，如图7-16所示。

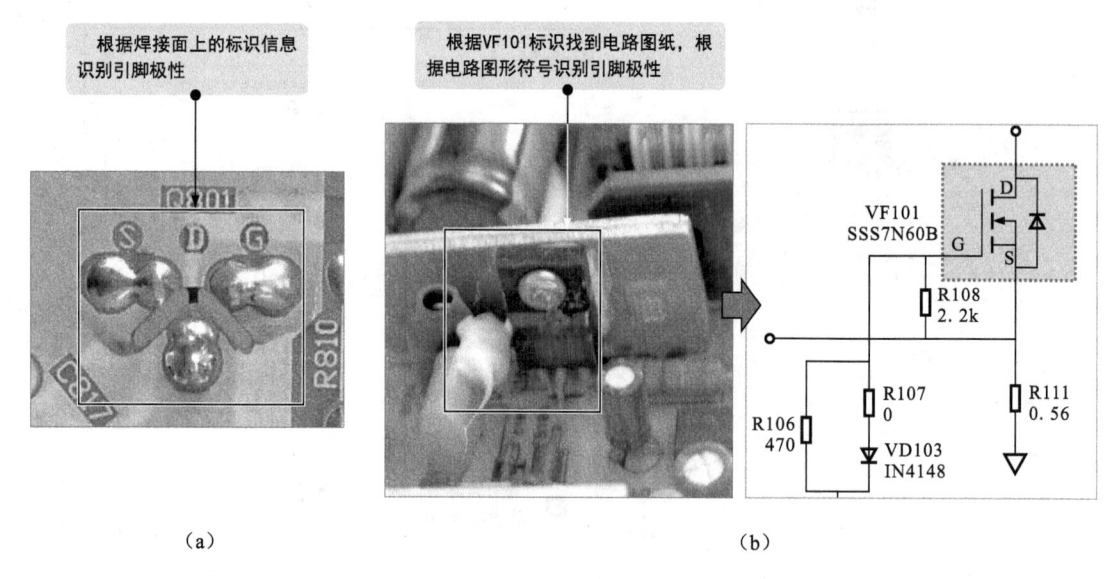

图7-16　根据焊接面上的标识信息或电路图形符号识别场效应晶体管的引脚极性

7.2.3 场效应晶体管的选用与代换

若场效应晶体管损坏，则应进行代换，在代换时，要遵循基本的代换原则。

1 场效应晶体管的代换原则

在选用与代换场效应晶体管时，要保证规格符合产品要求，尽量采用最稳妥的代换方式，确保拆装安全可靠，不造成二次故障，力求代换后的场效应晶体管能够良好、长久、稳定的工作。

◇场效应晶体管的种类较多，因电路工作条件不同，在代换时要注意类别和型号的差异，不可任意代换。

◇场效应晶体管在保存和检测时应注意防静电，以免被击穿。

◇代换时，应注意场效应晶体管的引脚极性。

提示说明

若场效应晶体管损坏，最好选用同型号的场效应晶体管进行代换。不同类型场效应晶体管的适用电路和选用注意事项见表7-1。

表7-1 不同类型场效应晶体管的适用电路和选用注意事项

类型	适用电路	选用注意事项
结型场效应晶体管	音频放大器的差分输入电路及调制、放大、阻抗变换、稳压、限流、自动保护等电路	◇主要参数应符合电路需求。 ◇对于大功率场效应晶体管，最大耗散功率应为放大电路输出功率的0.5～1倍，漏-源极击穿电压应为放大电路工作电压的2倍以上。 ◇外形尺寸应符合电路需求。 ◇结型场效应晶体管的源极和漏极可以互换
MOS场效应晶体管	音频功率放大电路、开关电源、逆变器、电源转换器、镇流器、充电器、电动机驱动电路、继电器驱动电路等	
双栅型场效应晶体管	彩色电视机的高频调谐器、半导体收音机的变频器等	

2 场效应晶体管的代换注意事项

由于场效应晶体管的形态各异，安装方式不同，因此在代换时一定要注意方法，要根据电路的特点及场效应晶体管的自身特性采用正确、稳妥的代换方法。通常，场效应晶体管采用焊接的形式固定在电路板上，从焊接的形式上看，主要有表面贴装和插装焊接两种形式，代换注意事项如图7-17所示。

【表面贴装】

采用表面贴装的场效应晶体管，体积普遍较小，常用于元器件密集的数码电路中，在拆卸和焊接时，最好使用热风焊机进行引脚加热，使用镊子进行抓取、固定或挪动等

【插装焊接】

采用插装焊接的场效应晶体管，其引脚通常会穿过电路板，在另一面（背面）进行焊接，在拆卸和焊接时，通常使用电烙铁进行加热

图7-17 场效应晶体管的代换注意事项

提示说明

在拆卸场效应晶体管之前，应对操作环境进行检查，确保操作环境干燥、整洁，操作平台稳固、平整，电路板（或设备）处于断电、冷却状态。

由于场效应晶体管容易被击穿，因此在操作前，操作者应对自身进行放电，最好佩戴防静电手环进行操作，如图7-18所示。

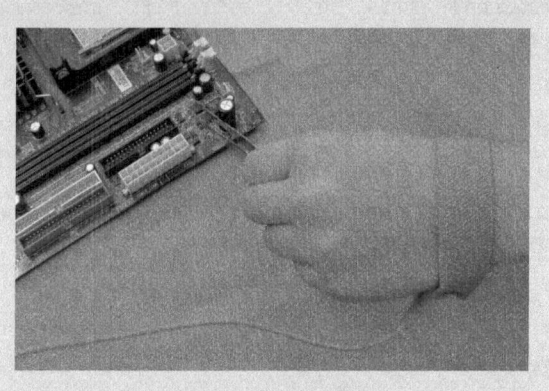

图7-18　防静电要求

在拆卸场效应晶体管时，应确认引脚的焊锡已被彻底清除后，才能小心地从电路板上取下。在取下时，一定要谨慎，若在引脚处还有焊锡粘连，则应用电烙铁清除焊锡，切不可硬拔。

拆卸后，应用酒精清洁焊孔，若在电路板上有氧化物或未去除的焊锡，则可用砂纸打磨，去除氧化物或焊锡，为代换新的场效应晶体管做好准备。

在焊接时，要保证焊点整齐、漂亮，不能有连焊、虚焊等现象，以免造成二次损坏。

有些大功率场效应晶体管需要安装在散热片上，在拆卸和焊接时，在将场效应晶体管从电路板和散热片上拆下后，先将同型号、性能良好的场效应晶体管通过导热硅胶固定在散热片上，再进行引脚焊接。

3　场效应晶体管的代换方法

◇ 插装焊接场效应晶体管。

插装焊接场效应晶体管的代换操作如图7-19所示。

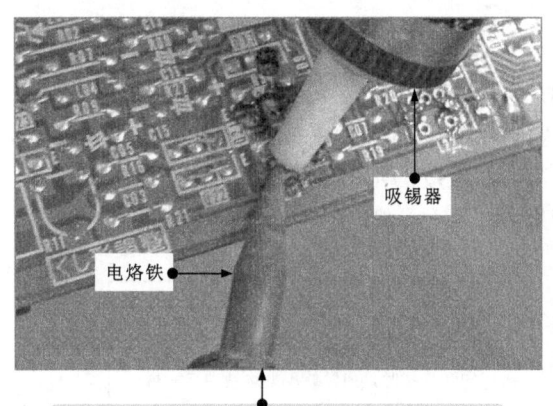

1 用电烙铁加热各引脚的焊点，用吸锡器吸走熔化的焊锡　　**2** 用镊子夹住场效应晶体管

图7-19　插装焊接场效应晶体管的代换操作

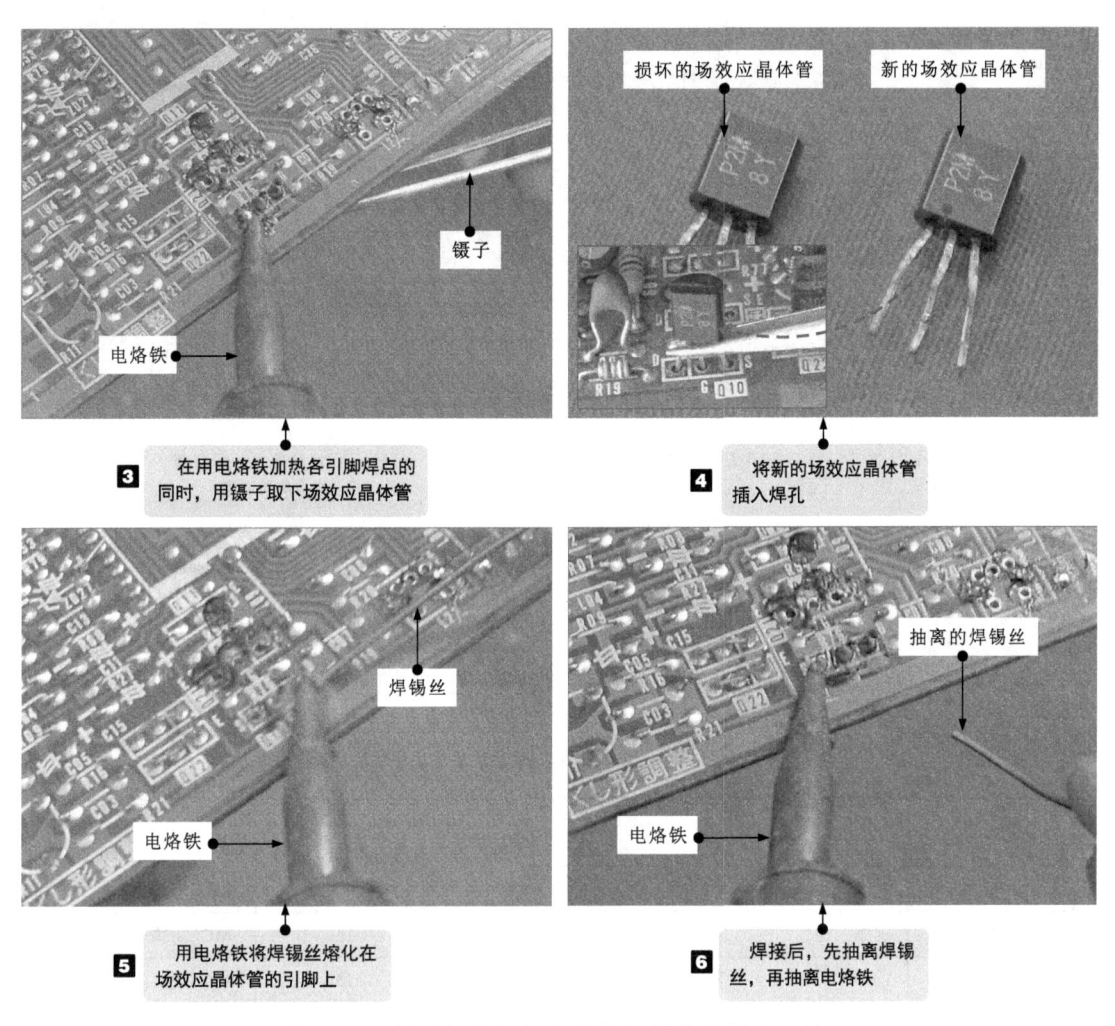

图7-19 插装焊接场效应晶体管的代换操作（续）

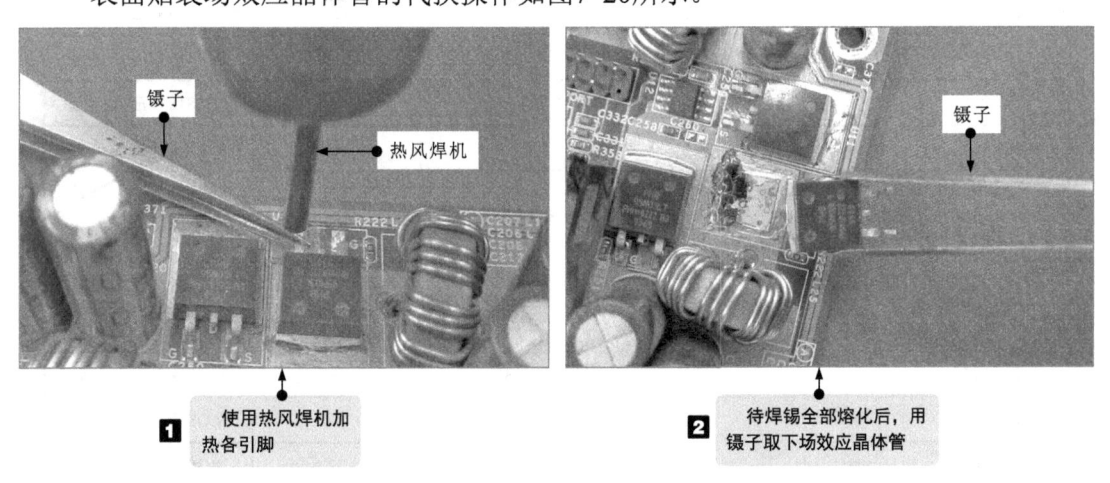

◇表面贴装场效应晶体管。

表面贴装场效应晶体管的代换操作如图7-20所示。

图7-20 表面贴装场效应晶体管的代换操作

❸ 将新的场效应晶体管对准电路板上的焊点放置，并用镊子固定

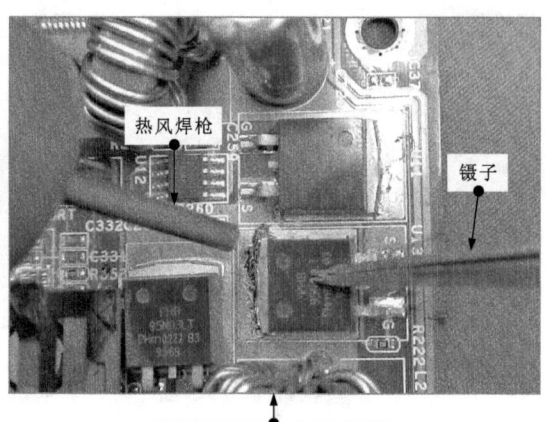

❹ 用热风焊机加热，待焊锡熔化后，移开热风焊机即可

图7-20　表面贴装场效应晶体管的代换操作（续）

提示说明

在进行选用与代换时，了解场效应晶体管的相关参数十分关键，常见场效应晶体管的型号及相关参数见表7-2。

表7-2　常见场效应晶体管的型号及相关参数

型号	沟道	击穿电压$U_{(BR)DSS}$（V）	电流I_{DS}（A）	功率（W）	类型
IRFU020	N	50	15	42	MOS场效应晶体管
IRFPG42	N	1000	4	150	MOS场效应晶体管
IRFPF40	N	900	4.7	150	MOS场效应晶体管
IRFP9240	P	200	12	150	MOS场效应晶体管
IRFP9140	P	100	19	150	MOS场效应晶体管
IRFP460	N	500	20	250	MOS场效应晶体管
IRFP450	N	500	14	180	MOS场效应晶体管
IRFP440	N	500	8	150	MOS场效应晶体管
IRFP353	N	350	14	180	MOS场效应晶体管
IRFP350	N	400	16	180	MOS场效应晶体管
IRFP340	N	400	10	150	MOS场效应晶体管
IRFP250	N	200	33	180	MOS场效应晶体管
IRFP240	N	200	19	150	MOS场效应晶体管
IRFP150	N	100	40	180	MOS场效应晶体管
IRFP140	N	100	30	150	MOS场效应晶体管
IRFP054	N	60	65	180	MOS场效应晶体管
IRFI744	N	400	4	32	MOS场效应晶体管

!? 提示说明

（续）

型　号	沟道	击穿电压$U_{(BR)DSS}$（V）	电流I_{DS}（A）	功率（W）	类　型
IRFI730	N	400	4	32	MOS场效应晶体管
IRFD9120	N	100	1	1	MOS场效应晶体管
IRFD123	N	80	1.1	1	MOS场效应晶体管
IRFD120	N	100	1.3	1	MOS场效应晶体管
IRFD113	N	60	0.8	1	MOS场效应晶体管
IRFBE30	N	800	2.8	75	MOS场效应晶体管
IRFBC40	N	600	6.2	125	MOS场效应晶体管
IRFBC30	N	600	3.6	74	MOS场效应晶体管
IRFBC20	N	600	2.5	50	MOS场效应晶体管
IRFS9630	P	200	6.5	75	MOS场效应晶体管
IRF9630	P	200	6.5	75	MOS场效应晶体管
IRF9610	P	200	1	20	MOS场效应晶体管
IRF9541	P	60	19	125	MOS场效应晶体管
IRF9531	P	60	12	75	MOS场效应晶体管
IRF9530	P	100	12	75	MOS场效应晶体管
IRF840	N	500	8	125	MOS场效应晶体管
IRF830	N	500	4.5	75	MOS场效应晶体管
IRF740	N	400	10	125	MOS场效应晶体管
IRF730	N	400	5.5	75	MOS场效应晶体管
IRF720	N	400	3.3	50	MOS场效应晶体管
IRF640	N	200	18	125	MOS场效应晶体管
IRF630	N	200	9	75	MOS场效应晶体管
IRF610	N	200	3.3	43	MOS场效应晶体管
IRF541	N	80	28	150	MOS场效应晶体管
IRF540	N	100	28	150	MOS场效应晶体管
IRF530	N	100	14	79	MOS场效应晶体管
IRF440	N	500	8	125	MOS场效应晶体管
IRF230	N	200	9	79	MOS场效应晶体管
IRF130	N	100	14	79	MOS场效应晶体管
BUZ20	N	100	12	75	MOS场效应晶体管
BUZ11A	N	50	25	75	MOS场效应晶体管
BS170	N	60	0.3	0.63	MOS场效应晶体管

7.3 结型场效应晶体管放大能力的检测

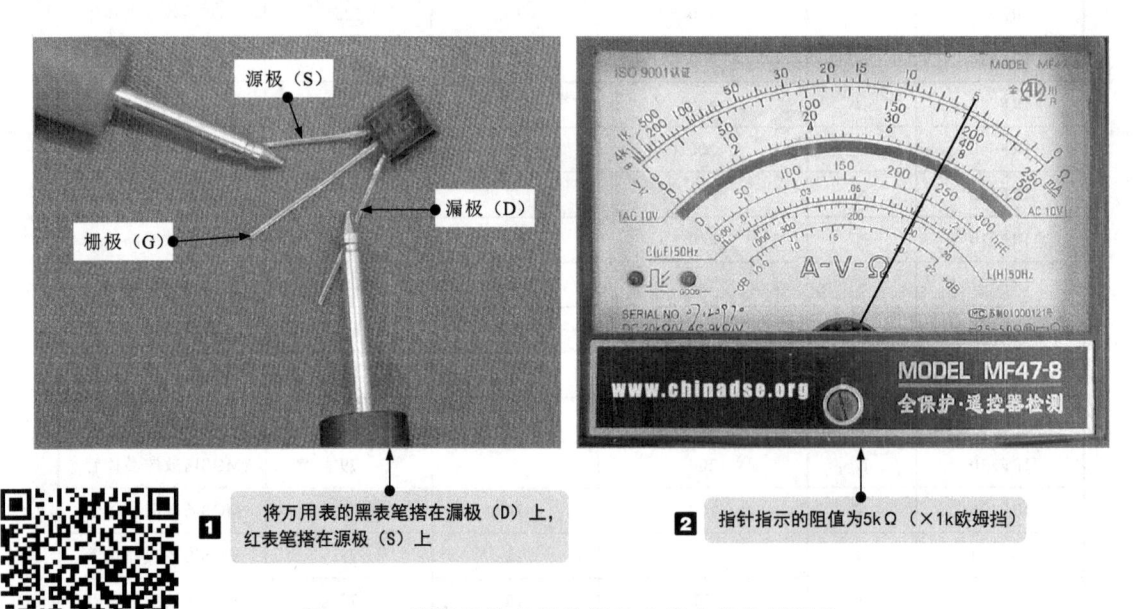

7.3.1 结型场效应晶体管放大能力的检测方法

一般可使用指针万用表粗略检测结型场效应晶体管的放大能力，如图7-21所示。

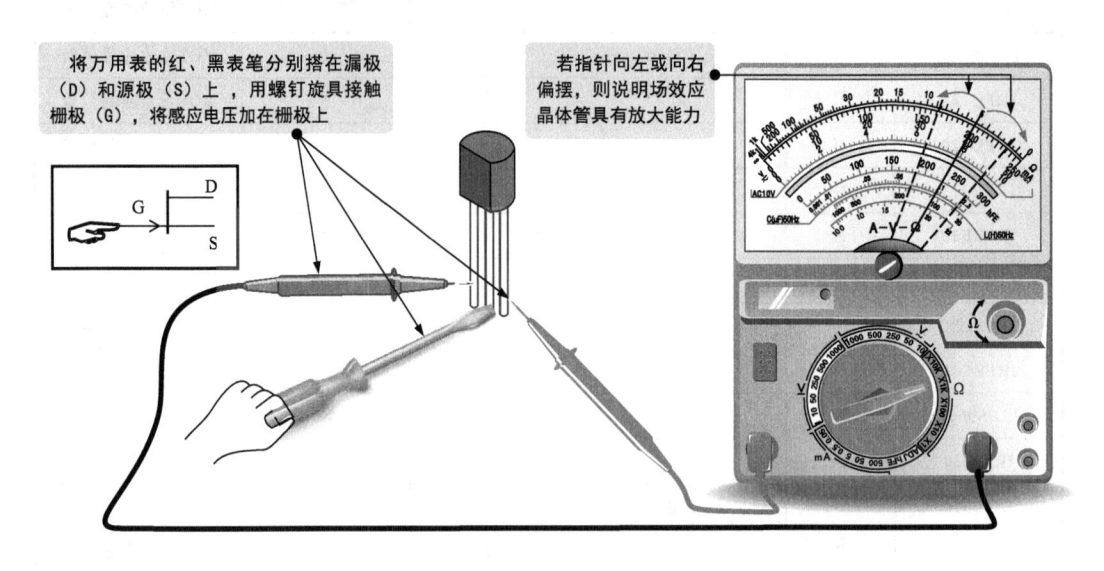

将万用表的红、黑表笔分别搭在漏极（D）和源极（S）上，用螺钉旋具接触栅极（G），将感应电压加在栅极上

若指针向左或向右偏摆，则说明场效应晶体管具有放大能力

图7-21 结型场效应晶体管放大能力的检测方法

7.3.2 结型场效应晶体管放大能力的检测操作

结型场效应晶体管放大能力的检测操作如图7-22所示。

❶ 将万用表的黑表笔搭在漏极（D）上，红表笔搭在源极（S）上

❷ 指针指示的阻值为5kΩ（×1k欧姆挡）

图7-22 结型场效应晶体管放大能力的检测操作

3 用螺钉旋具接触栅极（G）

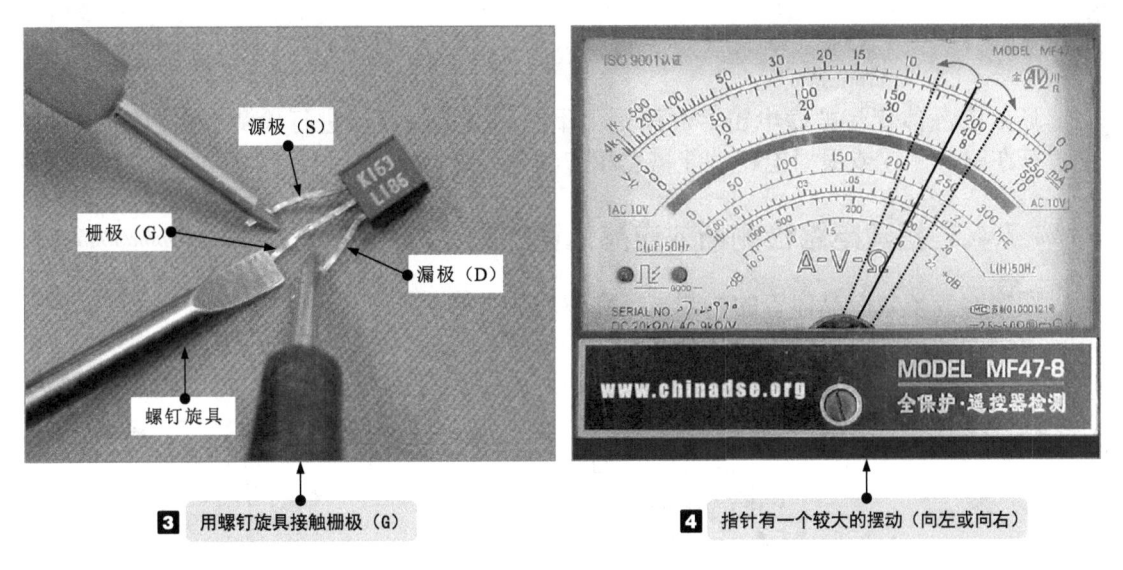

4 指针有一个较大的摆动（向左或向右）

图7-22　结型场效应晶体管放大能力的检测操作（续）

提示说明

在图7-22中，指针的摆动幅度越大，表明结型场效应晶体管的放大能力越好；反之，放大能力越差。若螺钉旋具在接触栅极（G）时指针不摆动，则表明结型场效应晶体管已失去放大能力。

在检测一次后，若再次进行检测，则指针可能不摆动，这是正常的，因为在进行第一次检测时，G、S之间积累了电荷，为了能够使指针再次摆动，可将G、S短接一下。

提示说明

绝缘栅型场效应晶体管放大能力的检测方法与结型场效应晶体管放大能力的检测方法相同。需要注意的是，为了避免人体感应电压过高或人体静电使绝缘栅型场效应晶体管击穿，在检测时，尽量不要用手触碰引脚，如图7-23所示。

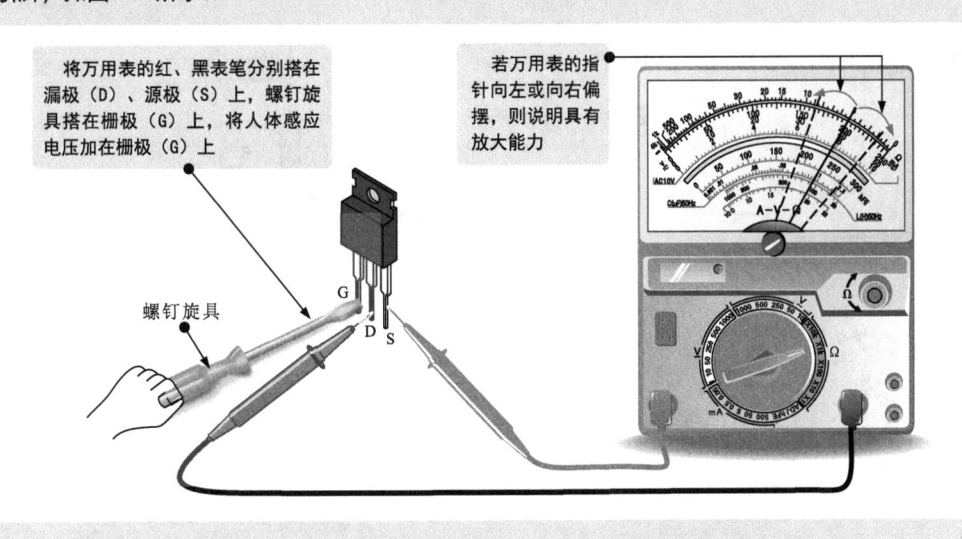

将万用表的红、黑表笔分别搭在漏极（D）、源极（S）上，螺钉旋具搭在栅极（G）上，将人体感应电压加在栅极（G）上

若万用表的指针向左或向右偏摆，则说明具有放大能力

螺钉旋具

图7-23　绝缘栅型场效应晶体管放大能力的检测方法

7.4 场效应晶体管驱动放大特性和工作状态的检测

场效应晶体管易被静电击穿，原则上不能用万用表直接进行检测，可以在电路板上进行在路检测，或根据电路功能搭建相应的电路进行检测。

7.4.1 搭建电路检测场效应晶体管的驱动放大特性

图7-24为场效应晶体管的检测电路和驱动放大特性。

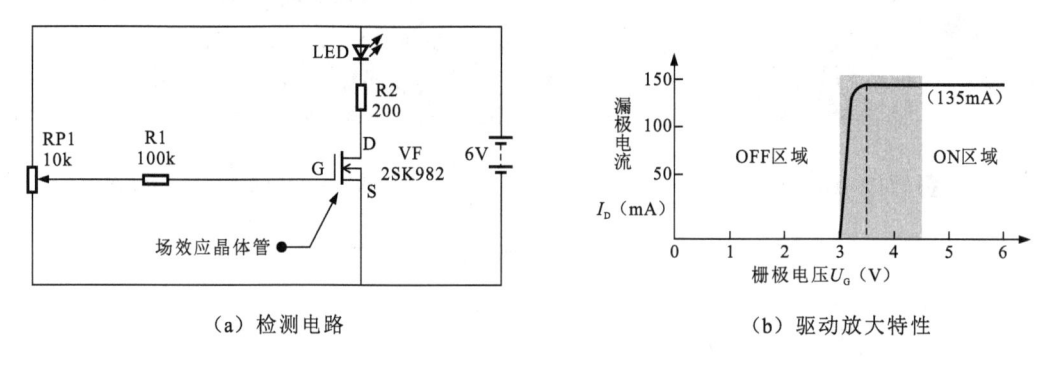

（a）检测电路

（b）驱动放大特性

图7-24 场效应晶体管的检测电路和驱动放大特性

提示说明

在图7-24中，当栅极电压U_G低于3V时，场效应晶体管VF处于截止状态，发光二极管LED无电流，不亮；当栅极电压U_G超过3V、小于3.5V时，漏极电流I_D开始线性增加，场效应晶体管VF处于放大状态；当栅极电压U_G大于3.5V时，场效应晶体管VF进入饱和导通状态。

检测电路的实物连接图如图7-25所示。

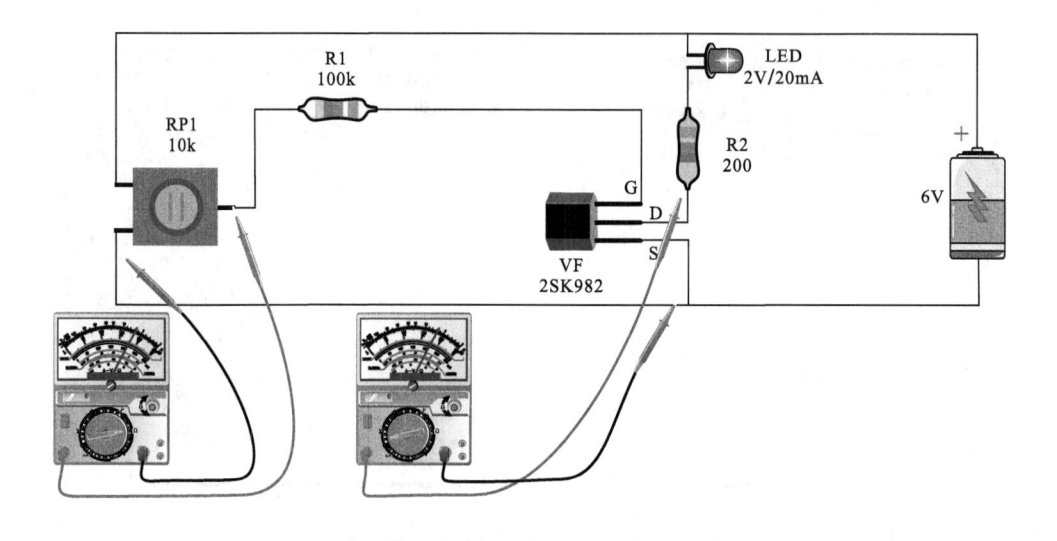

图7-25 检测电路的实物连接图

> **提示说明**
>
> 在图7-25中，RP1的动片经R1为场效应晶体管VF的栅极提供电压，微调RP1的阻值，栅极电压分别为低于3V、3～3.5V、高于3.5V，用万用表检测漏极（D）对地电压，即可得到导通情况。
> 当场效应晶体管VF截止时，LED不亮；当场效应晶体管VF处于放大状态时，LED微亮；当场效应晶体管VF处于饱和导通状态时，LED全亮。

7.4.2 搭建电路检测场效应晶体管的工作状态

图7-26为采用小功率MOS场效应晶体管的直流电动机驱动电路。

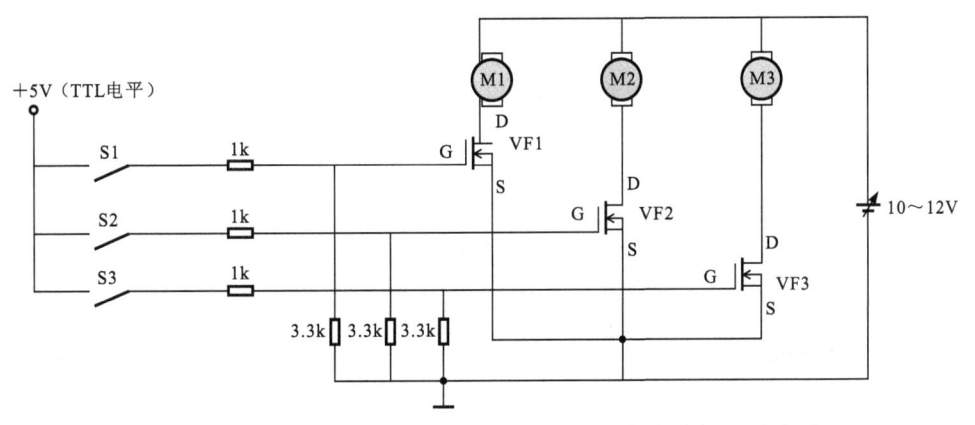

图7-26 采用小功率MOS场效应晶体管的直流电动机驱动电路

> **提示说明**
>
> 在图7-26中，当S1、S2、S3中的某一开关接通时，+5V电压经电阻分压电路为小功率MOS场效应晶体管的栅极提供驱动电压，当栅极电压上升到3.5V时，小功率MOS场效应晶体管饱和导通，直流电动机得电旋转。若开关断开，则栅极电压下降为0V，小功率MOS场效应晶体管截止，直流电动机断电停转。

小功率MOS场效应晶体管的工作状态与等效电路如图7-27所示。

（a）U_G>3.5V，D和S之间的阻值趋于0，导通

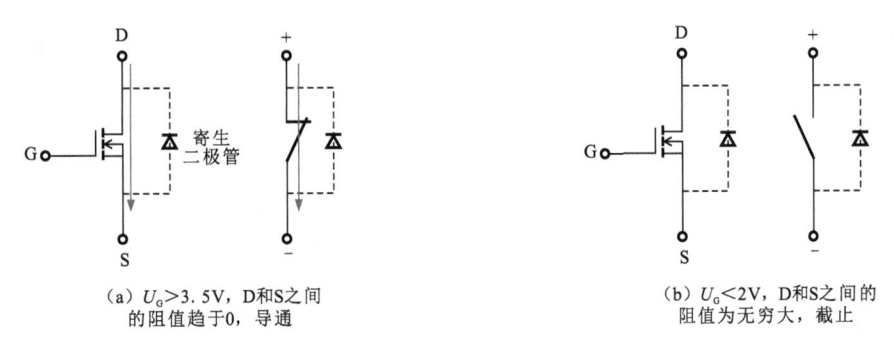

（b）U_G<2V，D和S之间的阻值为无穷大，截止

图7-27 小功率MOS场效应晶体管的工作状态与等效电路

在小功率MOS场效应晶体管的漏极（D）和源极（S）之间有一个寄生二极管，当漏极（D）有反向电压时，有保护作用。

图7-28为场效应晶体管2SK4017的工作状态曲线。

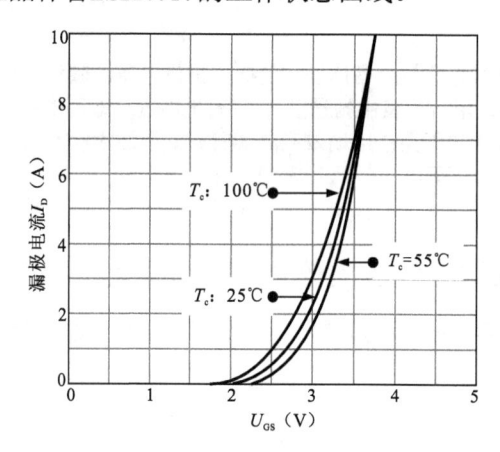

图7-28 场效应晶体管2SK4017的工作状态曲线

在图7-28中,当U_{GS}<2V时,漏极电流I_D=0,漏极(D)与源极(S)之间的阻值趋于无穷大,相当于断路状态(截止)。

当U_{GS}>2V时,漏极电流I_D随着U_{GS}的增加而增加。

小功率MOS场效应晶体管检测电路的实物连接图如图7-29所示。为了检测方便,用负载电路取代直流电动机,使用指针万用表检测小功率MOS场效应晶体管的栅极电压和漏极电压。

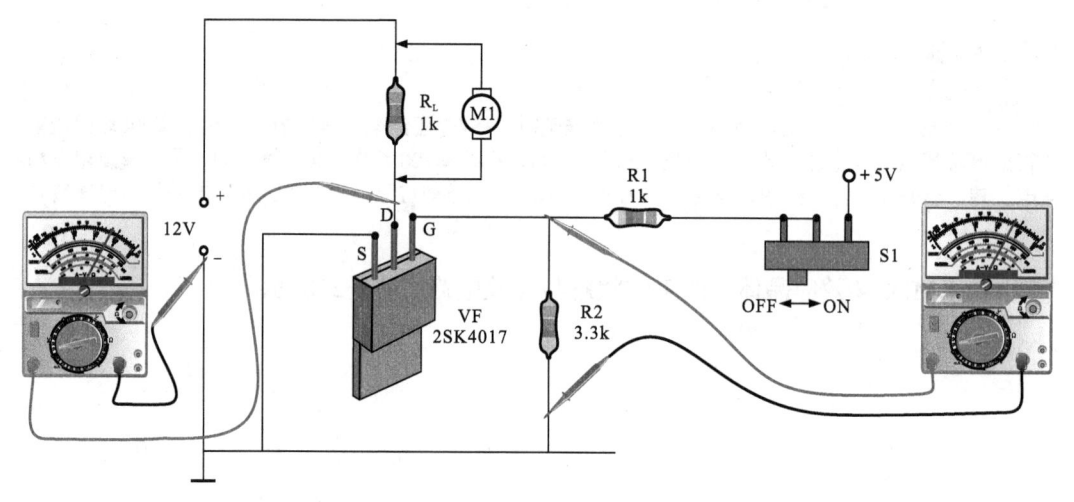

图7-29 小功率MOS场效应晶体管检测电路的实物连接图

提示说明

在图7-29中,当开关S1置于ON位置时,小功率MOS场效应晶体管VF的栅极(G)电压上升为3.5V,VF导通,漏极(D)电压降为0V;当开关S1置于OFF位置时,小功率MOS场效应晶体管VF的栅极(G)电压为0V,VF截止,漏极(D)电压上升为12V。

第8章 晶闸管的识别、选用、检测、代换

8.1 晶闸管的种类与应用

晶闸管是一种可控整流元器件，在一定的电压条件下，只要有一触发脉冲就可导通，触发脉冲消失，仍能维持导通状态。

8.1.1 晶闸管的种类

晶闸管常作为电动机驱动控制、电动机调速控制、电路通/断、调压、控温等的元器件，广泛应用于工业控制及自动化生产领域，实物外形如图8-1所示。

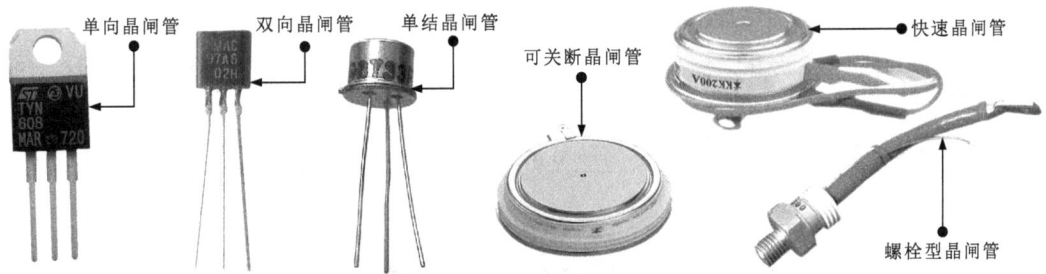

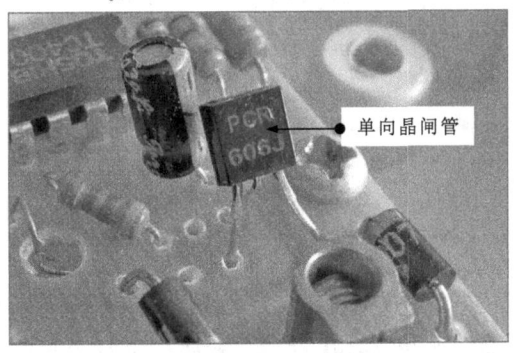

图8-1 常见晶闸管的实物外形

> **提示说明**
>
> 晶闸管的种类较多，分类方式多样。
> ◇ 按关断、导通及控制方式，晶闸管可分为单向晶闸管、双向晶闸管、单结晶闸管、可关断晶闸管、BTG晶闸管、温控晶闸管及光控晶闸管等。
> ◇ 按引脚和极性，晶闸管可分为二极晶闸管、三极晶闸管和四极晶闸管。
> ◇ 按封装形式，晶闸管可分为金属封装晶闸管、塑料封装晶闸管和陶瓷封装晶闸管；金属封装晶闸管又分为螺栓型晶闸管、平板型晶闸管、圆壳型晶闸管；塑料封装晶闸管又分为带散热片型晶闸管和不带散热片型晶闸管。
> ◇ 按功率，晶闸管可分为大功率晶闸管、中功率晶闸管和小功率晶闸管。
> ◇ 按关断速度，晶闸管可分为普通晶闸管和快速晶闸管。

1 单向晶闸管

单向晶闸管是指触发后,只允许一个方向的电流流过,相当于一个可控的整流二极管,是由P-N-P-N共4层3个PN结组成的,广泛应用在可控整流电路、交流调压电路、逆变器和开关电源电路中。单向晶闸管的内部结构、实物外形、电路图形符号和基本特性如图8-2所示。

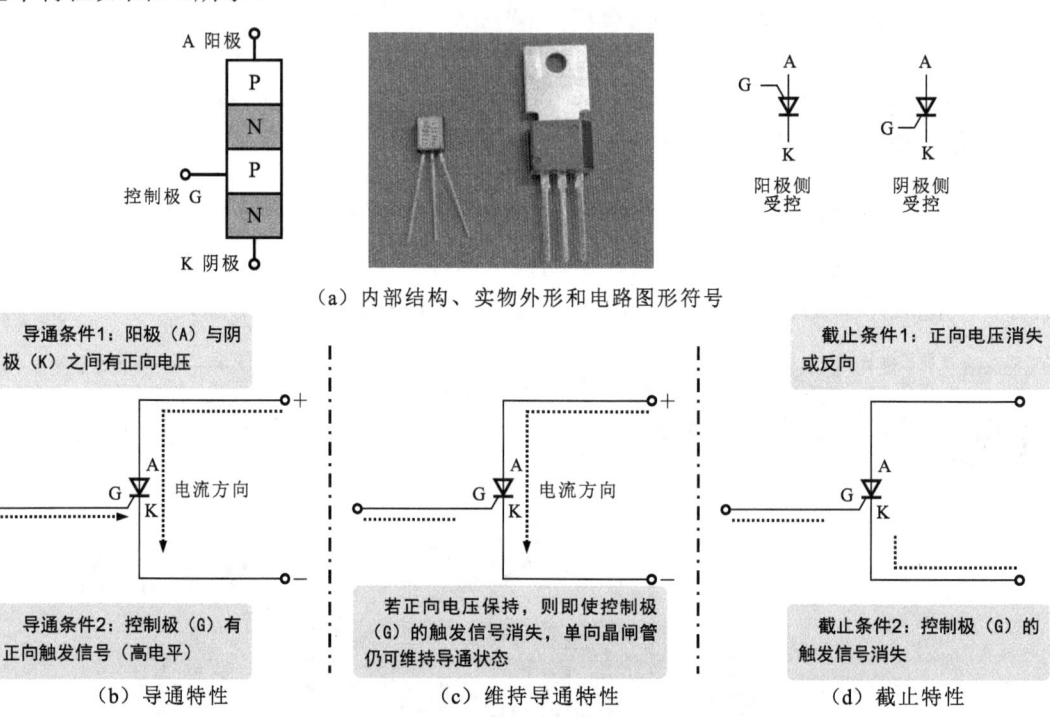

(a) 内部结构、实物外形和电路图形符号

(b) 导通特性　　(c) 维持导通特性　　(d) 截止特性

图8-2 单向晶闸管的内部结构、实物外形、电路图形符号和基本特性

提示说明

单向晶闸管可等效为一个PNP型三极管和一个NPN型三极管的交错结构,如图8-3所示。当单向晶闸管的阳极(A)加正向电压时,三极管V1和V2都加正向电压,V2发射极正偏,V1集电极反偏。如果在控制极(G)加上较小的正向控制电压U_G(触发信号),则有控制电流I_G送入V1的基极。经过放大,V1的集电极便有$I_{c1}=\beta_1 I_G$的电流流进,此电流流出V2的基极,成为V2的基极电流,经V2放大,V2的集电极便有$I_{c2}=\beta_1\beta_2 I_G$的电流,$I_{c2}$又送入V1的基极,如此反复,V1、V2全部导通并达到饱和。晶闸管导通后,V1的基极始终有比I_G大得多的电流,因而即使触发信号消失,仍能维持导通状态。

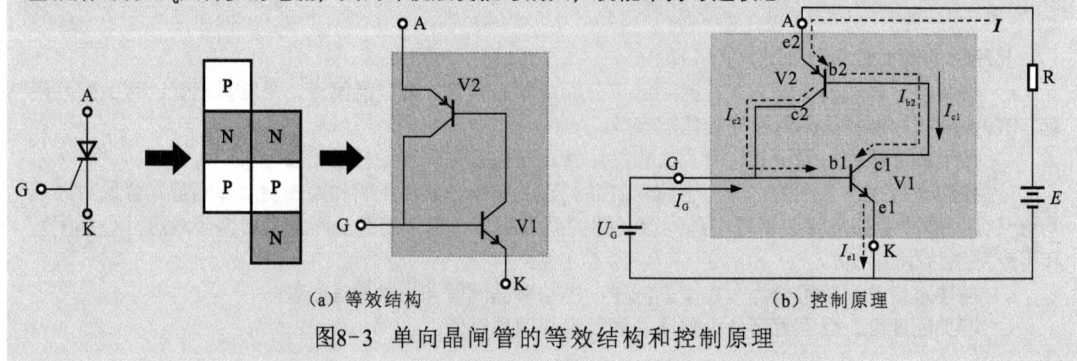

(a) 等效结构　　(b) 控制原理

图8-3 单向晶闸管的等效结构和控制原理

2 双向晶闸管

双向晶闸管又称双向可控硅，属于N-P-N-P-N共5层半导体器件，有第一电极（T1）、第二电极（T2）、控制极（G）等三个电极，在结构上相当于两个单向晶闸管反极性并联，常用在交流电路中用于调节电压、电流或用作交流无触点开关。双向晶闸管的实物外形、内部结构、电路图形符号和基本特性如图8-4所示。

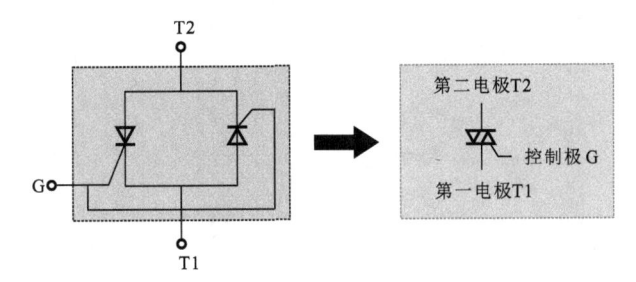

（a）实物外形、内部结构、电路图形符号

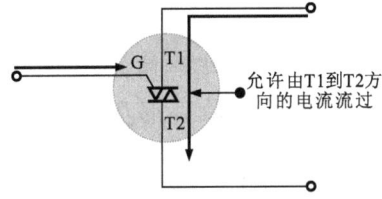

（b）导通特性

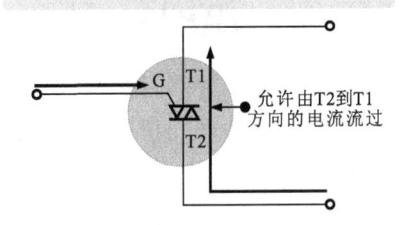

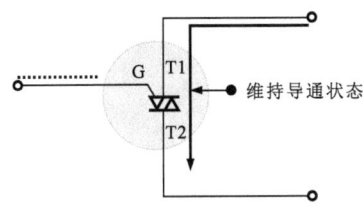

（c）维持导通特性

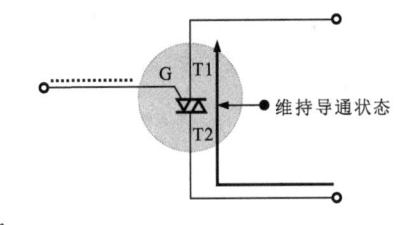

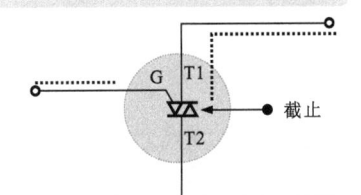

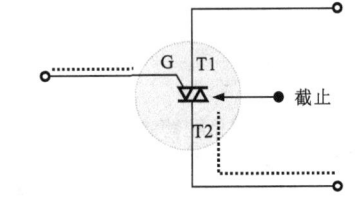

（d）截止特性

图8-4 双向晶闸管的实物外形、内部结构、电路图形符号和基本特性

3　单结晶闸管

单结晶闸管也称为双基极二极管，是由一个PN结和两个内电阻构成的，有一个PN结和两个基极，广泛应用在振荡电路、定时电路、双稳态电路及触发电路中。

单结晶闸管的实物外形及电路图形符号如图8-5所示。

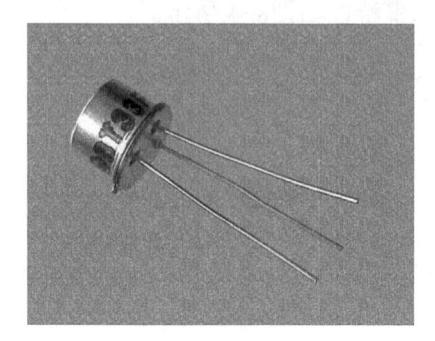

（a）实物外形 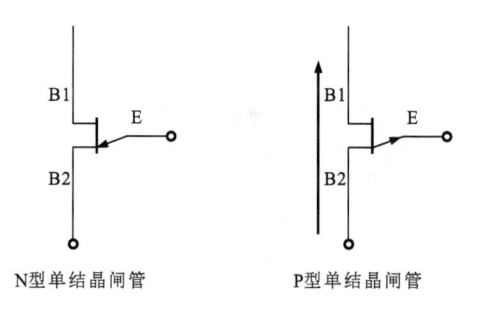　　　　　　　　　（b）电路图形符号

图8-5　单结晶闸管的实物外形及电路图形符号

4　可关断晶闸管

可关断晶闸管俗称门控晶闸管，属于P-N-P-N共4层三端半导体元器件。可关断晶闸管的主要特点是当门极加负向触发信号时能自行关断，实物外形及电路图形符号如图8-6所示。

（a）实物外形 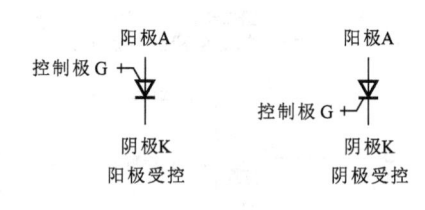　　　　　　　　　（b）电路图形符号

图8-6　可关断晶闸管的实物外形及电路图形符号

> **提示说明**
>
> 可关断晶闸管与普通晶闸管的区别：普通晶闸管在受门极正向信号触发后，撤掉信号也能维持导通状态。欲要关断，必须切断电源，使正向电流低于维持电流或施以反向电压强行关断。这就需要增加换向电路，不仅使设备的体积、重量增加，还会降低效率，产生波形失真和噪声。

提示说明

可关断晶闸管克服了普通晶闸管的上述缺陷，既保留了普通晶闸管耐压高、电流大等优点，又具有自关断能力，使用方便，是理想的高压、大电流开关元器件。大功率可关断晶闸管已广泛应用在斩波调速、变频调速、逆变电源等电路中。

5 快速晶闸管

快速晶闸管是一个P-N-P-N共4层三端半导体元器件，主要应用在较高频率的整流电路、斩波电路、逆变电路和变频电路中，实物外形及电路图形符号如图8-7所示。

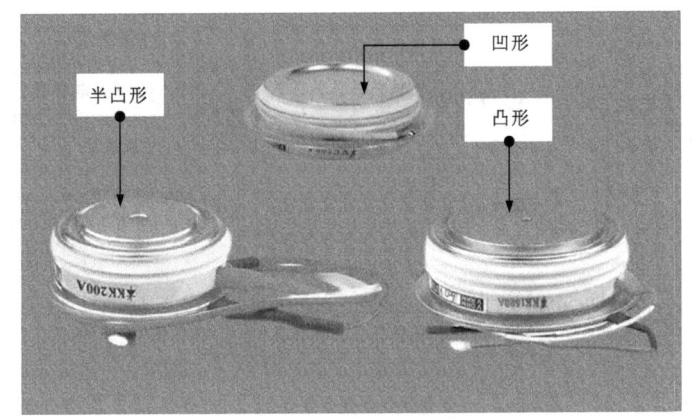

（a）实物外形　　　　　　　（b）电路图形符号

图8-7　快速晶闸管的实物外形及电路图形符号

6 螺栓型晶闸管

螺栓型晶闸管与普通单向晶闸管相似，只是封装形式不同，安装在散热片上，工作电流较大，实物外形及电路图形符号如图8-8所示。

（a）实物外形　　　　　　　（b）电路图形符号

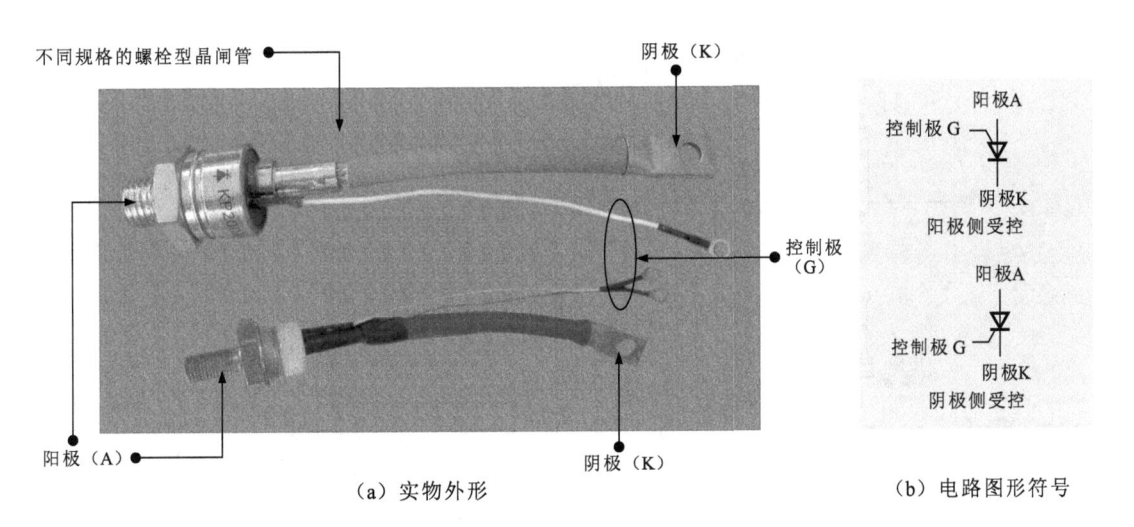

图8-8　螺栓型晶闸管的实物外形及电路图形符号

8.1.2 晶闸管的功能及应用

晶闸管是一种非常重要的功率元器件，主要特点是通过小电流实现高电压、大电流的控制，在实际应用中主要用作可控整流元器件和可控电子开关。

1 用作可控整流元器件

晶闸管与整流元器件构成调压电路，使输出电压具有可调性，如图8-9所示。

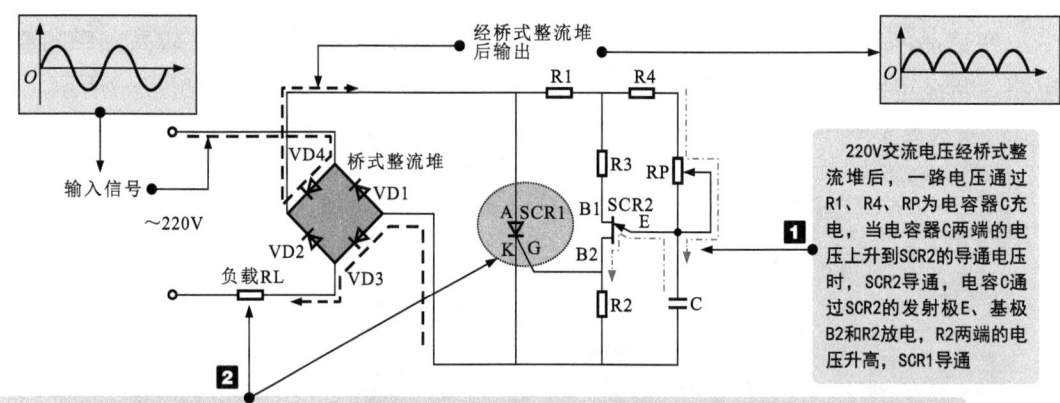

220V交流电压经桥式整流堆后，一路电压通过R1、R4、RP为电容器C充电，当电容器C两端的电压上升到SCR2的导通电压时，SCR2导通，电容C通过SCR2的发射极E、基极B2和R2放电，R2两端的电压升高，SCR1导通

另一路单向脉动电压加在SCR1的A极、K极，当SCR1的G极有触发信号时，SCR1的A极、K极之间导通，在负载RL中有电流流过。改变可变电阻器RP的阻值或电容器C的电容量，可控制SCR1的G极触发信号，从而控制A极、K极之间的导通时间，改变流过RL的电流，达到调压的目的

图8-9 由晶闸管构成的调压电路

2 用作可控电子开关

图8-10为晶闸管用作可控电子开关的应用电路。当晶闸管的控制极接收到来自微处理程序控制器的信号后便会导通，进而控制相应的控制部件（进水电磁阀、排水电磁阀、电动机）得电工作。

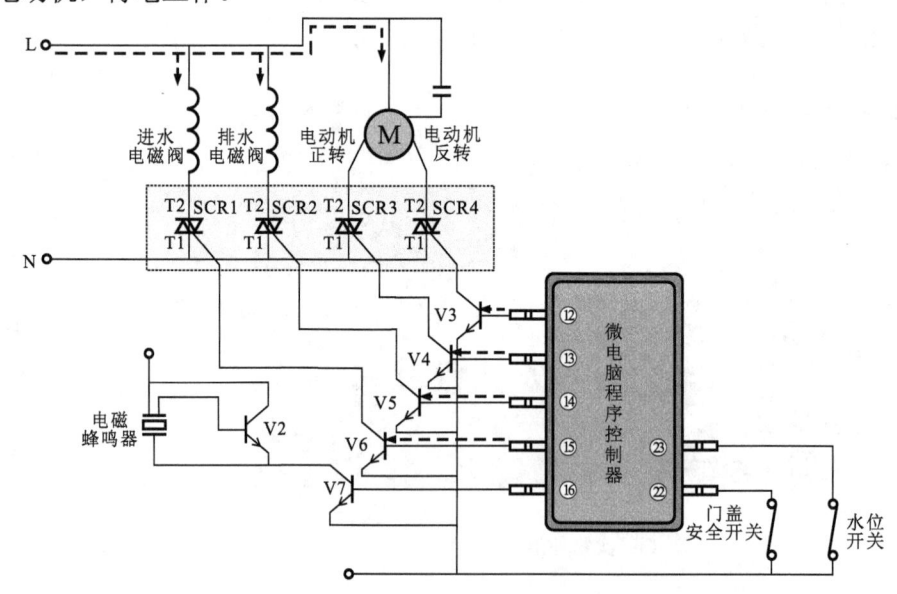

图8-10 晶闸管用作可控电子开关的应用电路

8.2 晶闸管的识别、选用、代换

8.2.1 晶闸管的参数识读

晶闸管的参数采用直接标注法标注在外壳上，不同国家、不同生产厂商的标注规则不同。

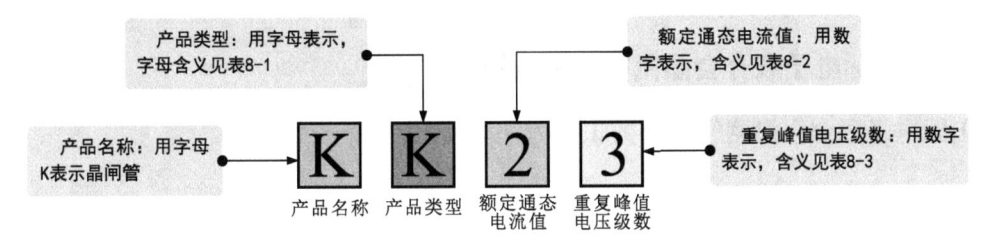

1 国产晶闸管的参数识读

国产晶闸管的参数识读方法如图8-11所示。

产品名称：用字母K表示晶闸管
产品类型：用字母表示，字母含义见表8-1
额定通态电流值：用数字表示，含义见表8-2
重复峰值电压级数：用数字表示，含义见表8-3

K K 2 3
产品名称 产品类型 额定通态电流值 重复峰值电压级数

图8-11 国产晶闸管的参数识读方法

> 提示说明

表8-1 表示产品类型的字母含义

字母	含义	字母	含义	字母	含义
P	普通反向阻断型	K	快速反向阻断型	S	双向型

表8-2 表示额定通态电流值的数字含义

数字	含义	数字	含义
1	1A	50	50A
2	2A	100	100A
5	5A	200	200A
10	10A	300	300A
20	20A	400	400A
30	30A	500	500A

表8-3 表示重复峰值电压级数的数字含义

数字	含义	数字	含义
1	100V	7	700V
2	200V	8	800V
3	300V	9	900V
4	400V	10	1000V
5	500V	12	1200V
6	600V	14	1400V

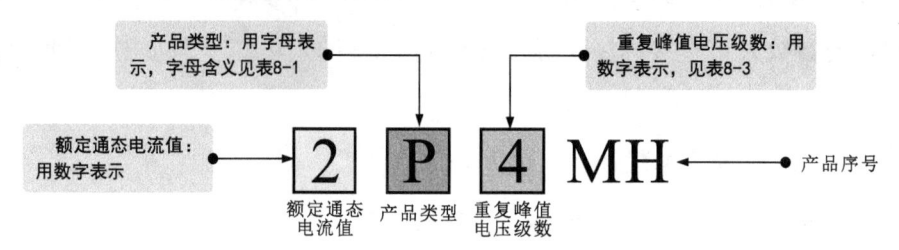

2 日产晶闸管的参数识读

日产晶闸管的参数识读方法如图8-12所示。

图8-12 日产晶闸管的参数识读方法

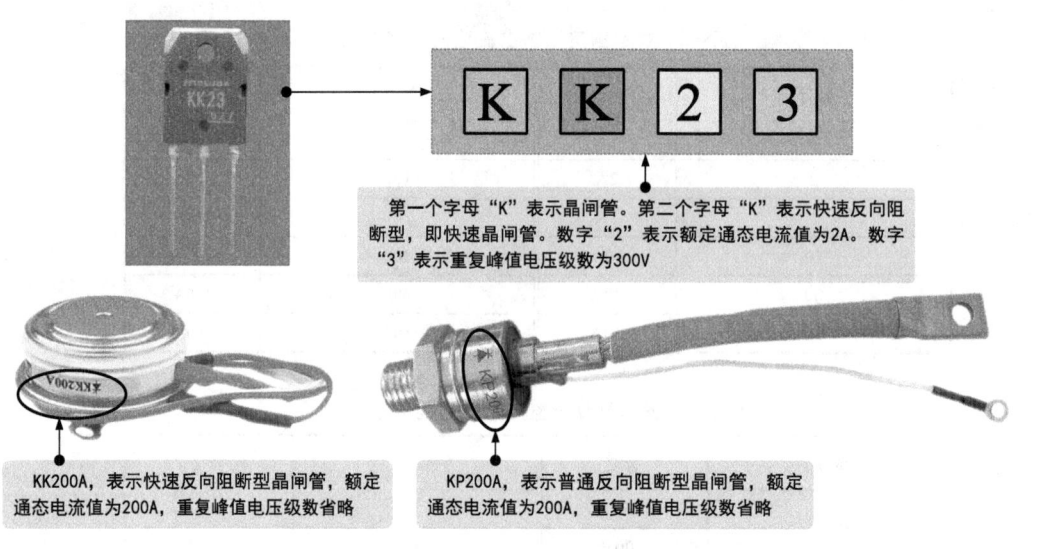

3 国际电子联合会晶闸管的参数识读

国际电子联合会晶闸管的参数识读方法如图8-13所示。

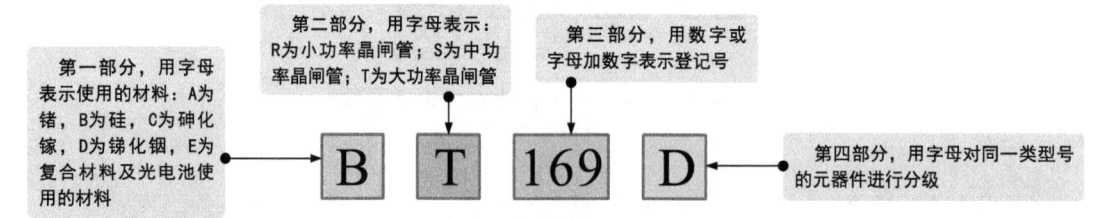

图8-13 国际电子联合会晶闸管的参数识读方法

国际电子联合会晶闸管的参数识读举例如图8-14所示。

图8-14 国际电子联合会晶闸管的参数识读举例

8.2.2 晶闸管引脚极性的识别

根据晶闸管的型号标识在互联网上查阅引脚极性的操作方法如图8-15所示。
根据引脚外形特征识别晶闸管的引脚极性，如图8-16所示。

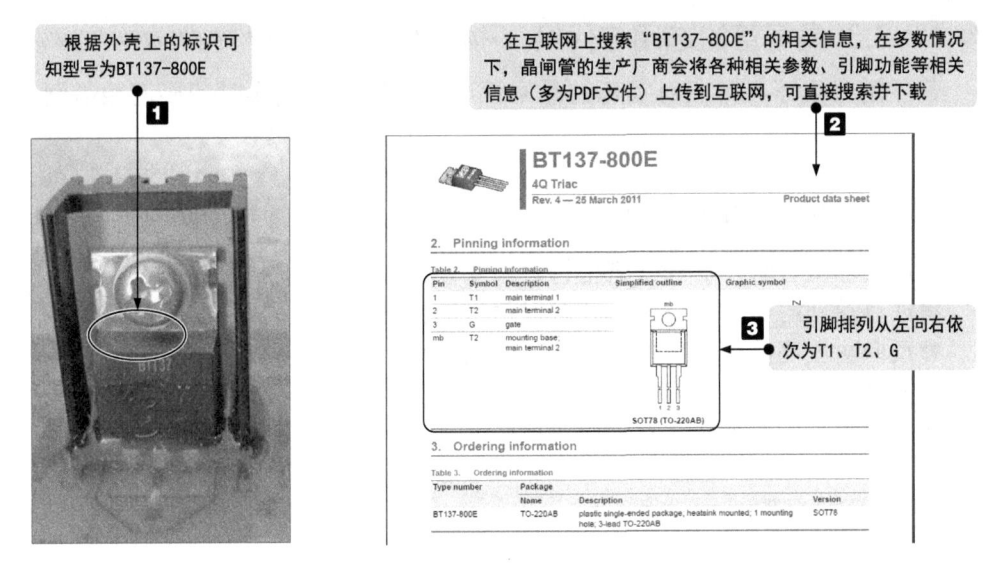

图8-15　根据晶闸管的型号标识在互联网上查阅引脚极性的操作方法

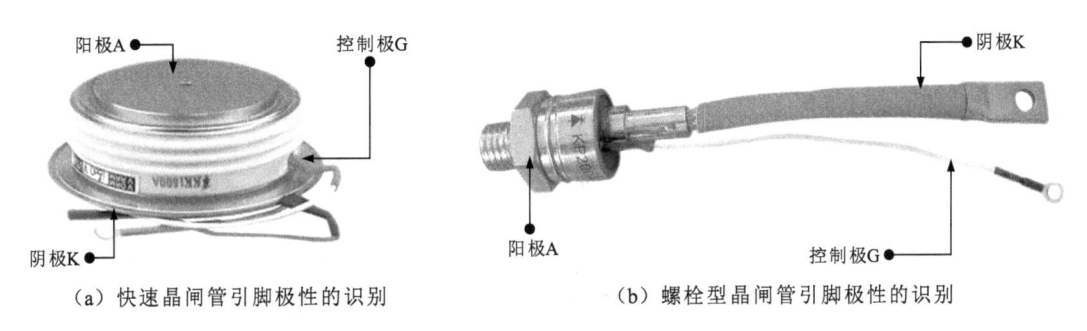

(a) 快速晶闸管引脚极性的识别　　　　(b) 螺栓型晶闸管引脚极性的识别

图8-16　根据引脚外形特征识别晶闸管的引脚极性

根据电路板上的标识信息识别晶闸管的引脚极性，如图8-17所示。

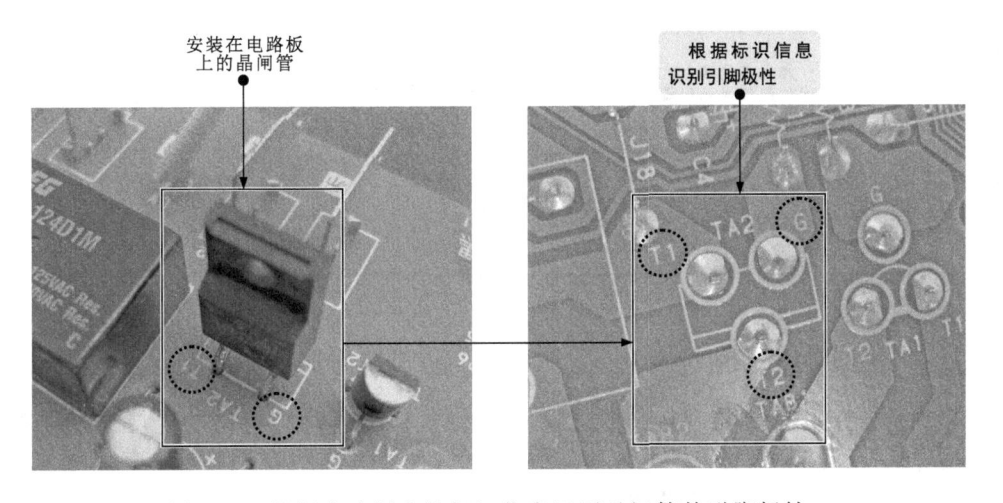

图8-17　根据电路板上的标识信息识别晶闸管的引脚极性

8.2.3 晶闸管的选用与代换

若晶闸管损坏，则应对损坏的晶闸管进行代换，在代换时，要遵循晶闸管的选用与代换原则。

1 晶闸管的选用

在选用晶闸管时，要保证规格符合要求。
- 注意反向耐压、允许电流和触发信号的极性。
- 反向耐压高的可以代换反向耐压低的。
- 允许电流大的可以代换允许电流小的。
- 触发信号的极性应与触发电路对应。

提示说明

晶闸管的种类较多，若损坏，则最好选用同型号的晶闸管进行代换。不同种类晶闸管的适用电路和选用注意事项见表8-4。

表8-4 不同种类晶闸管的适用电路和选用注意事项

种类	适用电路	选用注意事项
单向晶闸管	交直流电压控制、可控硅整流、交流调压、逆变电源、开关电源保护等电路	● 应重点考虑重复峰值电压、额定通态电流、正向压降、门极触发电流及触发电压、控制极触发电压与触发电流、开关速度等参数。 ● 重复峰值电压和额定通态电流均应高于工作电路中的最大工作电压和最大工作电流的1.5~2倍。 ● 触发电压与触发电流要小于工作电路中的数值。 ● 尺寸、引脚长度应符合电路的要求。 ● 浪涌电流应符合电路要求。 ● 在直流电路中，一般可以选用普通晶闸管或双向晶闸管；在以直流电源接通和断开来控制功率的直流电路中，开关速度快、频率高，应选用高频晶闸管。 ● 在选用高频晶闸管时，要特别注意高温和室温时的耐压量，高温时的关断时间为室温时关断时间的2倍多
双向晶闸管	交流开关、交流调压、交流电动机线性调速、灯具线性调光及固态继电器、固态接触器等电路	
单结晶闸管	电磁灶、电子镇流器、超声波、超导磁能存储系统及开关电源等电路	
光控晶闸管	光电耦合器、光探测器、光报警器、光计数器、光电逻辑电路及自动生产线的运行键控电路等	
门极关断晶闸管	交流电动机变频调速电路、逆变电源电路及各种电子开关电路等	

2 晶闸管的代换

晶闸管一般直接焊接在电路板上，在进行代换操作时，可借助电烙铁、吸锡器或焊锡丝等进行拆卸和焊接。

图8-18为晶闸管的代换操作。

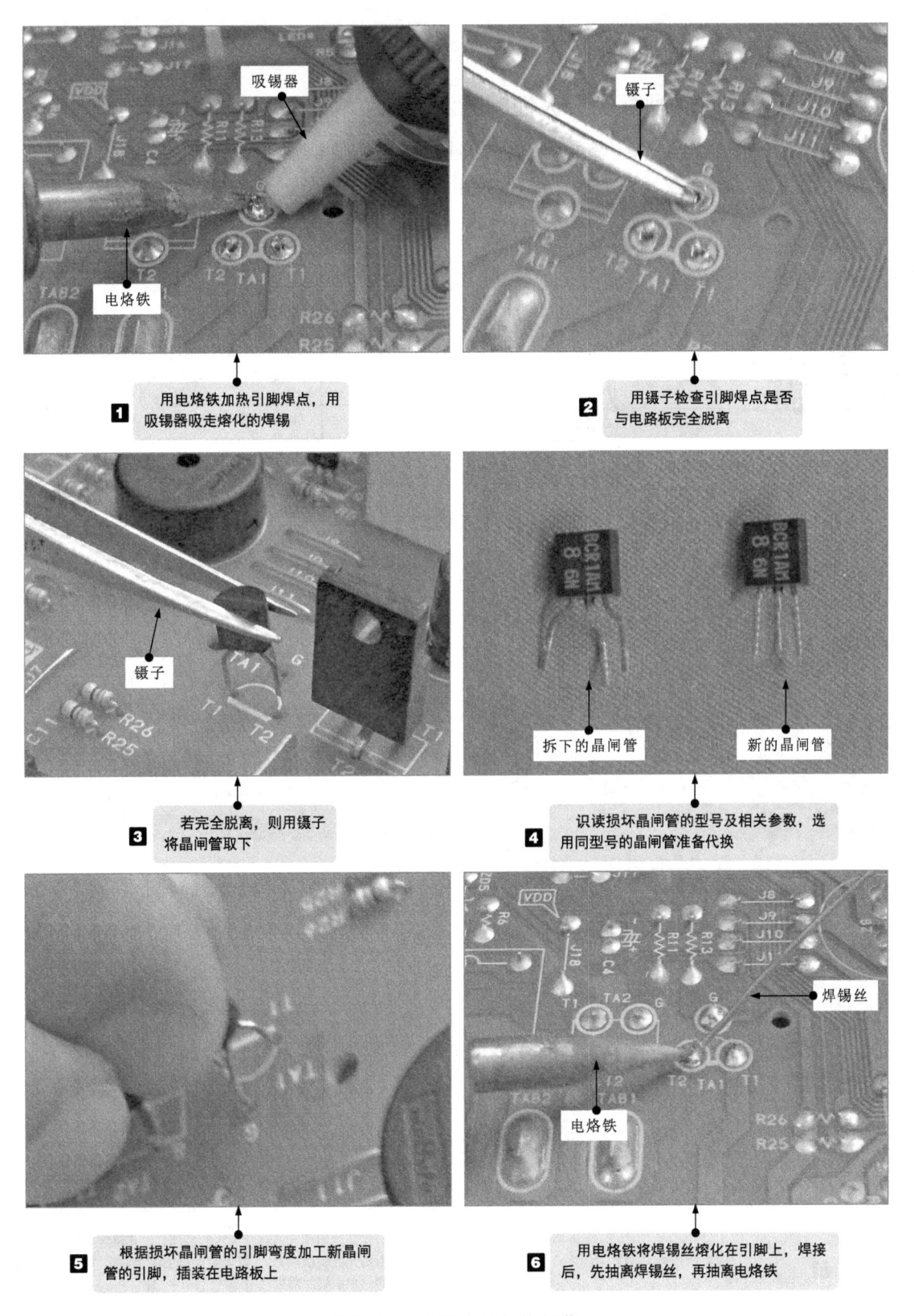

第8章 晶闸管的识别、选用、检测、代换

1 用电烙铁加热引脚焊点,用吸锡器吸走熔化的焊锡

2 用镊子检查引脚焊点是否与电路板完全脱离

3 若完全脱离,则用镊子将晶闸管取下

4 识读损坏晶闸管的型号及相关参数,选用同型号的晶闸管准备代换

5 根据损坏晶闸管的引脚弯度加工新晶闸管的引脚,插装在电路板上

6 用电烙铁将焊锡丝熔化在引脚上,焊接后,先抽离焊锡丝,再抽离电烙铁

图8-18 晶闸管的代换操作

185

8.3　单向晶闸管的检测

8.3.1 单向晶闸管引脚极性的检测方法

在使用万用表检测单向晶闸管的性能时，首先需要识别引脚极性，在识别引脚极性时，除了通过查询资料识别，还可以使用万用表通过检测识别，如图8-19所示。

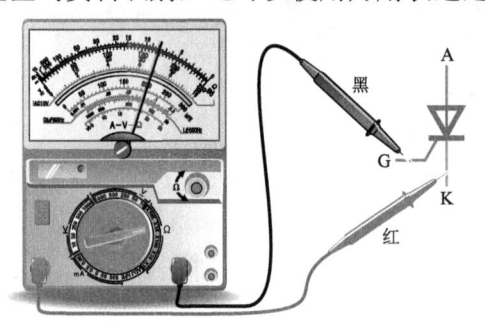

将万用表的量程旋钮调至×1k欧姆挡，红、黑表笔任意搭在单向晶闸管的两个引脚上。单向晶闸管只有控制极（G）和阴极（K）之间存在一定数值的正向阻值，其他引脚之间的阻值都为无穷大。当检测两个引脚之间的阻值有一定数值时，可确定黑表笔所搭引脚为控制极（G），红表笔所搭引脚为阴极（K），剩下的一个引脚为阳极（A）

图8-19　单向晶闸管引脚极性的检测方法

图8-20为单向晶闸管引脚极性的检测操作。

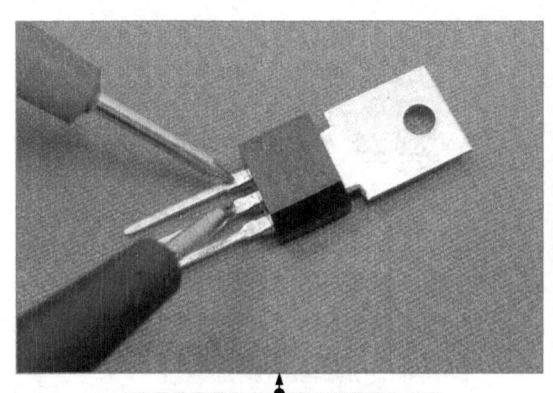

1 将万用表的黑表笔搭在中间引脚上，红表笔搭在左侧引脚上

2 指针指示阻值为无穷大

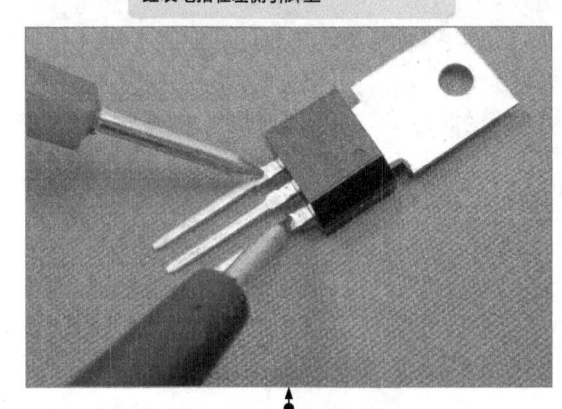

3 将万用表的黑表笔搭在右侧引脚上，红表笔不动

4 指针指示的阻值为8kΩ（×1k欧姆挡），可确定黑表笔所搭引脚为控制极（G），红表笔所搭引脚为阴极（K），剩下的一个引脚为阳极（A）

图8-20　单向晶闸管引脚极性的检测操作

8.3.2 单向晶闸管触发能力的检测方法

触发能力是单向晶闸管的重要特性之一，一般可使用万用表进行检测。万用表既可作为检测仪表，也可为单向晶闸管提供触发条件。

图8-21为单向晶闸管触发能力的检测方法。

将万用表的量程旋钮调至×1欧姆挡，黑表笔搭在阳极（A）上，红表笔搭在阴极（K）上，测得阻值为无穷大

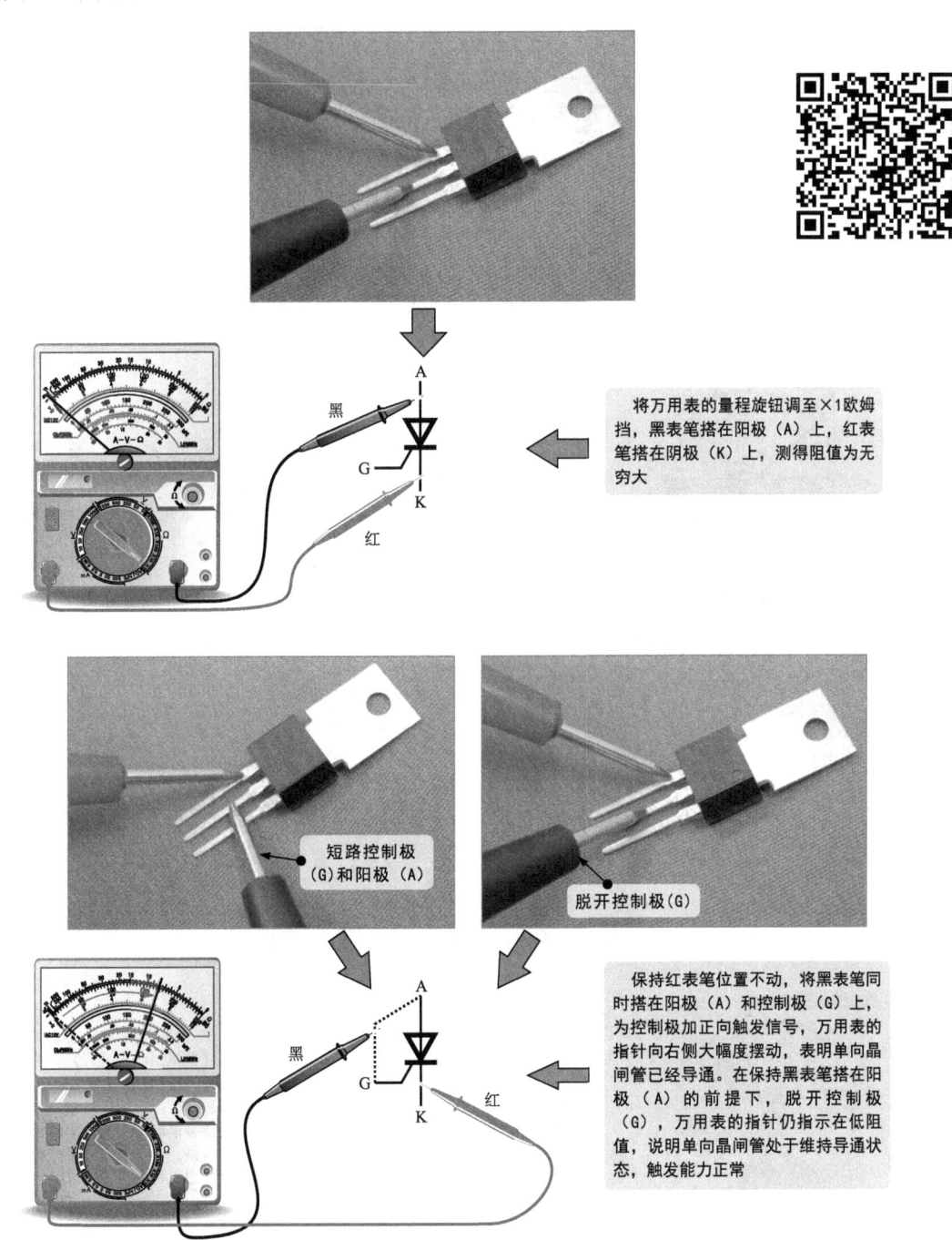

短路控制极（G）和阳极（A）

脱开控制极（G）

保持红表笔位置不动，将黑表笔同时搭在阳极（A）和控制极（G）上，为控制极加正向触发信号，万用表的指针向右侧大幅度摆动，表明单向晶闸管已经导通。在保持黑表笔搭在阳极（A）的前提下，脱开控制极（G），万用表的指针仍指示在低阻值，说明单向晶闸管处于维持导通状态，触发能力正常

图8-21 单向晶闸管触发能力的检测方法

8.4 双向晶闸管的检测

8.4.1 双向晶闸管触发能力的检测方法

图8-22为双向晶闸管触发能力的检测方法。

将万用表的量程旋钮调至×1欧姆挡，黑表笔搭在第二电极（T2）上，红表笔搭在第一电极（T1）上，观察万用表的读数，测得阻值为无穷大

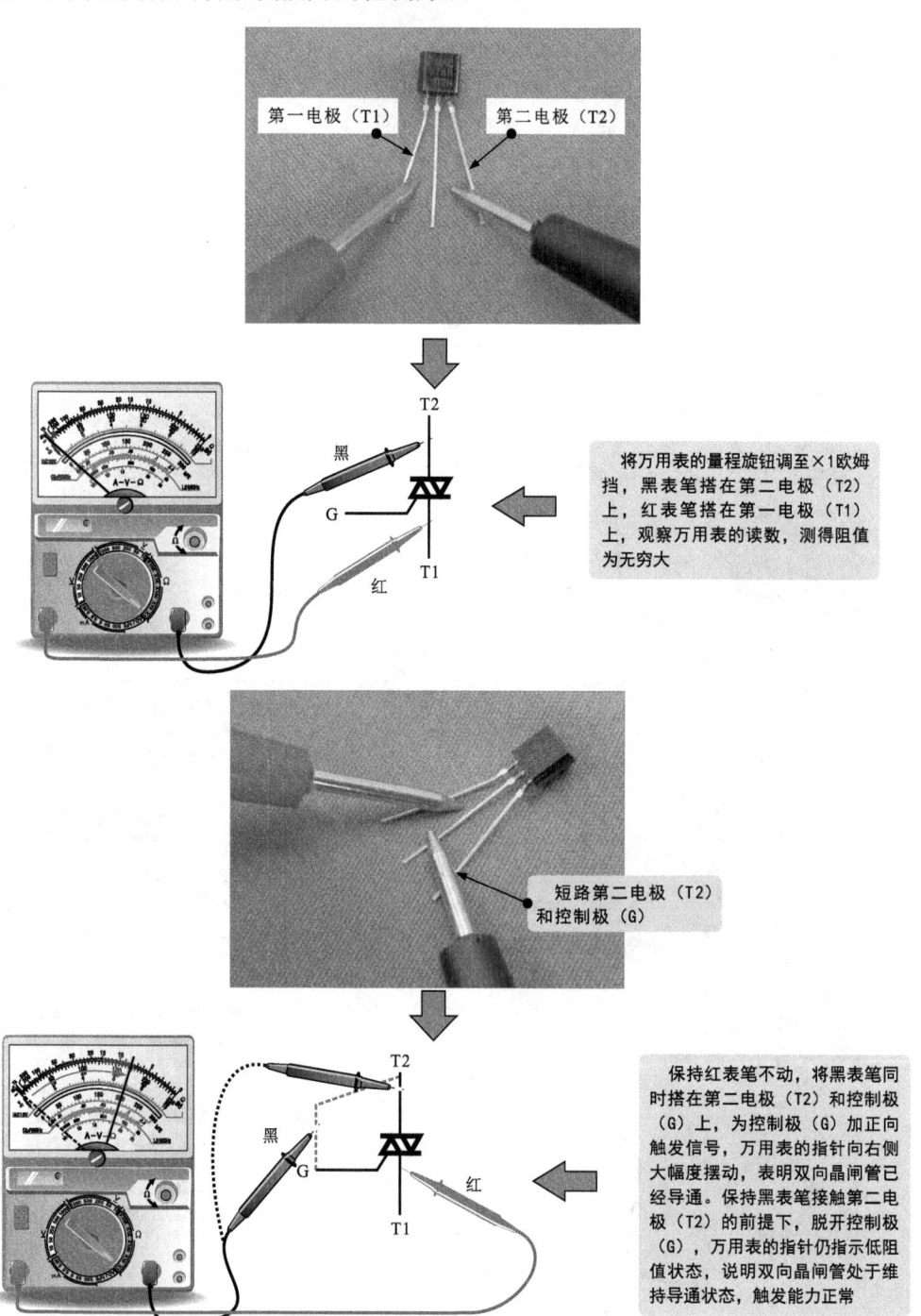

短路第二电极（T2）和控制极（G）

保持红表笔不动，将黑表笔同时搭在第二电极（T2）和控制极（G）上，为控制极（G）加正向触发信号，万用表的指针向右侧大幅度摆动，表明双向晶闸管已经导通。保持黑表笔接触第二电极（T2）的前提下，脱开控制极（G），万用表的指针仍指示低阻值状态，说明双向晶闸管处于维持导通状态，触发能力正常

图8-22 双向晶闸管触发能力的检测方法

8.4.2 双向晶闸管正、反向导通特性的检测方法

双向晶闸管正、反向导通特性的检测方法如图8-23所示。

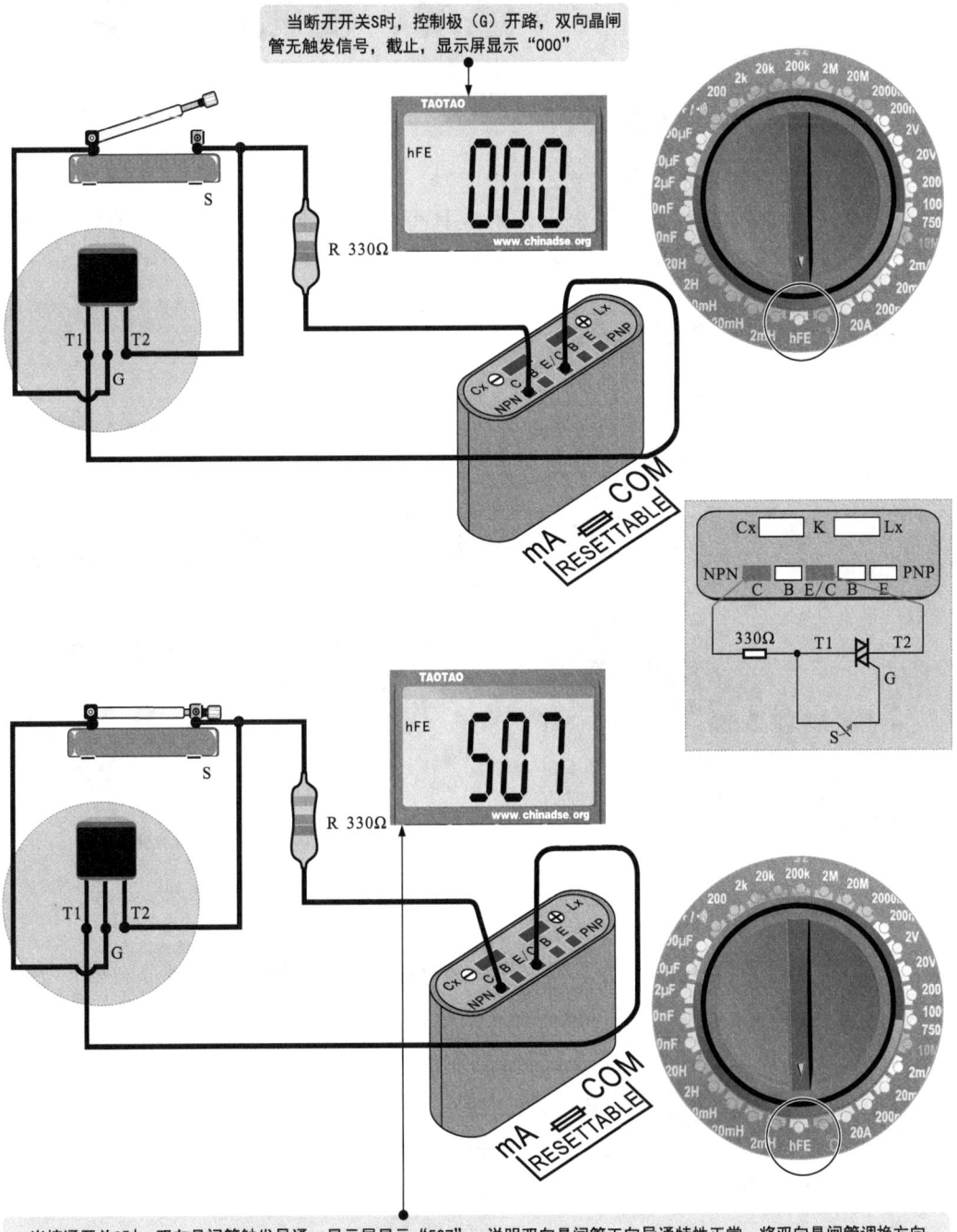

当接通开关S时，双向晶闸管触发导通，显示屏显示"507"，说明双向晶闸管正向导通特性正常。将双向晶闸管调换方向，即将第一电极插入E接口，第二电极与开关S连接。当断开开关S时，显示屏显示"000"，当接通开关S时，双向晶闸管触发导通，显示屏显示"458 "，说明双向晶闸管反向导通特性正常。

图8-23 双向晶闸管正、反向导通特性的检测方法

第9章 集成电路的识别、选用、检测、代换

9.1 集成电路的种类与应用

集成电路是指利用半导体工艺，将电阻器、电容器、电感器、晶体管及连接线等制作在一块半导体材料或绝缘基板上，形成具有电路功能的微型电子元器件或部件，封装在特制外壳中，体积小、重量轻、电路性能稳定、集成度高，在电子产品中应用十分广泛。

图9-1为集成电路的实物外形。

图9-1 集成电路的实物外形

9.1.1 集成电路的种类

集成电路的种类繁多，分类方式多样，根据外形和封装形式的不同，分为金属壳封装（CAN）集成电路、单列直插式封装（SIP）集成电路、双列直插式封装（DIP）集成电路、扁平封装（PFP、QFP）集成电路、插针网格阵列封装（PGA）集成电路、球栅阵列封装（BGA）集成电路、特殊引脚芯片封装（PLCC）集成电路、超小型芯片级封装（CSP）集成电路、多芯片模块封装（MCM）集成电路等。

1　金属壳封装（CAN）集成电路

金属壳封装（CAN）集成电路一般为金属圆帽形，功能较为单一，引脚数较少，如图9-2所示。

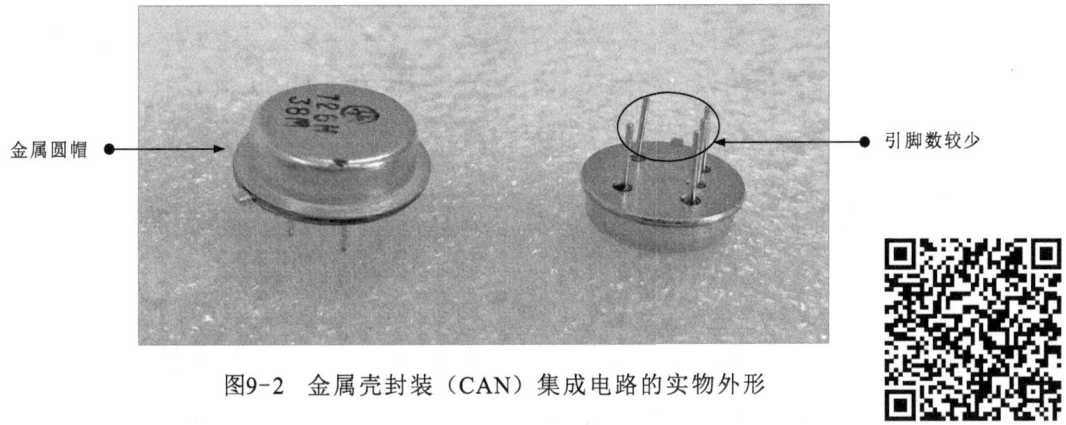

图9-2　金属壳封装（CAN）集成电路的实物外形

2　单列直插式封装（SIP）集成电路

单列直插式封装（SIP）集成电路的引脚只有一排，内部电路比较简单，引脚数较少，小型集成电路多采用这种封装形式，如图9-3所示。

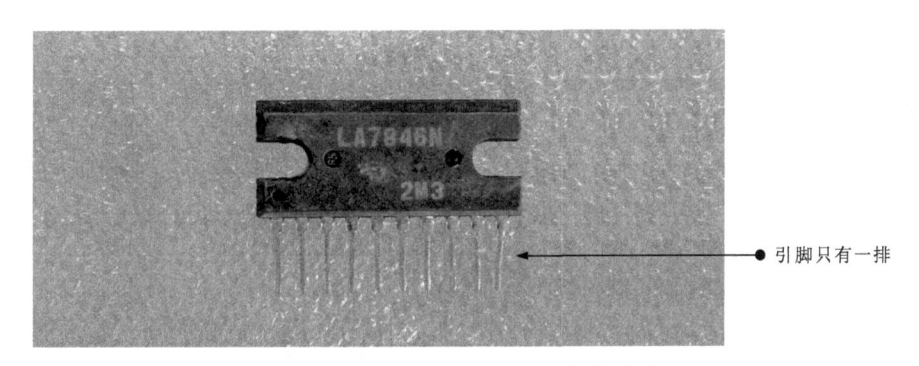

图9-3　单列直插式封装（SIP）集成电路的实物外形

3　双列直插式封装（DIP）集成电路

双列直插式封装（DIP）集成电路的引脚有两排，多为长方形结构，中小型集成电路多采用这种封装形式，如图9-4所示。

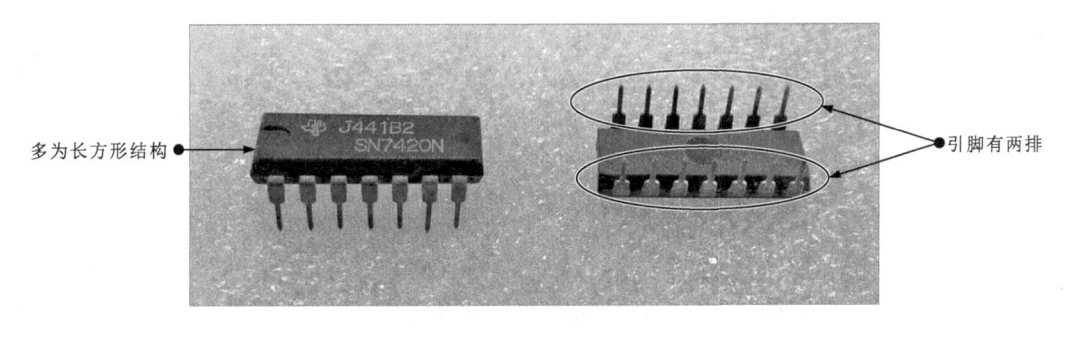

图9-4　双列直插式封装（DIP）集成电路的实物外形

4 扁平封装（PFP、QFP）集成电路

扁平封装（PFP、QFP）集成电路的引脚较多，一般大型或超大型集成电路多采用这种封装形式，主要采用表面贴装技术安装在电路板上，如图9-5所示。

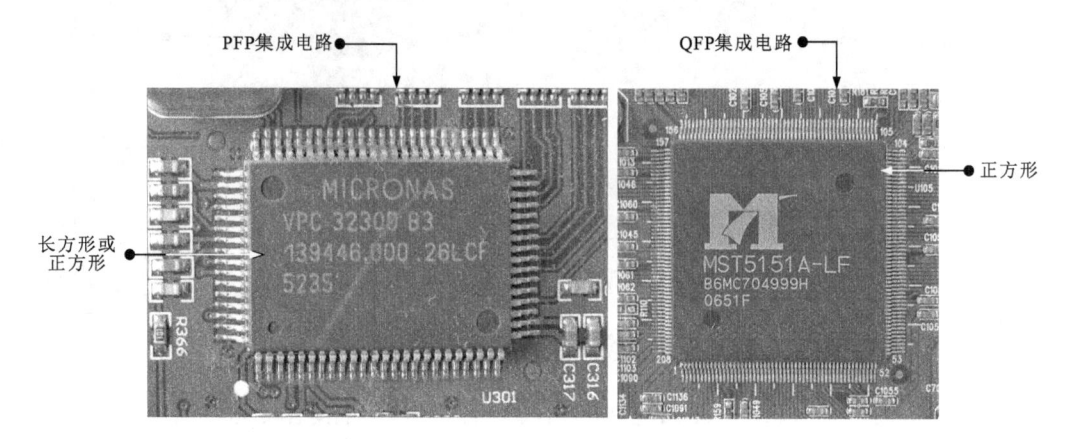

图9-5 扁平封装（PFP、QFP）集成电路的实物外形

5 插针网格阵列封装（PGA）集成电路

插针网格阵列封装（PGA）集成电路有多个方阵形插针，每个方阵形插针沿集成电路的边缘，间隔一定的距离排列，根据插针数目的多少可以围成2～5圈，多应用在高智能化数字化产品中，如计算机中的CPU多采用这种封装形式。

图9-6为插针网格阵列封装（PGA）集成电路的实物外形。

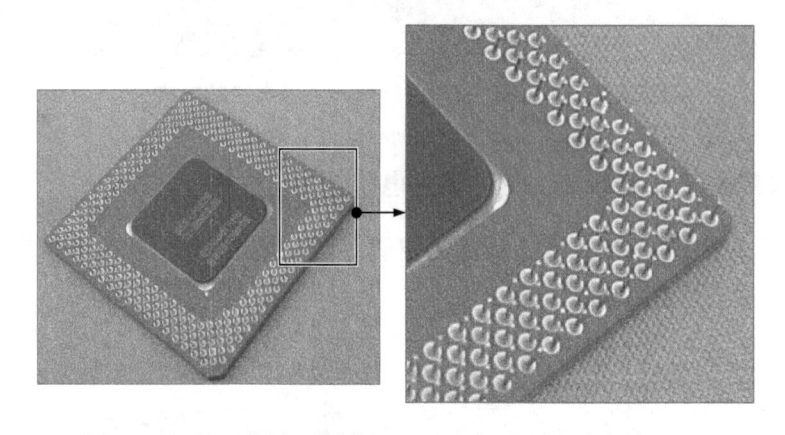

图9-6 插针网格阵列封装（PGA）集成电路的实物外形

6 球栅阵列封装（BGA）集成电路

球栅阵列封装（BGA）集成电路的引脚为球形端子，采用表面贴装技术安装在电路板上，广泛应用在小型数码产品中，如新型手机中的信号处理集成电路、主板上的南/北桥芯片、CPU等，如图9-7所示。

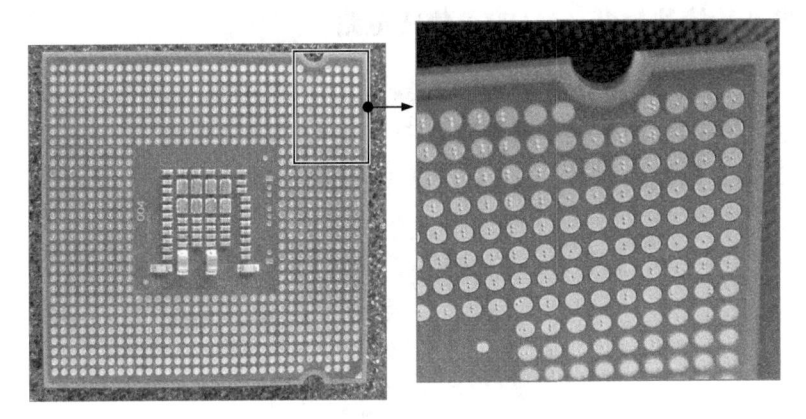

图9-7　球栅阵列封装（BGA）集成电路的实物外形

7　特殊引脚芯片封装（PLCC）集成电路

特殊引脚芯片封装（PLCC）集成电路的实物外形如图9-8所示。

图9-8　特殊引脚芯片封装（PLCC）集成电路的实物外形

8　超小型芯片级封装（CSP）集成电路

超小型芯片级封装（CSP）集成电路是一种采用超小型表面贴装技术封装的集成电路，减小了外形尺寸，引脚都在封装体的下面，有球形端子、焊凸点端子、焊盘端子、框架引线端子等多种形式，如图9-9所示。

图9-9　超小型芯片级封装（CSP）集成电路的实物外形

9 多芯片模块封装（MCM）集成电路

多芯片模块封装（MCM）集成电路是将多个高集成度、高性能、高可靠性的集成电路，在高密度多层互连基板上采用SMD技术组成的模块系统。

图9-10为多芯片模块封装（MCM）集成电路的实物外形。

图9-10 多芯片模块封装（MCM）集成电路的实物外形

9.1.2 集成电路的功能及应用

在实际应用中，集成电路具有控制、放大、转换（D/A转换、A/D转换）、信号处理及振荡等功能。图9-11为具有放大功能的集成电路应用电路。

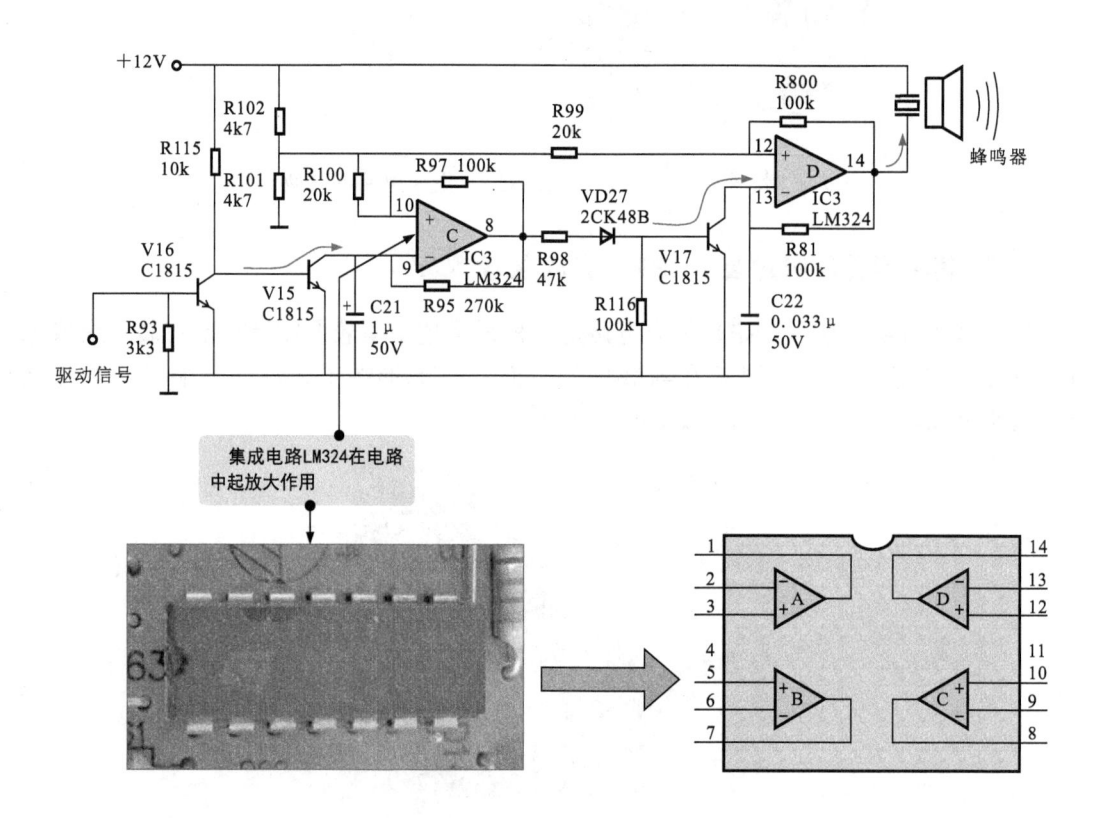

图9-11 具有放大功能的集成电路应用电路

提示说明

在实际应用中，集成电路多以功能命名，如常见的三端稳压器、运算放大器、音频功率放大器、视频解码器、微处理器等，如图9-12所示。

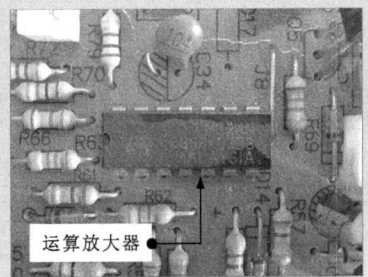

图9-12　不同功能集成电路的实物外形

9.2　集成电路的识别、选用、代换

9.2.1　集成电路的参数识读

集成电路的参数识读，主要是根据标识信息，了解型号、参数、引脚功能、引脚起始端及排列顺序等。

1　集成电路型号的识读

集成电路型号的识读包括两个方面：一个方面是分辨标识信息中的哪一个为型号标识；另一个方面是根据型号标识识读功能信息。

（1）分辨型号标识

在集成电路的表面上大多都会标识多行字母或数字，从中分辨型号标识十分重要，如图9-13所示。

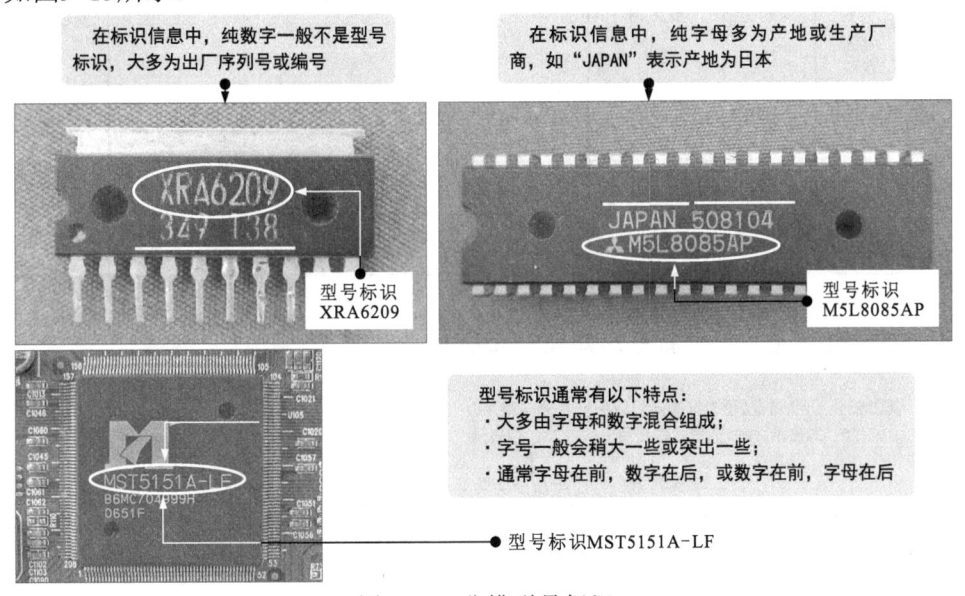

在标识信息中，纯数字一般不是型号标识，大多为出厂序列号或编号

在标识信息中，纯字母多为产地或生产厂商，如"JAPAN"表示产地为日本

型号标识 XRA6209

型号标识 M5L8085AP

型号标识通常有以下特点：
- 大多由字母和数字混合组成；
- 字号一般会稍大一些或突出一些；
- 通常字母在前，数字在后，或数字在前，字母在后

型号标识 MST5151A-LF

图9-13　分辨型号标识

（2）识读功能信息

与识读其他电子元器件不同，一般无法从集成电路的外形上判断功能，通常需要通过型号，对照集成电路手册了解功能信息，如封装形式、代换型号、工作原理及引脚功能等。

国产集成电路的命名方式如图9-14所示。

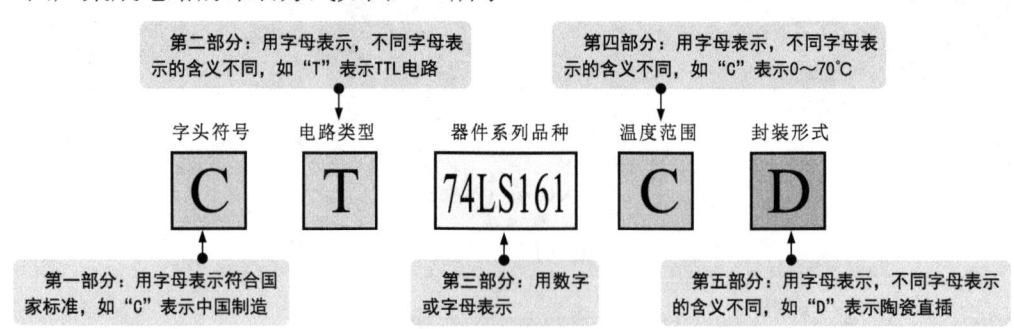

第一部分：用字母表示符合国家标准，如"C"表示中国制造
第二部分：用字母表示，不同字母表示的含义不同，如"T"表示TTL电路
第三部分：用数字或字母表示
第四部分：用字母表示，不同字母表示的含义不同，如"C"表示0~70℃
第五部分：用字母表示，不同字母表示的含义不同，如"D"表示陶瓷直插

字头符号 C　电路类型 T　器件系列品种 74LS161　温度范围 C　封装形式 D

图9-14　国产集成电路的命名方式

！？提示说明

在国产集成电路的命名方式中，不同字母表示的含义见表9-1。

表9-1　不同字母表示的含义

第一部分 字头符号		第二部分 集成电路类型		第四部分 温度范围		第五部分 封装形式	
字母	含义	字母	含义	字母	含义	字母	含义
C	中国制造	B	非线性电路	C	0~70℃	B	塑料扁平
		C	CMOS			D	陶瓷直插
		D	音响、电视				
		E	ECL	E	-40~+85℃	F	全密封扁平
		F	放大器				
		H	HTL				
		J	接口器件	R	-55~+85℃	J	黑陶瓷直插
		M	存储器				
		T	TTL			K	金属菱形
		W	稳压器	M	-55~+125℃		
		U	微机			T	金属圆形

索尼公司集成电路的命名方式如图9-15所示。

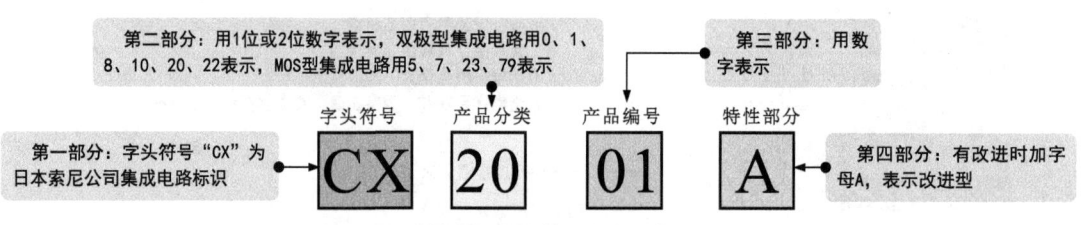

第一部分：字头符号"CX"为日本索尼公司集成电路标识
第二部分：用1位或2位数字表示，双极型集成电路用0、1、8、10、20、22表示，MOS型集成电路用5、7、23、79表示
第三部分：用数字表示
第四部分：有改进时加字母A，表示改进型

字头符号 CX　产品分类 20　产品编号 01　特性部分 A

图9-15　索尼公司集成电路的命名方式

日立公司集成电路的命名方式如图9-16所示。

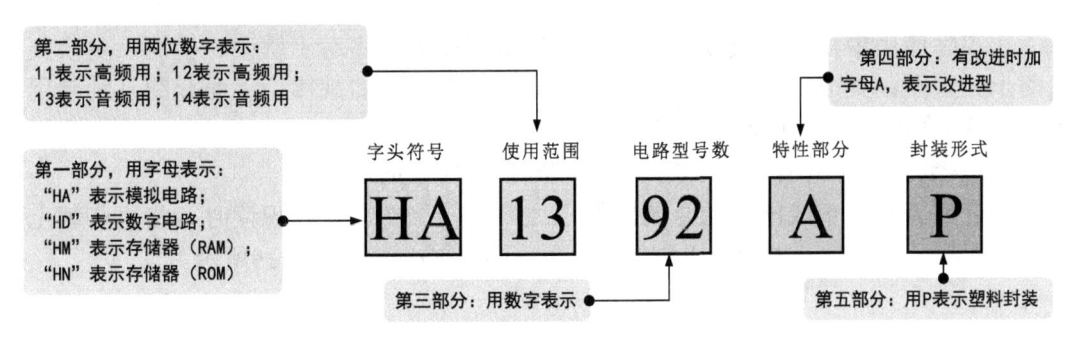

第二部分，用两位数字表示：
11表示高频用；12表示高频用；
13表示音频用；14表示音频用

第四部分： 有改进时加字母A，表示改进型

第一部分，用字母表示：
"HA"表示模拟电路；
"HD"表示数字电路；
"HM"表示存储器（RAM）；
"HN"表示存储器（ROM）

字头符号　使用范围　电路型号数　特性部分　封装形式

HA 13 92 A P

第三部分： 用数字表示

第五部分： 用P表示塑料封装

图9-16　日立公司集成电路的命名方式

三洋公司集成电路的命名方式如图9-17所示。

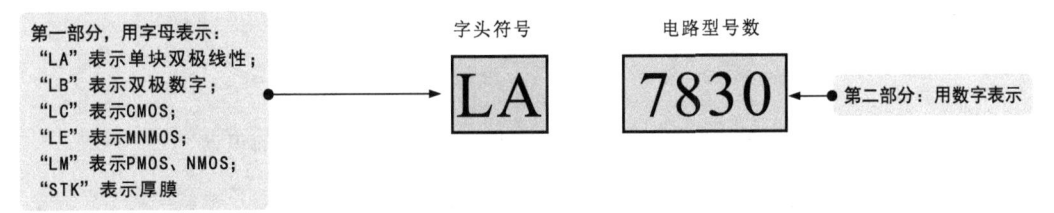

第一部分，用字母表示：
"LA"表示单块双极线性；
"LB"表示双极数字；
"LC"表示CMOS；
"LE"表示MNMOS；
"LM"表示PMOS、NMOS；
"STK"表示厚膜

字头符号　电路型号数

LA 7830

第二部分： 用数字表示

图9-17　三洋公司集成电路的命名方式

东芝公司集成电路型号的命名方式如图9-18所示。

第一部分，用字母表示：
"TA"表示双极线性；
"TC"表示CMOS；
"TD"表示双极数字；
"TM"表示MOS

字头符号　电路型号数　封装形式

TA 8719 C

第二部分： 用数字表示

第三部分，用字母表示：
"A"为改进型；
"C"为陶瓷封装；
"M"为金属封装；
"P"为塑料封装

图9-18　东芝公司集成电路的命名方式

提示说明

其他常见集成电路公司的字头符号见表9-2。

表9-2　其他常见集成电路公司的字头符号

公司名称	字头符号	公司名称	字头符号
先进微器件公司（美国）	AM	富士通公司（日本）	MB、MBM
模拟器件公司（美国）	AD	松下电子公司（日本）	AN
仙童半导体公司（美国）	F、µA	三菱电气公司（日本）	M
摩托罗拉半导体公司（美国）	MC、MLM、MMS	日本电气（NEC）有限公司（日本）	µPA、µPB、µPC
英特尔公司（美国）	I	新日本无线电有限公司（日本）	NJM
国家半导体公司（美国）	LM、LF、LH、AD、DA、CD	山肯电气公司（日本）	STR
美国无线电公司（美国）	CD、CA、CDM、LM	夏普电子公司（日本）	LH、HR、IX

2 集成电路引脚起始端和排列顺序的识读

在实际应用中，识读集成电路引脚起始端和排列顺序对于解读、检测、更换集成电路十分重要。集成电路引脚起始端和排列顺序有不同的规律。下面介绍几种常用的集成电路引脚分布规律和识读方法。

（1）金属壳封装集成电路引脚起始端和排列顺序的识读

在金属壳封装集成电路的金属圆帽上通常有一个凸起，在识读时，将引脚朝上，从凸起端起，按顺时针方向，引脚依次为①②③④⑤…，如图9-19所示。

图9-19　金属壳封装集成电路引脚起始端和排列顺序的识读

（2）单列直插式封装集成电路引脚起始端和排列顺序的识读

在通常情况下，单列直插式封装集成电路的左侧有特殊标识，明确引脚①的位置。标识有可能是一个缺角、一个凹坑、一个半圆缺、一个小圆点、一个色点等，顺着引脚顺序，引脚依次为②③④⑤…，如图9-20所示。

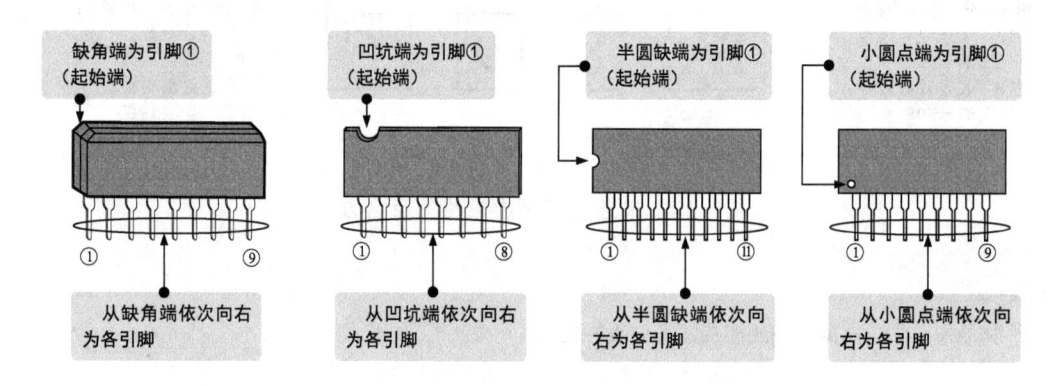

图9-20　单列直插式封装集成电路引脚起始端和排列顺序的识读

（3）双列直插式封装集成电路引脚起始端和排列顺序的识读

在通常情况下，双列直插式封装集成电路的左侧有特殊标识或没有任何标识，明确引脚①的位置。标识下方的引脚就是引脚①，标识上方的引脚是最后一个引脚。标识有可能是一个凹坑、一个半圆缺、一个色点等。引脚①是起始端，按逆时针方向，引脚依次为②③④⑤…，如图9-21所示。

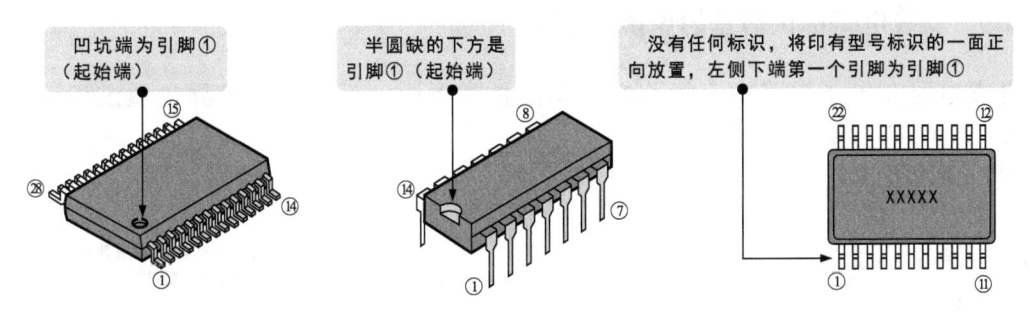

图9-21 双列直插式封装集成电路引脚起始端和排列顺序的识读

（4）扁平封装集成电路引脚起始端和排列顺序的识读

在通常情况下，扁平封装集成电路的左侧有特殊标识，明确引脚①的位置。标识下方的引脚是引脚①。标识有可能是一个凹坑、一个色点等。引脚①是起始端，按逆时针方向，引脚依次为②③④⑤…，如图9-22所示。

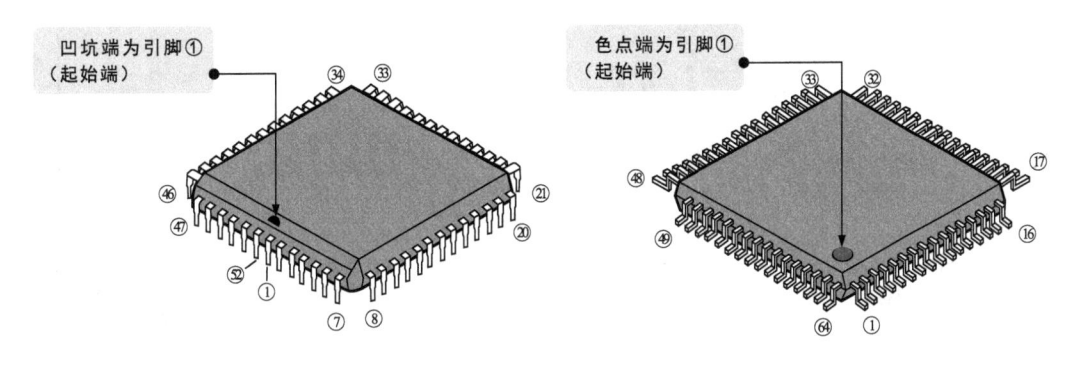

图9-22 扁平封装集成电路引脚起始端和排列顺序的识读

图9-23为集成电路的参数识读举例。

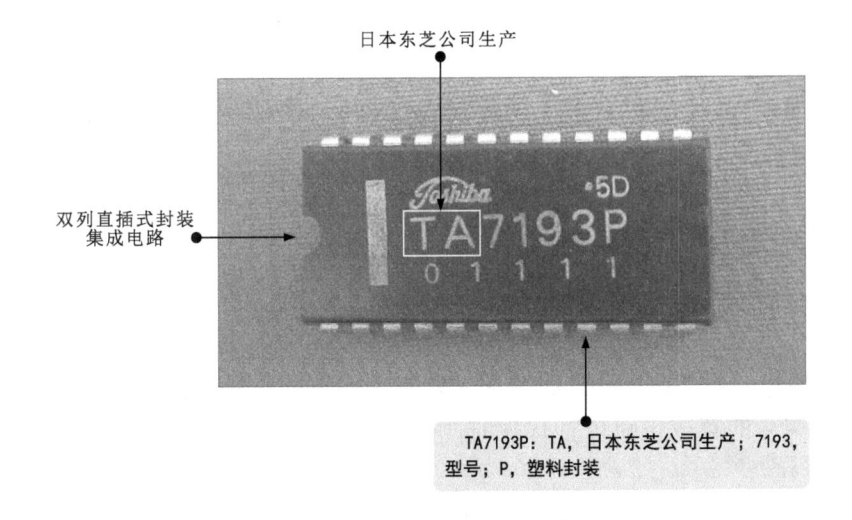

图9-23 集成电路的参数识读举例

3 集成电路标识信息的识读

集成电路在电子电路中有特殊的标识，种类不同，标识略有差异，通过识读标识，可了解集成电路的种类和功能。

图9-24为集成电路标识信息的识读。

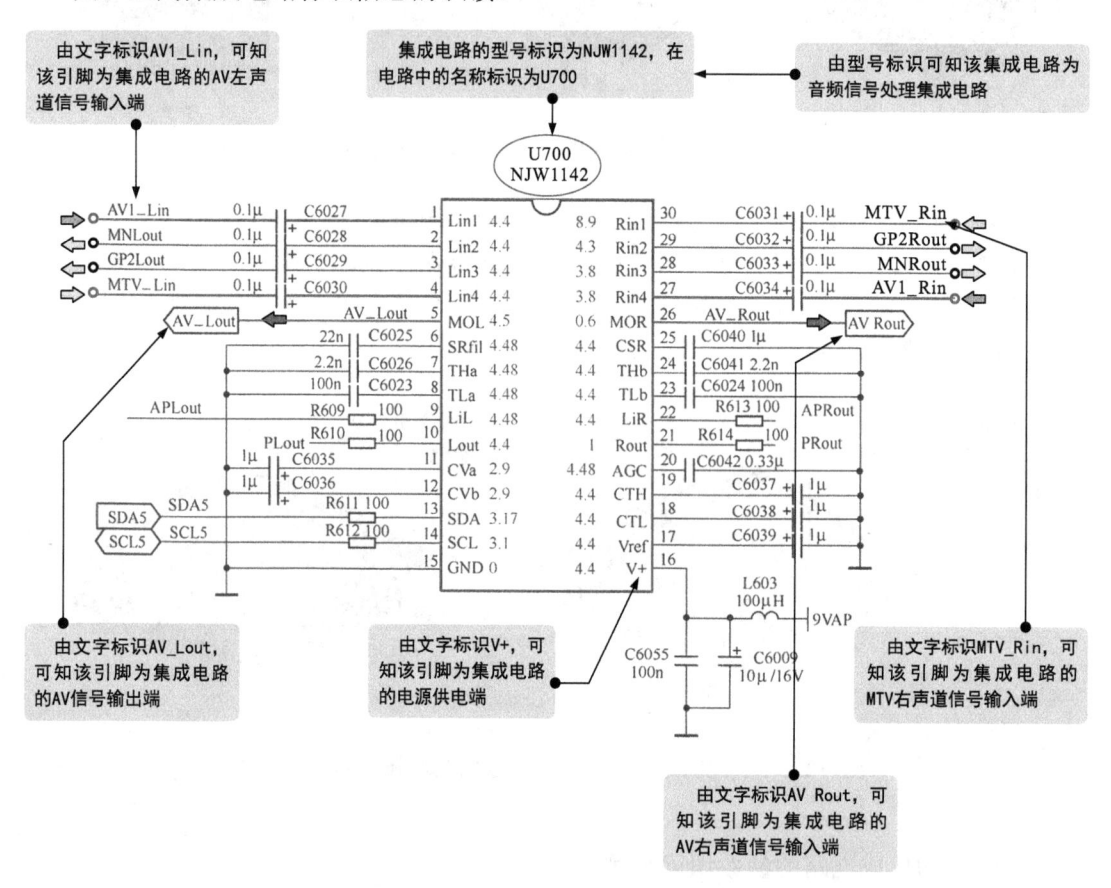

图9-24 集成电路标识信息的识读

9.2.2 集成电路的选用与代换

若集成电路损坏，则应进行代换，在代换时，要遵循基本的选用与代换原则。

1 集成电路的选用与代换原则

在选用集成电路时，要符合设计电路功能要求。在代换过程中，要注意安全，防止造成二次故障，力求代换后的集成电路能够良好、长久、稳定的工作。

◇ 在选用同一型号的集成电路进行代换时，注意方向不要搞错，否则会被烧毁。

◇ 在选用不同型号的集成电路进行代换时，要注意引脚功能应完全相同，内部电路和参数可以稍有差异。

> **提示说明**
>
> 不同种类集成电路的适用电路和选用注意事项见表9-3。

表9-3 不同种类集成电路的适用电路和选用注意事项

种类		适用电路	选用注意事项
模拟集成电路	三端稳压器	电源稳压电路	◇ 严格根据电路设计要求选用,如电源电路是选用串联型还是开关型、输出电压是多少、输入电压是多少等都是需要重点考虑的。 ◇ 了解集成电路的性能,重点考虑类型、参数、引脚排列等是否符合电路设计要求。 ◇ 查阅集成电路的相关资料,了解引脚功能、应用环境、工作温度等是否符合电路设计要求。 ◇ 根据不同的应用环境,选用不同的封装形式。 ◇ 尺寸应符合电路设计要求。 ◇ 基本工作条件,如工作电压、功耗、最大输出功率等是否符合电路设计要求
	运算放大器	放大、振荡、电压比较、模拟运算、有源滤波等电路	
	时基集成电路	信号发生、波形处理、定时、延时等电路	
	音频信号处理集成电路	声音处理电路	
数字集成电路	门电路	数字电路	
	触发器	数字电路	
	存储器	数字电路	
	微处理器	控制电路	
	编程器	程控电路	

2 集成电路的代换方法

由于集成电路形态各异,安装方式不同,因此在代换时,要根据电路设计要求选择正确、稳妥的代换方法。通常,集成电路都是采用焊接形式固定在电路板上的,从焊接形式上看,主要有插装焊接和表面贴装两种形式。

(1) 插装焊接。

采用插装焊接的集成电路,其引脚要穿过电路板,在电路板的另一面,使用电烙铁、吸锡器和焊锡丝进行焊接,如图9-25所示。

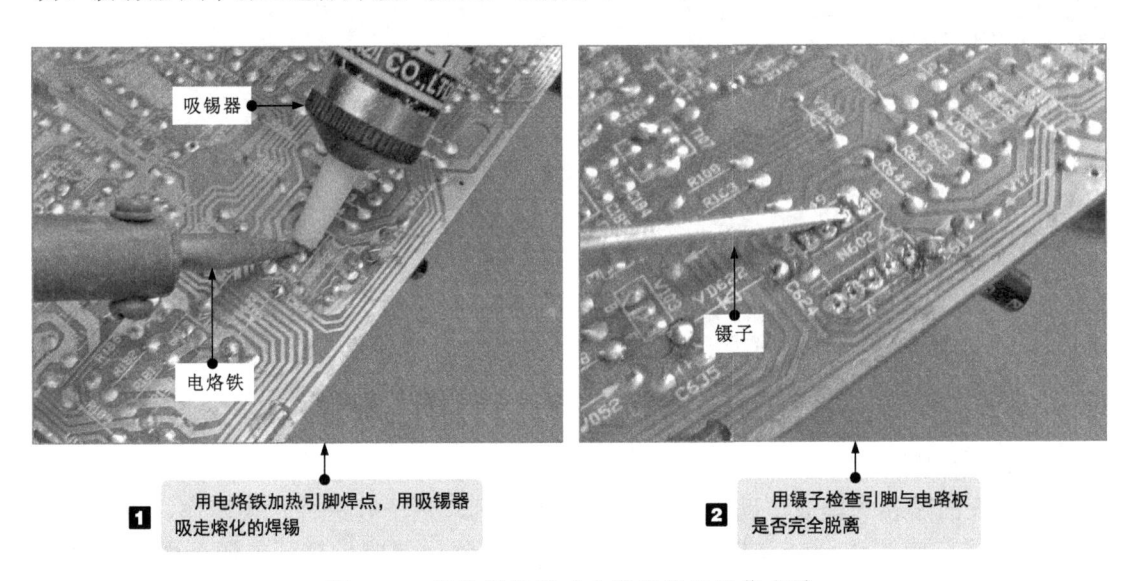

图9-25 插装焊接集成电路的代换操作方法

3 若完全脱离，则用镊子将集成电路从电路板上取下

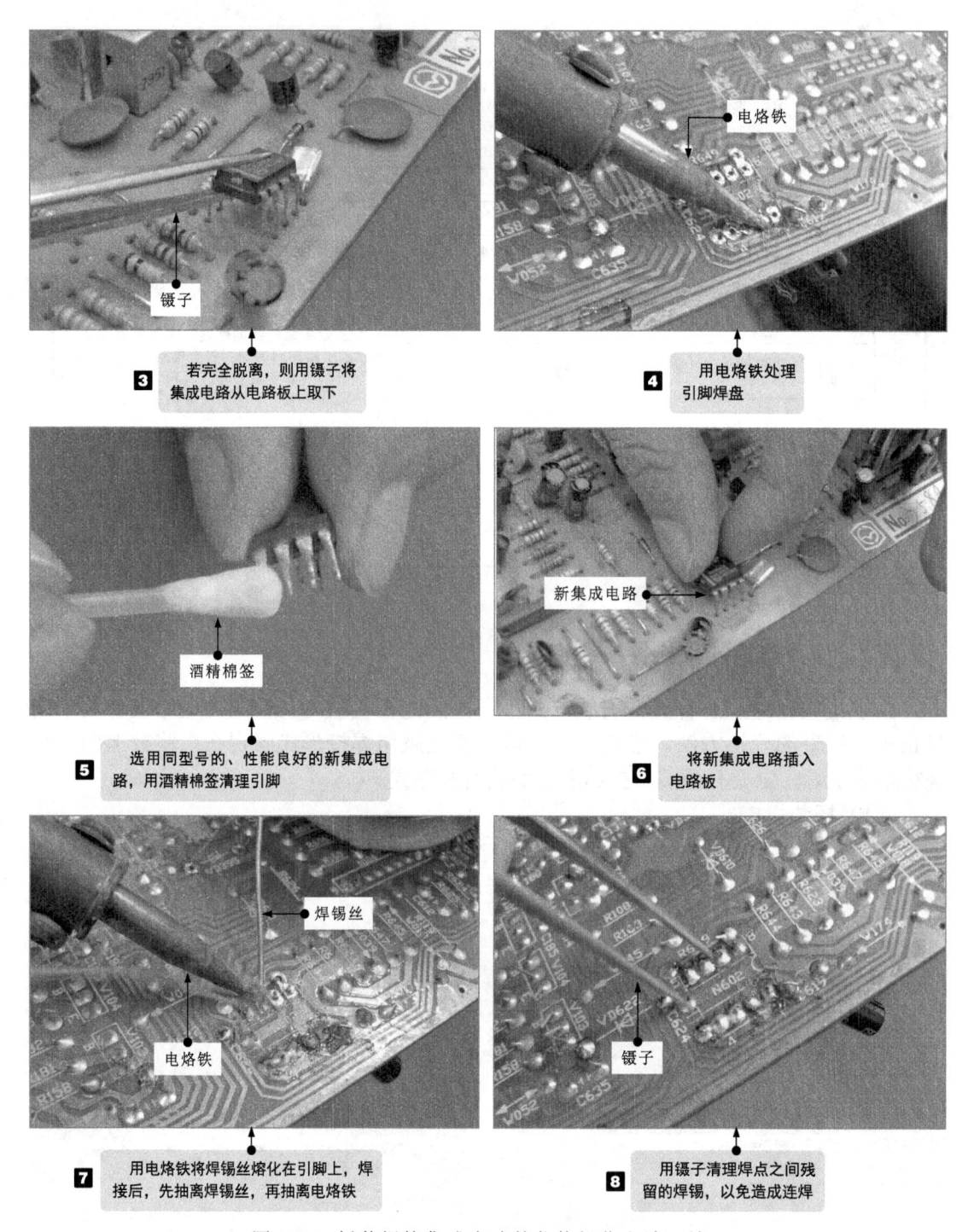

4 用电烙铁处理引脚焊盘

5 选用同型号的、性能良好的新集成电路，用酒精棉签清理引脚

6 将新集成电路插入电路板

7 用电烙铁将焊锡丝熔化在引脚上，焊接后，先抽离焊锡丝，再抽离电烙铁

8 用镊子清理焊点之间残留的焊锡，以免造成连焊

图9-25　插装焊接集成电路的代换操作方法（续）

（2）表面贴装

采用表面贴装的集成电路，需要使用热风焊机、镊子等进行代换操作，将热风焊机的温度调节旋钮调至5～6挡，风量调节旋钮调至4～5挡，打开电源开关并进行预热，即可进行焊接，如图9-26所示。

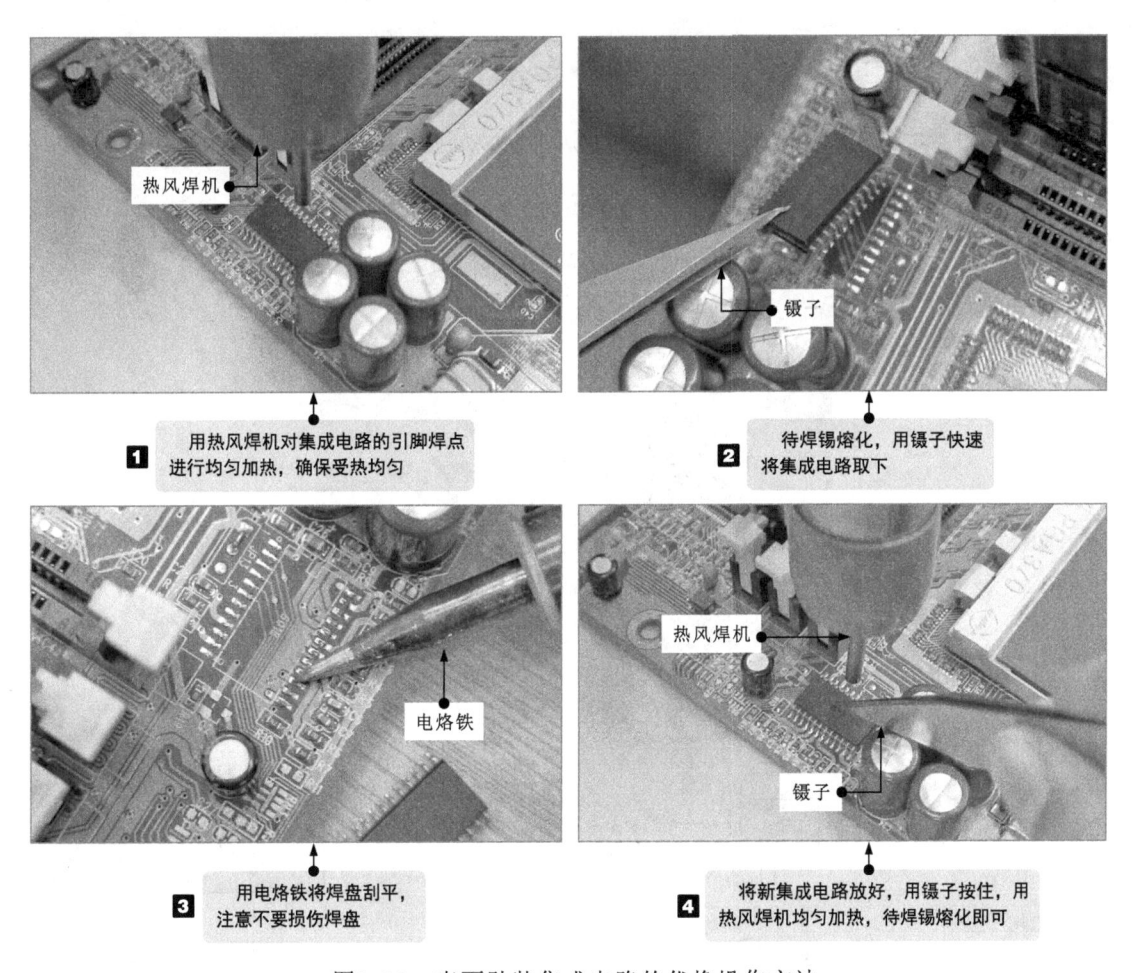

图9-26　表面贴装集成电路的代换操作方法

1. 用热风焊机对集成电路的引脚焊点进行均匀加热，确保受热均匀（热风焊机）
2. 待焊锡熔化，用镊子快速将集成电路取下（镊子）
3. 用电烙铁将焊盘刮平，注意不要损伤焊盘（电烙铁）
4. 将新集成电路放好，用镊子按住，用热风焊机均匀加热，待焊锡熔化即可（热风焊机、镊子）

> **提示说明**
>
> 　　在进行集成电路的拆焊与代换前，应首先对操作环境进行检查，确保操作环境干燥、整洁，操作平台稳固、平整，电路板或设备处于断电、冷却状态。操作者应对自身进行放电，以免因静电击穿电路板上的元器件。
> 　　在拆焊时，在确认集成电路引脚处的焊锡被彻底清除后，才能小心地将集成电路从电路板上取下，取下时，一定要谨慎，若在引脚处还有焊锡粘连的现象，则使用电烙铁清除焊锡，直至集成电路能被稳妥取下，切不可硬拔。
> 　　在拆焊后，用酒精棉签对引脚焊盘进行清洁，若在引脚焊盘上有未去除的焊锡，则可用平头电烙铁刮平焊锡，为代换集成电路做好准备。
> 　　在焊接时，要保证焊点整齐、漂亮，不能有连焊、虚焊等现象，以免造成集成电路的损坏。
> 　　值得注意的是，对于引脚较密集的集成电路，采用手工焊接较易造成连焊，在条件允许的情况下，要使用贴片机进行焊接，如图9-27所示。

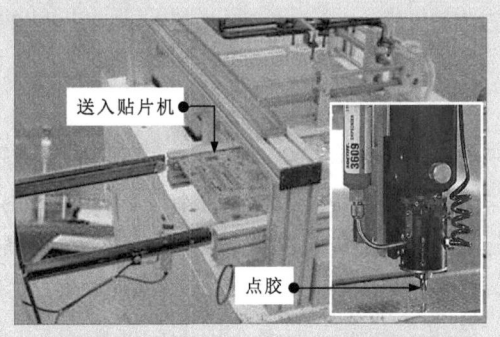

图9-27　采用贴片机进行焊接示意图（送入贴片机、点胶）

9.3 三端稳压器的检测

9.3.1 三端稳压器的功能

三端稳压器是直流稳压集成电路，有三个引脚，如图9-28所示。

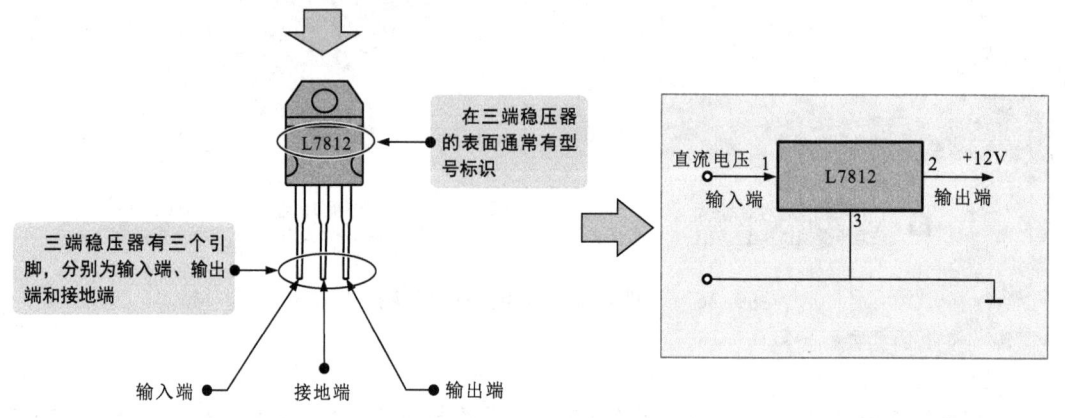

图9-28 三端稳压器的实物外形和等效电路

> **提示说明**
>
> 三端稳压器的外形与普通三极管十分相似，三个引脚分别为直流电压输入端、稳压输出端和接地端，在表面上印有型号标识，可以直观体现性能参数（稳压值）。

三端稳压器可将输入的直流电压进行稳压，输出一定值（稳压值）的直流电压。不同型号三端稳压器的稳压值不同。图9-29为三端稳压器的功能示意图。

三端稳压器输入的直流电压有时会偏高或偏低，都不会影响输出端输出的电压值，只要输入的直流电压在三端稳压器的承受范围内，输出端就会输出一定值的直流电压。这是三端稳压器最突出的功能。

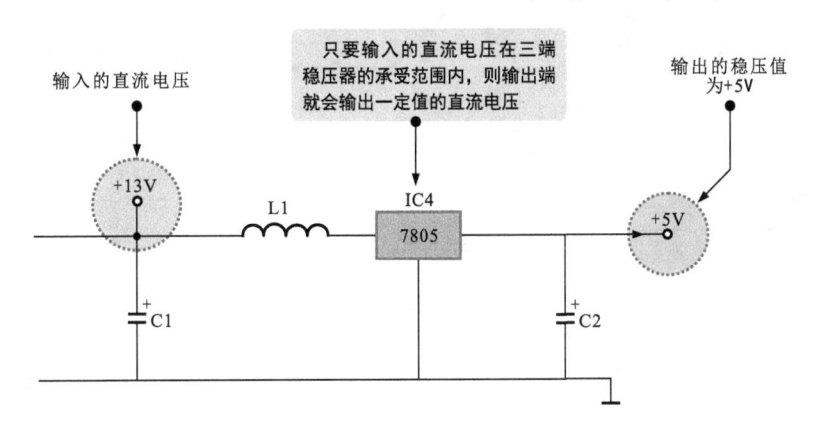

图9-29 三端稳压器的功能示意图

9.3.2 三端稳压器的检测方法

三端稳压器的检测方法有两种：一种是将三端稳压器连接在电路中，在工作状态下，用万用表检测输入端和输出端的电压，与标称值进行比对，即可判断性能是否良好；另一种是在三端稳压器未通电时，用万用表检测输入端、输出端的对地阻值来判断性能是否良好。

在检测之前，应首先了解待测三端稳压器的各引脚功能及相关参数，如图9-30所示。

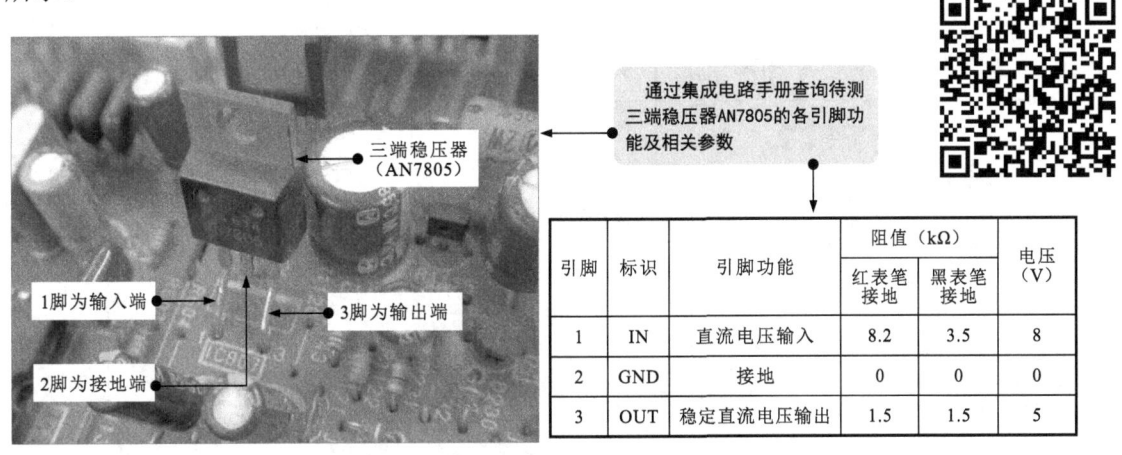

引脚	标识	引脚功能	阻值（kΩ） 红表笔接地	阻值（kΩ） 黑表笔接地	电压（V）
1	IN	直流电压输入	8.2	3.5	8
2	GND	接地	0	0	0
3	OUT	稳定直流电压输出	1.5	1.5	5

图9-30 待测三端稳压器的各引脚功能及相关参数

1 检测电压

在使用万用表检测三端稳压器的输入电压和输出电压时，需要将三端稳压器连接在电路中，输入电压的检测方法如图9-31所示。

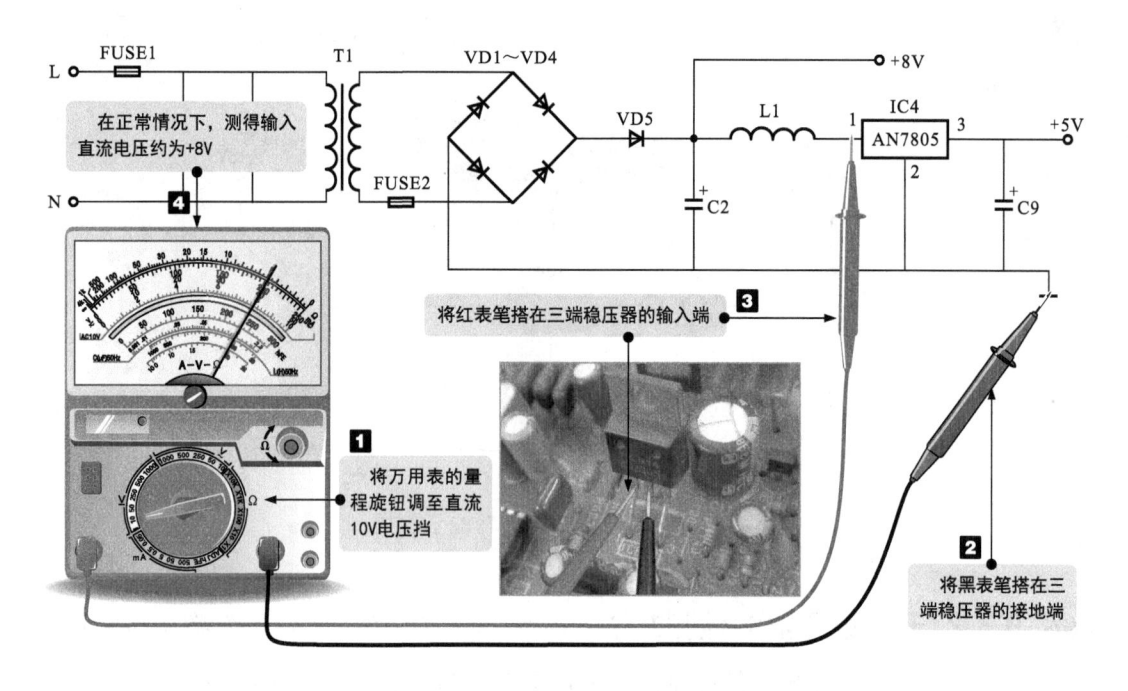

图9-31 三端稳压器输入电压的检测方法

保持黑表笔不动，将红表笔搭在三端稳压器的输出端，如图9-32所示。

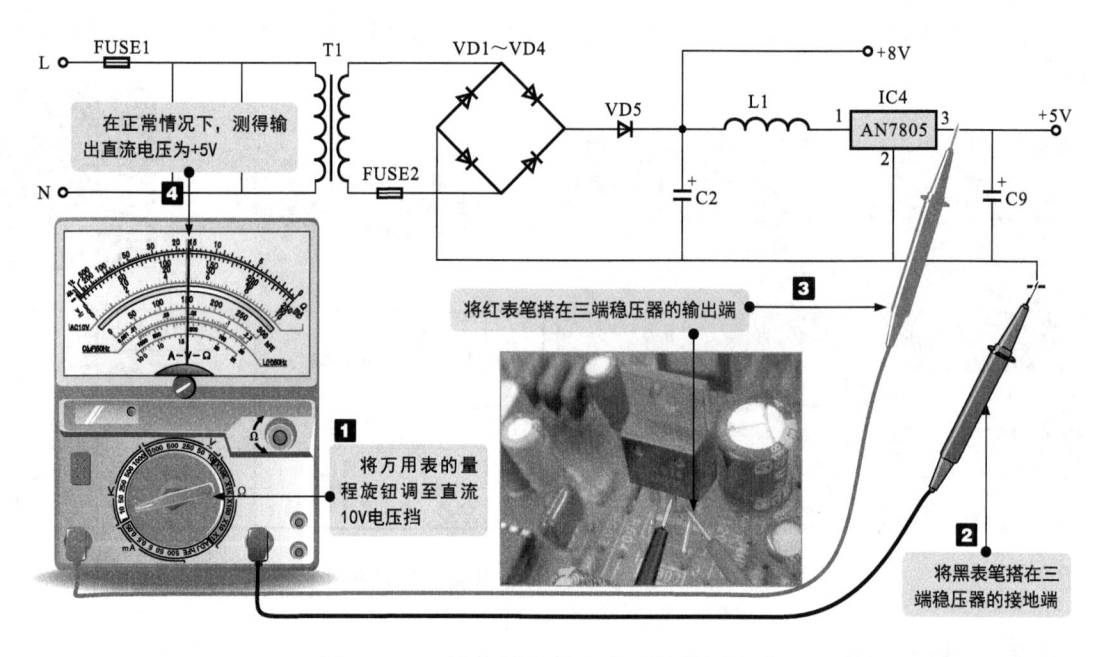

图9-32 三端稳压器输出电压的检测方法

提示说明

在正常情况下，若三端稳压器的输入直流电压正常，则应输出稳定的直流电压；若三端稳压器的输入直流电压正常，无电压输出，则多为三端稳压器性能不良。

2　检测阻值

三端稳压器各引脚对地阻值的检测方法如图9-33所示。

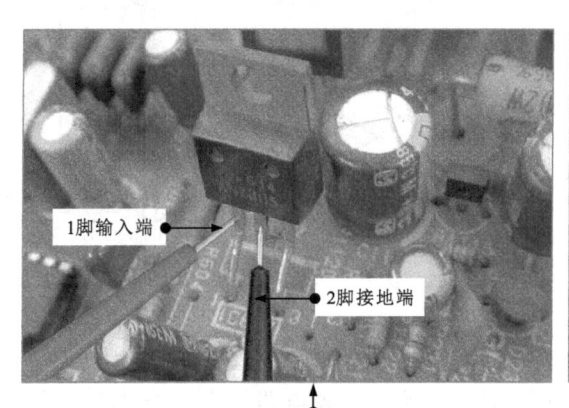

1 将黑表笔搭在接地端，红表笔搭在输入端

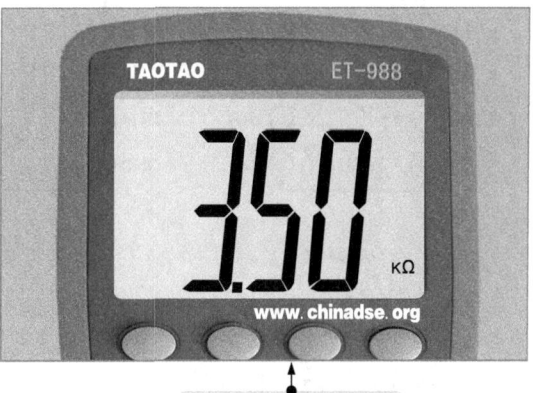

2 显示屏显示的正向对地阻值为3.5kΩ（欧姆挡）

3 将黑表笔搭在接地端，红表笔搭在输出端

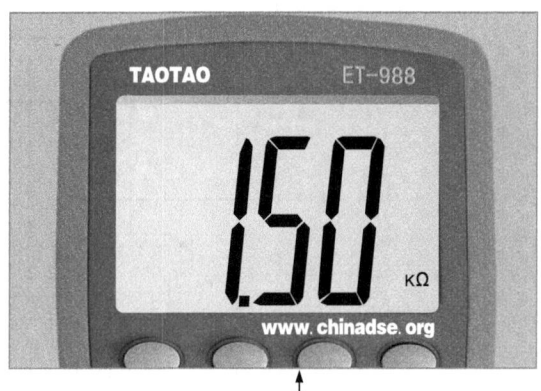

4 显示屏显示的正向对地阻值为1.50kΩ（欧姆挡）

图9-33　三端稳压器各引脚对地阻值的检测方法

提示说明

在正常情况下，若三端稳压器各引脚的对地阻值与正常阻值相差较大，则说明三端稳压器性能不良。

若在路检测三端稳压器各引脚的正、反向对地阻值，则可能会受周围元器件的影响，导致检测结果不正确，此时可先将三端稳压器从电路板上焊下后，再进行检测。

9.4　运算放大器的检测

9.4.1　运算放大器的功能

运算放大器（简称运放）是一种具有很高放大倍数的电路单元，主要用于实现数学运算。在实际应用中，运算放大器通常与反馈网络配合，共同组成某种功能模块。

图9-34为运算放大器的内部结构框图。

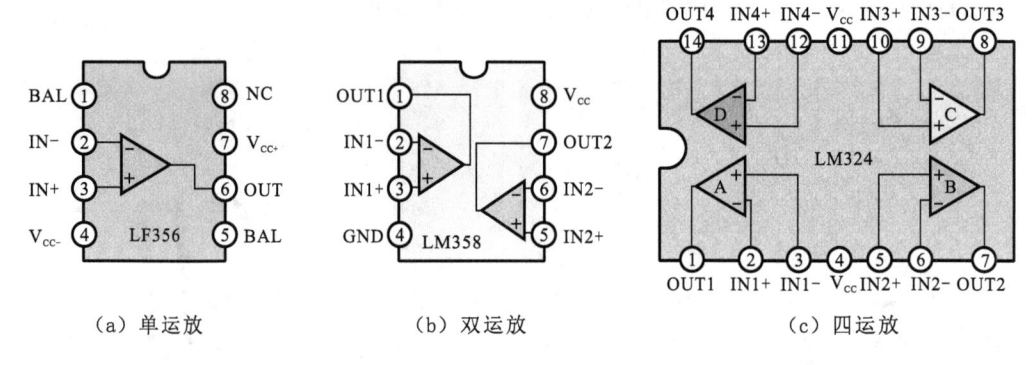

（a）单运放　　　　（b）双运放　　　　（c）四运放

图9-34　运算放大器的内部结构框图

运算放大器是一种集成化的、高增益的多级直接耦合集成电路。图9-35为单运放的内部电路。

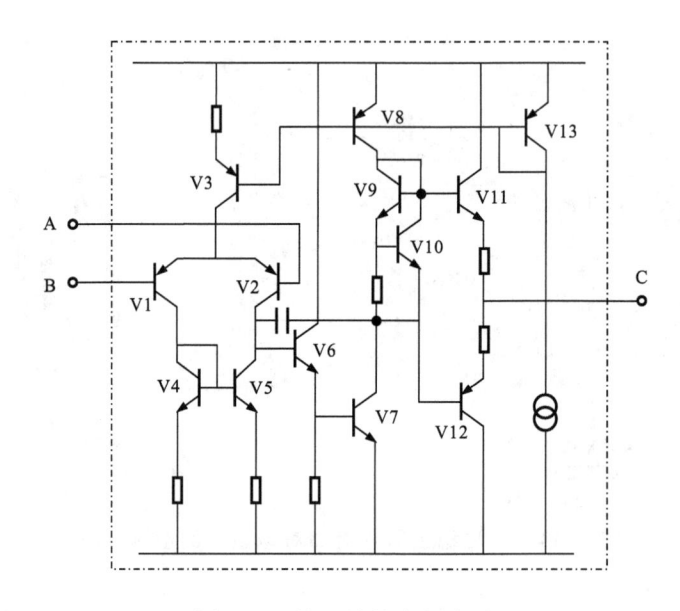

图9-35　单运放的内部电路

从功能上来说，运算放大器是由差动放大器、电压放大器和推挽式放大器组成的，如图9-36所示。

运算放大器与外部元器件配合可以制成交/直流放大器、高频/低频放大器、正弦波或方波振荡器、高通/低通/带通滤波器、限幅器和电压比较器等，在放大、振荡、电压比较、模拟运算、有源滤波等电路中得到了越来越广泛的应用。

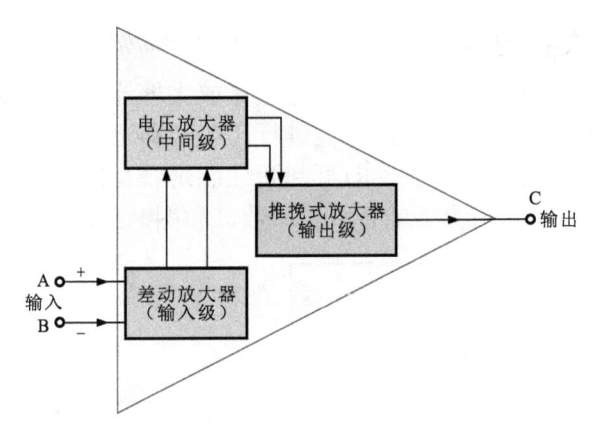

图9-36 运算放大器的组成框图

图9-37为加法运算电路。

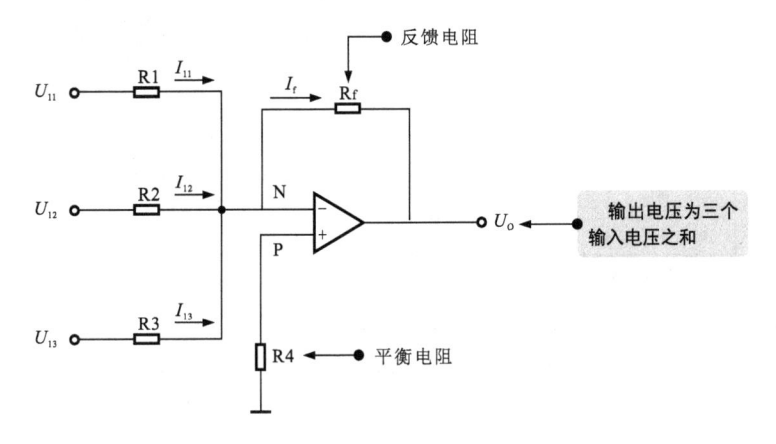

图9-37 加法运算电路

图9-38为由运算放大器组成的电压比较器，通过对两个输入电压进行比较，决定输出状态：当同相输入端电压高于反相输入端电压时，输出高电平；当反相输入端电压高于同相输入端电压时，输出低电平。

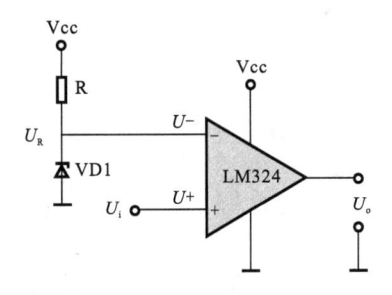

图9-38 由运算放大器组成的电压比较器

9.4.2 运算放大器的检测方法

运算放大器的检测方法有两种：一种是将运算放大器连接在电路中，在工作状态下，用万用表检测各引脚的电压，与标称值进行比较，即可判别性能是否良好；另一种是用万用表检测各引脚的对地阻值，即可判断性能是否良好。在检测之前，首先通过集成电路手册查询待测运算放大器的各引脚参数，如图9-39所示。

引脚	标识	引脚功能	阻值（kΩ）红表笔接地	阻值（kΩ）黑表笔接地	直流电压（V）
1	OUT1	放大信号（1）输出	0.38	0.38	1.8
2	IN1−	反相信号（1）输入	6.3	7.6	2.2
3	IN1+	同相信号（1）输入	4.4	4.5	2.1
4	VCC	电源+5 V	0.31	0.22	5
5	IN2+	同相信号（2）输入	4.7	4.7	2.1
6	IN2−	反相信号（2）输入	6.3	7.6	2.1
7	OUT2	放大信号（2）输出	0.38	0.38	1.8
8	OUT3	放大信号（3）输出	6.7	23	0
9	IN3−	反相信号（3）输入	7.6	∞	0.5
10	IN3+	同相信号（3）输入	7.6	∞	0.5
11	GND	接地	0	0	0
12	IN4+	同相信号（4）输入	7.2	17.4	4.6
13	IN4−	反相信号（4）输入	4.4	4.6	2.1
14	OUT4	放大信号（4）输出	6.3	6.8	4.2

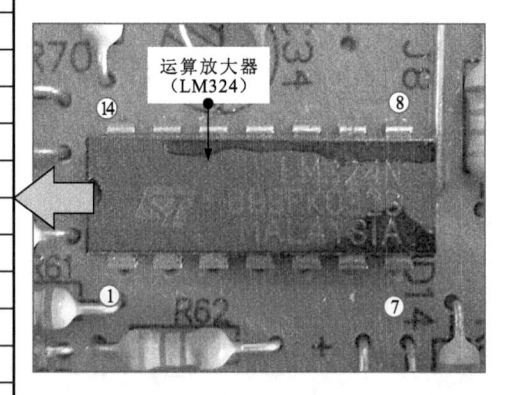

图9-39 待测运算放大器的各引脚参数

1 检测电压

运算放大器各引脚直流电压的检测方法如图9-40所示。

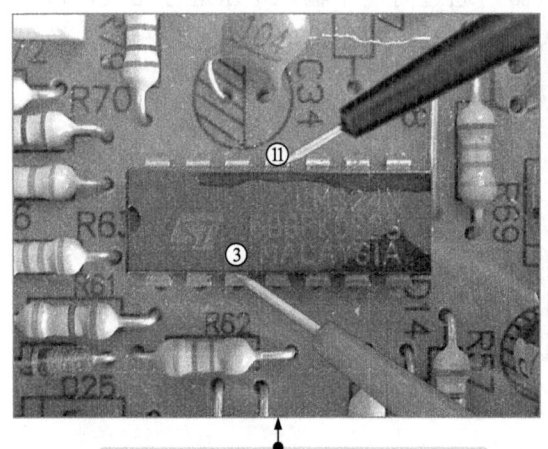

1 将万用表的黑表笔搭在接地端（11脚），红表笔依次搭在各引脚上（以3脚为例）

2 实测3脚直流电压约为2.1V（直流10V电压挡）

图9-40 运算放大器各引脚直流电压的检测方法

> **提示说明**
>
> 在实际检测过程中，若实测电压与标称电压相差较多，则不能轻易判断运算放大器性能不良，应首先排除是否因外围元器件异常引起的，若输入电压正常，无输出电压，则可判断运算放大器性能不良。
>
> 需要注意的是，若接地引脚的静态直流电压不为0，则一般有两种情况：一种情况是接地引脚上的铜箔线路开裂，造成接地引脚与地线之间断开；另一种情况是接地引脚存在虚焊或假焊。

2 检测阻值

运算放大器各引脚正、反向对地阻值的检测方法如图9-41所示。

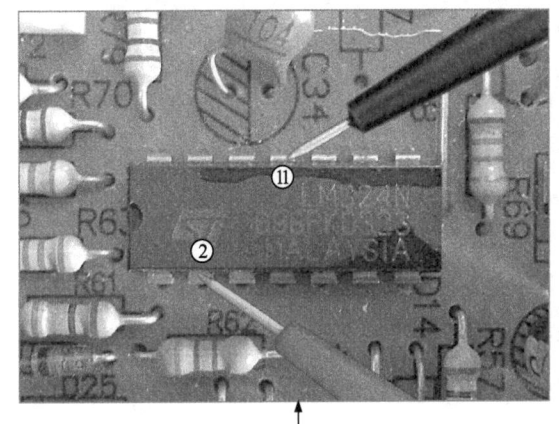

1 将万用表的黑表笔搭在接地端（11脚），红表笔依次搭在各引脚上（以2脚为例）

2 实测2脚正向对地阻值约为7.6kΩ（×1k欧姆挡）

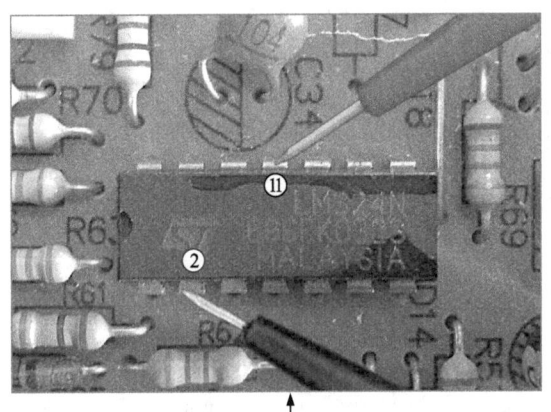

3 调换表笔，将红表笔搭在接地端，黑表笔依次搭在各引脚上（以2脚为例）

4 实测2脚反向对地阻值约为6.3kΩ（×1k欧姆挡）

图9-41 运算放大器各引脚正、反向对地阻值的检测方法

> **提示说明**
>
> 在正常情况下，运算放大器各引脚正、反向对地阻值应与标称值相近，若偏差较大或多个阻值为0或无穷大，则多为运算放大器性能不良。

9.5 音频功率放大器的检测

9.5.1 音频功率放大器的功能

音频功率放大器是一种能够放大音频信号输出功率的集成电路，能够推动扬声器发出声音，在各种影音产品中应用广泛。

图9-42为常见音频功率放大器的实物外形。

单列直插式封装
音频功率放大器

双列直插式封装
音频功率放大器

扁平封装
音频功率放大器

图9-42 常见音频功率放大器的实物外形

图9-43为多声道音频功率放大电路，所有的功率放大元器件都集成在AN7135中，由于具有两个输入端、两个输出端，因此也被称为双声道音频功率放大器，特别适合用于大中型音响产品。

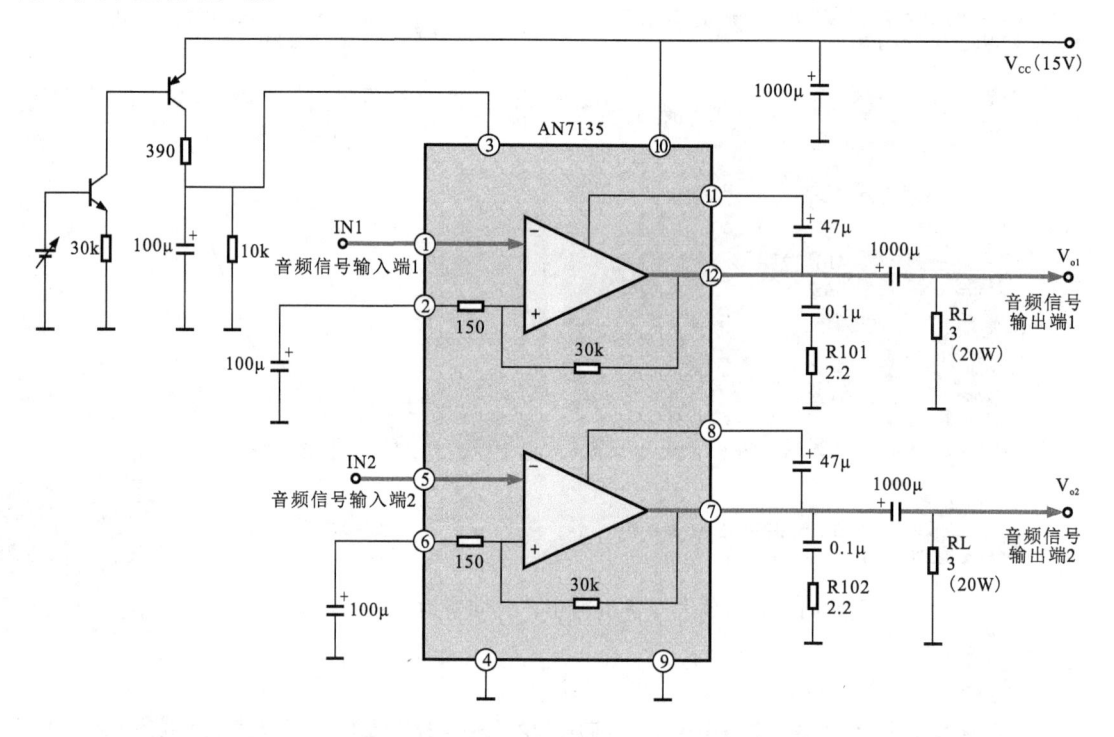

图9-43 多声道音频功率放大电路

9.5.2 音频功率放大器的检测方法

音频功率放大器可以通过检测各引脚的电压和各引脚的正、反向对地阻值对性能进行判断。另外，根据音频功率放大器对信号进行放大处理的功能，还可以通过信号检测法对性能进行判断，即将音频功率放大器置于实际工作环境或搭建检测电路模拟实际工作环境，首先输入音频信号，然后用示波器检测输入端、输出端的信号波形，通过与标称值进行比较，即可对性能进行判断。

下面以彩色电视机中的音频功率放大器（TDA8944J）为例对检测方法进行介绍。首先根据相关电路图纸或集成电路手册查询TDA8944J的各引脚功能，如图9-44所示。

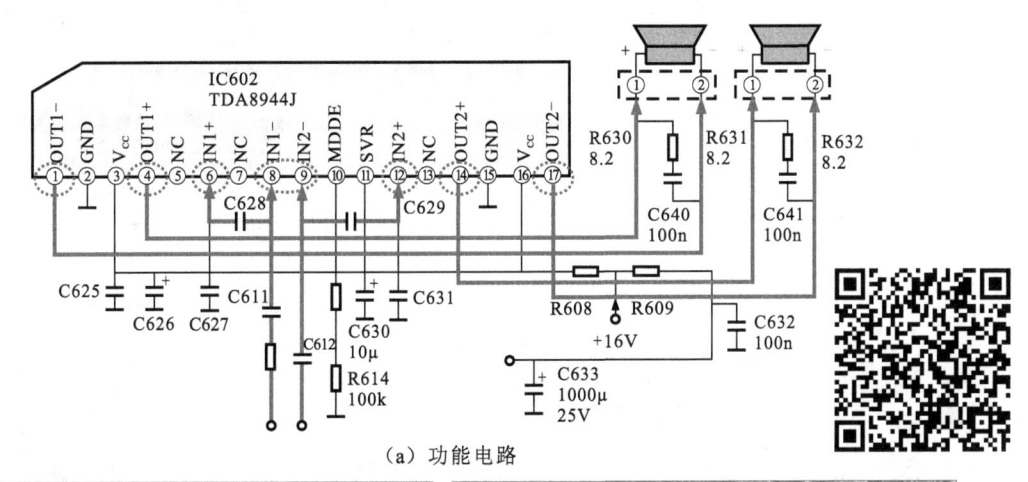

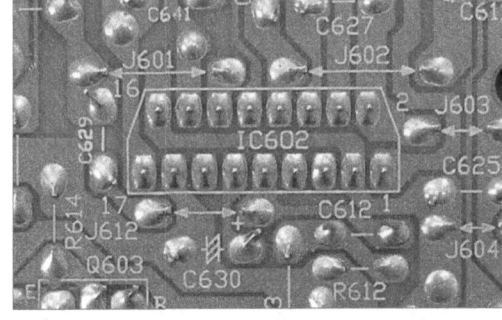

（a）功能电路

（b）实物外形　　　　　　　　　（c）引脚焊点

图9-44　TDA8944J的功能电路、实物外形和引脚焊点

提示说明

在图9-44中，音频功率放大器（TDA8944J）的3脚和16脚为电源供电端，6脚和8脚为左声道信号输入端，9脚和12脚为右声道信号输入端，1脚和4脚为左声道信号输出端，14脚和17脚为右声道信号输出端。这些引脚是音频信号的主要检测点，除了检测输入、输出音频信号，还需对电源供电电压进行检测。

当采用信号检测法检测音频功率放大器（TDA8944J）时，需要明确基本工作条件正常，如供电电压、输入信号均正常，在满足工作条件的基础上，用示波器检测输出音频信号的波形，如图9-45所示。

1 将万用表的黑表笔搭在接地端（2脚），红表笔搭在电源供电端（以3脚为例）

2 实测3脚供电电压约为16V（直流50V电压挡）

3 将示波器的接地夹接地，探头搭在音频信号输入引脚上（以6脚为例）

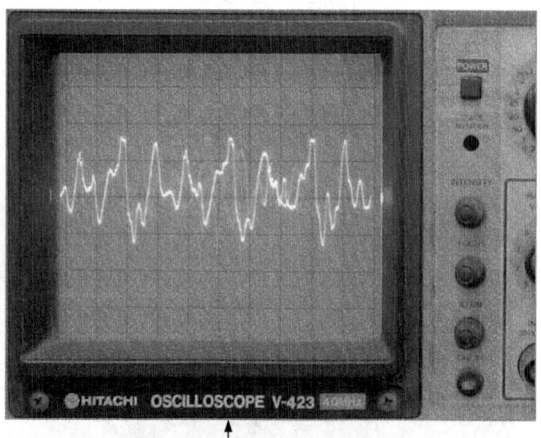

4 在正常情况下，在音频信号输入引脚上可测得音频信号波形

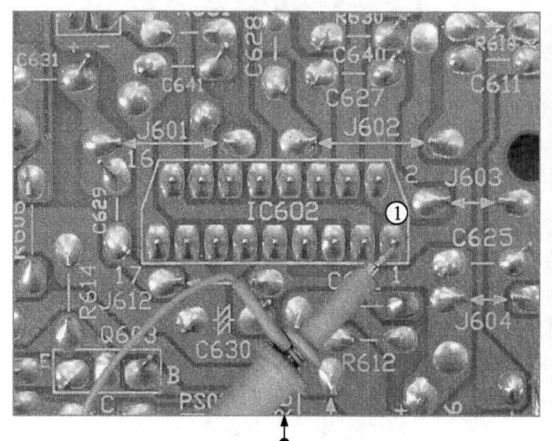

5 将示波器的接地夹接地，探头搭在音频信号输出引脚上（以1脚为例）

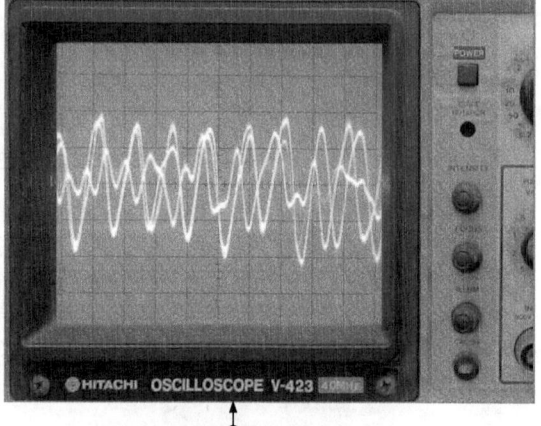

6 在正常情况下，在音频信号输出引脚上可测得经过放大的音频信号波形

图9-45 音频功率放大器的检测方法

> **提示说明**
>
> 若音频功率放大器的供电电压正常，输入音频信号也正常，无输出音频信号或输出异常，则多为音频功率放大器性能不良。
>
> 需要注意的是，只有在明确音频功率放大器处于正常工作条件时，检测输出音频信号才有实际意义，否则，即使音频功率放大器正常，工作条件异常，也无法检测到正常的音频信号。

音频功率放大器各引脚对地阻值的检测方法如图9-46所示。

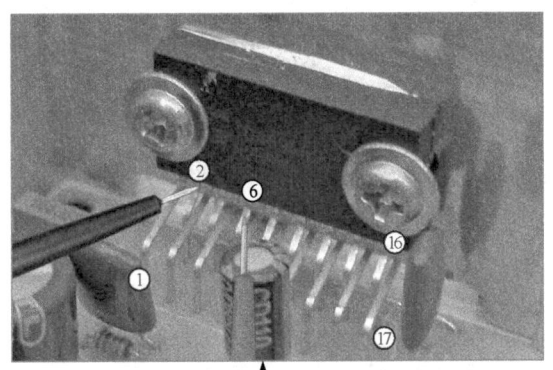

1 将万用表的黑表笔搭在接地端，红表笔依次搭在各引脚上，检测正向阻值

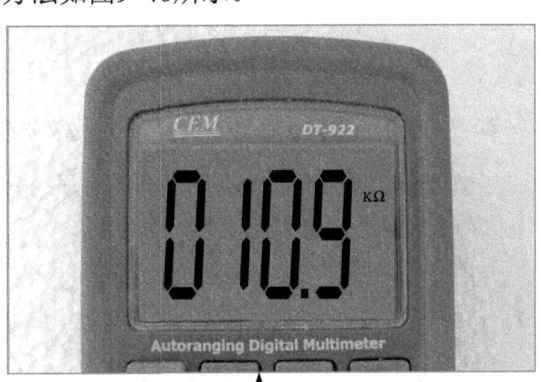

2 显示屏可显示实测阻值（欧姆挡）

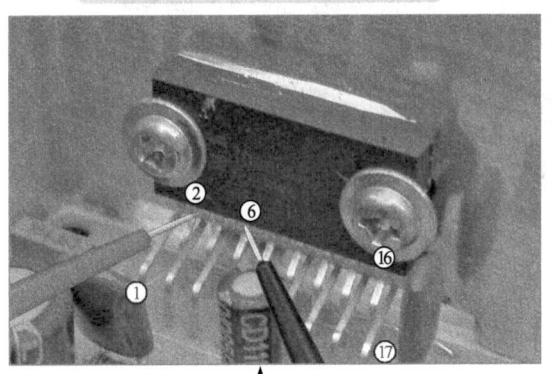

3 调换表笔，将万用表的红表笔搭在接地端，黑表笔依次搭在各引脚上，检测反向阻值

4 显示屏可显示实测阻值（欧姆挡）

引脚	①	②	③	④	⑤	⑥	⑦	⑧	⑨	⑩	⑪	⑫	⑬	⑭	⑮	⑯	⑰
正向阻值（kΩ）	7.5	0	4.3	7.6	∞	10.9	∞	10.5	10.5	10	10	10	∞	7.9	0	4.5	7.9
反向阻值（kΩ）	9.5	0	2	9.5	∞	13	∞	13	13.5	16	14	14.5	∞	9	0	50	26

标称值　　实测阻值

引脚	①	②	③	④	⑤	⑥	⑦	⑧	⑨	⑩	⑪	⑫	⑬	⑭	⑮	⑯	⑰
正向阻值（kΩ）	7.5	0	4.4	7.7	∞	10.9	∞	10.5	10.5	10.2	10.3	10.2	∞	7.9	0	4.6	8.0
反向阻值（kΩ）	9.5	0	2.1	9.5	∞	13.1	∞	13.1	13.7	16.2	14.1	14.5	∞	9.3	0	50	26

图9-46　音频功率放大器各引脚对地阻值的检测方法

!? 提示说明

在图9-46中,将实测阻值与标称值进行比较:
◇ 若实测阻值与标称值相同或十分相近,则说明音频功率放大器性能良好。
◇ 若实测阻值有多个0或多个无穷大,则说明音频功率放大器性能不良。
如果无法通过集成电路手册查询标称值,则可以找一个同型号的性能良好的音频功率放大器,通过将阻值进行一一比较,即可对性能进行判断。

9.6 微处理器的检测

9.6.1 微处理器的功能

微处理器是将控制器、运算器、存储器、稳压电路、输入和输出通道、信号处理模块等集成为一体的大规模集成电路。

图9-47为微处理器的组成示意图。

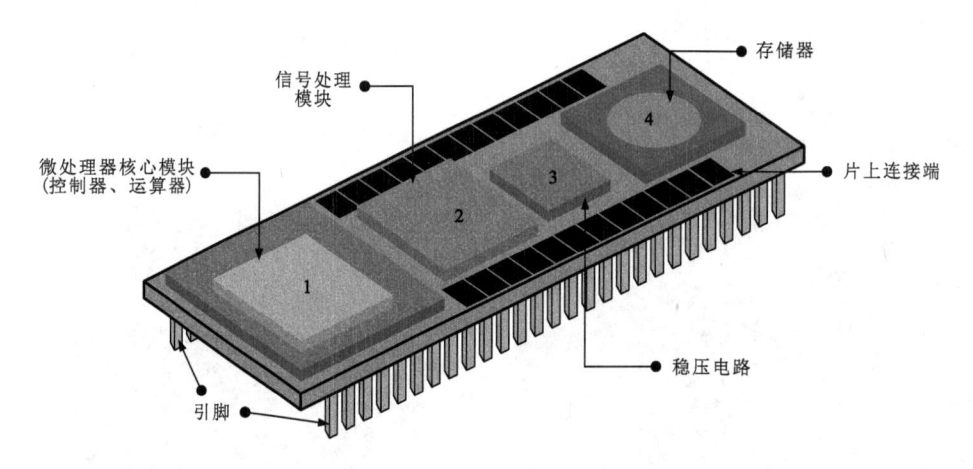

图9-47 微处理器的组成示意图

!? 提示说明

微处理器是由数以亿计的晶体管组成的,这些晶体管以极其快速的速度开启和关闭,执行各种算术和逻辑操作,是现代电子设备中最重要的组成部分之一。微处理器的主要功能是执行计算机指令,控制和协调各种硬件设备的操作。微处理器的应用范围非常广泛,涵盖各个领域,包括个人电脑、智能手机、汽车、医疗设备、工业自动化等。微处理器的性能取决于时钟频率、指令集、内存大小和架构等因素。

目前,大多数电子产品都具有自动控制功能。自动控制功能大多是由微处理器实现的。由于不同电子产品的功能不同,因此微处理器所能实现的具体控制功能也不同。

例如,空调器中的微处理器是用于实现制冷/制热功能的核心部件,内部集成有运算器和控制器,用来对人工指令信号和传感器的检测信号进行分析,输出控制电气部件的信号,实现制冷/制热功能。

又如，彩色电视机中的微处理器主要用于接收遥控器或操作按键送来的人工指令，根据内部程序和数据信息将人工指令信息变为控制各单元电路的信号，实现对彩色电视机的开/关、选台、音量/音调、亮度、色度、对比度等进行控制。

图9-48为微处理器TMP87CH46N的实物外形和功能框图。

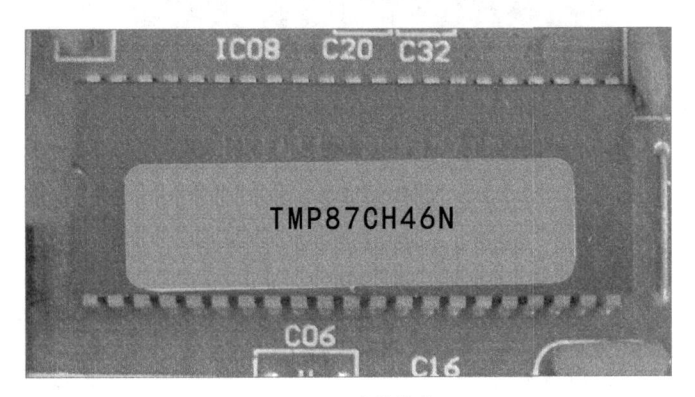

（a）实物外形

（b）功能框图

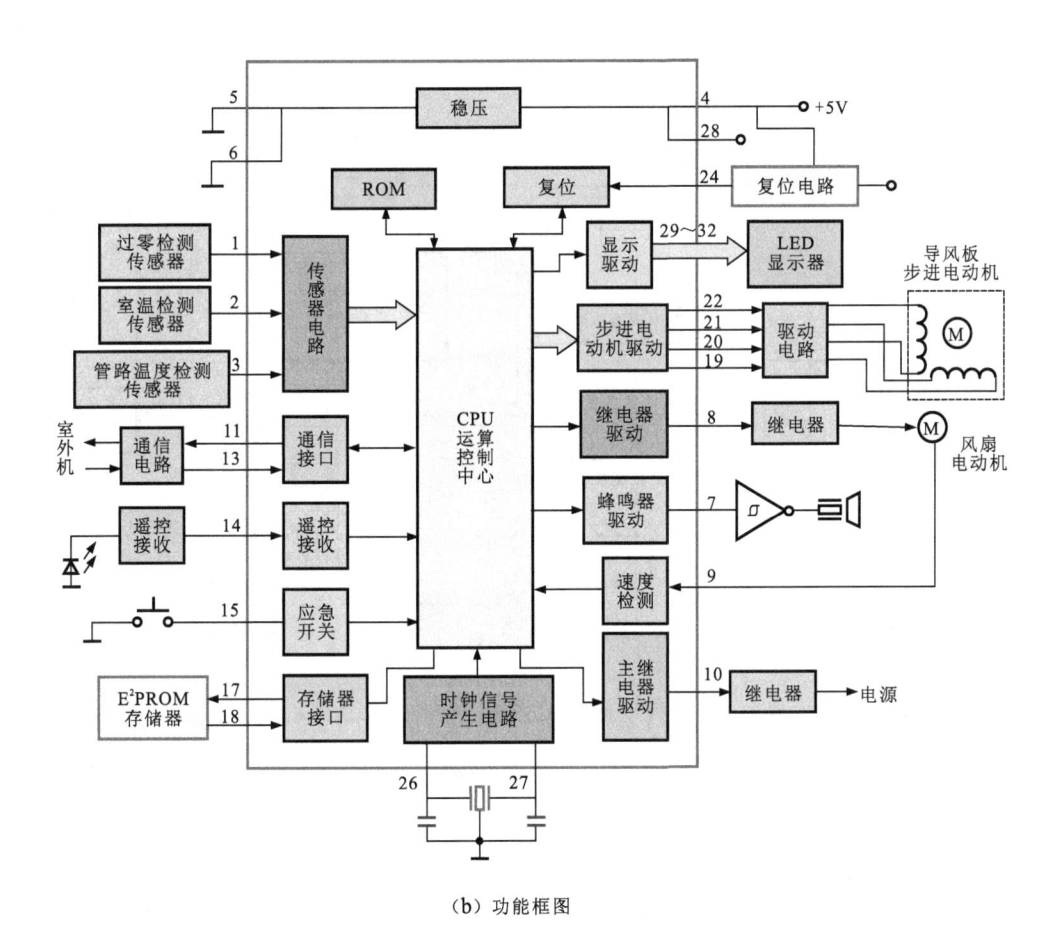

图9-48 微处理器TMP87CH46N的实物外形和功能框图

图9-49为微处理器P87C52的实物外形和功能框图。

(a) 实物外形

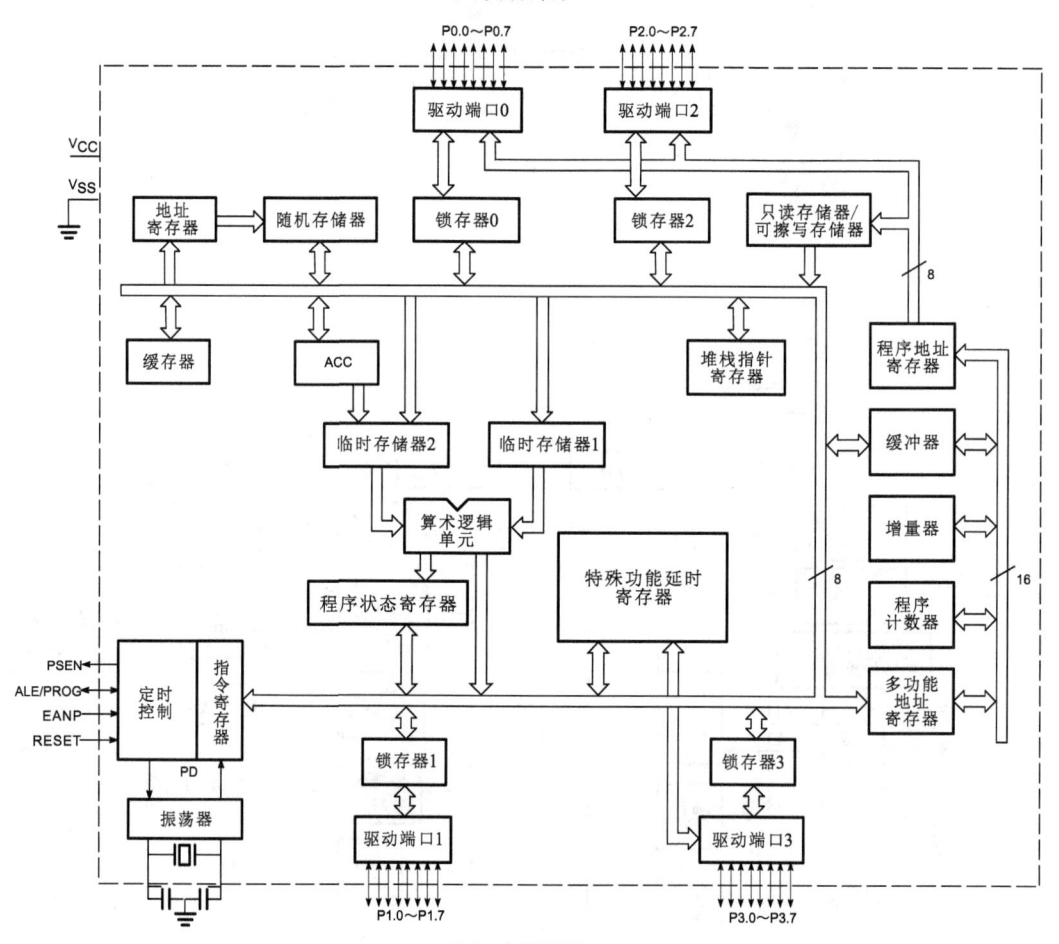

(b) 功能框图

图9-49 微处理器P87C52的实物外形和功能框图

9.6.2 微处理器的检测方法

微处理器的检测方法有两种：一种是使用万用表检测各引脚的电压或正、反向对地阻值，将实测结果与标称值比较，可判断微处理器的性能是否良好；另一种是将微处理器置于工作环境，使用万用表或示波器检测关键引脚的电压或信号波形，根据实测结果与标称值比较，可判断微处理器的性能是否良好。

在检测之前，首先通过集成电路手册查询待测微处理器的相关参数，以微处理器P87C52为例，各引脚相关参数见表9-4。

表9-4 微处理器P87C52各引脚相关参数

引脚	名称	引脚功能	阻值（kΩ）红表笔接地	阻值（kΩ）黑表笔接地	直流电压（V）
1	HSEL0	地址选择信号（0）输出	9.1	6.8	5.4
2	HSEL1	地址选择信号（1）输出	9.1	6.8	5.5
3	HSEL2	地址选择信号（2）输出	7.2	4.6	5.3
4	DS	主数据信号输出	7.1	4.6	5.3
5	R/W	读写控制信号	7.1	4.6	5.3
6	CFLEVEL	状态标识信号输入	9.1	6.8	0
7	DACK	应答信号输入	9.1	6.8	5.5
8/9	RESET	复位信号	9.1/2.3	6.8/2.2	5.5/0.2
10	SCL	时钟线	5.8	5.2	5.5
11	SDA	数据线	9.2	6.6	0
12	INT	中断信号输入/输出	5.8	5.6	5.5
13	REM IN-	遥控信号输入	9.2	5.8	5.4
14	DSA CLK	时钟信号输入/输出	9.2	6.6	0
15	DSA DATA	数据信号输入/输出	5.4	5.3	5.3
16	DSA ST	选通信号输入/输出	9.2	6.6	5.5
17	OK	卡拉OK信号输入	9.2	6.6	5.5
18/19	XTAL	晶振（12MHz）	9.2/9.2	5.3/5.2	2.7/2.5
20	GND	接地	0	0	0
21	VFD ST	屏显选通信号输入/输出	8.6	5.5	4.4
22	VFD CLK	屏显时钟信号输入/输出	8.6	6.2	5.0
23	VFD DATA	屏显数据信号输入/输出	9.2	6.7	1.3
24/25	P23/P24	未使用	9.2	6.6	5.5
26	MIN IN	话筒检测信号输入	9.2	6.6	5.5
27	P26	未使用	9.2	6.7	2
28	-YH CS	片选信号输出	9.2	6.6	5.5
29	PSEN	使能信号输出	9.2	6.6	5.5
30	ALE/PROG	地址锁存使能信号	9.2	6.7	1.7
31	EANP	使能信号	1.6	1.6	5.5
32	P0.7	主机数据信号（7）输出/输入	9.5	6.8	0.9
33	P0.6	主机数据信号（6）输出/输入	9.3	6.7	0.9
34	P0.5	主机数据信号（5）输出/输入	5.4	4.8	5.2
35	P0.4	主机数据信号（4）输出/输入	9.3	6.8	0.9
36	P0.3	主机数据信号（3）输出/输入	6.9	4.8	5.2
37	P0.2	主机数据信号（2）输出/输入	9.3	6.7	1
38	P0.1	主机数据信号（1）输出/输入	9.3	6.7	1
39	P0.0	主机数据信号（0）输出/输入	9.3	6.7	1
40	VCC	电源+5.5V	1.6	1.6	5.5

微处理器P87C52各引脚对地阻值的检测方法如图9-50所示。

1 将万用表的黑表笔搭在接地端（20脚），红表笔依次搭在各引脚上（以30脚为例）

2 实测30脚正向对地阻值约为6.6kΩ（×1k欧姆挡）

3 调换表笔，将红表笔搭在接地端，黑表笔依次搭在各引脚上（以30脚为例）

4 实测30脚反向对地阻值约为9.2kΩ（×1k欧姆挡）

图9-50 微处理器P87C52各引脚对地阻值的检测方法

提示说明

在正常情况下，微处理器各引脚的正、反向对地阻值应与标称值相近，否则，可能为微处理器性能不良，应用同型号的微处理器进行代换。

微处理器虽型号不同，引脚功能也不同，但均可通过对供电端、晶振信号端、复位信号端、I^2C总线信号端和控制信号输出端等关键引脚的参数进行检测来判断性能。若这些关键引脚的参数均正常，微处理器的控制功能仍无法实现，则多为微处理器内部电路异常。

用示波器检测微处理器的晶振信号、I^2C总线信号如图9-51所示。

第9章 集成电路的识别、选用、检测、代换

1 将示波器的接地夹接地，探头搭在晶振信号端（18脚或19脚）

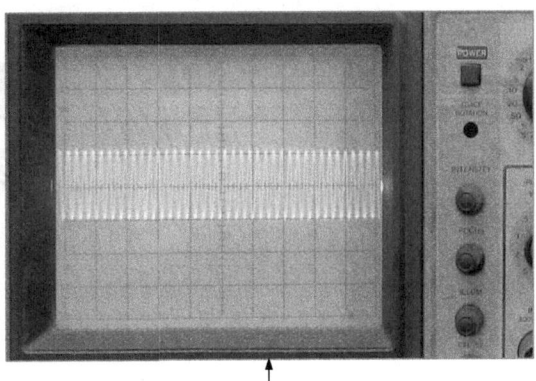

2 在正常情况下，可测得晶振信号波形

3 将示波器的接地夹接地，探头搭在串行时钟信号端（10脚）

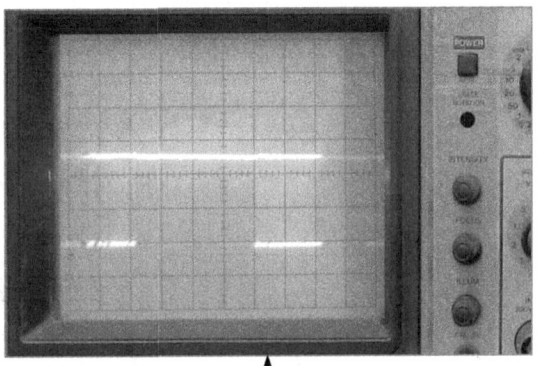

4 在正常情况下，可测得串行时钟信号波形

5 将示波器的接地夹接地，探头搭在数据信号端（11脚）

6 在正常情况下，可测得数据信号波形

图9-51 用示波器检测微处理器的晶振信号、I^2C总线信号

提示说明

I^2C总线信号是微处理器的标志性信号之一，也是微处理器对其他电路进行控制的重要信号，若该信号消失，则说明微处理器没有处于工作状态。

在正常情况下，若微处理器的供电电压、复位信号和晶振信号正常，输入信号正常，I^2C总线信号异常或输出控制信号异常，则多为微处理器性能不良。

第10章 变压器的识别、选用、检测、代换

10.1 变压器的种类与应用

变压器利用电磁感应原理传递电能或传输交流信号，广泛应用在各种电子产品中。

变压器是将两组或两组以上的线圈绕在同一个线圈骨架上或绕在同一个铁芯上制成的，利用线圈靠近时的互感原理，将电能或交流信号从一个电路传输到另一个电路。

图10-1为变压器的结构。

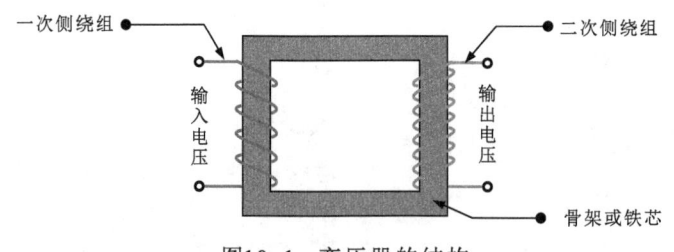

图10-1 变压器的结构

10.1.1 变压器的种类

变压器主要有低频变压器、中频变压器、高频变压器及特殊变压器。

1 低频变压器

低频变压器是工作频率相对较低的变压器。常见的低频变压器有电源变压器和音频变压器。常见的电源变压器包括降压变压器和开关变压器。降压变压器包括环形降压变压器和E形降压变压器。开关变压器的工作频率为1~50kHz；相对中、高频变压器来说较低，为低频变压器；相对一般降压变压器来说较高，为高频变压器。图10-2为电源变压器的实物外形。

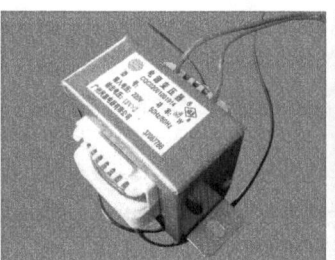

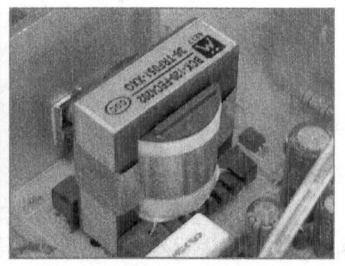

环形降压变压器　　E形降压变压器　　开关变压器

图10-2 电源变压器的实物外形

音频变压器是用于传输音频信号的变压器，主要用来耦合信号并进行阻抗匹配，多应用在功率放大电路中，如高保真音响放大器，需要采用高品质的音频变压器。

音频变压器根据功能可分为音频输入变压器和音频输出变压器，分别连接在功率放大电路的输入级和输出级。图10-3为音频变压器的实物外形。

音频输入变压器　　　　　　　　　　　音频输出变压器

图10-3　音频变压器的实物外形

2　中频变压器

中频变压器简称中周，适用的频率范围一般为几千赫兹至几十兆赫兹，频率相对较高，实物外形如图10-4所示。中频变压器与振荡线圈的外形十分相似，可通过磁帽的颜色进行区分。磁帽的颜色主要有白色、红色、绿色和黑色。颜色不同，中频变压器的参数和应用也不同。中频变压器的谐振频率：在调幅式收音机中为465kHz；在调频式收音机中为10.7MHz；在电视机中为38MHz。

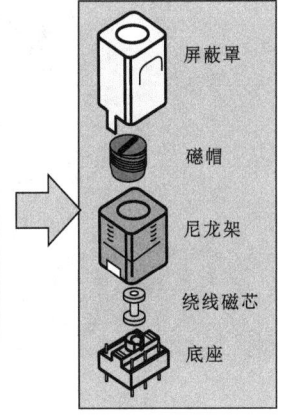

屏蔽罩
磁帽
尼龙架
绕线磁芯
底座

图10-4　中频变压器的实物外形

提示说明

在收音机电路板上，磁帽的颜色为白色的中频变压器为第一中频，红色的中频变压器为第二中频，绿色的中频变压器为第三中频，黑色的中频变压器为本振线圈。在实际应用中，不同厂商虽对磁帽的颜色没有统一标准，但不论哪个厂商生产的中频变压器，磁帽颜色不同的中频变压器不可互换。

3 高频变压器

工作在高频电路中的变压器被称为高频变压器,主要应用在收音机、电视机、手机、卫星接收机中。在短波收音机中,高频变压器的工作频率为1.5～30MHz。在FM收音机中,高频变压器的工作频率为88～108MHz。图10-5为不同类型高频变压器的实物外形。

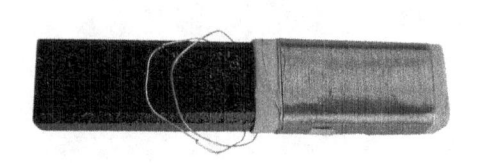

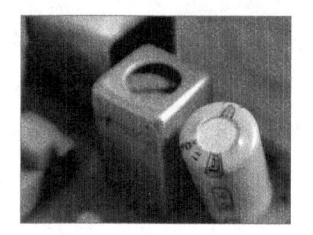

图10-5 不同类型高频变压器的实物外形

4 特殊变压器

特殊变压器是应用在特殊环境中的变压器。在电子产品中,常见的特殊变压器主要有彩色电视机中的行输出变压器、行激励变压器,实物外形如图10-6所示。行输出变压器能输出几万伏的高压和几千伏的副高压,又称为高压变压器,线圈结构复杂,型号不同,线圈结构也不同。行激励变压器可降低输出电压。

(a) 行输出变压器　　　　　　　　　　(b) 行激励变压器

图10-6 特殊变压器的实物外形

10.1.2 变压器的功能及应用

变压器在电路中主要用来实现电压变换、阻抗变换、相位变换、电气隔离、信号传输等功能。

1 变压器的电压变换功能

变压器可实现电压变换功能。提升或降低交流电压是变压器在电路中的主要功能，如图10-7所示。空载时，输出交流电压与输入交流电压之比等于二次侧绕组的匝数N_2与一次侧绕组的匝数N_1之比，即$u_2/u_1=N_2/N_1$。

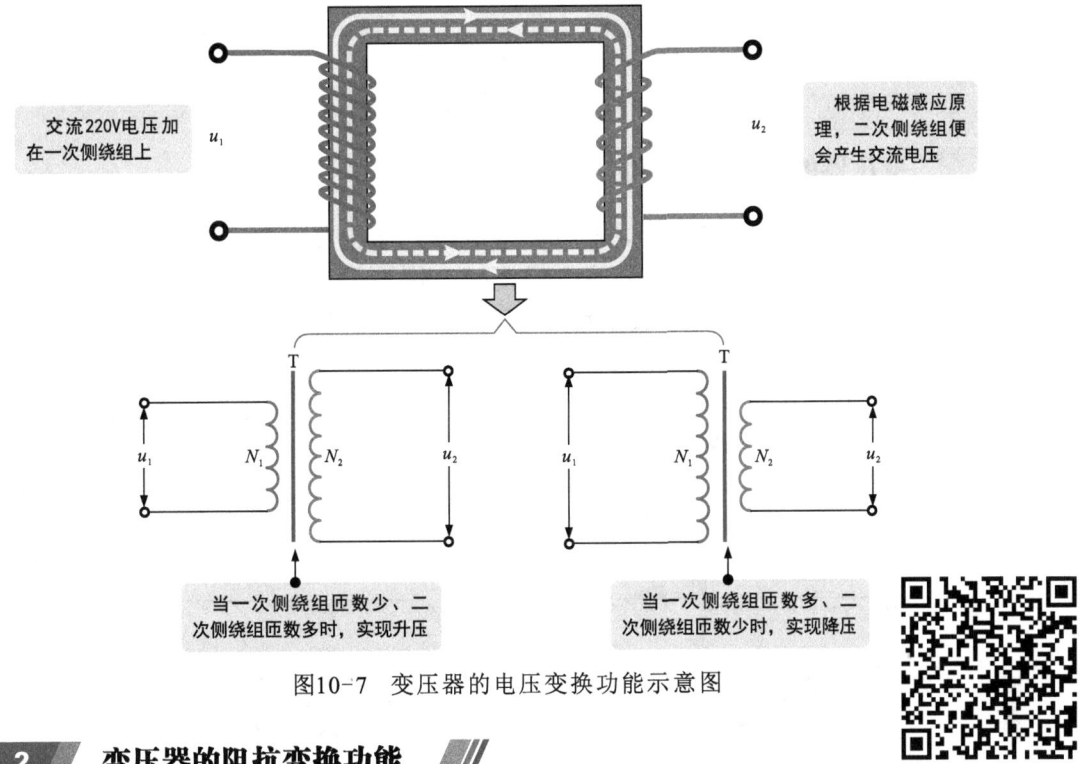

图10-7 变压器的电压变换功能示意图

2 变压器的阻抗变换功能

变压器通过一次侧绕组、二次侧绕组可实现阻抗变换，即一次侧绕组与二次侧绕组的匝数不同，输入阻抗与输出阻抗也不同，如图10-8所示。在数值上，二次侧绕组阻抗Z_2与一次侧绕组阻抗Z_1之比，等于二次侧绕组匝数N_2与一次侧绕组匝数N_1之比的平方，即$Z_2/Z_1=(N_2/N_1)^2$。

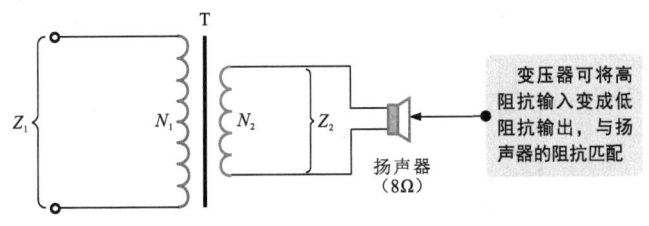

图10-8 变压器的阻抗变换功能示意图

3　变压器的相位变换功能

通过改变变压器一次侧绕组和二次侧绕组的绕线方向或连接，可以很方便地将输入信号倒相，如图10-9所示。

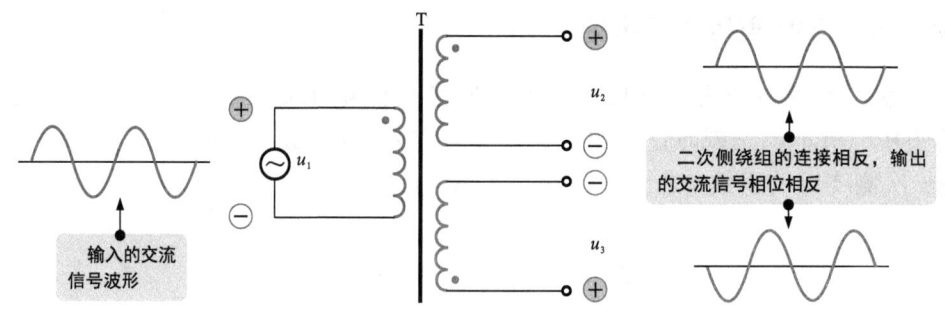

图10-9　变压器的相位变换功能示意图

4　变压器的电气隔离功能

根据变压器的电压变换功能，一次侧绕组的交流电压是通过电磁感应原理感应到二次侧绕组上的，没有进行实际的电气连接，因而变压器具有电气隔离功能，如图10-10所示。一、二次侧的绕组匝数比为1:1的变压器被称为隔离变压器。

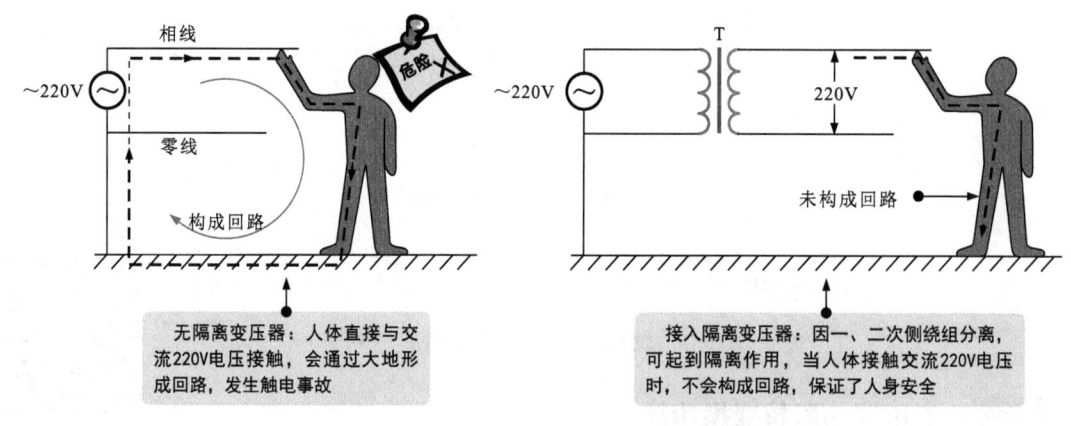

图10-10　变压器的电气隔离功能示意图

5　变压器的信号传输功能

一次侧绕组和二次侧绕组为同一绕组的变压器被称为自耦变压器，具有信号传输功能，无隔离功能，如图10-11所示。

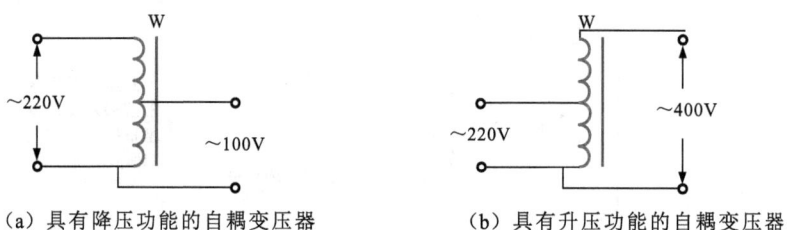

（a）具有降压功能的自耦变压器　　（b）具有升压功能的自耦变压器

图10-11　变压器的信号传输功能示意图

10.2 变压器的识别、选用、代换

10.2.1 变压器的参数识读

1 变压器的型号命名

变压器的型号命名通常采用字母加数字的组合形式。我国标准规定，普通变压器的型号命名由三部分组成，如图10-12所示。

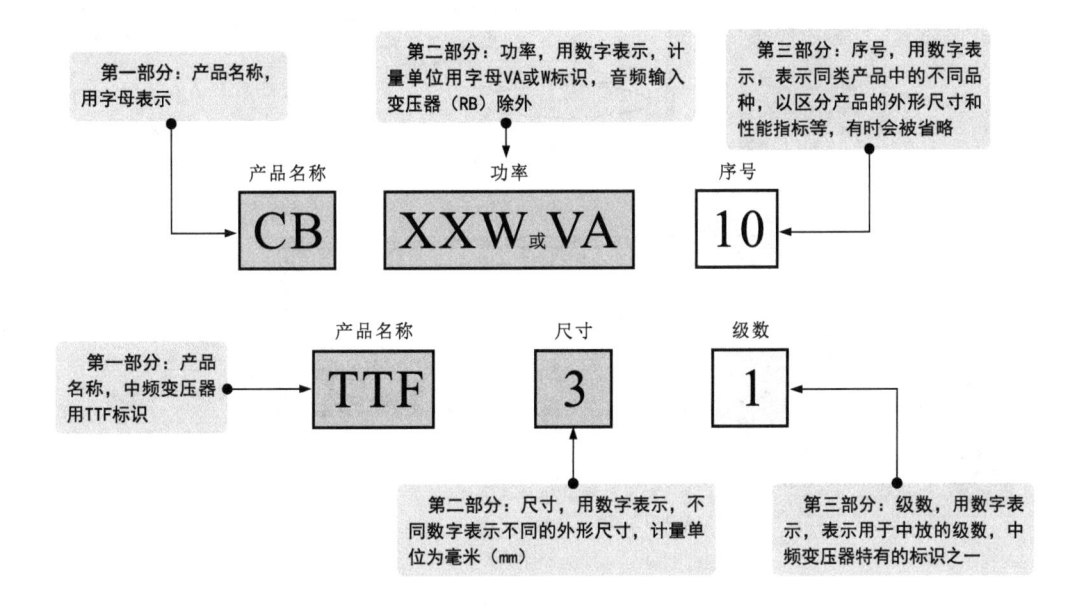

第一部分：产品名称，用字母表示

第二部分：功率，用数字表示，计量单位用字母VA或W标识，音频输入变压器（RB）除外

第三部分：序号，用数字表示，表示同类产品中的不同品种，以区分产品的外形尺寸和性能指标等，有时会被省略

产品名称　功率　序号
CB　XXW或VA　10

第一部分：产品名称，中频变压器用TTF标识

产品名称　尺寸　级数
TTF　3　1

第二部分：尺寸，用数字表示，不同数字表示不同的外形尺寸，计量单位为毫米（mm）

第三部分：级数，用数字表示，表示用于中放的级数，中频变压器特有的标识之一

图10-12 变压器的型号命名

提示说明

变压器型号命名中的标识含义见表10-1。

表10-1 变压器型号命名中的标识含义

标识		含义	标识		含义
产品名称	DB	电源变压器	尺寸	1	7mm×7mm×12mm
	CB	音频输出变压器		2	10mm×10mm×14mm
	RB/JB	音频输入变压器		3	12mm×12mm×16mm
	GB	高压变压器		4	10mm×25mm×36mm
	HB	灯丝变压器	级数	1	第一级中放
	SB/ZB	音频输入变压器		2	第二级中放
	T	中频变压器		3	第三级中放
	TTF	调幅收音机用中频变压器			

2　变压器的参数识读举例

根据变压器铭牌标识直接识读参数，如图10-13所示。

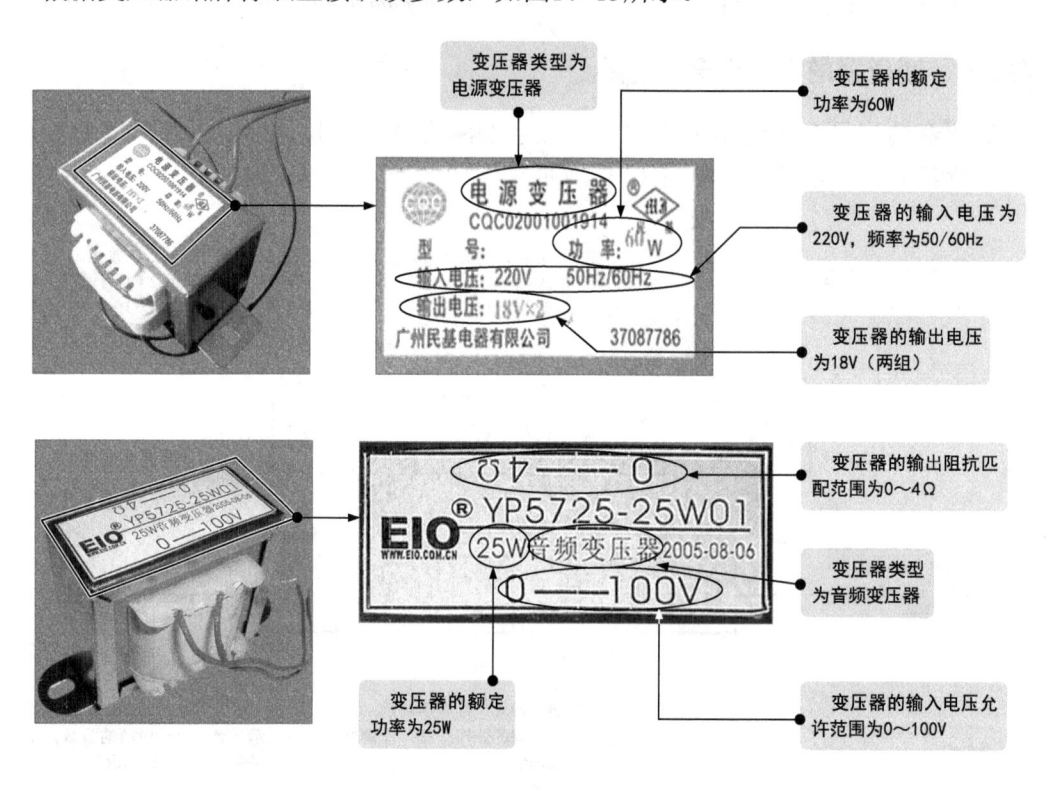

图10-13　根据变压器铭牌标识直接识读参数

识别变压器一次侧绕组、二次侧绕组的引线是安装操作的重要环节。有些变压器一次侧绕组、二次侧绕组的引线也在铭牌上进行了标识，可以直接根据标识进行识别，如图10-14所示。

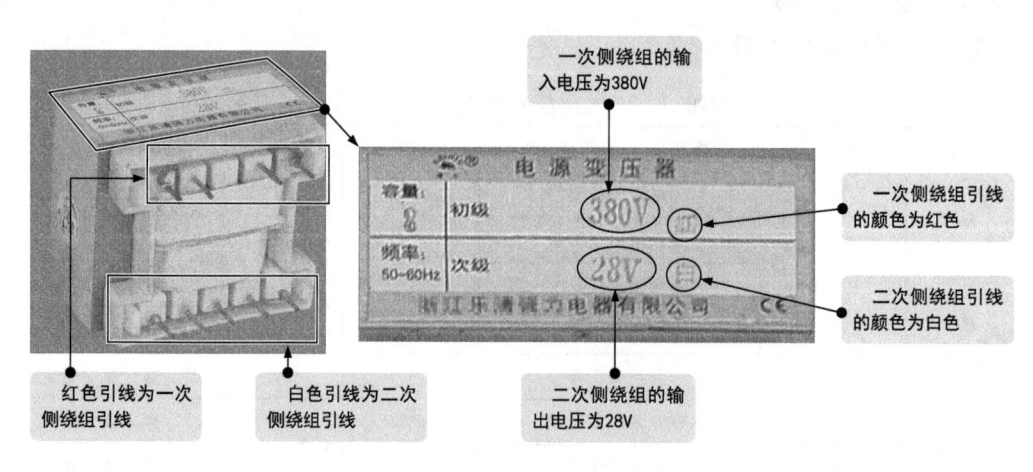

图10-14　根据变压器铭牌标识识别一次侧绕组、二次侧绕组的引线

10.2.2 变压器的选用与代换

若变压器损坏或性能不良,则需要进行代换。在选用与代换变压器时,需要遵循一定的规则。

1 电源变压器的选用与代换规则

在选用与代换电源变压器时,铁芯材料、输出功率、输出电压等性能参数必须与负载电路匹配,输出功率应略大于负载电路的最大输出功率,输出电压应与输出端所接负载电路供电部分的交流输入电压相同；E形铁芯电源变压器一般用于普通电源电路；C形铁芯电源变压器一般用于高保真音频功率放大电路；环形铁芯电源变压器一般也用于高保真音频功率放大电路。铁芯材料、输出功率、输出电压相同的电源变压器,可以直接进行代换。

2 中频变压器的选用与代换规则

中频变压器有固定的谐振频率,只能选用同型号、同规格的中频变压器进行代换,在代换后,还要进行微调,将谐振频率调准。调幅收音机的中频变压器、调频收音机的中频变压器及电视机中的伴音中频变压器、图像中频变压器不能互换使用。

3 行输出变压器的选用与代换规则

在选用电视机中的行输出变压器时,应注意检测磁芯有无松动或断裂情况,外观是否有密封不严处,最好能够将选用的行输出变压器与损坏的行输出变压器进行比对,看引脚与内部绕组是否完全一致。

在代换电视机中的行输出变压器时,在一般情况下,应选用型号相同的行输出变压器。若无型号相同的行输出变压器,也可以选用磁芯及绕组输出电压相同、引脚位置不同的行输出变压器进行变通代换(对调绕组引出端、改变引脚顺序等)。

> **提示说明**
>
> 在选用变压器时,应了解变压器的性能参数及规格型号等。
>
> 变压器的性能参数包括变压比、额定电压、额定功率、工作频率、绝缘电阻、空载电流、空载损耗、电压调整率等。
>
> ◇绝缘电阻。绝缘电阻是表示各绕组之间、绕组与铁芯之间绝缘性能的一个参数。绝缘电阻的高低与使用绝缘材料的性能、温度高低和潮湿程度有关,即绝缘电阻=施加电压/漏电电流。绕组之间、绕组与铁芯之间应该能够在一定的时间内承受比工作电压更高的电压而不被击穿,具有较大的抗电强度。变压器的绝缘电阻越大,性能越稳定。
>
> ◇空载电流。当变压器的二次侧开路时,一次侧绕组中仍有一定的电流,该电流被称为空载电流。空载电流由磁化电流(产生磁通)和铁损电流(由铁芯损耗引起)组成。电源变压器的空载电流基本上等于磁化电流。
>
> ◇空载损耗。空载损耗是指在变压器二次侧开路时,在一次侧绕组处测得的功率损耗。空载损耗由铁芯损耗和铜损(空载电流在一次侧绕组上产生的损耗)组成。其中,铜损所占比例很小。

10.3 变压器绕组阻值的检测

变压器是一种以一次侧绕组、二次侧绕组为核心部件的元器件，可以使用万用表通过检测绕组的阻值对性能进行判断。

10.3.1 变压器绕组阻值的检测方法

变压器绕组阻值的检测主要包括对绕组自身阻值的检测、绕组与绕组之间阻值的检测、绕组与铁芯或外壳之间阻值的检测，在检测之前，首先识别绕组引脚，如图10-15所示。

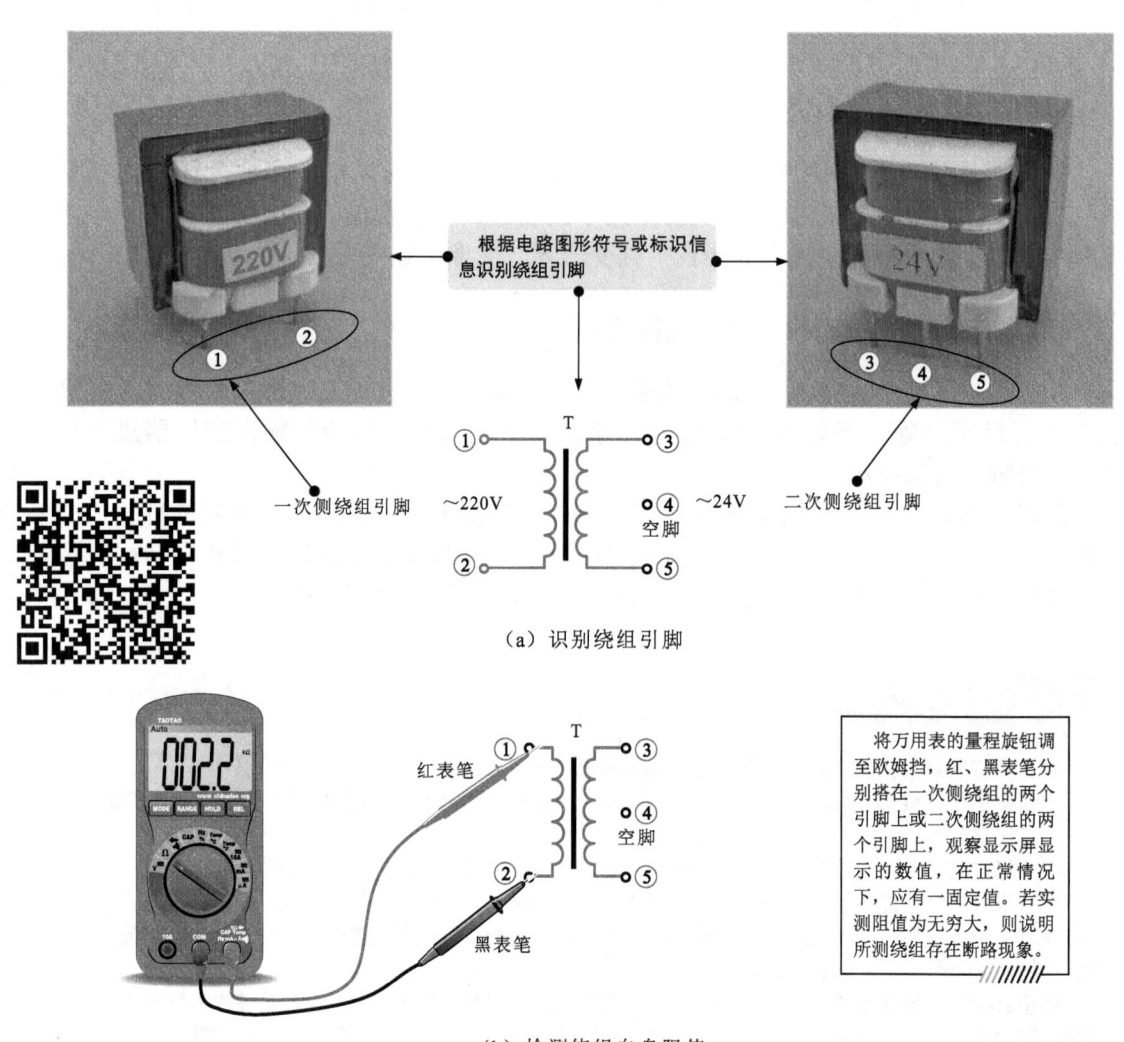

（a）识别绕组引脚

将万用表的量程旋钮调至欧姆挡，红、黑表笔分别搭在一次侧绕组的两个引脚上或二次侧绕组的两个引脚上，观察显示屏显示的数值，在正常情况下，应有一固定值。若实测阻值为无穷大，则说明所测绕组存在断路现象。

（b）检测绕组自身阻值

图10-15 变压器绕组阻值的检测方法

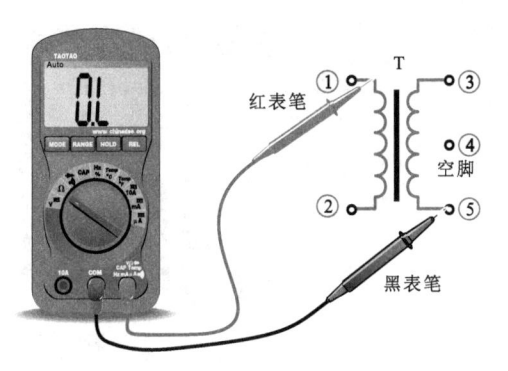

（c）检测绕组之间的阻值

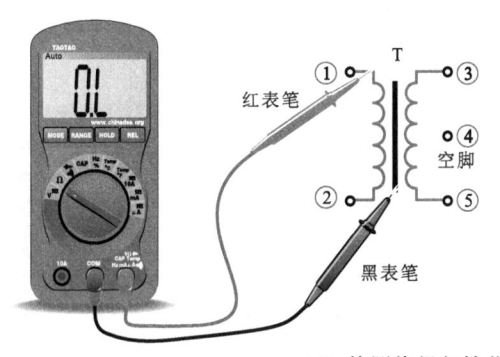

> 将万用表的量程旋钮调至欧姆挡，红、黑表笔分别搭在一次侧、二次侧绕组的任意两个引脚上，观察显示屏显示的数值，在正常情况下应为无穷大。若绕组之间有一定的阻值或阻值很小，则说明绕组之间存在短路现象。

（d）检测绕组与铁芯之间的阻值

> 将万用表的量程旋钮调至欧姆挡，红、黑表笔分别搭在绕组的任意一个引脚和铁芯上，观察显示屏显示的数值，在正常情况下应为无穷大。若绕组与铁芯之间有一定的阻值或阻值很小，则说明绕组与铁芯之间存在短路现象。

图10-15 变压器绕组阻值的检测方法（续）

10.3.2 变压器绕组阻值的检测操作

图10-16为变压器绕组自身阻值的检测操作。

将万用表的红、黑表笔分别搭在的一次侧绕组的两个引脚上

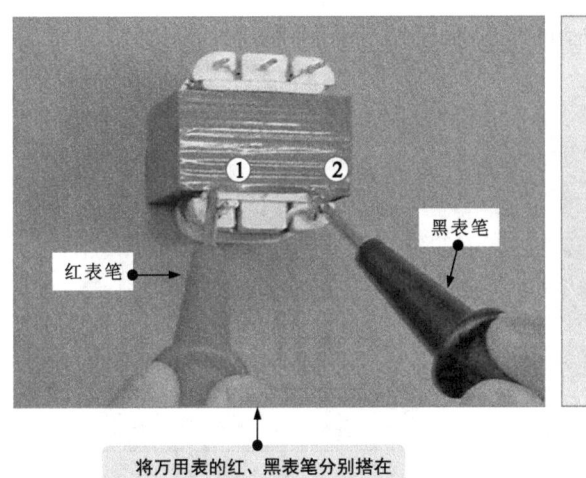

显示屏显示的阻值为2.2kΩ，正常（欧姆挡）

图10-16 变压器绕组自身阻值的检测操作

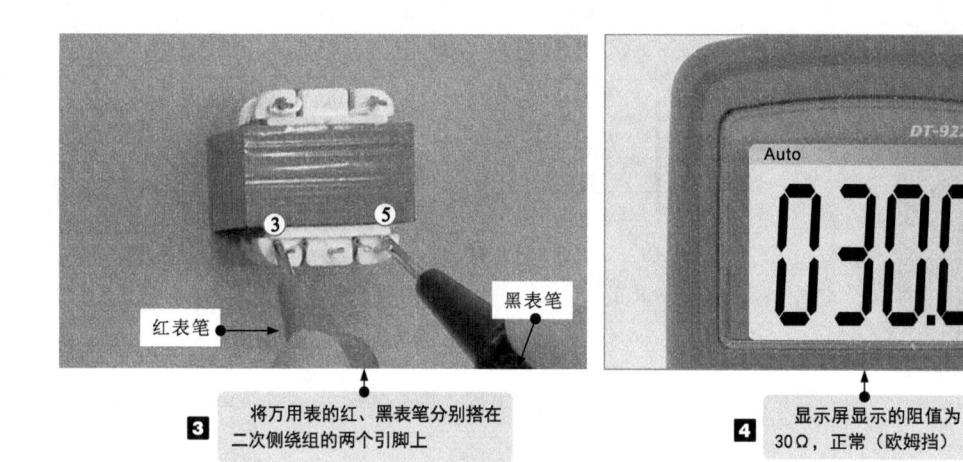

图10-16 变压器绕组自身阻值的检测操作（续）

图10-17为变压器绕组与绕组之间阻值的检测操作。

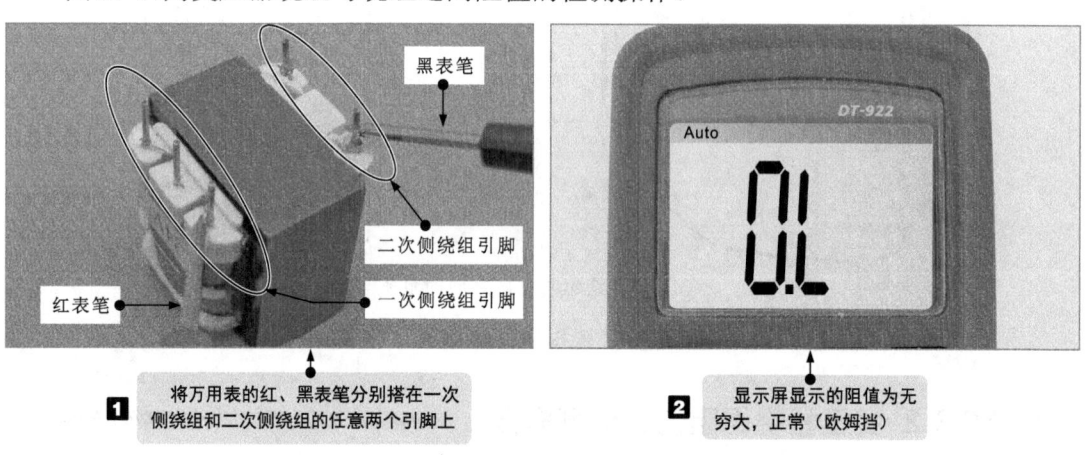

图10-17 变压器绕组与绕组之间阻值的检测操作

图10-18为变压器绕组与铁芯之间阻值的检测操作。

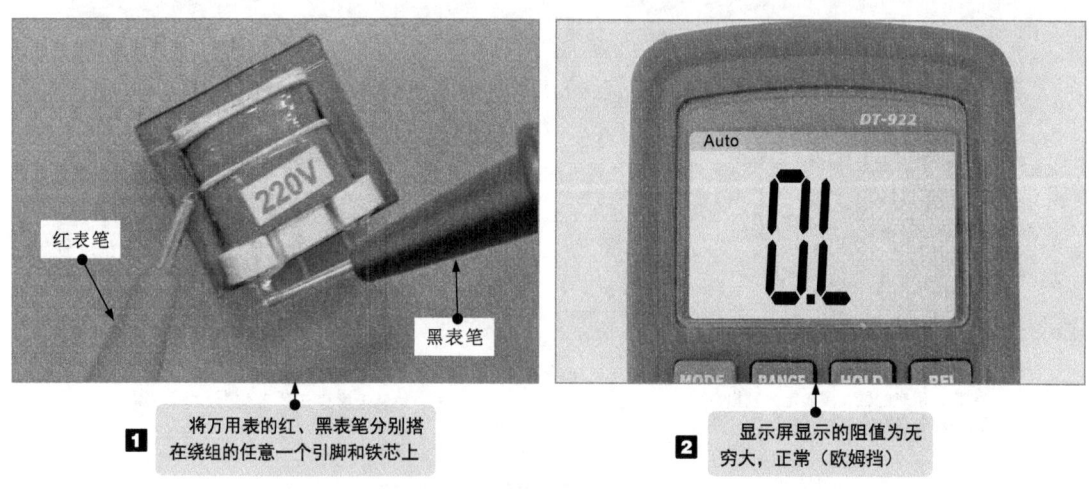

图10-18 变压器绕组与铁芯之间阻值的检测操作

10.4 变压器输入电压、输出电压的检测

变压器的主要功能就是进行电压变换，在正常情况下，若输入电压正常，则在输出端应输出变换后的电压，可使用万用表通过检测输入电压、输出电压对性能进行判断。

10.4.1 变压器输入电压、输出电压的检测方法

在使用万用表检测变压器输入电压、输出电压时，需要将变压器连接在实际工作环境中，或搭建检测电路模拟实际工作环境，如图10-19所示，在检测之前，首先识别输入、输出引线端，并了解输入电压、输出电压的标称值。

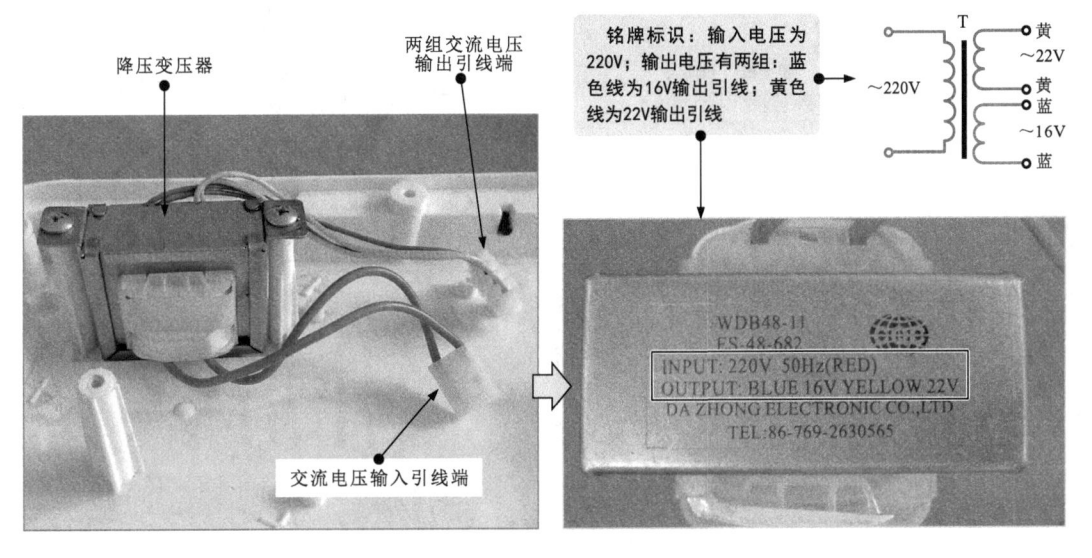

（a）识别输入、输出引线端并了解标称值

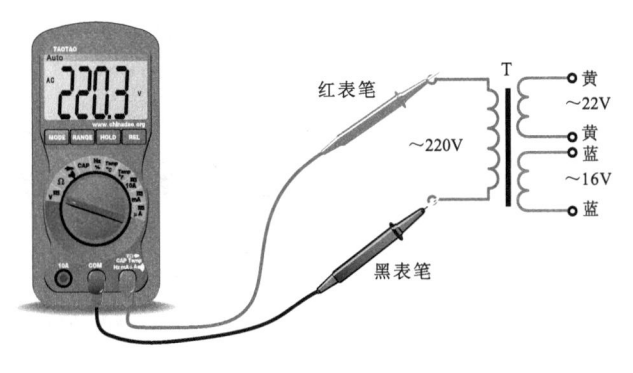

将万用表的量程旋钮调至交流电压挡，红、黑表笔分别搭在输入引线端或输出引线端，观察显示屏显示的数值。若输入电压正常，无输出电压，则说明变压器性能不良。

（b）检测输入电压、输出电压

图10-19 变压器输入电压、输出电压的检测方法

10.4.2 变压器输入电压、输出电压的检测操作

图10-20为变压器输入电压、输出电压的检测操作。

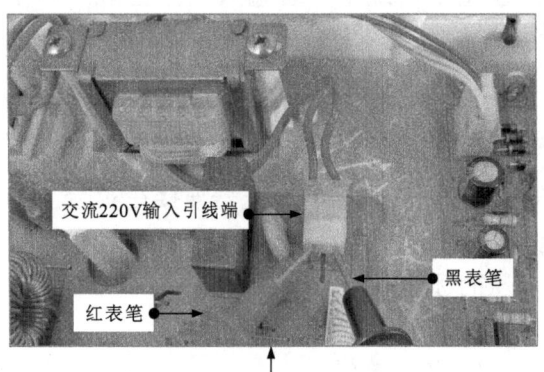

1 将万用表的红、黑表笔分别插入交流220V输入引线端的两个插孔中

2 显示屏显示的数值为交流220.3V，正常（交流电压挡）

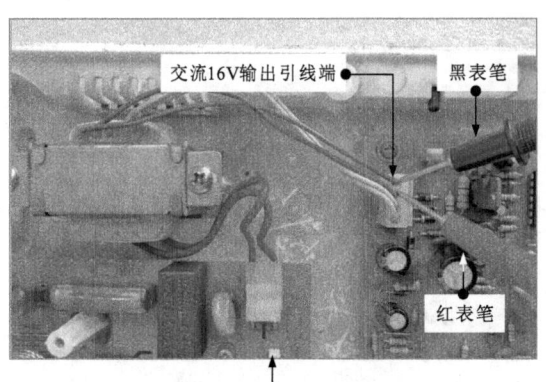

3 将万用表的红、黑表笔分别插入交流16V输出引线端的两个插孔中

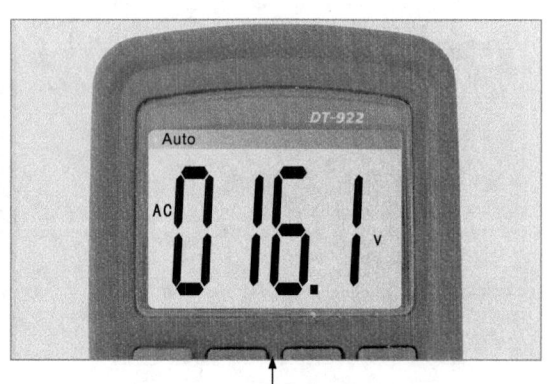

4 显示屏显示的数值为16.1V，正常（交流电压挡）

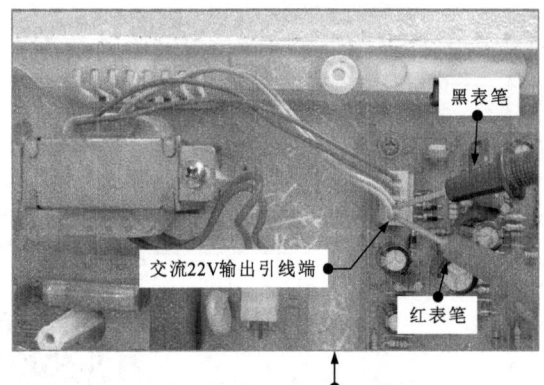

5 将万用表的红、黑表笔分别插入交流22V输出引线端的两个插孔中

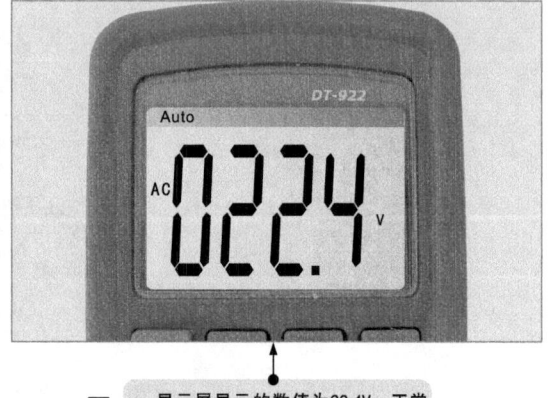

6 显示屏显示的数值为22.4V，正常（交流电压挡）

图10-20 变压器输入电压、输出电压的检测操作

10.5 变压器绕组电感量的检测

变压器的一次侧绕组、二次侧绕组相当于电感线圈，可以使用万用电桥通过检测电感量对变压器的性能进行判断。

10.5.1 变压器绕组电感量的检测方法

在检测之前，首先识别变压器的绕组引脚，如图10-21所示。

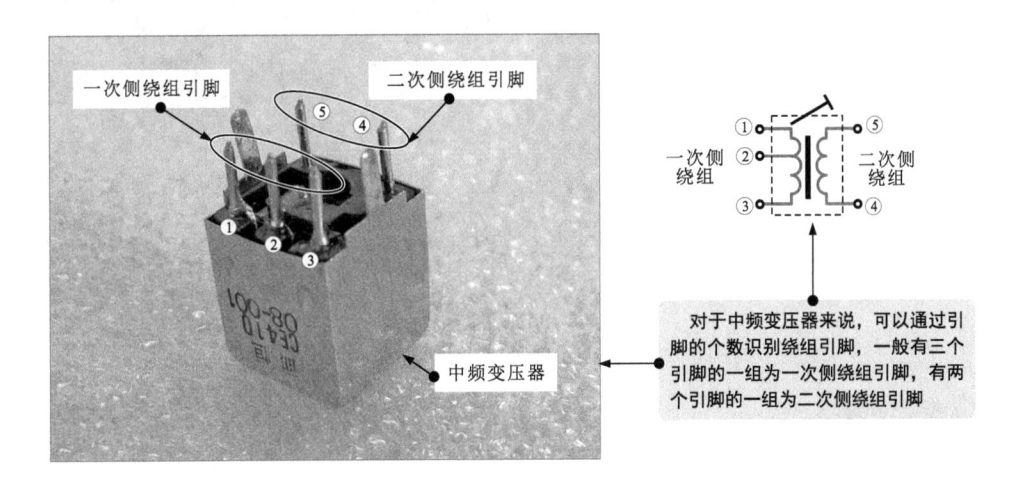

图10-21 识别变压器的绕组引脚

提示说明

对于其他类型的变压器来说，如果没有标识一次侧绕组引脚、二次侧绕组引脚，则一般可以通过引脚的粗细进行识别。对于降压变压器来说，较细的一组引脚为一次侧绕组引线，较粗的一组引脚为二次侧绕组引脚，一次侧绕组的匝数较多，二次侧绕组的匝数较少。另外，通过测量绕组的阻值也可进行识别，即阻值较大的一组引脚为一次侧绕组引脚，阻值较小的一组引脚为二次侧绕组引脚。如果是升压变压器，则识别方法正好相反。

图10-22为使用万用电桥检测变压器绕组的电感量。

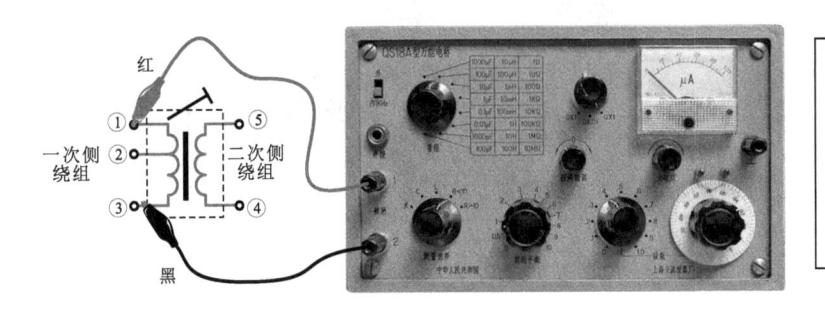

图10-22 使用万用电桥检测变压器绕组的电感量

10.5.2 变压器绕组电感量的检测操作

图10-23为变压器绕组电感量的检测操作。

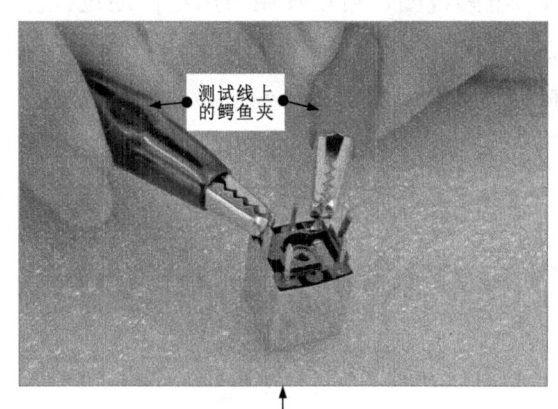

1 将万用电桥测试线上的鳄鱼夹分别夹在中频变压器一次侧绕组的两个引脚上

2 将功能旋钮调至L，量程选择旋钮调至100mH，分别调整各读数旋钮，使指示电表的指针指向0，读取数值为（0.2+0.013）×100mH＝21.3mH，正常

第二位有效数字为0.013
第一位有效数字为0.2

图10-23 变压器绕组电感量的检测操作

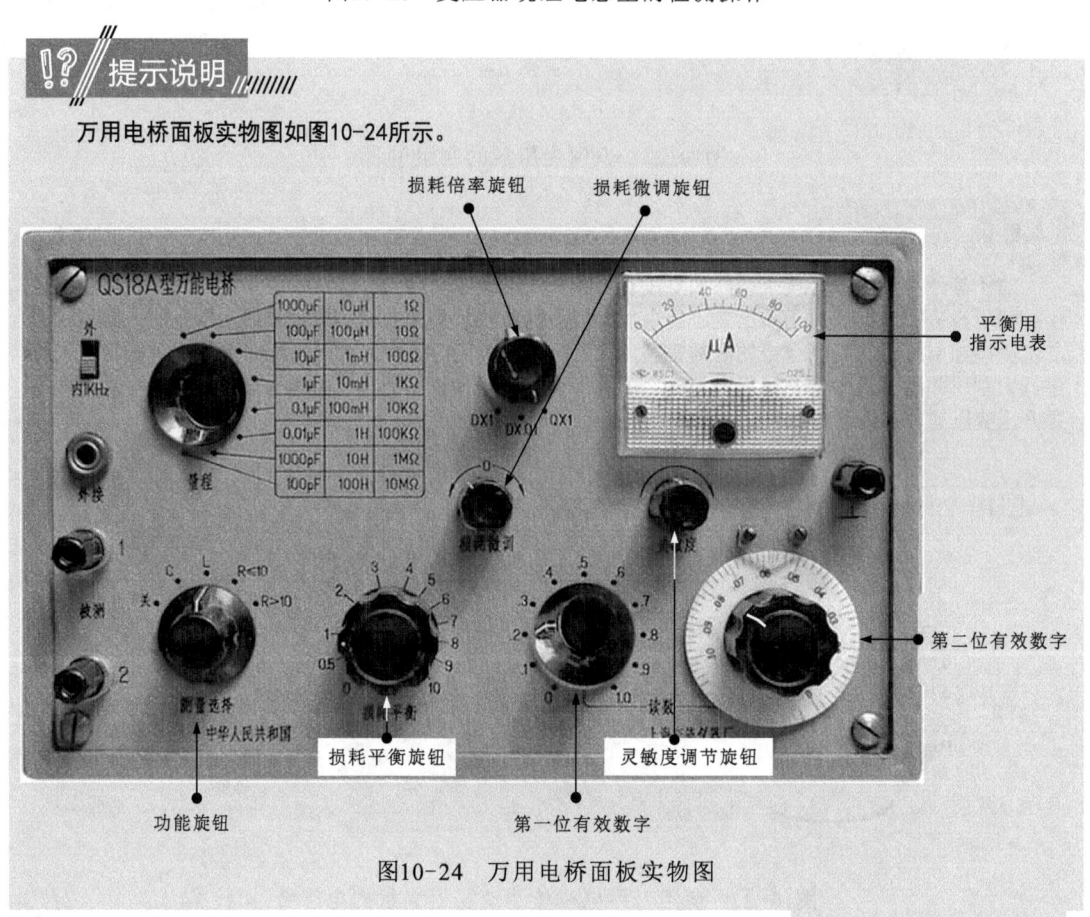

提示说明

万用电桥面板实物图如图10-24所示。

损耗倍率旋钮　损耗微调旋钮　平衡用指示电表　第二位有效数字　灵敏度调节旋钮　第一位有效数字　损耗平衡旋钮　功能旋钮

图10-24 万用电桥面板实物图

第11章 其他电气部件的功能与检测

11.1 开关的功能与检测

11.1.1 开关的功能

开关是用来接通或断开电路的电气部件,可对供配电线路、照明线路、电动机控制线路等进行接通或断开控制。

常用的开关主要有按钮开关、开启式负荷开关、低压照明开关、组合开关、封闭式负荷开关等,如图11-1所示。

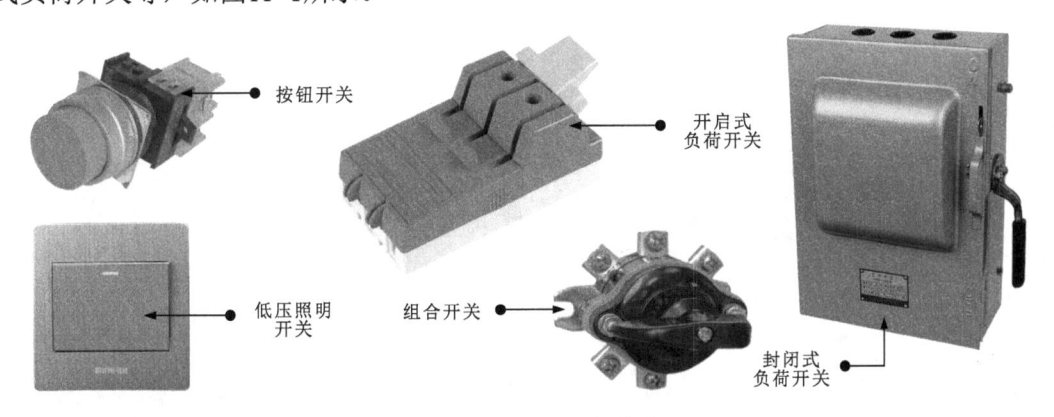

图11-1 常见开关的实物外形

> **提示说明**
>
> 按钮开关是手动开关,用来接通或断开电流很小的控制电路。
>
> 开启式负荷开关又称胶盖闸刀开关,可作为低压电器照明线路、建筑工地供电线路、农用机械供电线路及分支电路的配电开关,可在带负荷状态下接通或断开电源。开启式负荷开关按极数的不同,主要分为两极式(250V)和三极式(380V)两种。
>
> 低压照明开关主要用于对照明线路中照明灯的亮、灭状态进行控制,相关参数通常标识在表面。
>
> 组合开关又称转换开关,是由多组开关组成的,是一种转动式的闸刀开关,通常用于控制机床设备,具有体积小、寿命长、结构简单、操作方便等优点。
>
> 封闭式负荷开关又称铁壳开关,是在开启式负荷开关的基础上进行改进的一种手动开关,操作性能和安全防护都优于开启式负荷开关。封闭式负荷开关通常用来控制额定电压小于500V、额定电流小于200A的电气设备。封闭式负荷开关的内部有速断弹簧,可保证在打开外壳状态下不能合闸,提高了安全防护能力。

开关的主要功能就是通过自身触点的闭合与断开来控制所在线路的接通与断开。不同类型的开关,控制功能基本相同,如图11-2所示。

（a）断开　　　　　　　　　　　　　　（b）闭合

图11-2　开关控制功能示意图

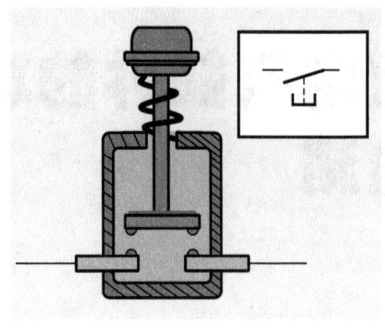

11.1.2 开关的检测方法

下面以常见的常开按钮开关为例对检测方法进行介绍，如图11-3所示。

1 将万用表的红、黑表笔分别搭在常开按钮开关的两个接线端上

2 在正常情况下，在触点处于断开的状态下，测得的阻值为无穷大（欧姆挡）

3 保持红、黑表笔位置不动，按下常开按钮开关

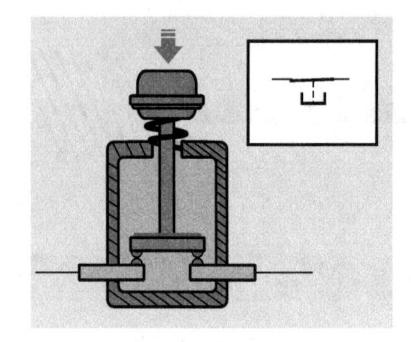

4 测得的阻值为0（欧姆挡）

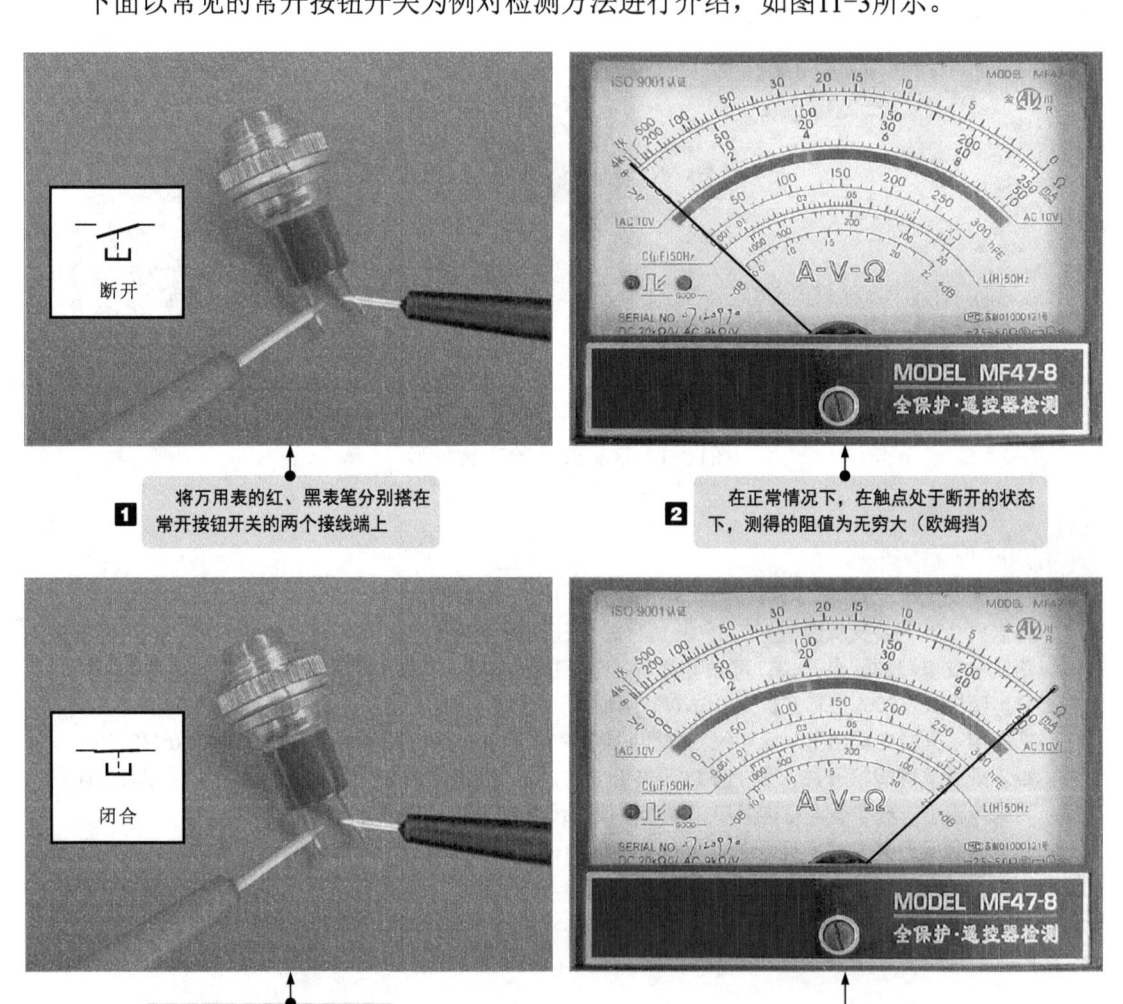

图11-3　常开按钮开关的检测方法

11.2 继电器的功能与检测

11.2.1 继电器的功能

继电器是一种根据外界输入量（电、磁、声、光、热）来控制电路接通或断开的部件，当输入量的变化达到规定要求时，被控量会发生预定的阶跃变化。输入量可以是电压、电流等电量，也可以是温度、速度、压力等非电量。

常见的继电器主要有电磁继电器、热继电器、中间继电器、时间继电器、速度继电器、压力继电器、温度继电器、电压继电器、电流继电器等，如图11-4所示。

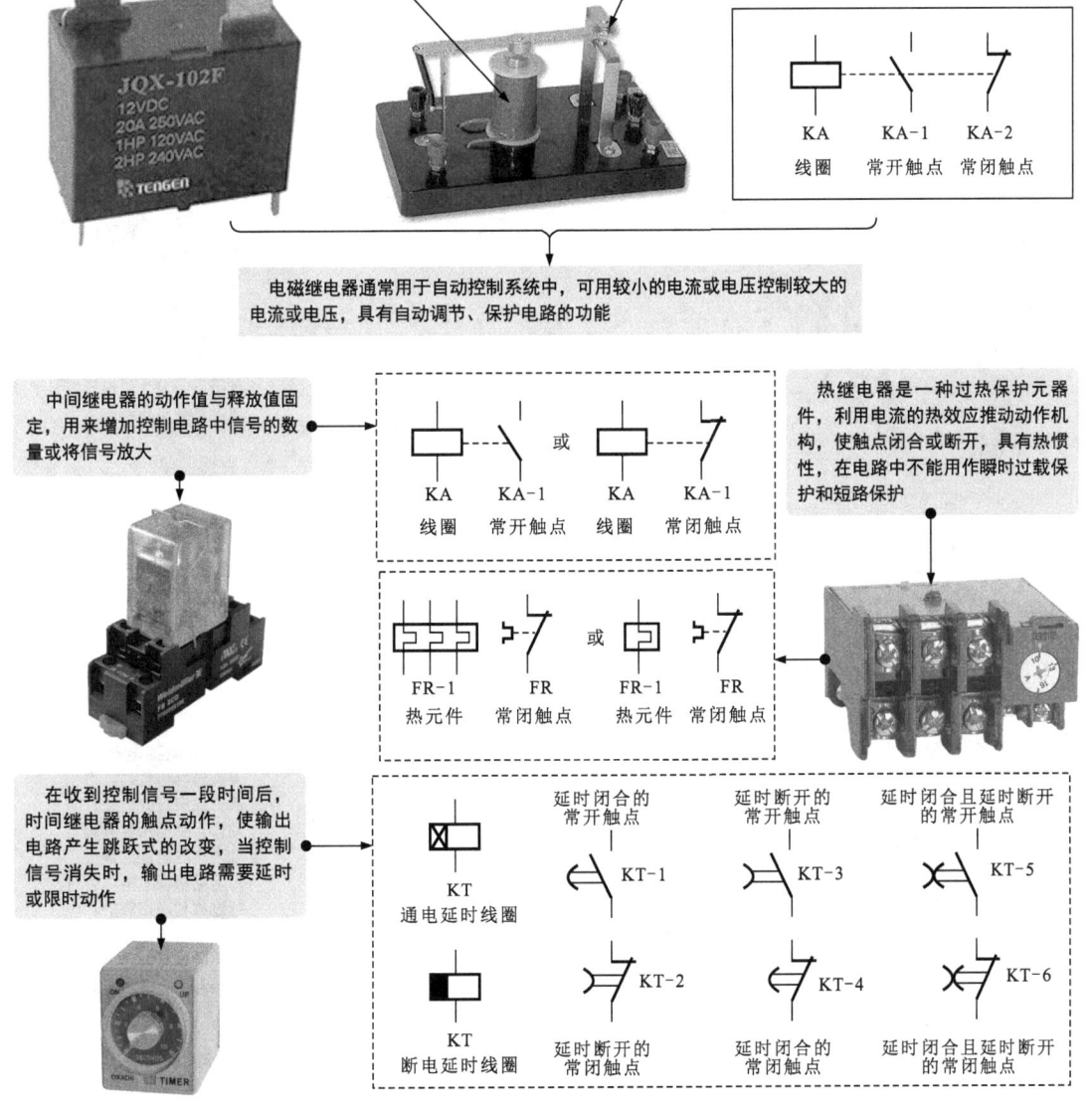

图11-4 常见继电器的实物外形及电路图形符号

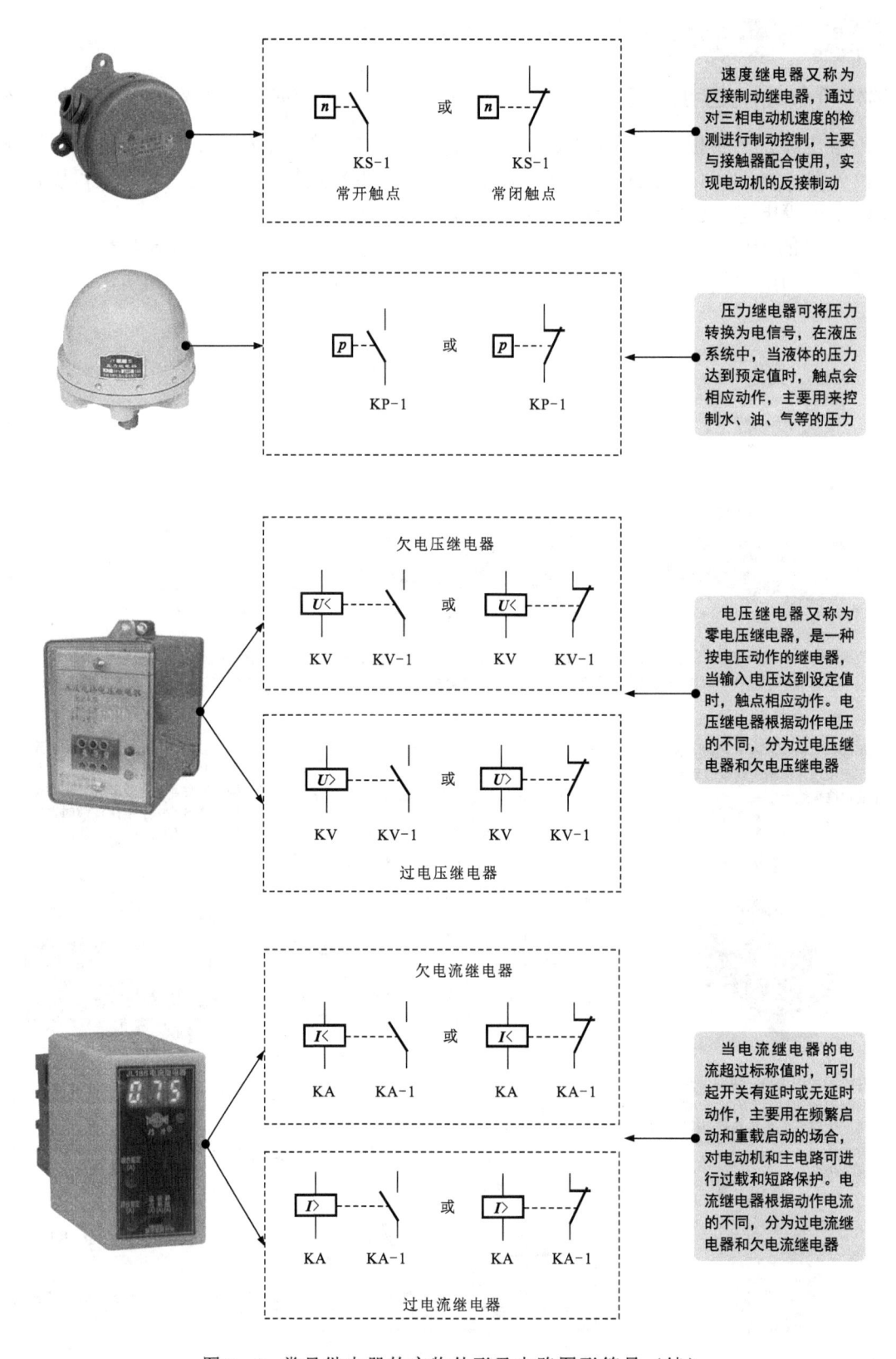

[速度继电器实物图] →	n — KS-1 常开触点 或 n — KS-1 常闭触点	← 速度继电器又称为反接制动继电器，通过对三相电动机速度的检测进行制动控制，主要与接触器配合使用，实现电动机的反接制动
[压力继电器实物图] →	p — KP-1 或 p — KP-1	← 压力继电器可将压力转换为电信号，在液压系统中，当液体的压力达到预定值时，触点会相应动作，主要用来控制水、油、气等的压力
[电压继电器实物图] →	欠电压继电器 U< KV KV-1 或 U< KV KV-1 U> KV KV-1 或 U> KV KV-1 过电压继电器	← 电压继电器又称为零电压继电器，是一种按电压动作的继电器，当输入电压达到设定值时，触点相应动作。电压继电器根据动作电压的不同，分为过电压继电器和欠电压继电器
[电流继电器实物图] →	欠电流继电器 I< KA KA-1 或 I< KA KA-1 I> KA KA-1 或 I> KA KA-1 过电流继电器	← 当电流继电器的电流超过标称值时，可引起开关有延时或无延时动作，主要用在频繁启动和重载启动的场合，对电动机和主电路可进行过载和短路保护。电流继电器根据动作电流的不同，分为过电流继电器和欠电流继电器

图11-4　常见继电器的实物外形及电路图形符号（续）

11.2.2 继电器的检测方法

下面以电磁继电器为例介绍检测方法，如图11-5所示。

1 将万用表的红、黑表笔分别搭在常闭触点的两个引脚端

2 在正常情况下，测得的阻值为0（欧姆挡）

3 将万用表的红、黑表笔分别搭在常开触点的两个引脚端

4 在正常情况下，测得的阻值为无穷大（欧姆挡）

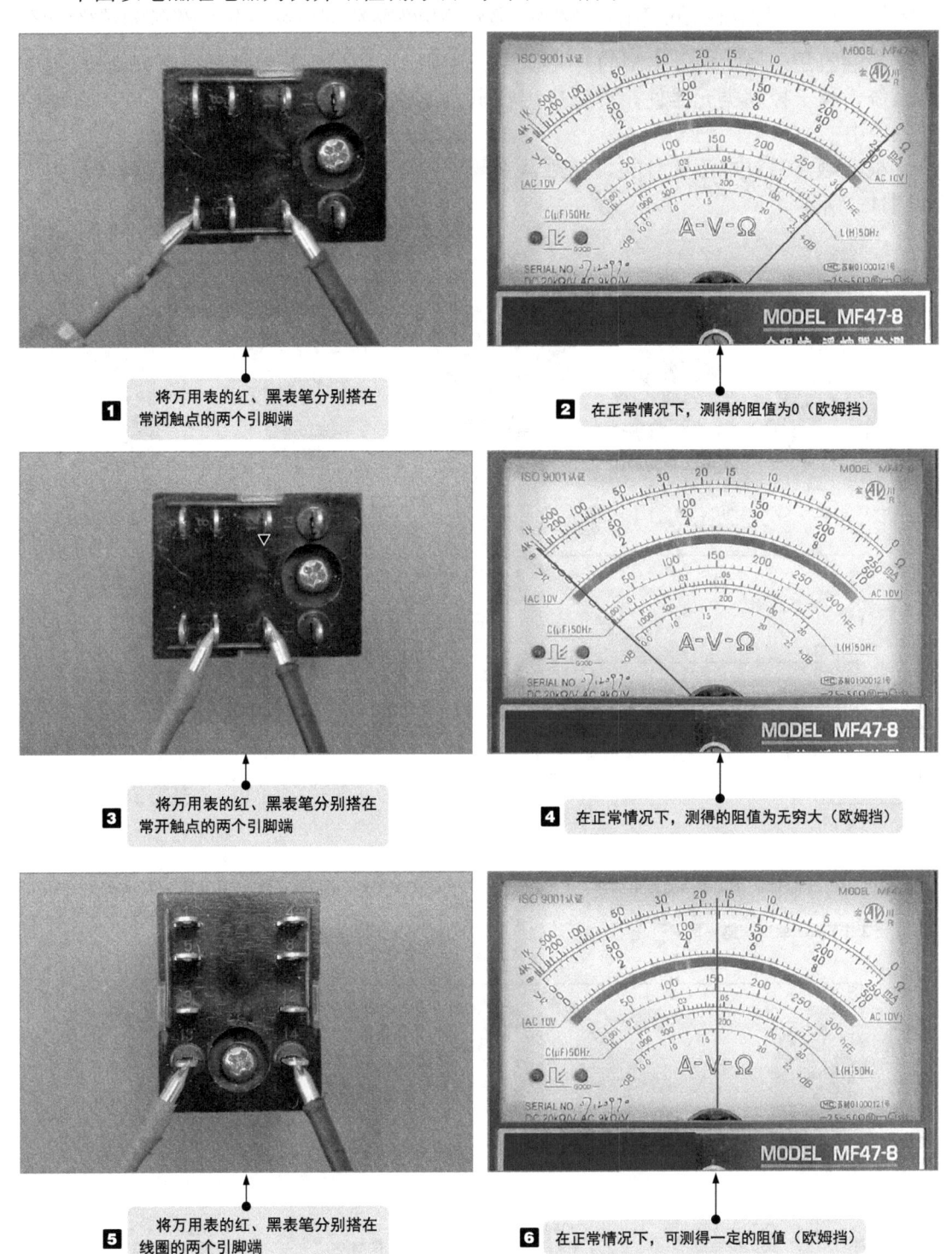

5 将万用表的红、黑表笔分别搭在线圈的两个引脚端

6 在正常情况下，可测得一定的阻值（欧姆挡）

图11-5 电磁继电器的检测方法

11.3 接触器的功能与检测

11.3.1 接触器的功能

接触器是一种由电压控制的开关装置，适用于远距离频繁地接通或断开交/直流电路系统，属于控制类元器件，广泛应用在电力拖动系统、机床设备控制系统、自动控制系统中。

根据触点通过电流的种类，接触器主要可以分为交流接触器和直流接触器两类，如图11-6所示。

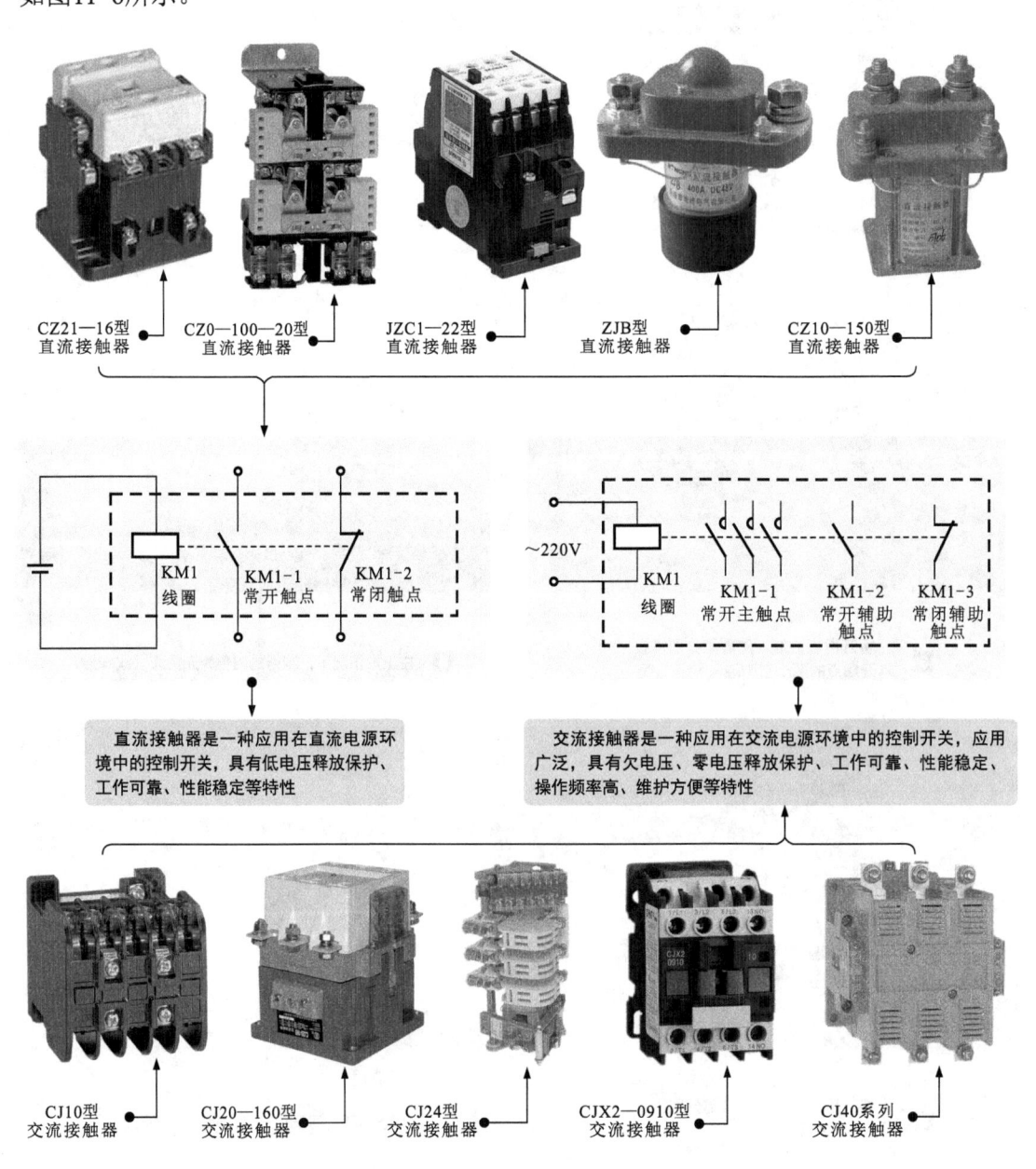

CZ21—16型直流接触器　CZ0—100—20型直流接触器　JZC1—22型直流接触器　ZJB型直流接触器　CZ10—150型直流接触器

直流接触器是一种应用在直流电源环境中的控制开关，具有低电压释放保护、工作可靠、性能稳定等特性

交流接触器是一种应用在交流电源环境中的控制开关，应用广泛，具有欠电压、零电压释放保护、工作可靠、性能稳定、操作频率高、维护方便等特性

CJ10型交流接触器　CJ20—160型交流接触器　CJ24型交流接触器　CJX2—0910型交流接触器　CJ40系列交流接触器

图11-6　常见接触器的实物外形

接触器主要有线圈、衔铁（动铁芯、静铁芯）和触点等部分，在线圈得电的状态下，上下两块衔铁相互吸合，衔铁动作带动触点动作，如常开触点闭合、常闭触点断开，如图11-7所示。

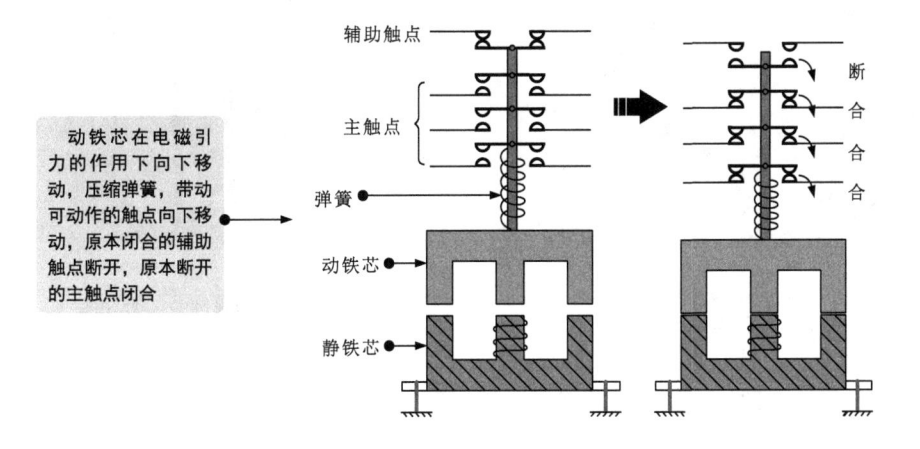

动铁芯在电磁引力的作用下向下移动，压缩弹簧，带动可动作的触点向下移动，原本闭合的辅助触点断开，原本断开的主触点闭合

图11-7 接触器工作原理示意图

提示说明

交流接触器的功能应用如图11-8所示。图中，闭合断路器QS，三相电源电压经交流接触器的常闭辅助触点KM-3为停机指示灯HL2供电，HL2点亮。按下启动按钮SB1，交流接触器KM线圈得电，常开主触点KM-1闭合，水泵电动机M接通三相电源，启动运转。同时，常开辅助触点KM-2闭合，实现自锁功能；常闭辅助触点KM-3断开，切断停机指示灯HL2的供电，HL2随即熄灭；常开辅助触点KM-4闭合，运行指示灯HL1点亮，指示水泵电动机处于工作状态。

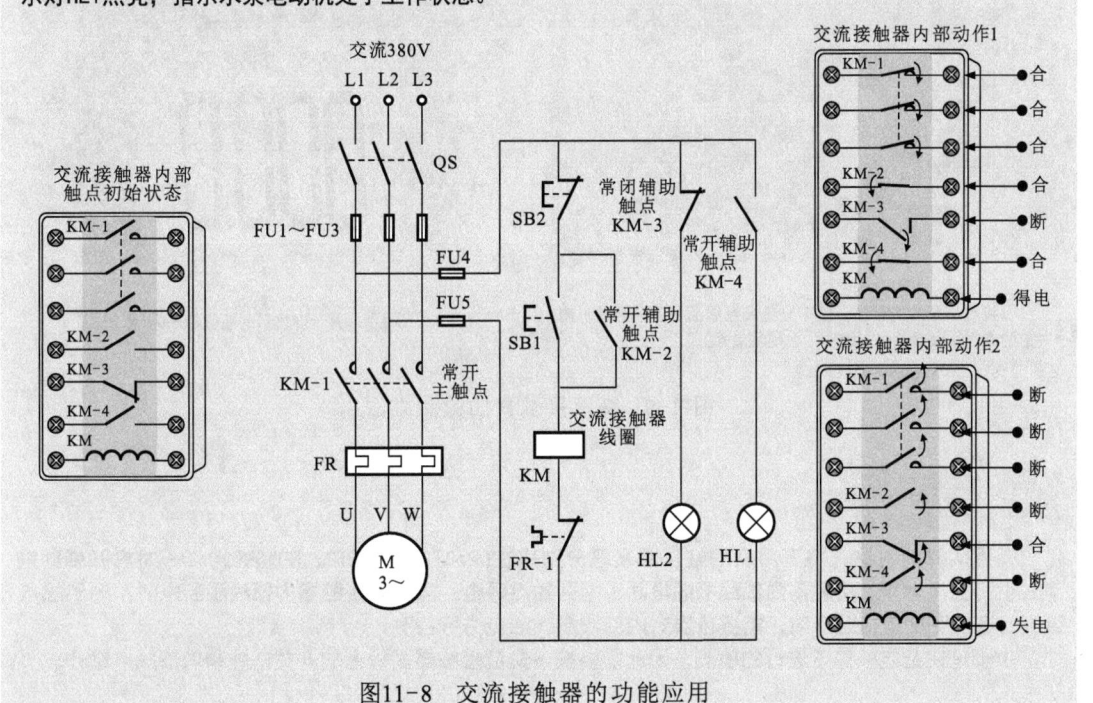

图11-8 交流接触器的功能应用

11.3.2 接触器的检测方法

下面以交流接触器为例介绍检测方法，如图11-9所示。

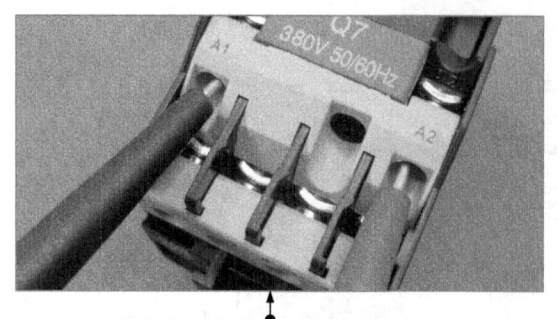

1 将万用表的红、黑表笔分别搭在交流接触器的A1、A2引脚（线圈引脚）上

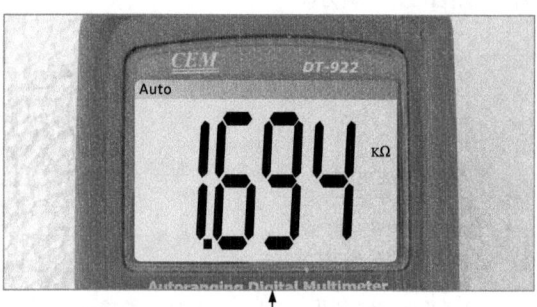

2 显示屏显示的阻值为1.694kΩ（欧姆挡）

3 将万用表的红、黑表笔分别搭在交流接触器的L1、T1引脚（常开主触点的一对引脚）上

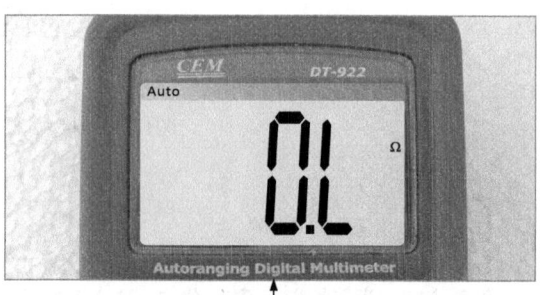

4 显示屏显示的阻值为无穷大（欧姆挡）

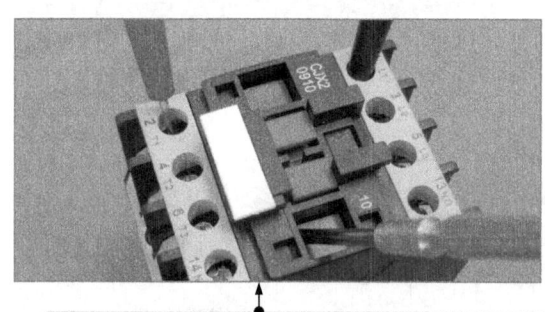

5 保持红、黑表笔不动，按下交流接触器面板上的开关，内部触点动作（常开触点闭合，常闭触点断开）

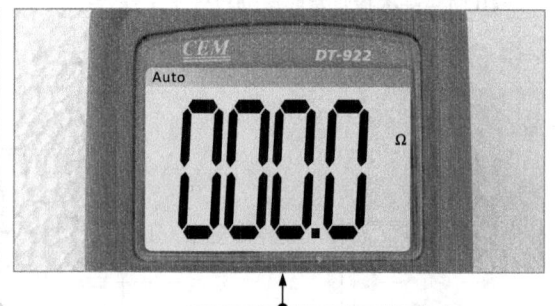

6 显示屏显示的阻值趋于0（欧姆挡）

图11-9 交流接触器的检测方法

提示说明

采用同样的方法，将万用表的红、黑表笔分别搭在L2和T2、L3和T3、NO和NO端（一对常开辅助触点）引脚上，当交流接触器内部线圈通电时，常开触点吸合；当交流接触器内部线圈断电时，内部触点断开。在检测交流接触器时，需要依次对内部线圈、触点进行检测。

由于是在断电条件下进行的检测，因此需要按下交流接触器面板上的开关，强制内部触点动作。

11.4 光耦合器的功能与检测

11.4.1 光耦合器的功能

光耦合器由一个光敏三极管和一个发光二极管构成。光耦合器有直射型和反射型。图11-10为常见光耦合器的实物外形及内部结构示意图。

（a）直射型光耦合器

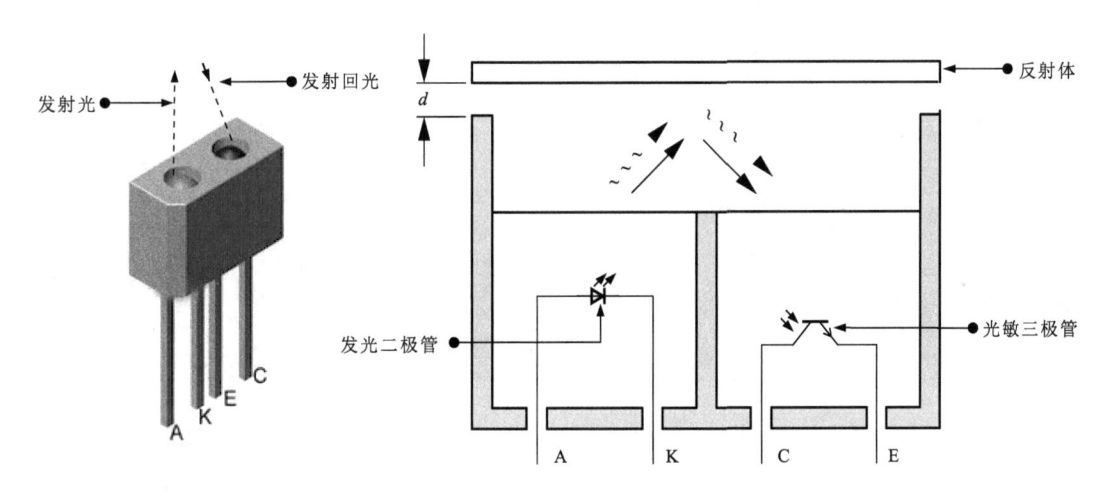

（b）反射型光耦合器

图11-10　常见光耦合器的实物外形及内部结构示意图

光耦合器在电路板上的外观如图11-11所示。

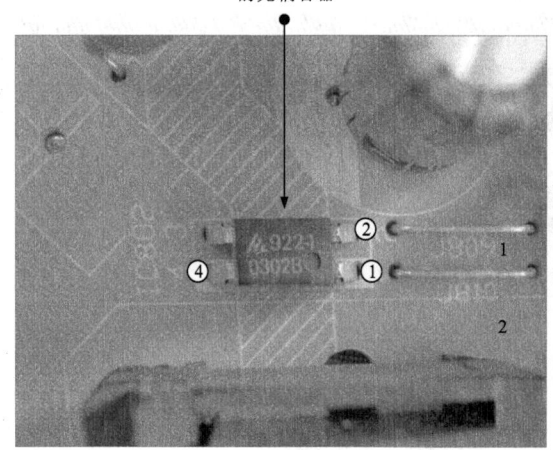

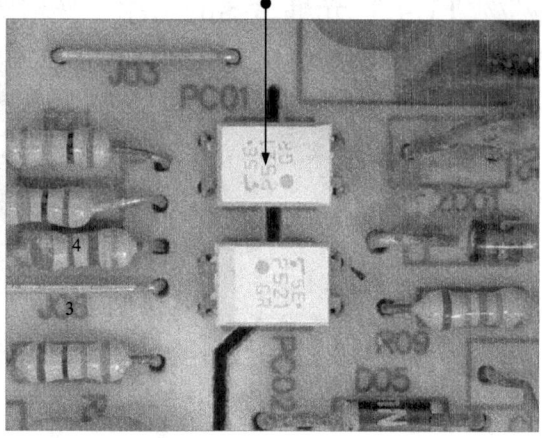

图11-11 光耦合器在电路板上的外观

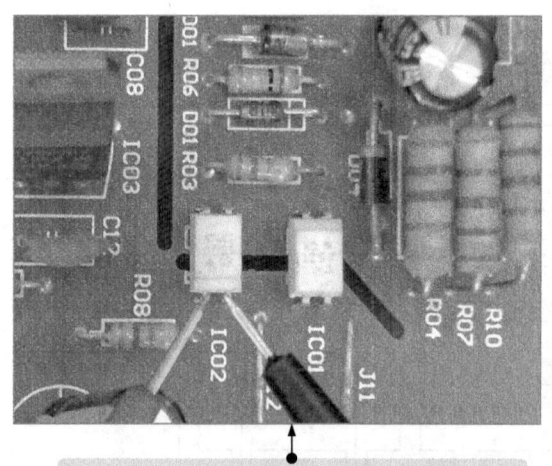

11.4.2 光耦合器的检测方法

图11-12为光耦合器的检测方法。

1 将万用表的红、黑表笔分别搭在光耦合器的1脚和2脚，检测内部发光二极管两个引脚之间的正、反向阻值

2 在正常情况下，正向有一定阻值，反向阻值为无穷大（欧姆挡）

图11-12 光耦合器的检测方法

> **提示说明**
>
> 在正常情况下，在排除外围元器件的影响（可将光耦合器从电路板上取下）后，光耦合器的发光二极管侧，正向阻值应有一定数值，反向阻值为无穷大；光敏三极管侧，正、反向阻值都为无穷大。

11.5 霍尔元件的功能与检测

11.5.1 霍尔元件的功能

霍尔元件是一种半导体磁电元器件，是利用霍尔效应进行工作的。

图11-13为霍尔元件的电路图形符号和霍尔效应。

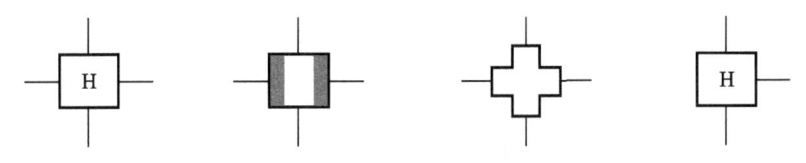

（a）电路图形符号

所谓霍尔效应，就是当磁场作用于金属导体时，金属导体中的载流子产生横向电位差的物理现象。

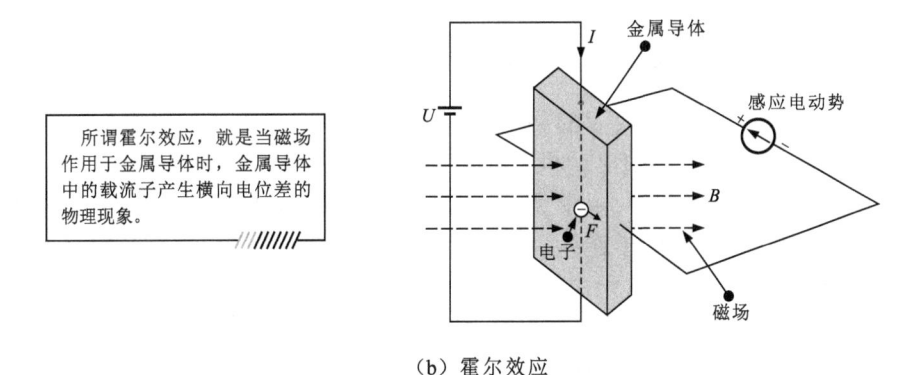

（b）霍尔效应

图11-13 霍尔元件的电路图形符号和霍尔效应

霍尔元件的实物外形和内部电路框图如图11-14所示。

（a）实物外形 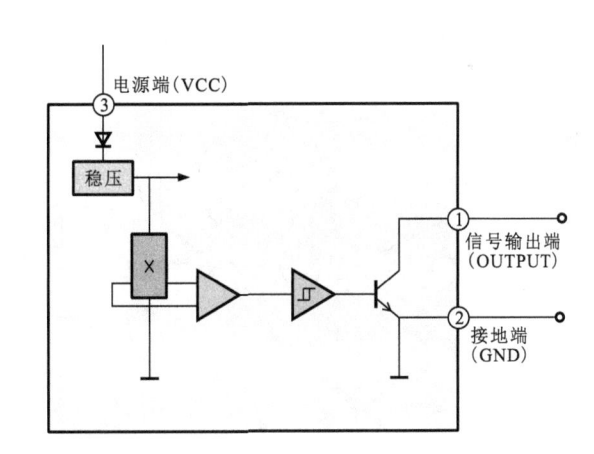　　　　　　　（b）内部电路框图

图11-14 霍尔元件的实物外形和内部电路框图

霍尔元件常用的接口电路如图11-15所示，可以与三极管、晶闸管、二极管、TTL电路（晶体管-晶体管逻辑电路）和MOS场效应晶体管配接。

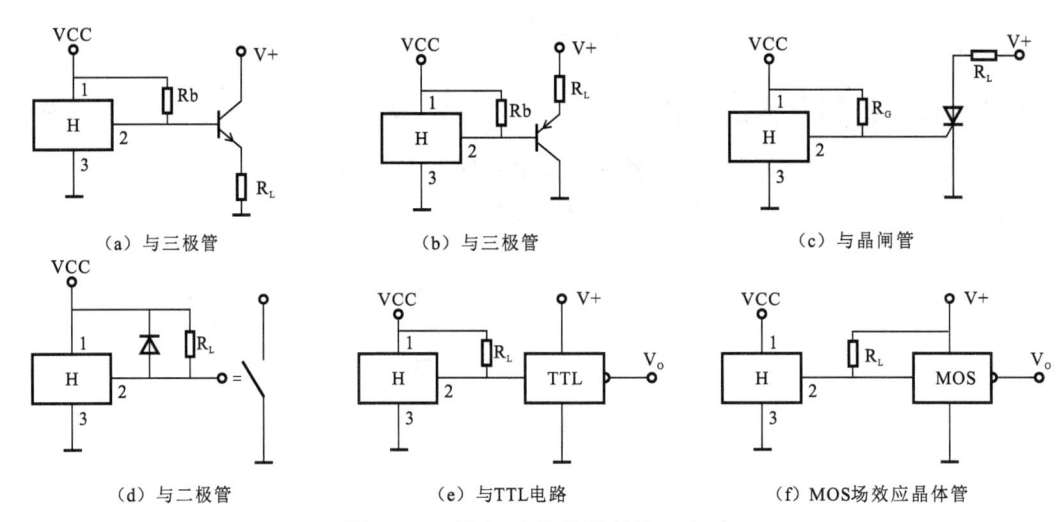

(a) 与三极管　　(b) 与三极管　　(c) 与晶闸管

(d) 与二极管　　(e) 与TTL电路　　(f) MOS场效应晶体管

图11-15　霍尔元件常用的接口电路

霍尔元件是一种基于霍尔效应的磁电传感器，用于检测磁场及其变化，广泛应用于需要磁场的场合，如控制无刷电动机、检测位置、检测磁场强度等。

在无刷电动机控制系统中，由于无刷电动机定子绕组中的电流方向必须根据转子的磁极方向进行切换才能使转子连续旋转，因此在无刷电动机中必须设置一个检测转子磁极位置的传感器，通常设置一个霍尔元件。

图11-16为霍尔元件在电动自行车无刷电动机中的应用。图中，霍尔元件经限流电阻接在电源两端，有偏流流过；受磁场作用，霍尔元件的左右两侧输出极性相反的电压，使V2导通，V1截止；W2中有电流，产生的磁场会吸引转子磁极进行逆时针旋转，W1中无电流。

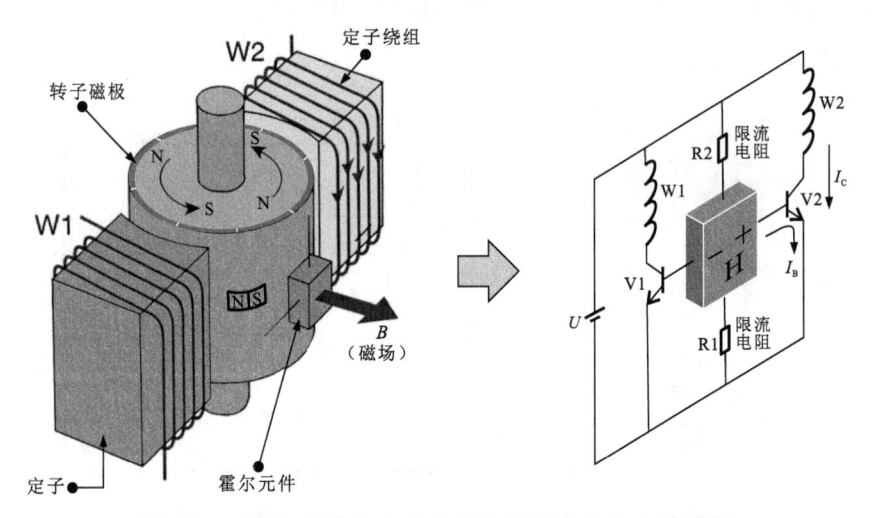

图11-16　霍尔元件在电动自行车无刷电动机中的应用

图11-17为霍尔元件在电动自行车调速转把中的应用。在电动自行车加电后，通过调速转把将控制信号送入控制器，控制器根据信号的大小控制电动自行车中电动机的转速。

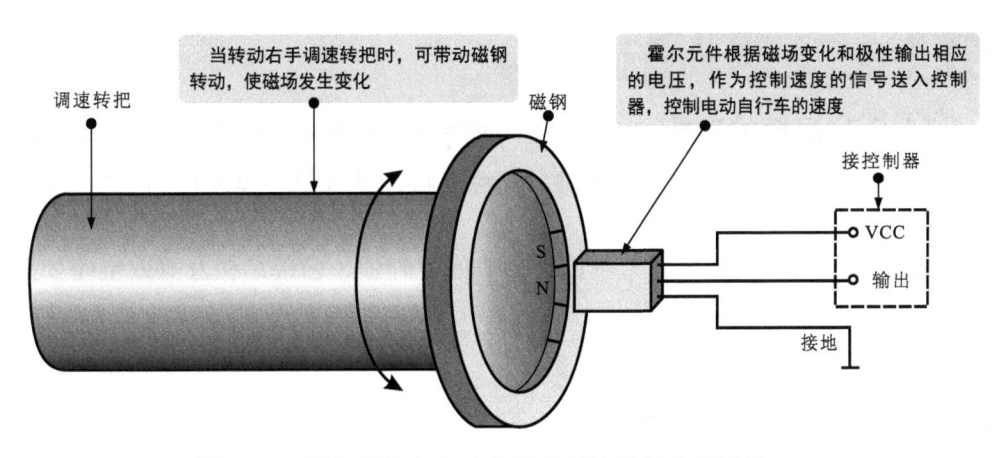

图11-17 霍尔元件在电动自行车调速转把中的应用

11.5.2 霍尔元件的检测方法

下面以电动自行车调速转把中的霍尔元件为例介绍检测方法，如图11-18所示。

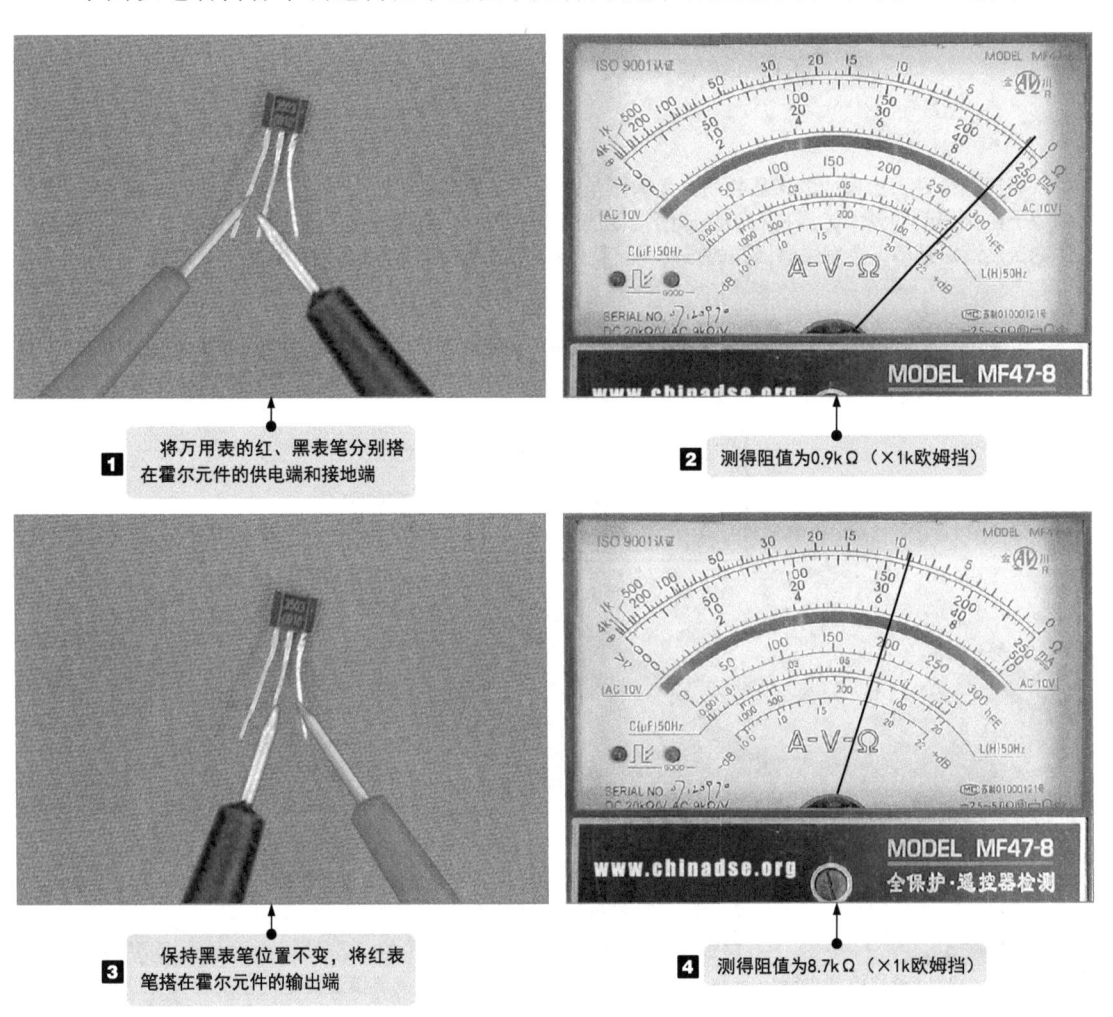

1 将万用表的红、黑表笔分别搭在霍尔元件的供电端和接地端

2 测得阻值为0.9kΩ（×1k欧姆挡）

3 保持黑表笔位置不变，将红表笔搭在霍尔元件的输出端

4 测得阻值为8.7kΩ（×1k欧姆挡）

图11-18 霍尔元件的检测方法

11.6 晶振的功能与检测

11.6.1 晶振的功能

石英晶体振荡器又名石英谐振器，简称晶振，是利用石英晶体的压电效应制成的谐振元器件。

晶振主要是由石英晶体和外围部件构成的，外形、内部结构及等效电路如图11-19所示。

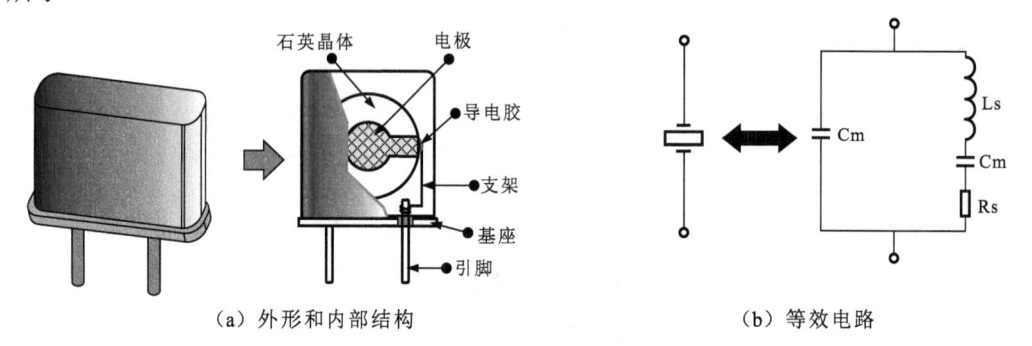

(a) 外形和内部结构　　(b) 等效电路

图11-19　晶振的外形、内部结构及等效电路

提示说明

石英晶体是天然形成的结晶物质，具有压电效应，在受到机械压力的作用时会发生振动，振动频率等于机械振动的频率。当在石英晶体两端施加交流电压时，会在频率的作用下发生振动，在石英晶体的自然谐振频率下会发生最强烈的振动。石英晶体的自然谐振频率由尺寸和切割方式决定。

在电子产品电路中，晶振通常与微处理器内部的振荡电路构成晶体振荡电路，用于为微处理器提供时钟信号，如图11-20所示。

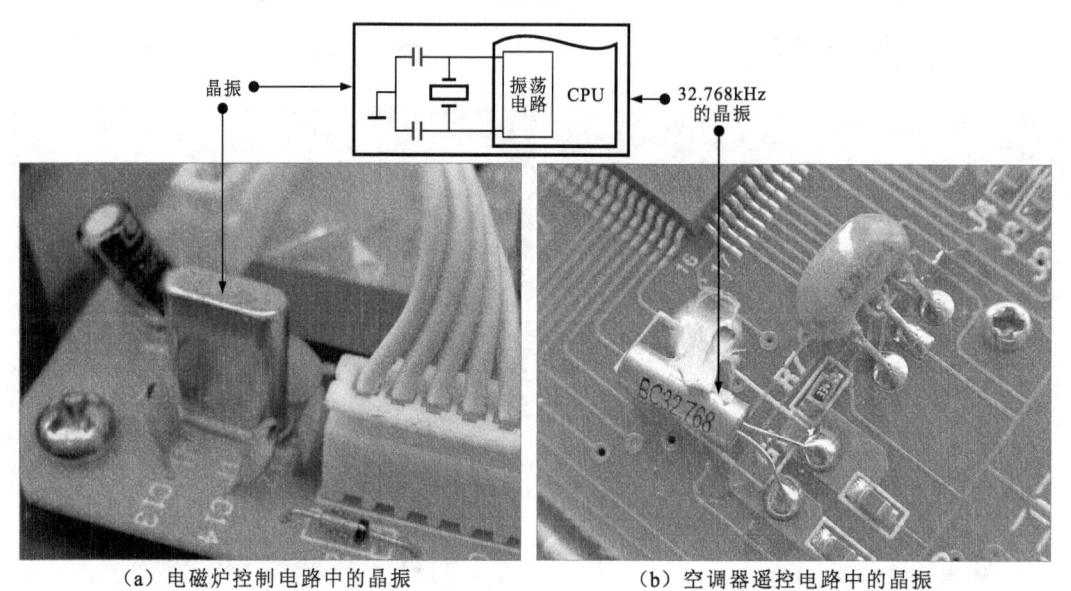

(a) 电磁炉控制电路中的晶振　　(b) 空调器遥控电路中的晶振

图11-20　晶振的应用

11.6.2 晶振的检测方法

下面以空调器遥控电路中的晶振为例介绍检测方法。晶振引脚信号波形的检测方法如图11-21所示。

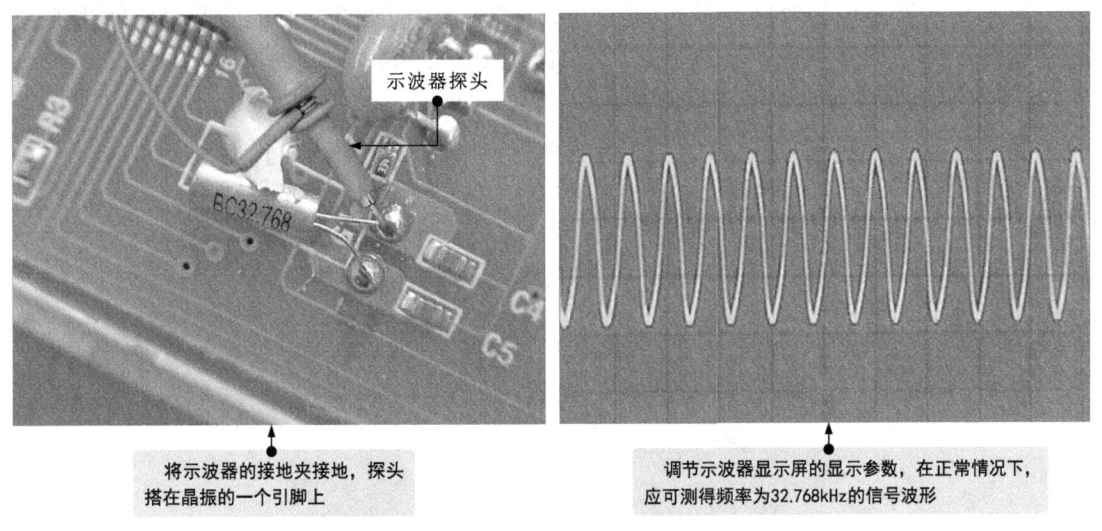

将示波器的接地夹接地，探头搭在晶振的一个引脚上

调节示波器显示屏的显示参数，在正常情况下，应可测得频率为32.768kHz的信号波形

图11-21 晶振引脚信号波形的检测方法

若实测无信号波形或信号波形异常，则说明振荡电路未工作，可能是晶振性能不良，也可能是振荡电路异常，需要将晶振从电路板上取下，用万用表检测晶振引脚之间的阻值，如图11-22所示。

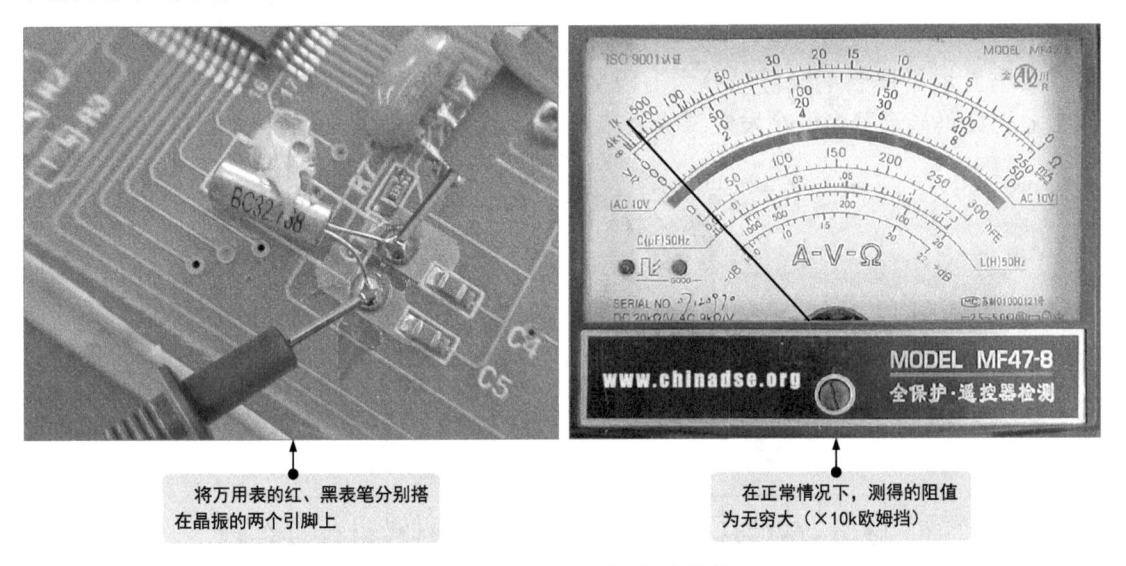

将万用表的红、黑表笔分别搭在晶振的两个引脚上

在正常情况下，测得的阻值为无穷大（×10k欧姆挡）

图11-22 晶振引脚之间阻值的检测方法

若可测得一定的阻值，则说明晶振损坏。若测得阻值为无穷大，则需要采用替换法进行进一步的验证，因为晶振引脚之间的阻值在正常时应为无穷大，若出现开路情况，也会测得阻值为无穷大。

11.7 数码显示器的功能与检测

11.7.1 数码显示器的功能

数码显示器是一种数字显示元器件，又可称为LED数码管，是电子产品中常用的显示元器件，如应用在电磁炉、微波炉的操作面板上用来显示工作状态、运行时间等。图11-23为常见数码显示器的实物外形。

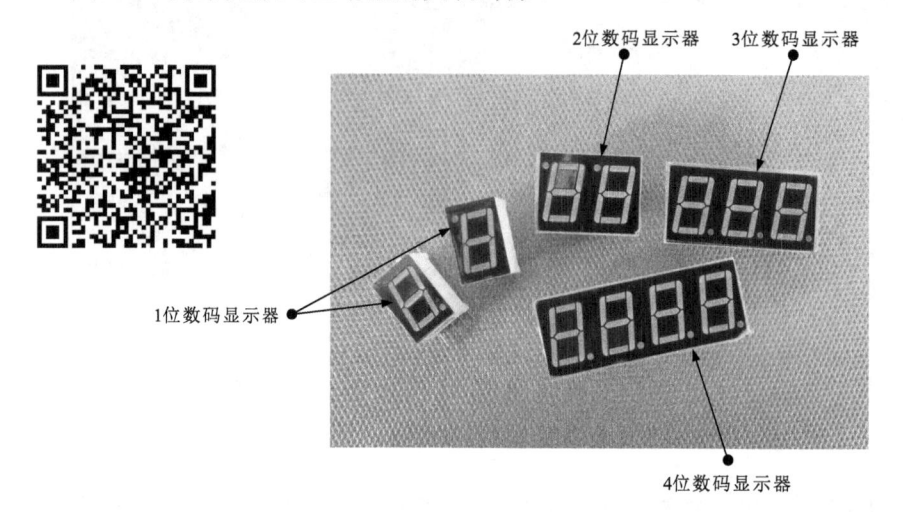

图11-23 常见数码显示器的实物外形

数码显示器以发光二极管（LED）为基础，由多个发光二极管组成a、b、c、d、e、f、g等笔段，另用DP表示小数点，用笔段显示相应的数字或图像。

数码显示器按照笔段可以分为七段数码显示器和八段数码显示器。八段数码显示器比七段数码显示器多一个发光二极管单元，即多一个小数点显示，如图11-24所示。

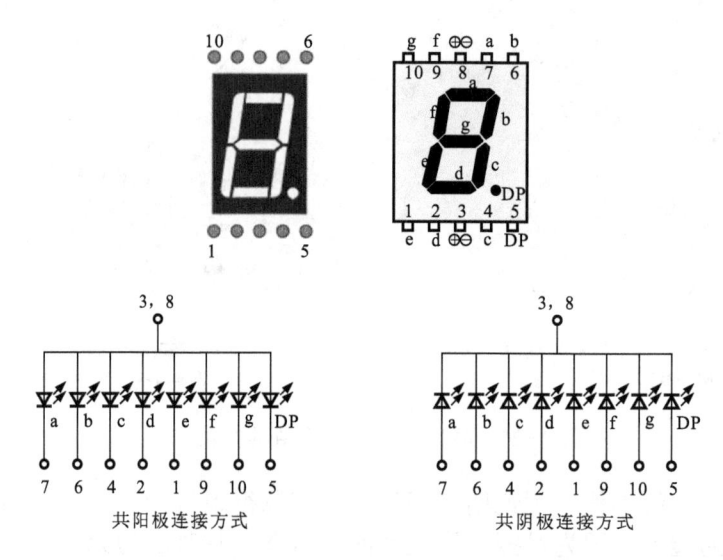

（a）1位数码显示器的引脚排列和引脚连接方式

图11-24 数码显示器的引脚排列和引脚连接方式

共阳极连接方式

引脚排列

共阴极连接方式

(b) 2位数码显示器的引脚排列和引脚连接方式

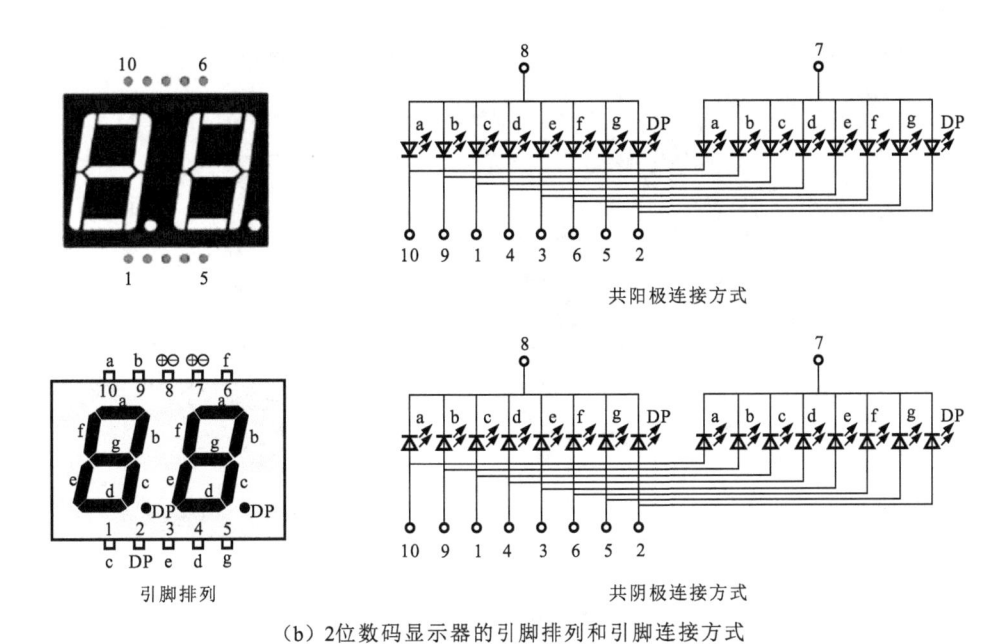

图11-24 数码显示器的引脚排列和引脚连接方式(续)

11.7.2 数码显示器的检测方法

图11-25为数码显示器的检测方法。

1 将数字万用表的量程旋钮调至二极管测量挡,若数码显示器的引脚采用共阳极连接方式,则将红表笔搭在公共端,黑表笔依次搭在其他引脚端

相应的笔段发光

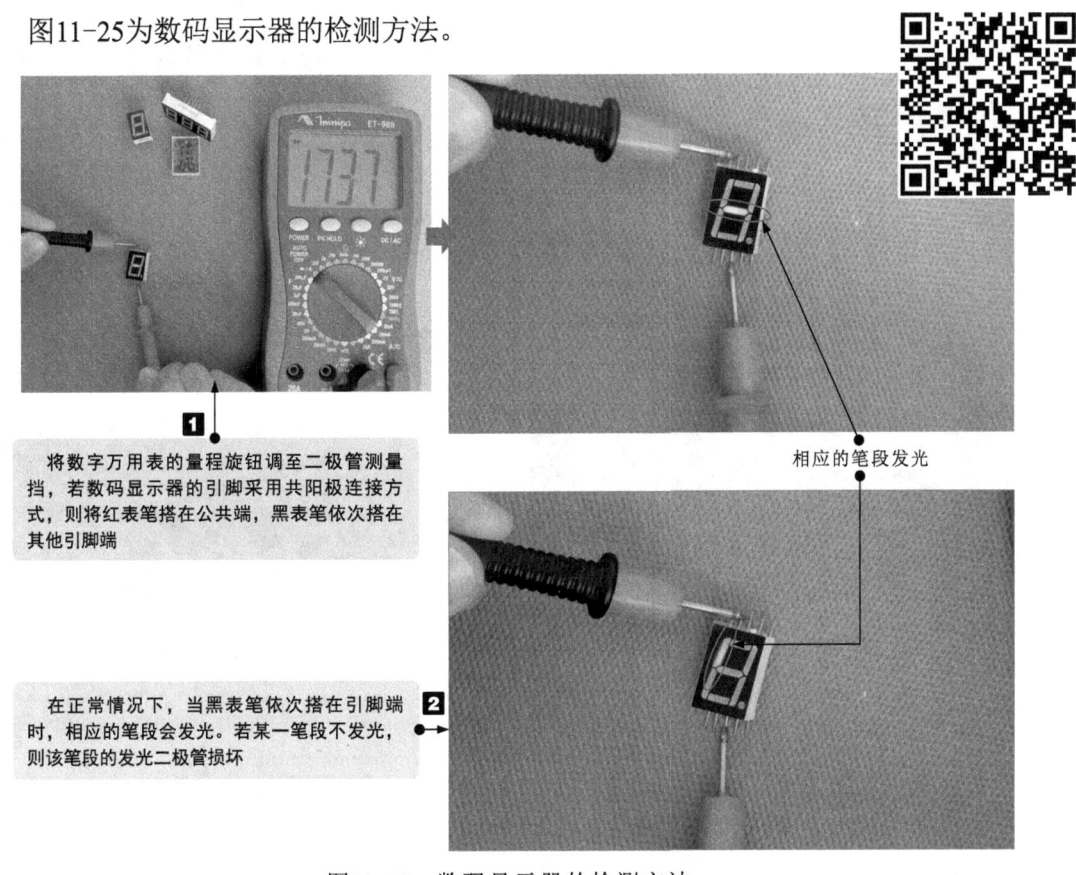

2 在正常情况下,当黑表笔依次搭在引脚端时,相应的笔段会发光。若某一笔段不发光,则该笔段的发光二极管损坏

图11-25 数码显示器的检测方法

③ 若数码显示器的引脚采用共阴极连接方式,则将黑表笔搭在公共端,红表笔依次搭在其他引脚端,相应的笔段也会发光

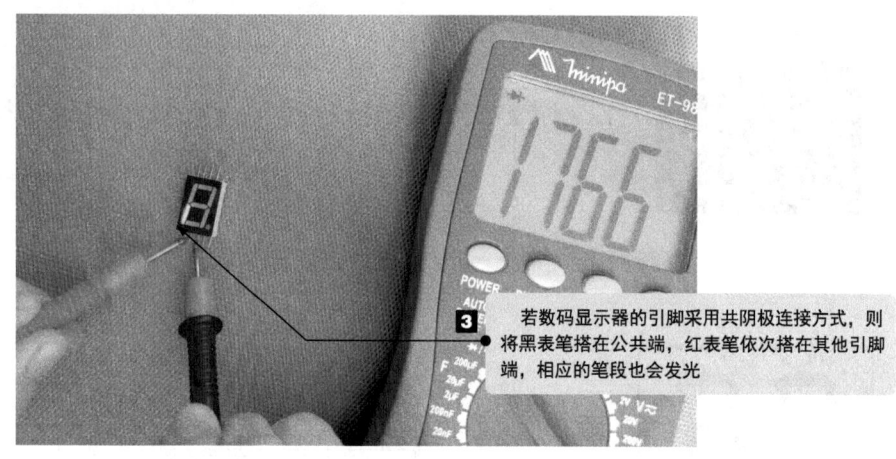

图11-25 数码显示器的检测方法(续)

1位数码显示器和2位数码显示器通常有两个公共端。3位数码显示器有3个公共端。4位数码显示器有4个公共端。测量方法均类似。一组数位的笔段检测完成后,更换另一个公共端,对另一组数位的笔段进行检测。图11-26为4位数码显示器的检测方法。

① 将数字万用表的量程旋钮调至二极管测量挡,黑表笔搭在1脚(公共端)上,红表笔依次搭在其他引脚端,相应的笔段发光

② 将黑表笔搭在8脚上,红表笔依次搭在其他引脚端,完成第2组数位笔段的检测

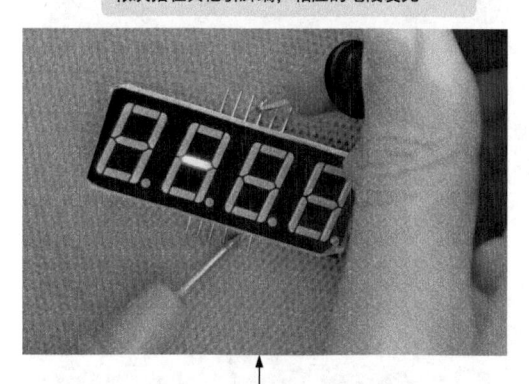

③ 将黑表笔搭在9脚上,红表笔依次搭在其他引脚端,完成第3组数位笔段的检测

④ 将黑表笔搭在12脚上,红表笔依次搭在其他引脚端,完成第4组数位笔段的检测

图11-26 4位数码显示器的检测方法

11.8 扬声器的功能与检测

11.8.1 扬声器的功能

扬声器俗称喇叭，是音响系统中不可或缺的重要部件，所有的音乐都是通过扬声器发出声音传到人耳的，是一种能够将电信号转换为声波的电声部件。

图11-27为常见扬声器的实物外形。

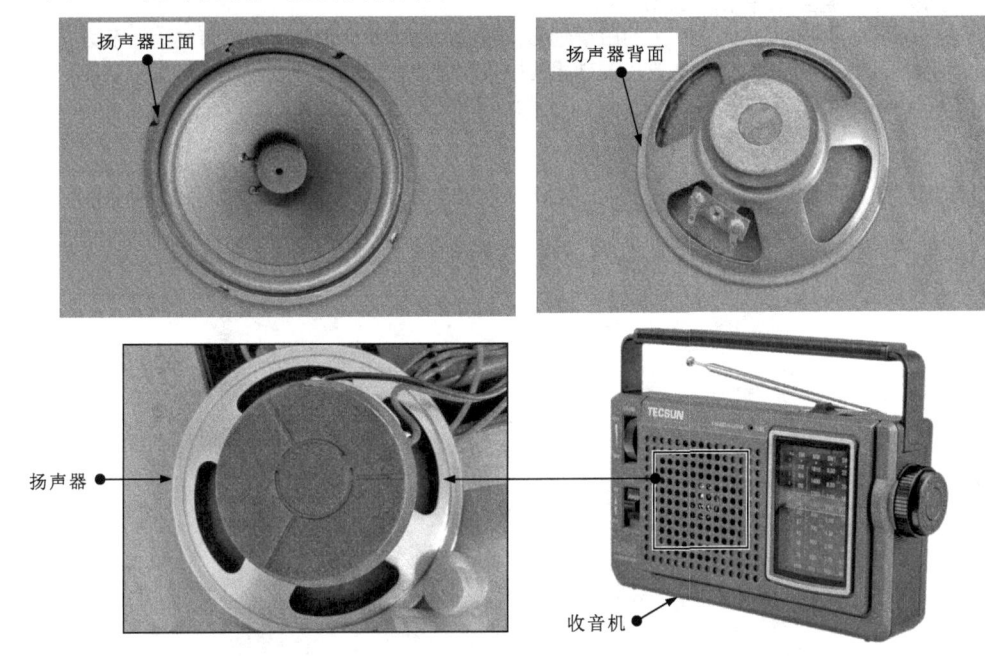

图11-27 常见扬声器的实物外形

扬声器主要是由磁路系统和振动系统组成的：磁路系统由环形磁铁、导磁柱和导磁板等组成；振动系统由音盆、音盆支架、音圈、定心支片等部分组成，如图11-29所示。

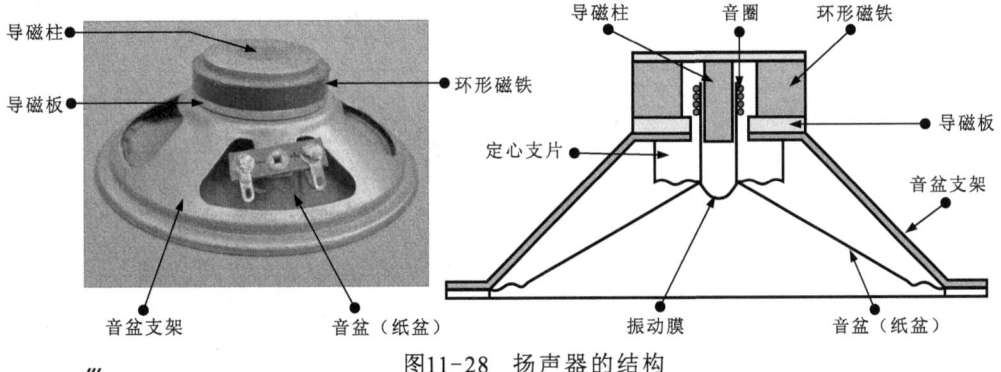

图11-28 扬声器的结构

提示说明

音圈是用漆包线绕制而成的，圈数很少，通常只有几十圈，阻抗很小。音圈的引出线平贴着音盆，用胶水粘在音盆上。音盆是由特制的模压纸制成的，在中心加有防尘罩，防止灰尘和杂物进入磁隙，影响振动效果。

> **提示说明**
>
> 扬声器的工作原理：当音圈通入电流后，音圈在电流的作用下产生一个交变磁场，音圈在环形磁铁所形成的磁场中会发生振动。
>
> 由于音圈产生磁场的大小和方向随着音频信号的变化不断改变，因此两个磁场的相互作用使音圈做垂直于音圈电流方向的运动。由于音圈和振动膜相连，因此音圈带动振动膜振动，音盆将振动膜的振动进一步放大，引起空气振动，发出声音。
>
> 音圈中音频信号的电流越大，产生的磁场越强，振动膜振动的幅度越大，声音越大；反之，声音越小。扬声器可以发出高音的部分主要在振动膜的中央，发出低音的部分主要在振动膜的边缘。如果扬声器的振动膜边缘较为柔软且音盆口径较大，则低音效果较好。

11.8.2 扬声器的检测方法

在检测扬声器之前，要先了解相关参数的标称值，如图11-29所示。

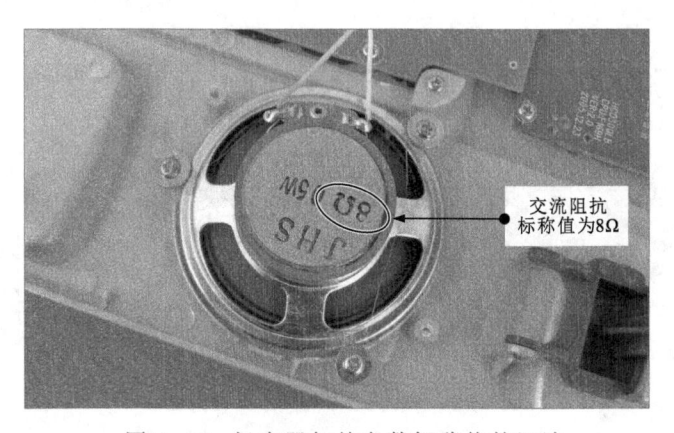

图11-29 扬声器相关参数标称值的识读

用万用表检测扬声器阻值的操作方法如图11-30所示。

❶ 将万用表的红、黑表笔分别搭在扬声器音圈的两个接点上，检测音圈的直流电阻

❷ 显示屏显示的阻值为7.5Ω，略小于交流阻抗标称值，正常（欧姆挡）

图11-30 用万用表检测扬声器阻值的操作方法

> **提示说明**
>
> 在正常情况下，扬声器音圈的直流电阻比交流阻抗标称值小一些。若实测阻值为0或无穷大，则多为扬声器损坏，需要进行更换。
>
> 如果扬声器性能良好，则在将红、黑表笔搭在音圈的两个接点上时，扬声器会发出"咔咔"声。如果扬声器损坏，则不会有声音发出。这一点在检测时要特别注意。此外，当扬声器出现音圈粘连或卡死、音盆损坏等情况时，用万用表是检测不出来的，必须通过试听音响效果才能进行判断。

11.9 蜂鸣器的功能与检测

11.9.1 蜂鸣器的功能

根据结构，蜂鸣器可分为压电式蜂鸣器和电磁式蜂鸣器：压电式蜂鸣器是由陶瓷材料制成的；电磁式蜂鸣器是由电磁线圈构成的。根据工作原理，蜂鸣器可分为无源蜂鸣器和有源蜂鸣器：无源蜂鸣器内部无振荡源，必须有驱动信号才能发声；有源蜂鸣器内部有振荡源，只要外加直流电压即可发声。

图11-31为常见蜂鸣器的实物外形。

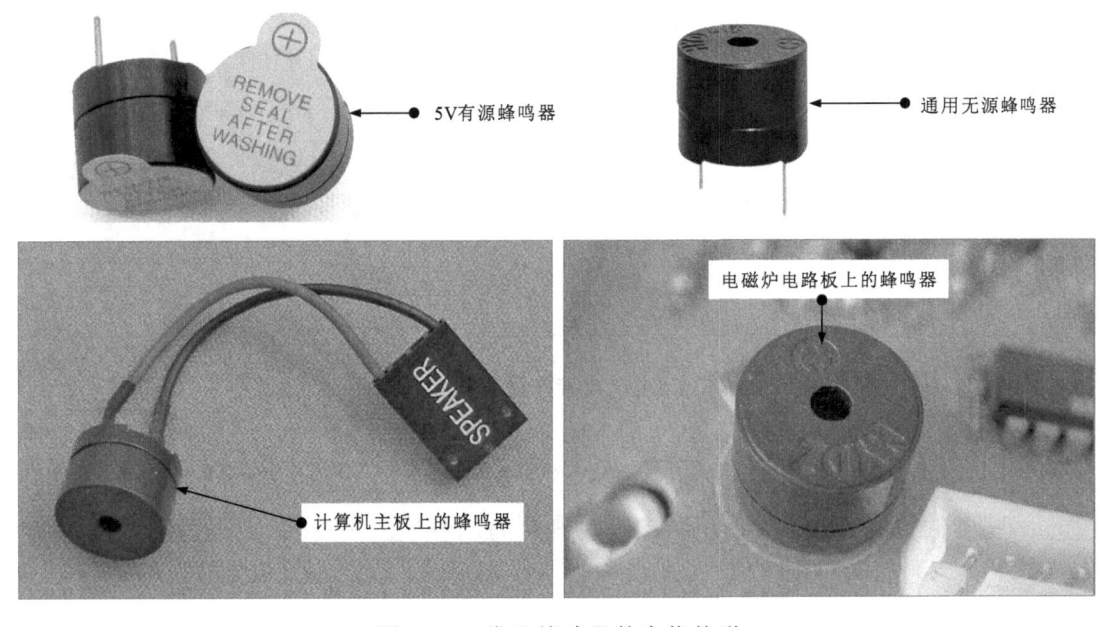

- 5V有源蜂鸣器
- 通用无源蜂鸣器
- 计算机主板上的蜂鸣器
- 电磁炉电路板上的蜂鸣器

图11-31 常见蜂鸣器的实物外形

蜂鸣器应用广泛，常用在计算机、复印机、打印机、报警器、电子玩具、汽车电子设备、电话机、定时器等电子产品中，主要作为发声部件。

图11-32为简易门窗防盗报警电路。该电路主要是由振动传感器（CS01）及其外围元器件构成的。在正常工作状态下，CS01的输出端输出低电平信号，继电器（KA）不工作。当受到撞击时，CS01将振动信号转化为电信号，输出端输出高电平信号，使继电器（KA）吸合，蜂鸣器发出报警声音，引起人们的注意。

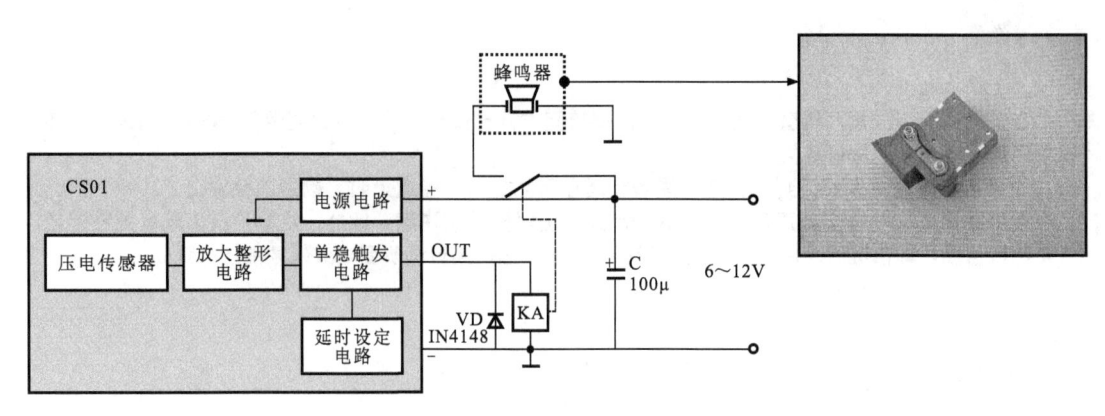

图11-32 简易门窗防盗报警电路

图11-33为电动自行车防盗报警锁电路。该电路采用振动传感器（S1），当电动自行车被移动时，振动传感器（S1）输出信号并送到V1的基极，经V1放大后，加到IC1的1脚，经IC1处理后，由4脚输出信号，经V2驱动蜂鸣器发声，发出报警声音，引起车主的注意。

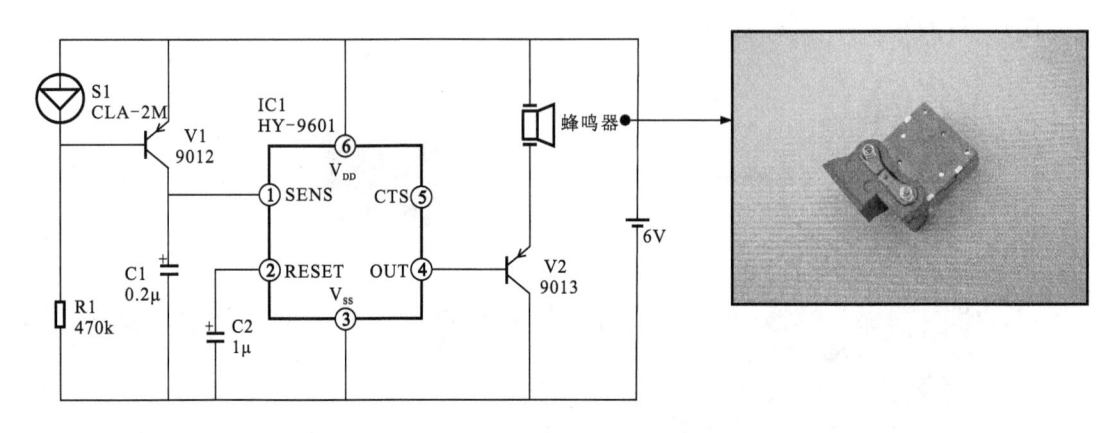

图11-33 电动自行车防盗报警锁电路

11.9.2 蜂鸣器的检测方法

蜂鸣器的检测方法主要有两种：一种是用万用表检测引脚之间的阻值来判断性能是否良好；另一种是用直流稳压电源进行驱动，通过是否发声对性能进行判断。

1 用万用表检测阻值

在检测蜂鸣器之前，首先根据待测蜂鸣器上的标识信息识别引脚极性。下面用数字万用表对蜂鸣器进行检测，将量程旋钮置于200欧姆挡，如图12-34所示。

在正常情况下，蜂鸣器正、负引脚之间的阻值应有一个固定值（一般为8Ω或16Ω），且当红、黑表笔接触引脚的瞬间或间断接触引脚时，蜂鸣器会发出"吱吱"的声音。

若测得引脚之间的阻值为无穷大、0或未发出声音，则说明蜂鸣器已损坏。

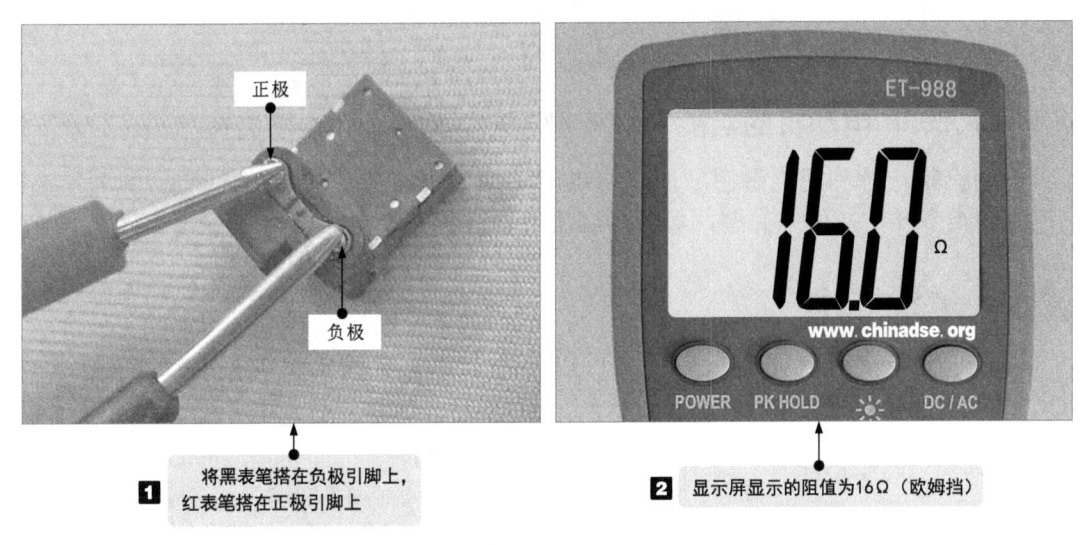

图11-34 用数字万用表检测蜂鸣器

2 采用直流稳压电源驱动蜂鸣器

直流稳压电源可为蜂鸣器提供直流电压：首先将直流稳压电源的正极与蜂鸣器的正极引脚连接，负极与蜂鸣器的负极引脚连接，如图11-35所示，然后将直流稳压电源通电，并从小到大调节输出电压（不能超过蜂鸣器的额定电压）。

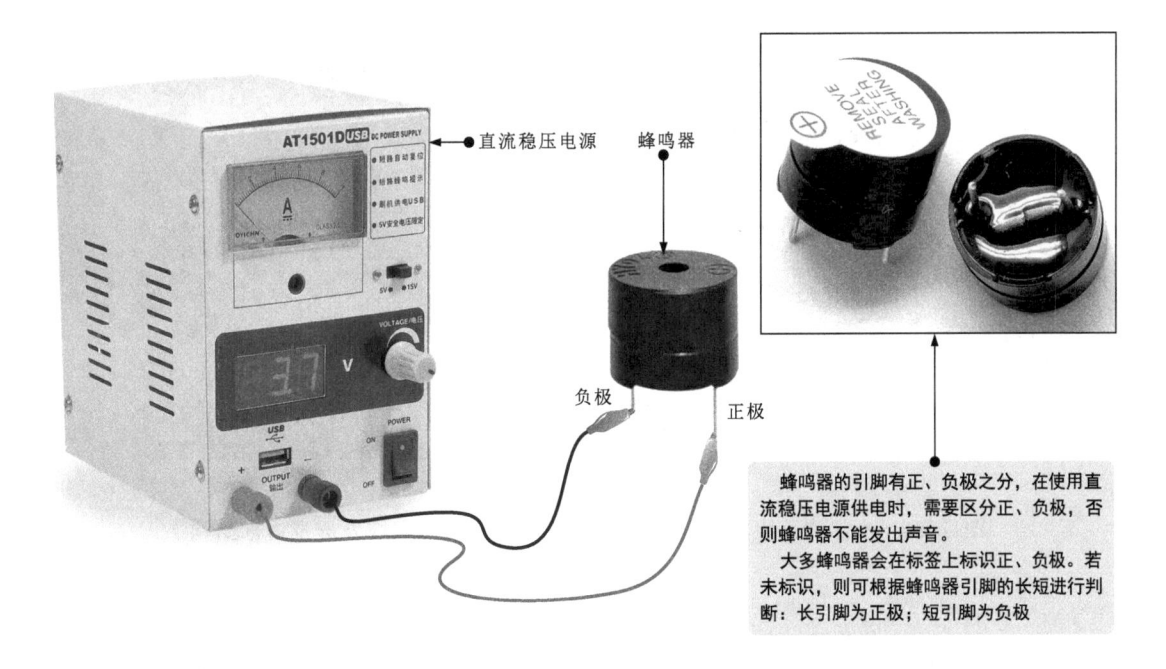

图11-35 直流稳压电源与蜂鸣器的连接

在正常情况下，蜂鸣器能够发出声音，且随着输出电压的增大，声音变大，随着输出电压的减小，声音变小。

11.10 电动机的功能与检测

11.10.1 电动机的功能

电动机是一种利用电磁感应原理将电能转换为机械能的动力部件，应用广泛。电动机的种类多样，按供电类型，可分为直流电动机和交流电动机。

1　直流电动机

按定子磁场的不同，直流电动机可以分为永磁式直流电动机和电磁式直流电动机，如图11-36所示。

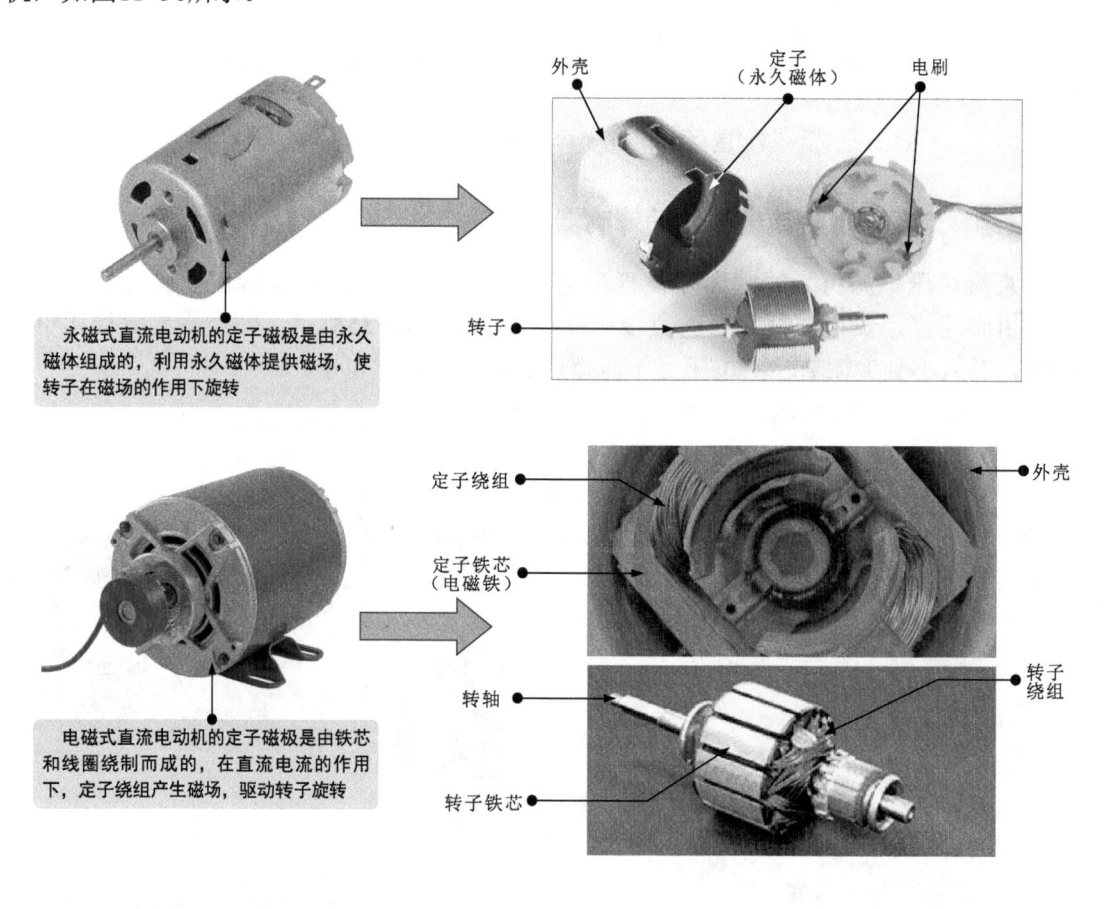

永磁式直流电动机的定子磁极是由永久磁体组成的，利用永久磁体提供磁场，使转子在磁场的作用下旋转

电磁式直流电动机的定子磁极是由铁芯和线圈绕制而成的，在直流电流的作用下，定子绕组产生磁场，驱动转子旋转

图11-36　永磁式直流电动机和电磁式直流电动机的实物外形及内部结构

提示说明

按照结构的不同，直流电动机可以分为有刷直流电动机和无刷直流电动机。有刷直流电动机和无刷直流电动机的外形相似，主要通过内部是否包含电刷和换向器进行区分。

按照功能的不同，直流电动机可以分为机械稳速直流电动机和电子稳速直流电动机：机械稳速直流电动机是指通过内部的机械部件实现稳定速度；电子稳速直流电动机是通过供电电路的自动控制作用实现稳定速度。

2　交流电动机

　　交流电动机是由交流电源供给电能，并将电能转换为机械能的一类电动机。交流电动机根据供电方式和绕组结构的不同，可分为单相交流电动机和三相交流电动机。

　　单相交流电动机利用单相交流电源供电，多用在家用电子产品中，如图11-37所示。

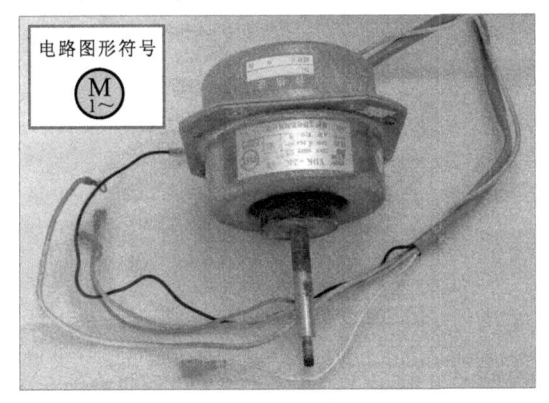

（a）实物外形

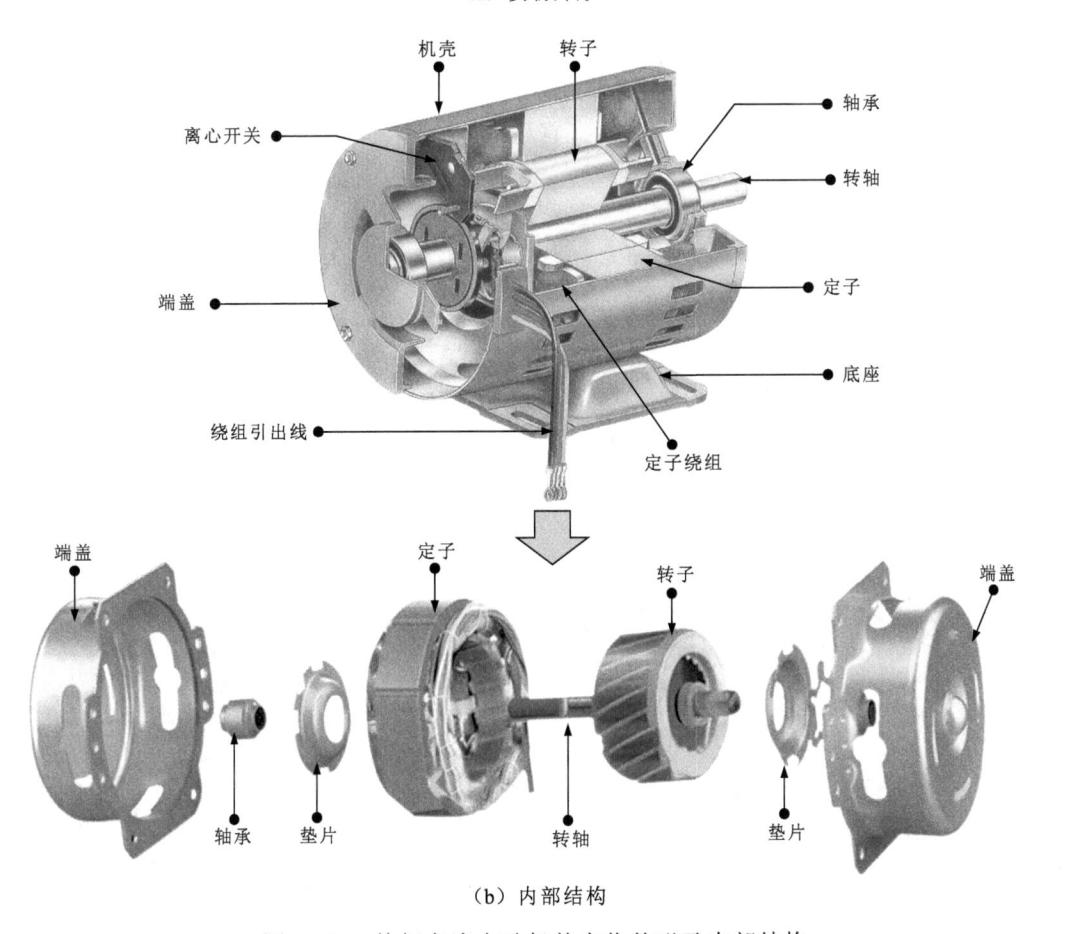

（b）内部结构

图11-37　单相交流电动机的实物外形及内部结构

电动机的主要功能就是实现电能向机械能的转换，即将供电电源的电能转换为转子转动的机械能，通过转轴转动带动负载转动，实现各种传动功能，如图11-38所示。

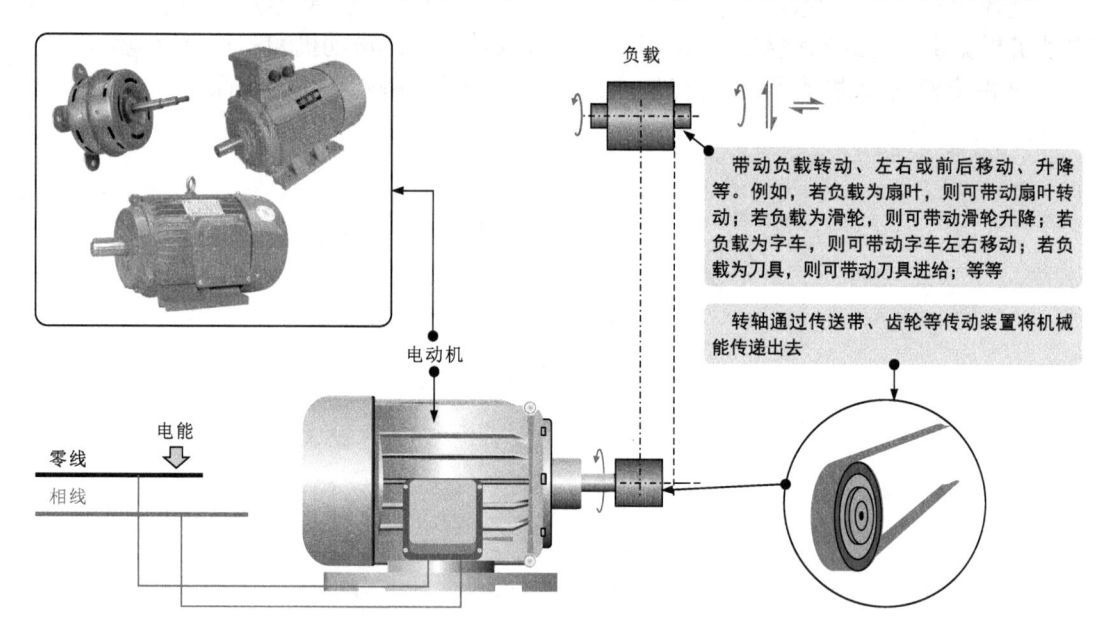

图11-38　电动机的功能示意图

图11-39为电动机的典型应用。

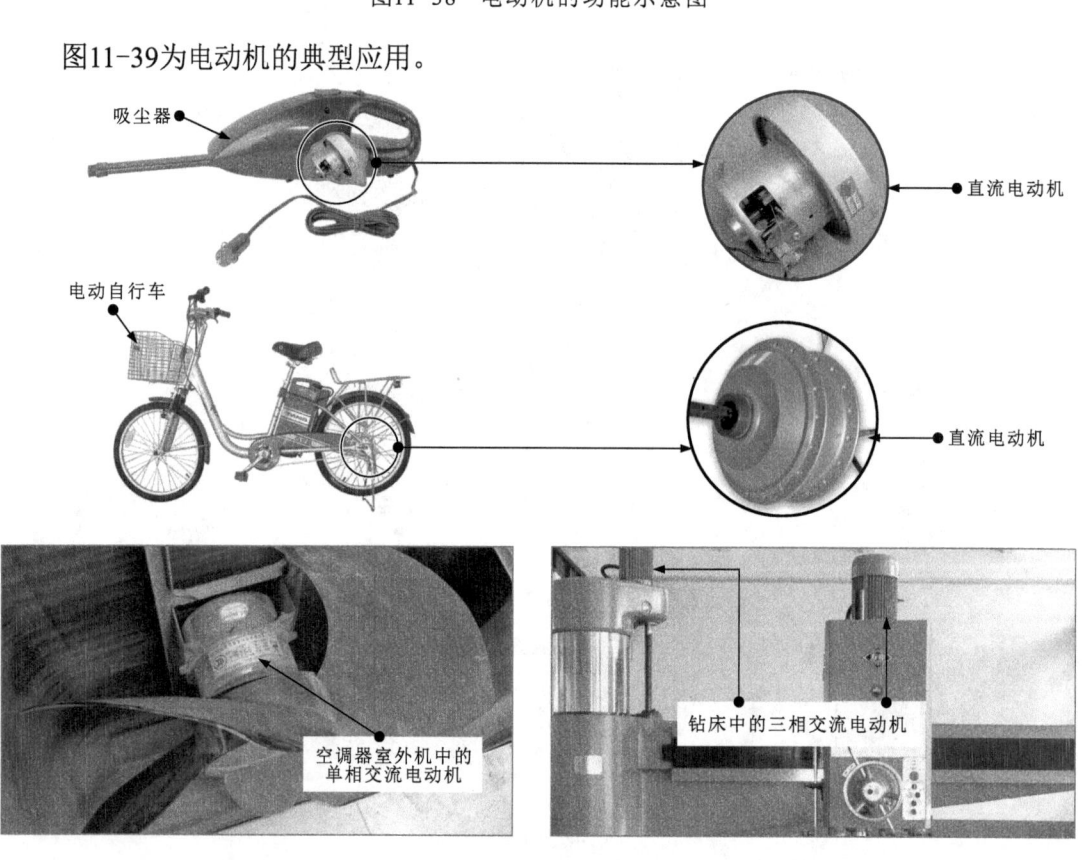

图11-39　电动机的典型应用

11.10.2 小型直流电动机绕组阻值的粗略检测方法

小型直流电动机绕组阻值的粗略检测方法如图11-40所示。

将万用表的红、黑表笔分别搭在小型直流电动机的两个引脚端

实测阻值为100.2Ω

在正常情况下，应能够测得一个固定阻值。小型直流电动机绕组的匝数、粗细不同，实测阻值也会不同。若测得的阻值为0或无穷大，则说明绕组存在短路或断路的情况

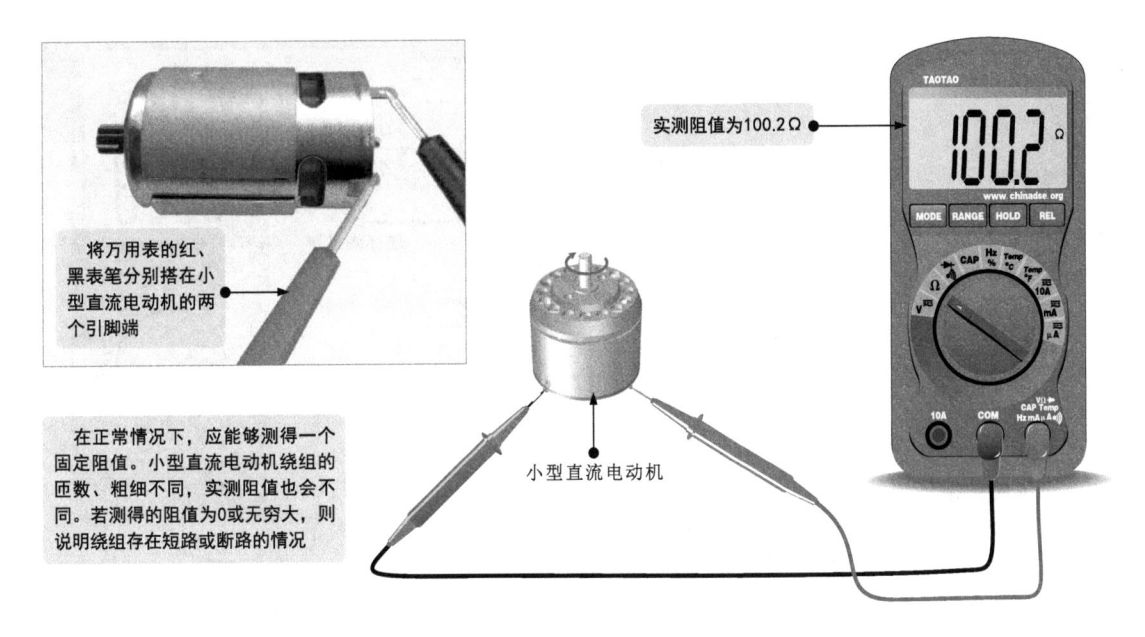

图11-40 小型直流电动机绕组阻值的粗略检测方法

提示说明

检测直流电动机绕组的阻值相当于检测一个电感线圈的阻值，应能检测到一个固定的数值，如图11-41所示。在检测时，一些小型直流电动机会受万用表内电流的驱动而转动。

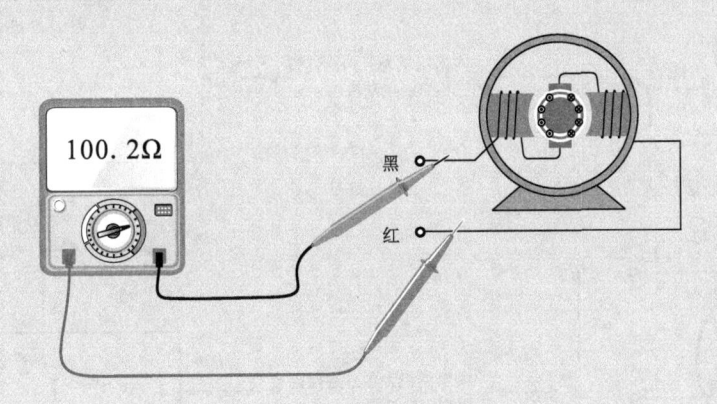

图11-41 检测直流电动机绕组阻值示意图

检测直流电动机绕组的阻值可用来判断绕组接头的焊接质量是否良好，绕组层、匝间有无短路，绕组或引出线有无折断等。

11.10.3 单相交流电动机绕组阻值的粗略检测方法

单相交流电动机绕组阻值的粗略检测方法如图11-42所示。

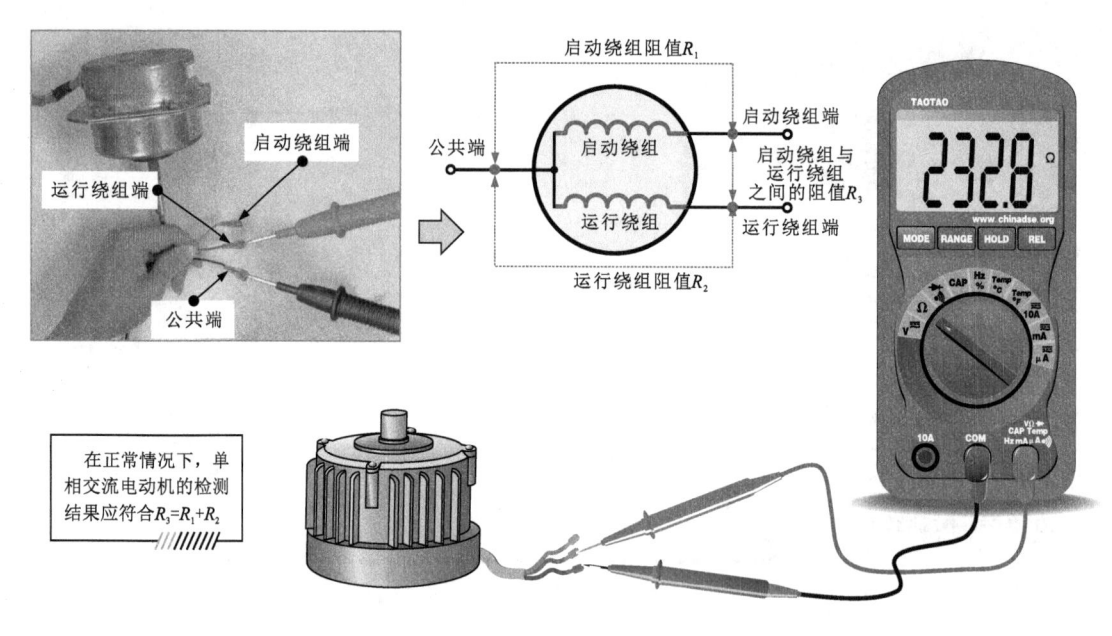

在正常情况下，单相交流电动机的检测结果应符合$R_3=R_1+R_2$

图11-42 单相交流电动机绕组阻值的粗略检测方法

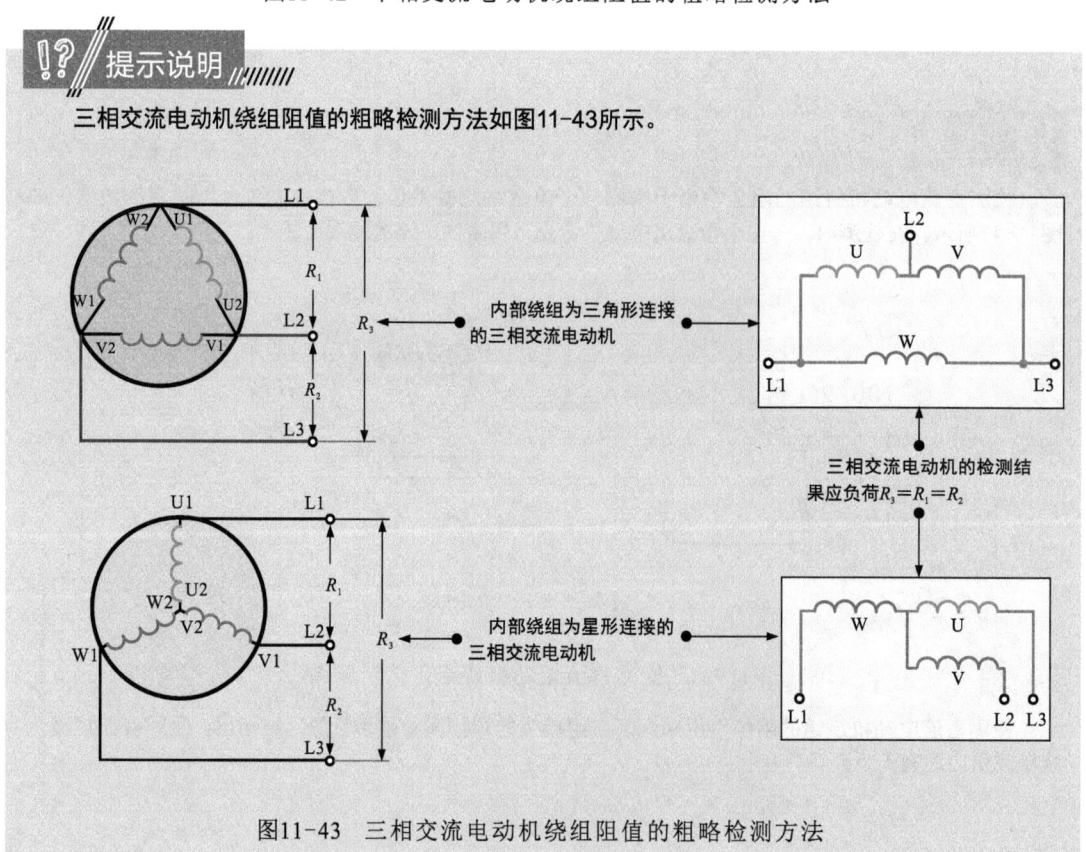

提示说明

三相交流电动机绕组阻值的粗略检测方法如图11-43所示。

内部绕组为三角形连接的三相交流电动机

三相交流电动机的检测结果应负荷$R_3=R_1=R_2$

内部绕组为星形连接的三相交流电动机

图11-43 三相交流电动机绕组阻值的粗略检测方法

11.10.4 电动机绕组阻值的精确检测方法

电动机绕组阻值的精确检测方法如图11-44所示。

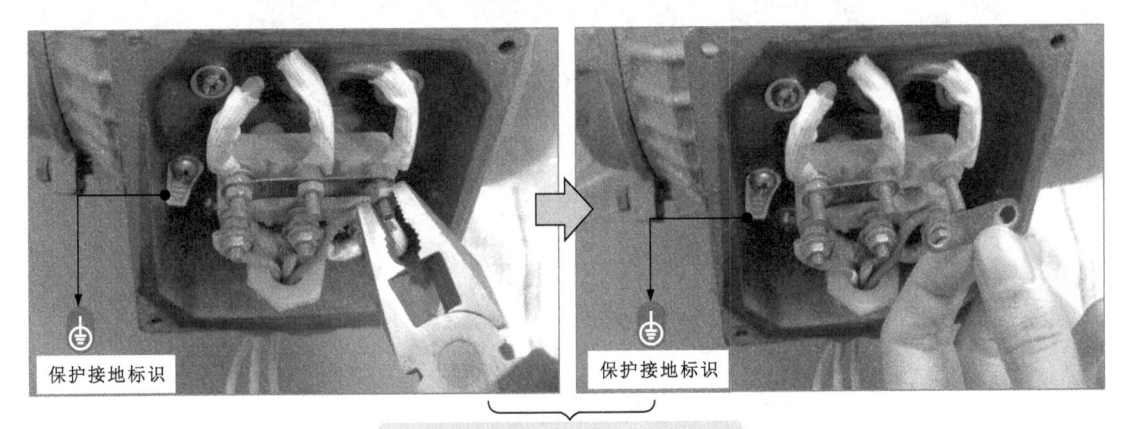

1 将连接端子的金属片拆下,使绕组互相分离(断开),保证检测结果的准确性

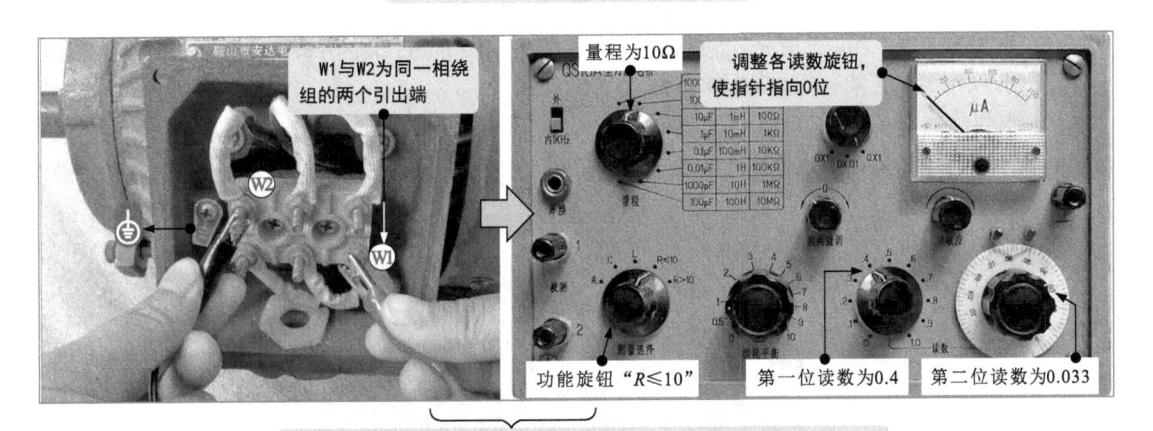

2 将万用电桥测试线上的鳄鱼夹夹在电动机第一相绕组的两个引出端。本例中,万用电桥实测数值为0.433×10Ω=4.33Ω,正常

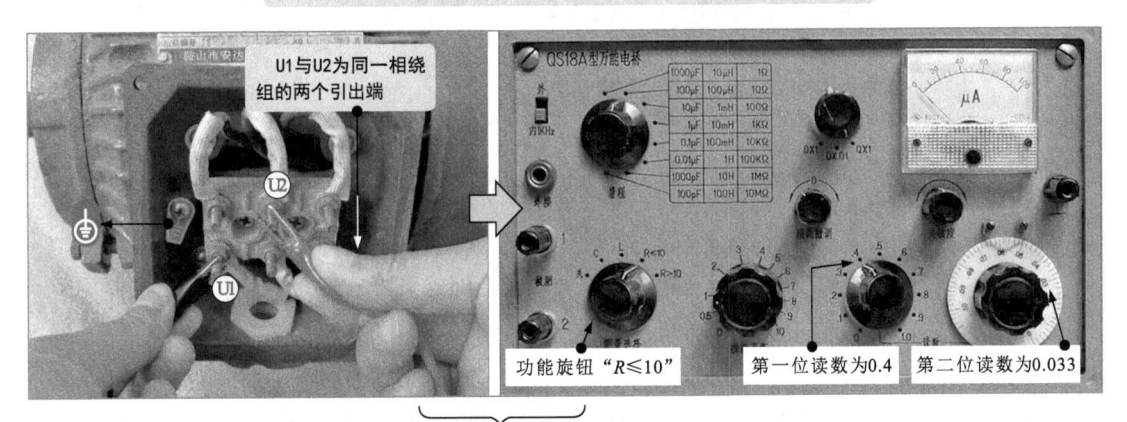

3 将万用电桥测试线上的鳄鱼夹夹在电动机第二相绕组的两个引出端。本例中,万用电桥实测数值为0.433×10Ω=4.33Ω,正常

图11-44 电动机绕组阻值的精确检测方法

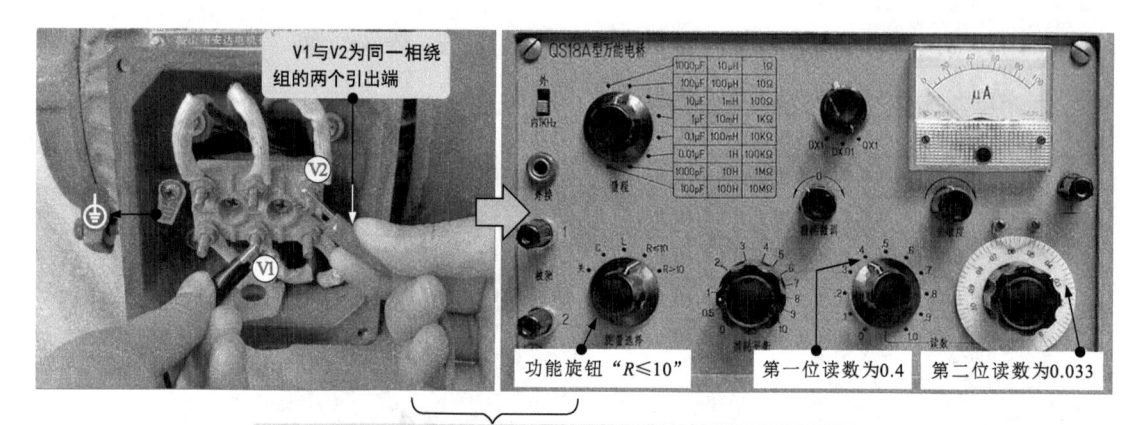

图11-44 电动机绕组阻值的精确检测方法（续）

> **提示说明**
>
> 由图11-44可知，在正常情况下，三相交流电动机每相绕组的阻值均为4.33Ω，若测得三相绕组的阻值不同，则绕组内可能有短路或断路情况。

11.10.5 电动机绕组与外壳之间绝缘阻值的检测方法

三相交流电动机绕组与外壳之间绝缘阻值的检测方法如图11-45所示。

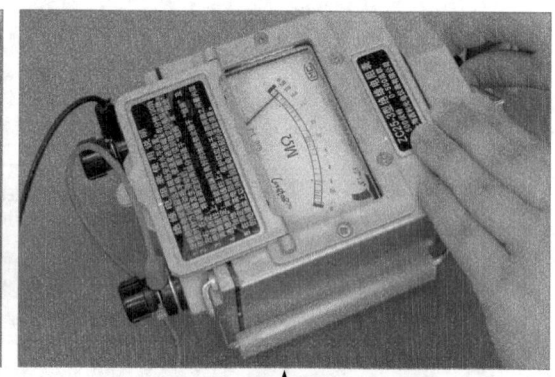

图11-45 三相交流电动机绕组与外壳之间绝缘阻值的检测方法

> **提示说明**
>
> 在图11-45中，在使用兆欧表检测三相交流电动机绕组与外壳之间的绝缘阻值时，应顺时针匀速转动兆欧表的手柄，并观察指针的摆动情况。若需要再次进行检测，则应先待兆欧表的指针慢慢回到初始位置后，再顺时针匀速转动手柄，若检测结果远小于1MΩ，则说明三相交流电动机绝缘性能不良或内部导电部分与外壳之间有漏电情况。

第12章 家用电器中电子元器件的检测操作

12.1 电热水壶中电子元器件的检测操作

若电热水壶出现故障，则重点检测加热盘、蒸汽式自动断电开关、温控器、热熔断器等部件，如图12-1所示，如异常，则应进行更换。

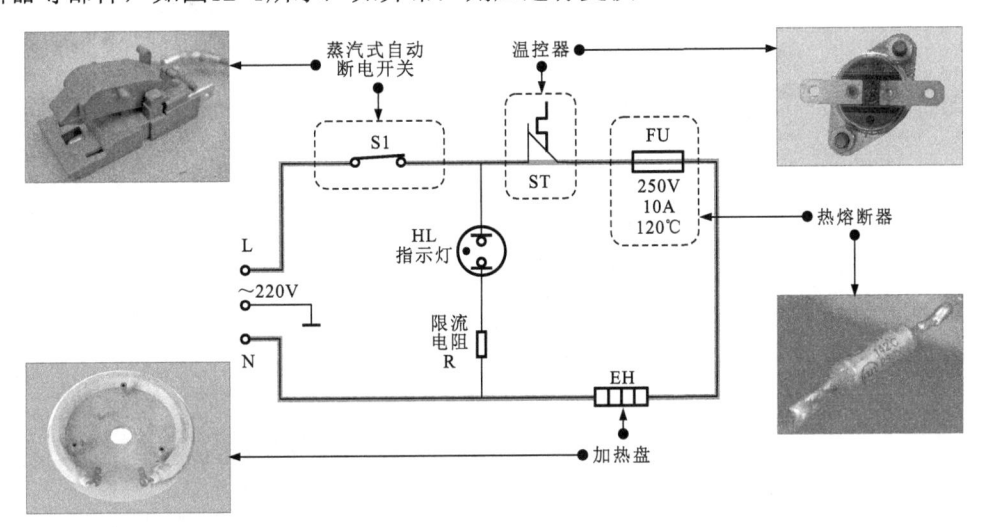

图12-1 电热水壶出现故障时的重点检测部件

12.1.1 加热盘的检测操作

图12-2为加热盘的检测操作。

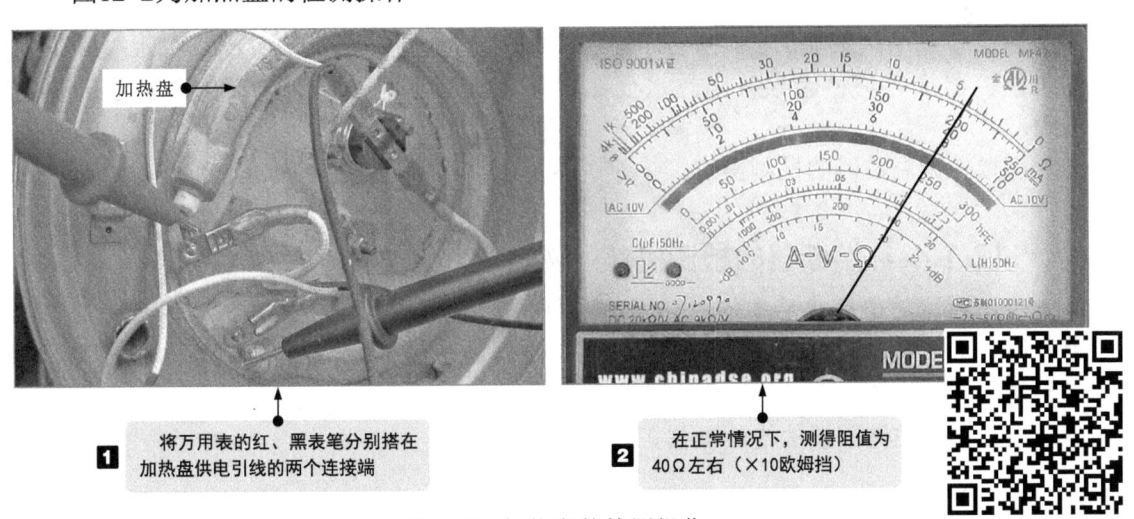

❶ 将万用表的红、黑表笔分别搭在加热盘供电引线的两个连接端

❷ 在正常情况下，测得阻值为40Ω左右（×10欧姆挡）

图12-2 加热盘的检测操作

> **提示说明**
>
> 在图12-2中，在正常情况下，加热盘的阻值应为几十欧姆；若测得的阻值为无穷大或0，甚至几百至几千欧姆，均表示加热盘已经损坏，需要根据故障原因排除故障。

12.1.2 蒸汽式自动断电开关的检测操作

图12-3为蒸汽式自动断电开关的检测操作。

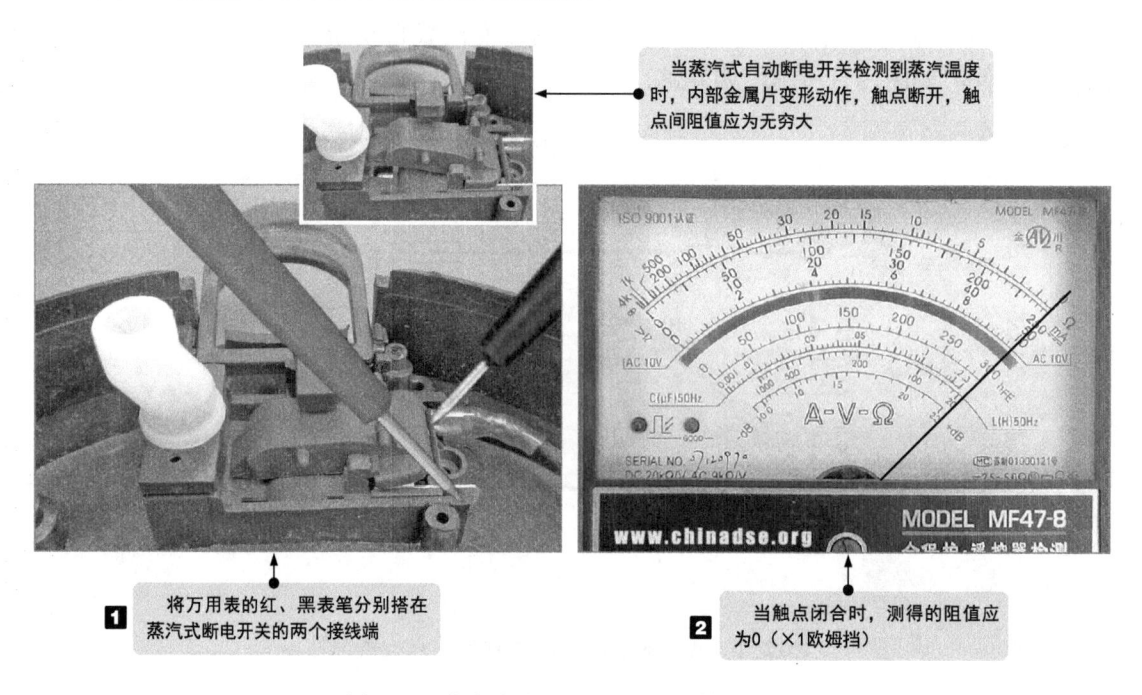

当蒸汽式自动断电开关检测到蒸汽温度时，内部金属片变形动作，触点断开，触点间阻值应为无穷大

1 将万用表的红、黑表笔分别搭在蒸汽式断电开关的两个接线端

2 当触点闭合时，测得的阻值应为0（×1欧姆挡）

图12-3　蒸汽式自动断电开关的检测操作

12.1.3 温控器的检测操作

温控器是电热水壶中的保护部件，可防止蒸汽式自动断电开关损坏时水被烧干。如果温控器损坏，将会导致电热水壶在加热完成后不能自动断电或出现无法加热的故障。

图12-4为温控器的检测操作。

12.1.4 热熔断器的检测操作

热熔断器是电热水壶中的过热保护部件。若损坏，将会导致电热水壶无法工作。用万用表进行检测时，在正常情况下，热熔断器的阻值为0，若实测阻值为无穷大，则说明热熔断器损坏，应进行更换。

图12-5为热熔断器的检测操作。

第12章 家用电器中电子元器件的检测操作

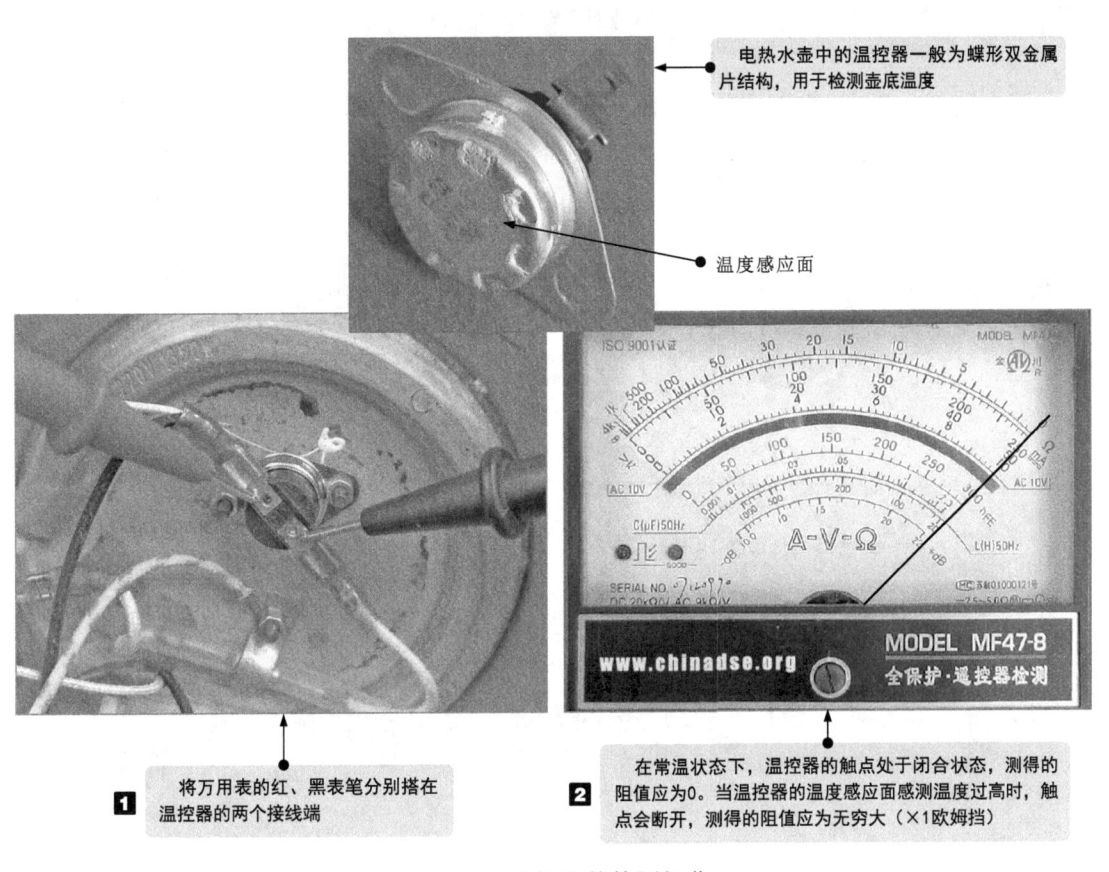

电热水壶中的温控器一般为蝶形双金属片结构，用于检测壶底温度

温度感应面

1 将万用表的红、黑表笔分别搭在温控器的两个接线端

2 在常温状态下，温控器的触点处于闭合状态，测得的阻值应为0。当温控器的温度感应面感测温度过高时，触点会断开，测得的阻值应为无穷大（×1欧姆挡）

图12-4 温控器的检测操作

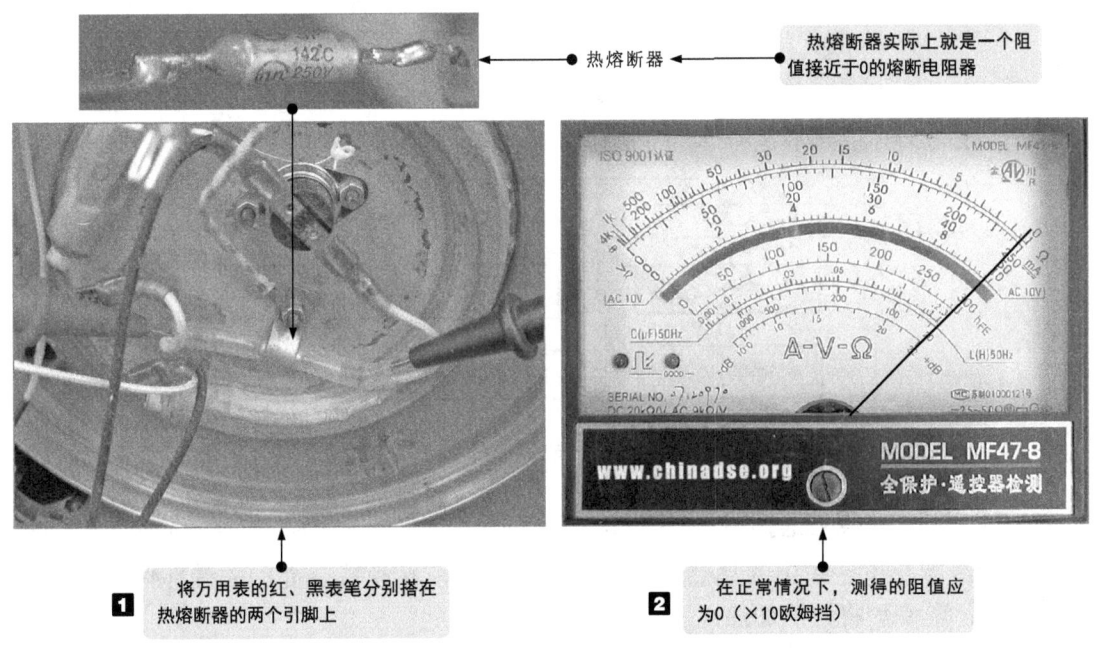

热熔断器

热熔断器实际上就是一个阻值接近于0的熔断电阻器

1 将万用表的红、黑表笔分别搭在热熔断器的两个引脚上

2 在正常情况下，测得的阻值应为0（×10欧姆挡）

图12-5 热熔断器的检测操作

12.2 电磁炉中电子元器件的检测操作

若电磁炉出现故障,则重点检测炉盘线圈、电源变压器、IGBT、阻尼二极管、谐振电容、操作按键、微处理器、电压比较器等部件,如图12-6所示。若异常,则应进行更换。

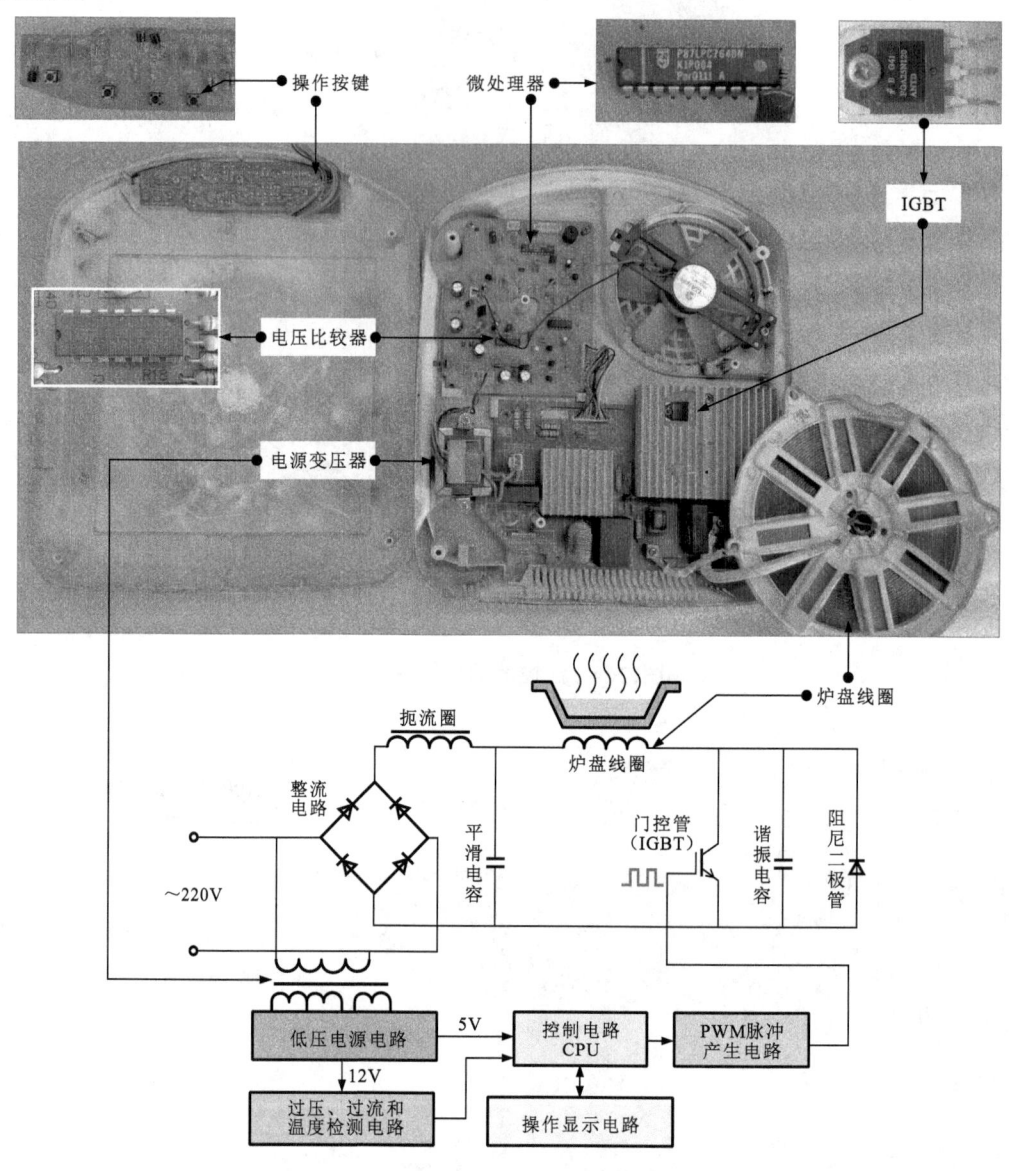

图12-6 电磁炉出现故障时的重点检测部件

12.2.1 炉盘线圈的检测操作

炉盘线圈是电磁炉中的加热部件,是实现将电能转换成热能的关键部件。若炉盘线圈损坏,电磁炉将无法加热。

炉盘线圈阻值的检测操作如图12-7所示。

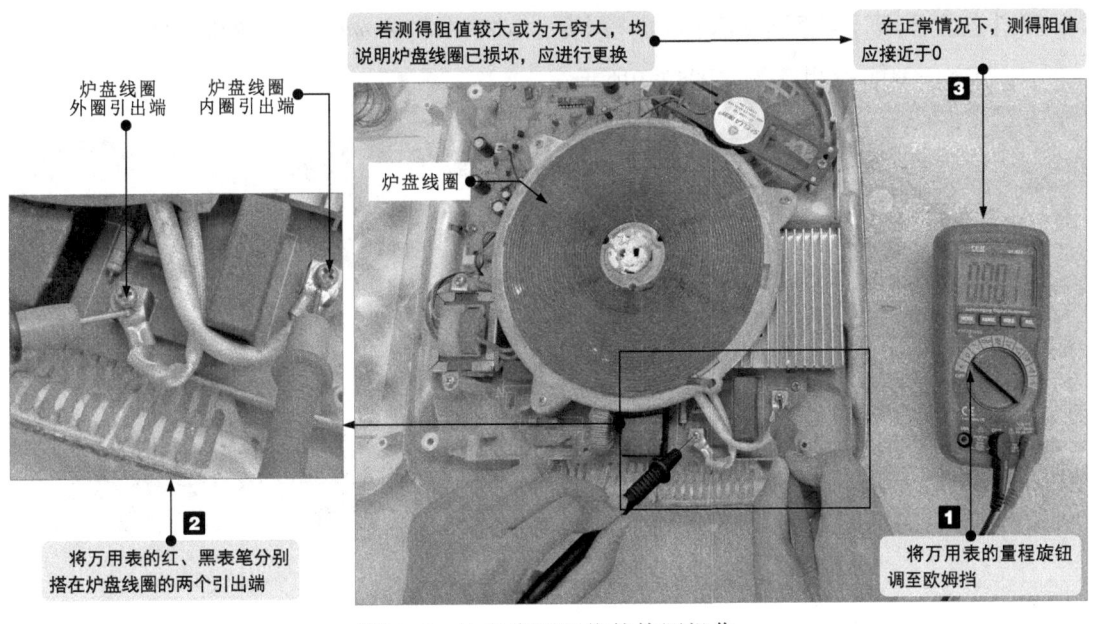

图12-7　炉盘线圈阻值的检测操作

炉盘线圈实际上是一个大的电感线圈。电磁炉常用的炉盘线圈有28圈、30圈、32圈等类型,电感量分别为100μH、137μH、157μH等,因此也可以通过检测电感量来判断性能,如图12-8所示。

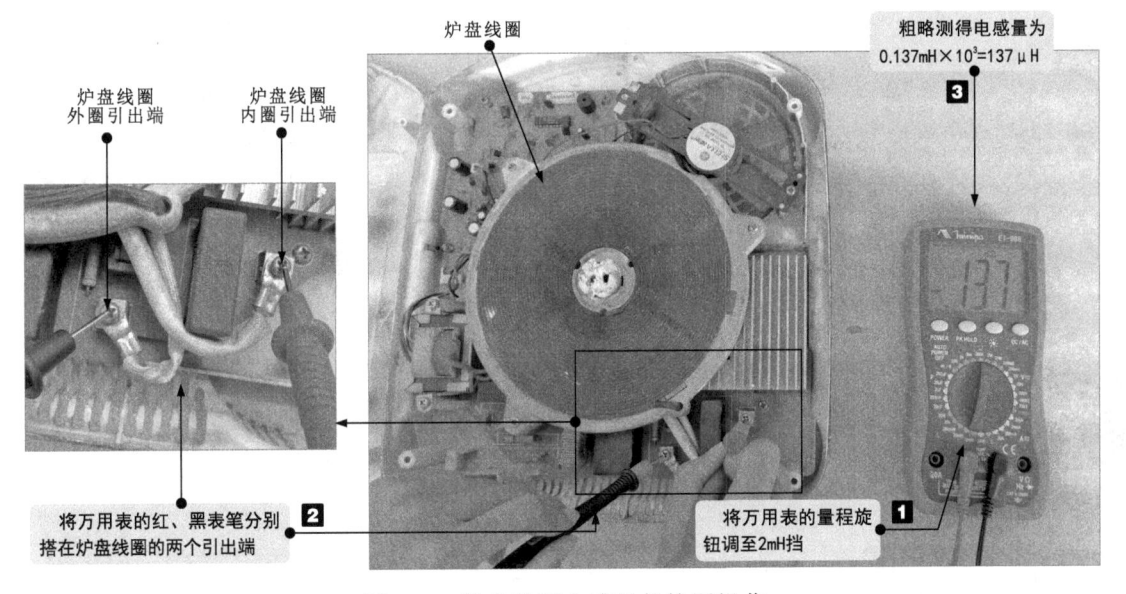

图12-8　炉盘线圈电感量的检测操作

提示说明

炉盘线圈损坏的概率很小。需要注意的是,炉盘线圈背部的磁条部分可能会出现裂痕或损坏,若出现裂痕或损坏,将无法修复,只能将其连同炉盘线圈一起更换。

在更换炉盘线圈时,最好将与炉盘线圈配套的谐振电容一起更换,以保证炉盘线圈和谐振电容构成的LC谐振电路的谐振频率不变。

12.2.2 电源变压器的检测操作

电源变压器的检测操作如图12-9所示。

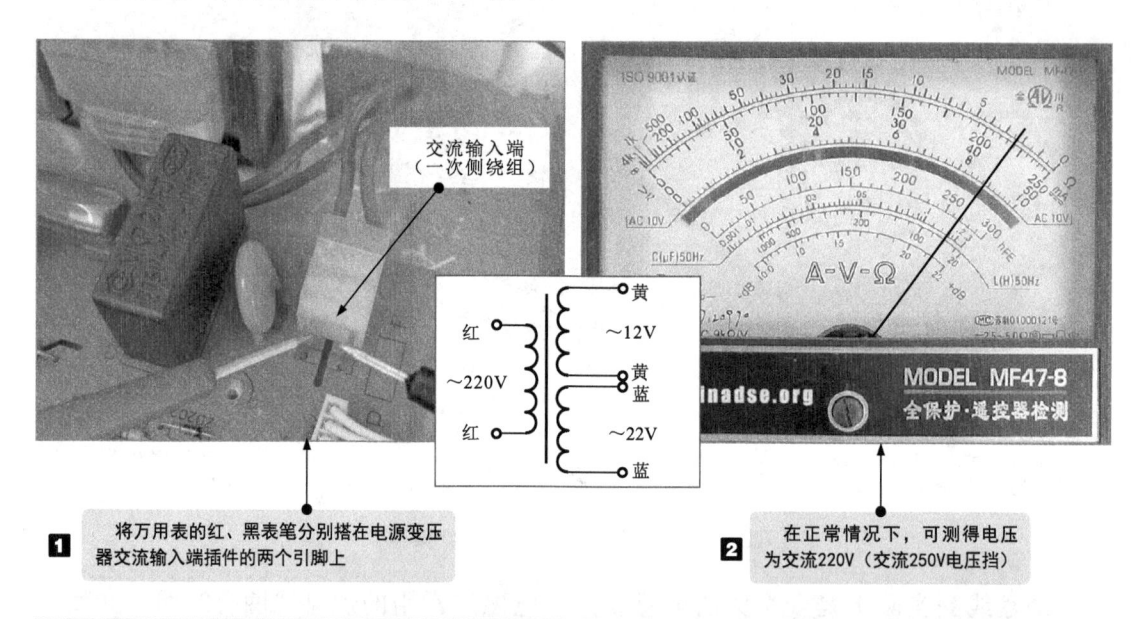

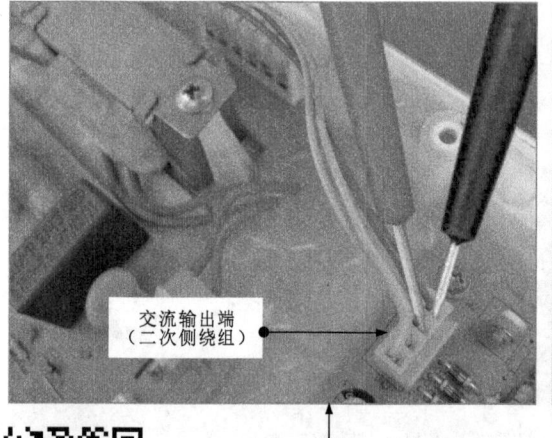

1 将万用表的红、黑表笔分别搭在电源变压器交流输入端插件的两个引脚上

2 在正常情况下,可测得电压为交流220V(交流250V电压挡)

3 将万用表的红、黑表笔分别搭在电源变压器交流输出端插件的两个端子上

4 在正常情况下,可测得电压为交流22V。采用同样的方法,可测得另外两个端子的电压为交流12V电压(交流50V电压挡)

图12-9 电源变压器的检测操作

!? 提示说明

若怀疑电源变压器异常,则可在断电状态下,用万用表检测一次侧绕组、二次侧绕组及一次侧绕组和二次侧绕组之间的阻值进行判断。

在正常情况下,一次侧绕组、二次侧绕组均有一定的阻值,一次侧绕组和二次侧绕组之间的阻值为无穷大。

12.2.3 IGBT的检测操作

在电磁炉中,IGBT用于控制炉盘线圈的电流,即在高频脉冲信号的驱动下,使流过炉盘线圈的电流为高速开关电流,炉盘线圈与谐振电容产生高压谐振信号。IGBT损坏的概率较高。若IGBT损坏,电磁炉将出现开机跳闸、无法开机或不能加热等故障。

IGBT的检测操作如图12-10所示。

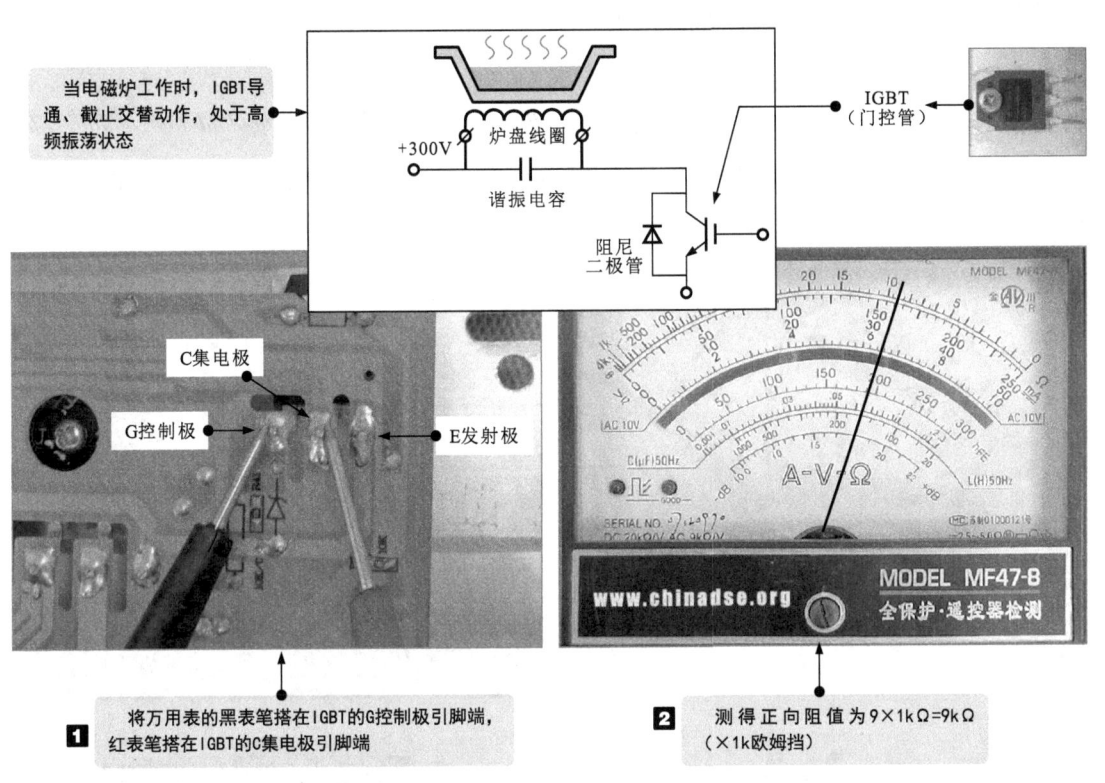

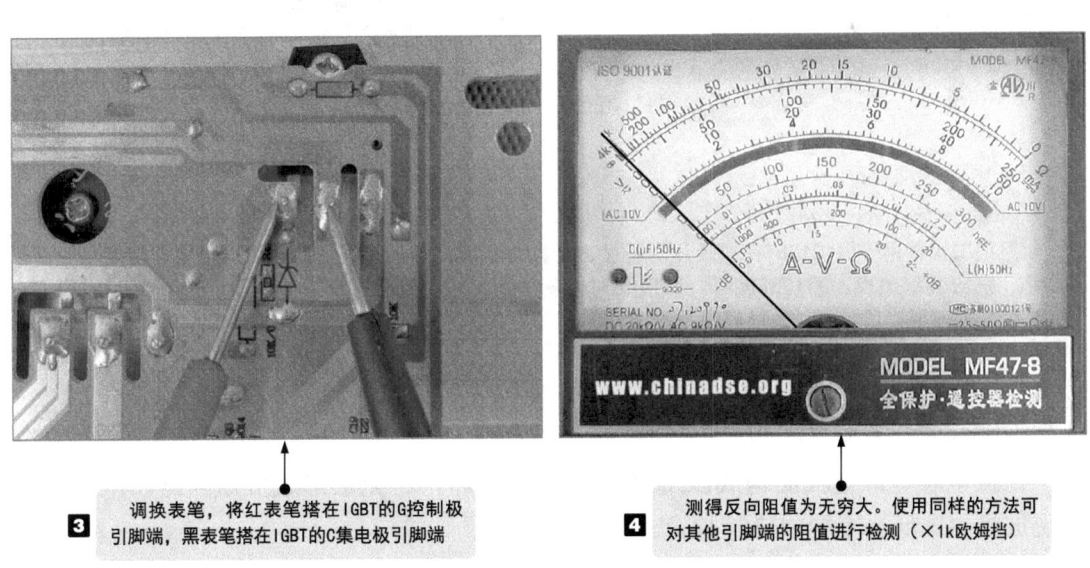

当电磁炉工作时,IGBT导通、截止交替动作,处于高频振荡状态

IGBT(门控管)

C集电极
G控制极
E发射极

1 将万用表的黑表笔搭在IGBT的G控制极引脚端,红表笔搭在IGBT的C集电极引脚端

2 测得正向阻值为9×1kΩ=9kΩ (×1k欧姆挡)

3 调换表笔,将红表笔搭在IGBT的G控制极引脚端,黑表笔搭在IGBT的C集电极引脚端

4 测得反向阻值为无穷大。使用同样的方法可对其他引脚端的阻值进行检测(×1k欧姆挡)

图12-10 IGBT的检测操作

> **提示说明**
>
> 在图12-10中，G控制极与C集电极之间的正向阻值为9kΩ，反向阻值为无穷大；G控制极与E发射极之间的正向阻值为3kΩ，反向阻值为5kΩ。
>
> 在有些IGBT内部集成有阻尼二极管，在检测C集电极与E发射极之间的阻值时，会受阻尼二极管的影响，E发射极与C集电极之间的正向阻值为3kΩ（样机数值），反向阻值为无穷大。单独IGBT的C集电极与E发射极之间的正、反向阻值均为无穷大。

12.2.4 阻尼二极管的检测操作

若阻尼二极管损坏，则极易引起IGBT击穿损坏。阻尼二极管的检测操作如图12-11所示。

1 将万用表的黑表笔搭在阻尼二极管的正极，红表笔搭在阻尼二极管的负极。

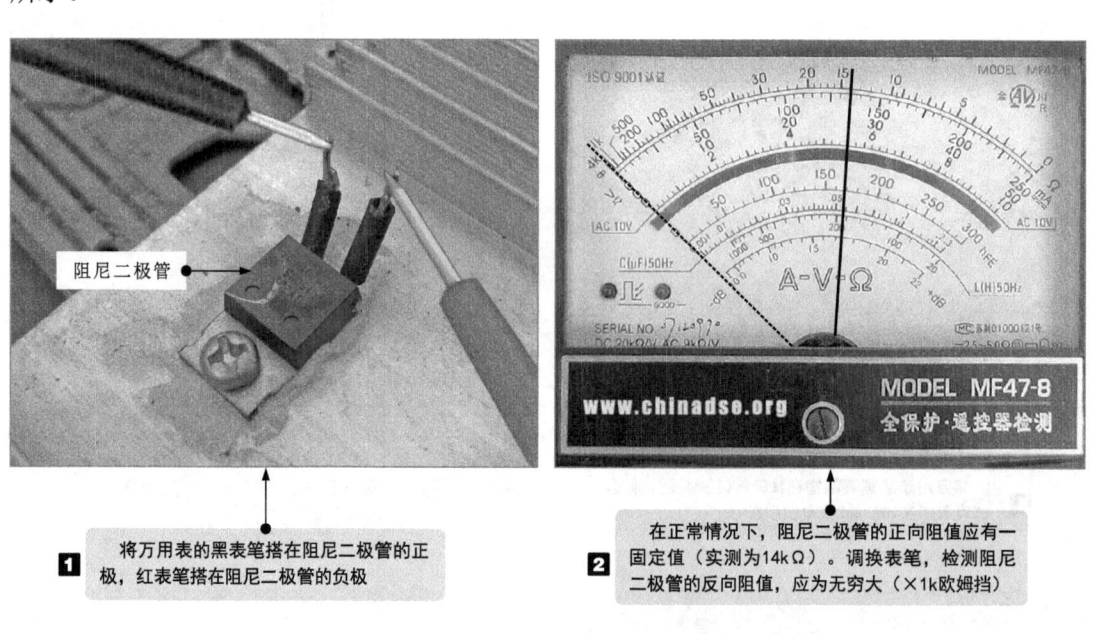

2 在正常情况下，阻尼二极管的正向阻值应有一固定值（实测为14kΩ）。调换表笔，检测阻尼二极管的反向阻值，应为无穷大（×1k欧姆挡）

图12-11　阻尼二极管的检测操作

> **提示说明**
>
> 阻尼二极管用于保护IGBT在高反压时不被击穿，若损坏，则IGBT很容易损坏。若发现阻尼二极管损坏，则应及时更换。若IGBT损坏，则应同时检测阻尼二极管是否损坏。若损坏，需要同时进行更换，否则即使更换了IGBT，也很容易再次损坏。

12.2.5 谐振电容的检测操作

谐振电容与炉盘线圈构成LC谐振电路，若损坏，将无法形成振荡回路，电磁炉将出现加热功率低、不能加热等故障。

谐振电容的检测操作如图12-12所示。

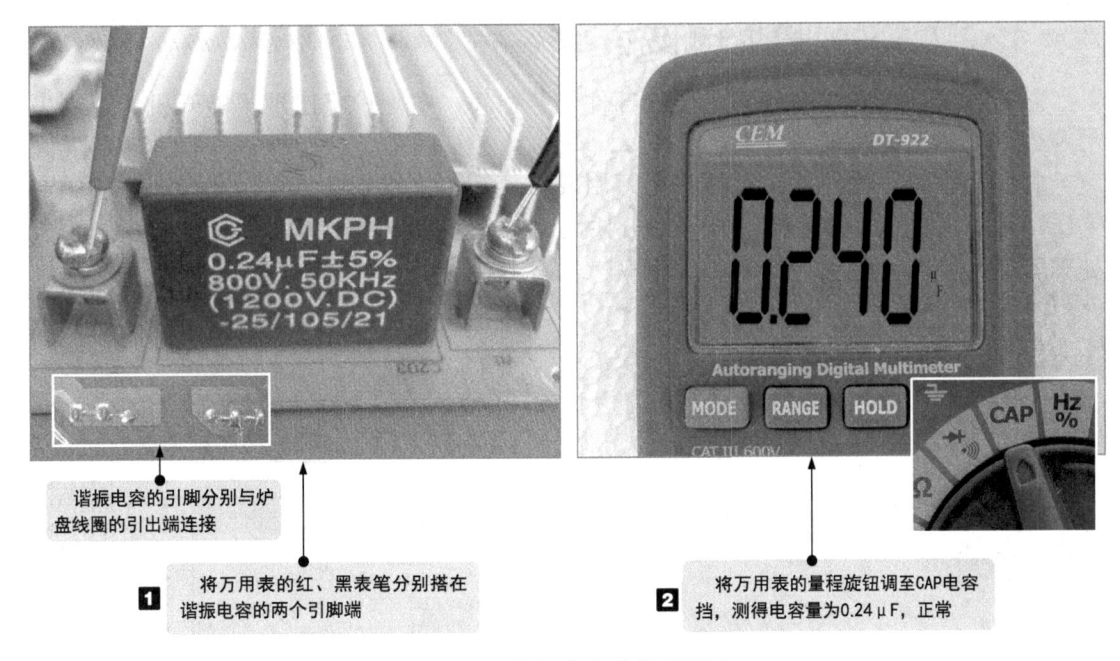

谐振电容的引脚分别与炉盘线圈的引出端连接

1 将万用表的红、黑表笔分别搭在谐振电容的两个引脚端

2 将万用表的量程旋钮调至CAP电容挡，测得电容量为0.24μF，正常

图12-12 谐振电容的检测操作

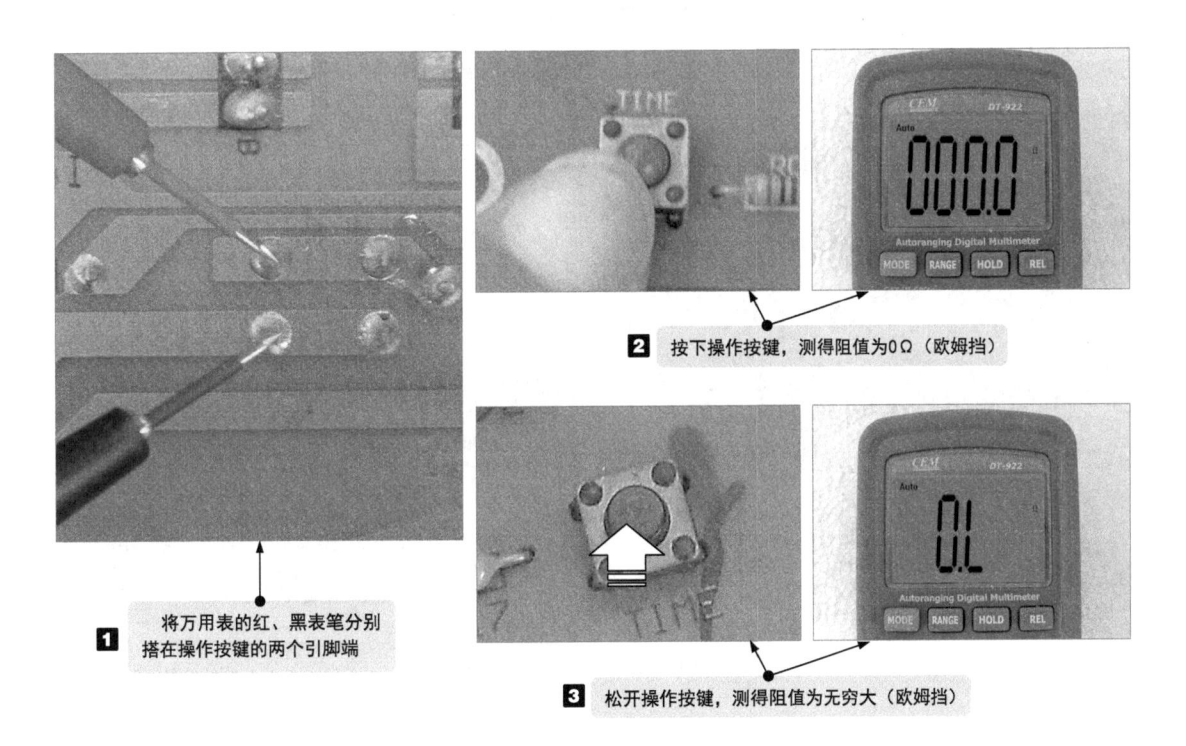

12.2.6 操作按键的检测操作

操作按键的检测操作如图12-13所示。

1 将万用表的红、黑表笔分别搭在操作按键的两个引脚端

2 按下操作按键，测得阻值为0Ω（欧姆挡）

3 松开操作按键，测得阻值为无穷大（欧姆挡）

图12-13 操作按键的检测操作

12.2.7 微处理器的检测操作

微处理器是电磁炉中非常重要的部件。若损坏，电磁炉将出现不能开机、控制失常等故障。

若怀疑微处理器异常，则可使用万用表对其基本工作条件进行检测，即检测供电电压、复位电压和时钟信号，如图12-14所示。在基本工作条件均满足的前提下，若微处理器不能工作，则多为微处理器损坏。

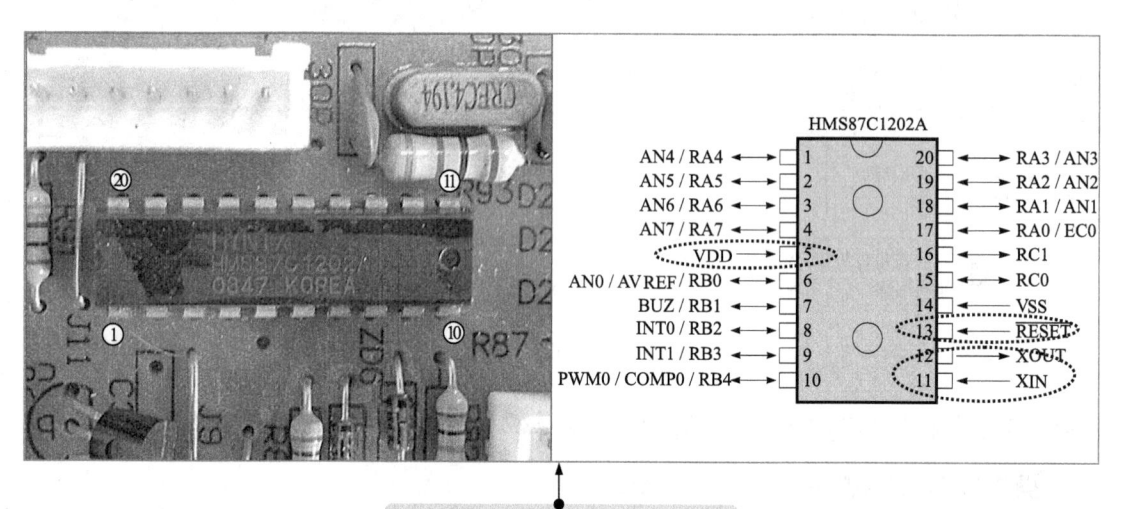

1 根据微处理器的型号标识，明确引脚功能

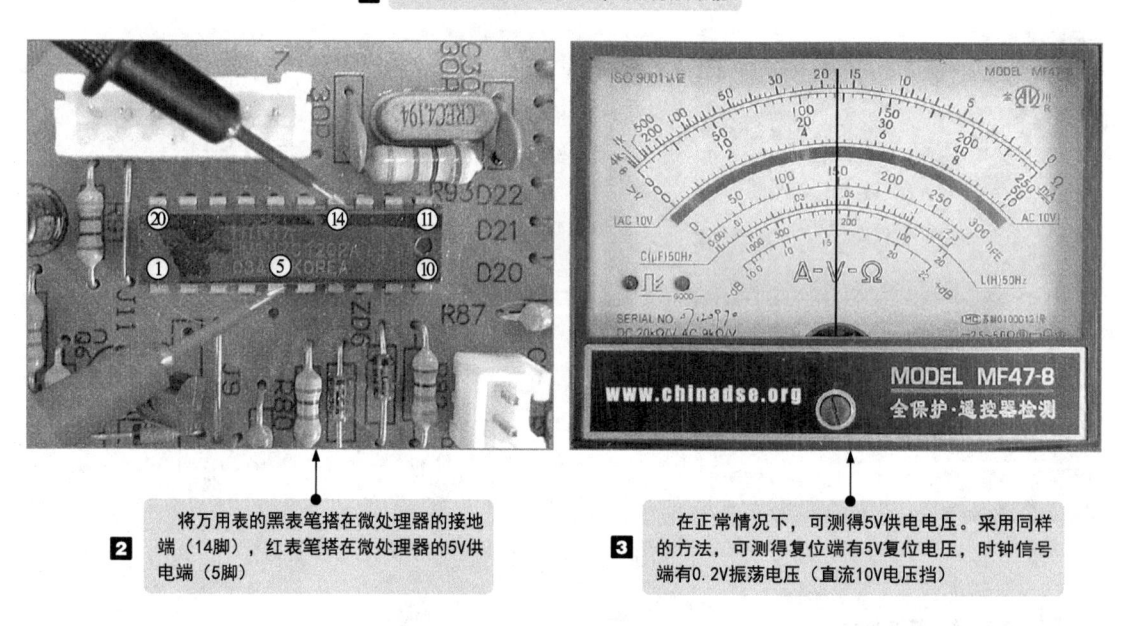

2 将万用表的黑表笔搭在微处理器的接地端（14脚），红表笔搭在微处理器的5V供电端（5脚）

3 在正常情况下，可测得5V供电电压。采用同样的方法，可测得复位端有5V复位电压，时钟信号端有0.2V振荡电压（直流10V电压挡）

图12-14 微处理器的检测操作

12.2.8 电压比较器的检测操作

电压比较器的检测操作如图12-15所示。

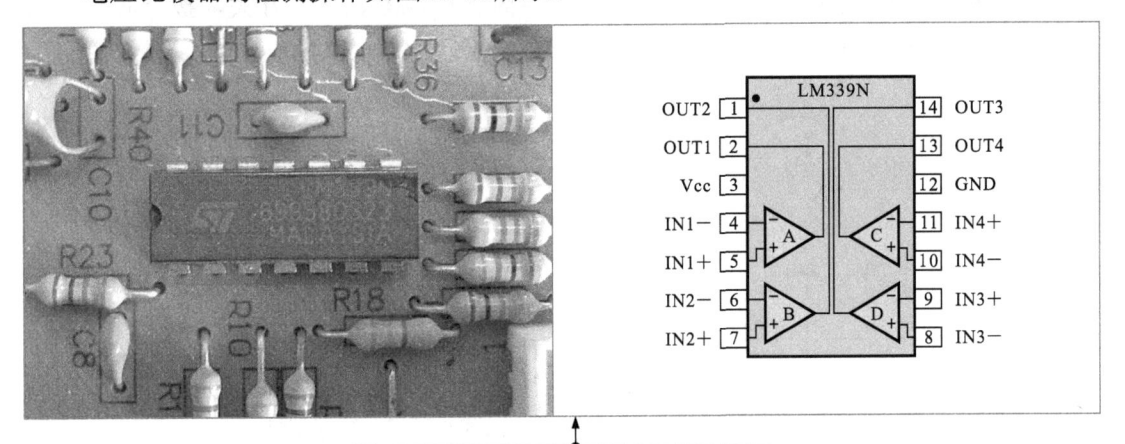

1 根据电压比较器的型号标识,明确各引脚功能

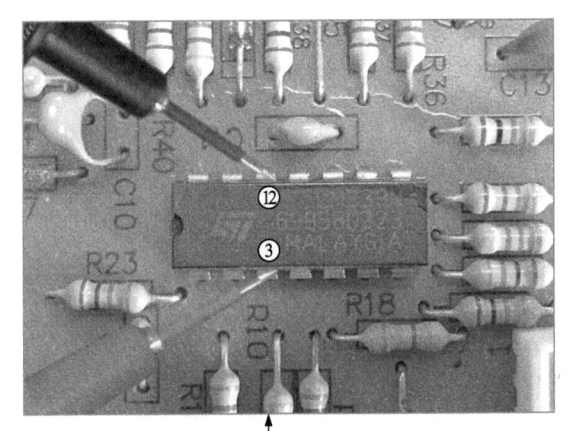

2 将万用表的黑表笔搭在电压比较器的接地端(12脚),红表笔依次搭在各引脚端(以3脚为例)

3 3脚正向对地阻值为9.5kΩ(×1k欧姆挡)(在路检测受外围元器件影响,阻值可能存在偏差,在正常情况下,1、2、13、14脚阻值应基本相似)

图12-15 电压比较器的检测操作

提示说明

电压比较器LM339N各引脚的正向对地阻值见表12-1。

表12-1 电压比较器LM339N各引脚的正向对地阻值

引脚	正向对地阻值(kΩ)	引脚	正向对地阻值(kΩ)	引脚	正向对地阻值(kΩ)	引脚	正向对地阻值(kΩ)
1	8	5	9.5	9	9.5	13	8
2	8	6	9.5	10	9.5	14	8
3	9.5	7	9.5	11	9.5		
4	9.5	8	9.5	12	0		

12.3 电话机中电子元器件的检测操作

若电话机出现故障，则重点检测听筒、话筒、扬声器、叉簧开关、拨号芯片、晶振等部件，如图12-16所示。若异常，则应进行更换。

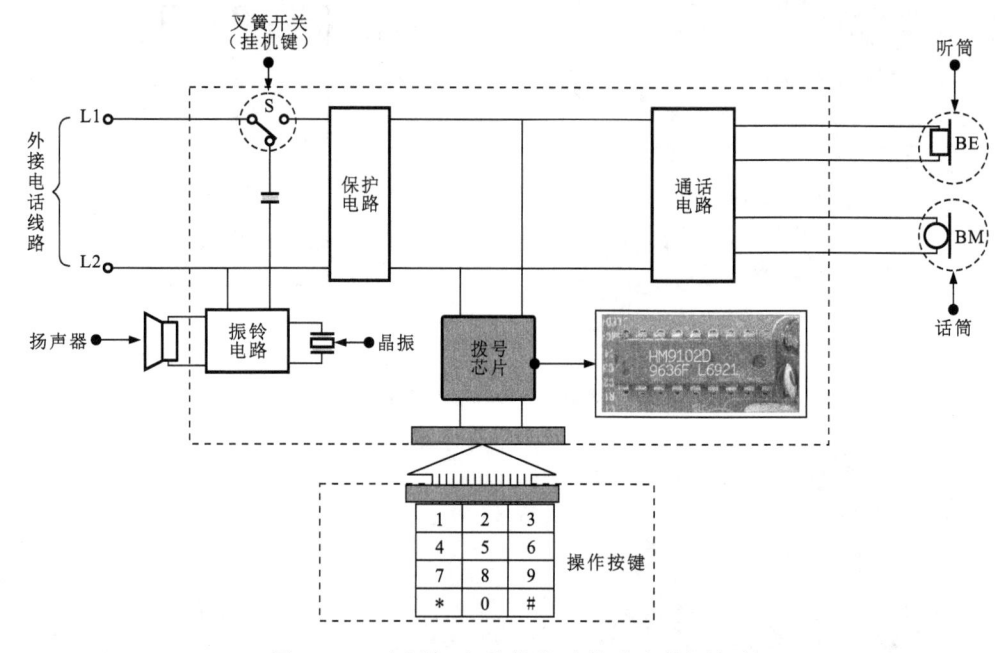

图12-16 电话机出现故障时的重点检测部件

12.3.1 听筒的检测操作

听筒可将电信号还原成声音信号。当听筒出现故障时，电话机会出现受话不良的故障。听筒的检测操作如图12-17所示。

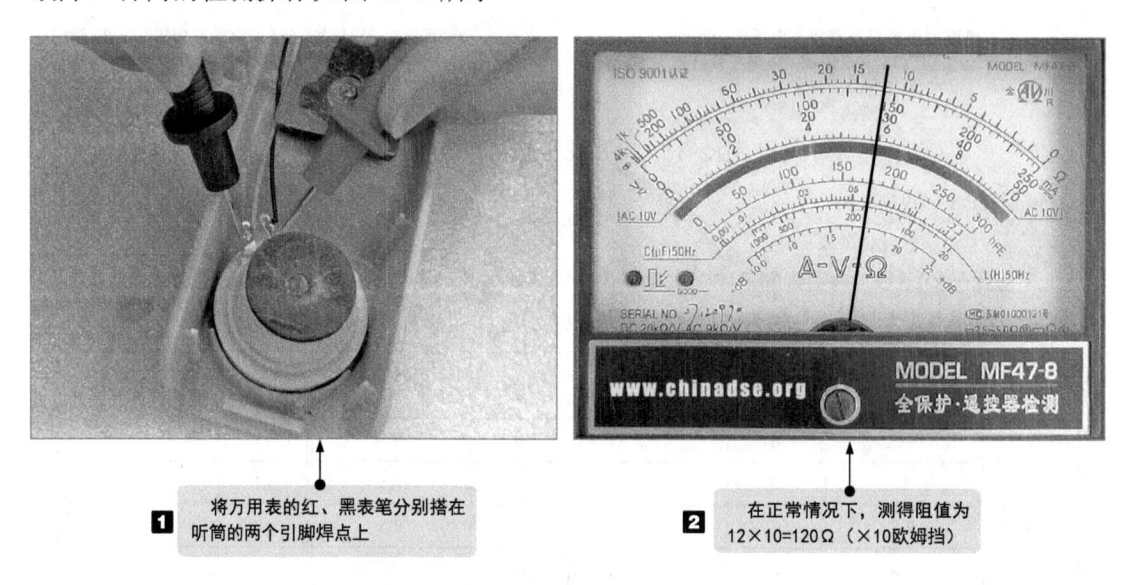

1 将万用表的红、黑表笔分别搭在听筒的两个引脚焊点上

2 在正常情况下，测得阻值为 12×10=120Ω（×10欧姆挡）

图12-17 听筒的检测操作

12.3.2 话筒的检测操作

话筒可将声音信号变成电信号。当话筒出现故障时，电话机会出现送话不畅的故障。话筒的检测操作如图12-18所示。

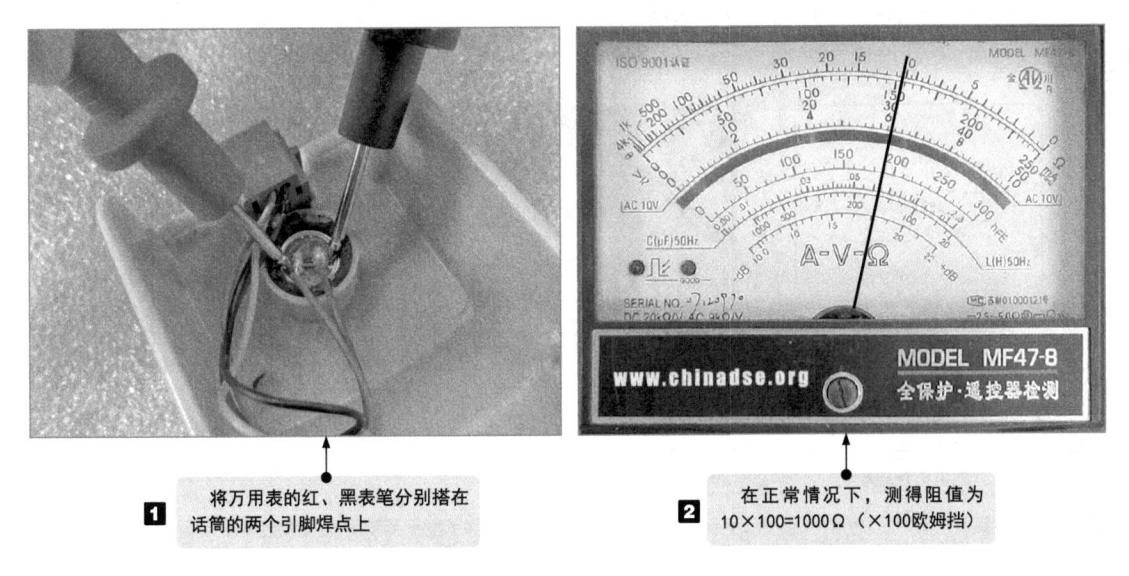

1 将万用表的红、黑表笔分别搭在话筒的两个引脚焊点上

2 在正常情况下，测得阻值为 10×100=1000Ω（×100欧姆挡）

图12-18　话筒的检测操作

12.3.3 扬声器的检测操作

扬声器作为一个独立的部件，通过两根较细的引线与电路板连接，在拆机过程中容易折断，因此在检修之前，应首先检查两根引线是否开焊或折断。扬声器的检测操作如图12-19所示。

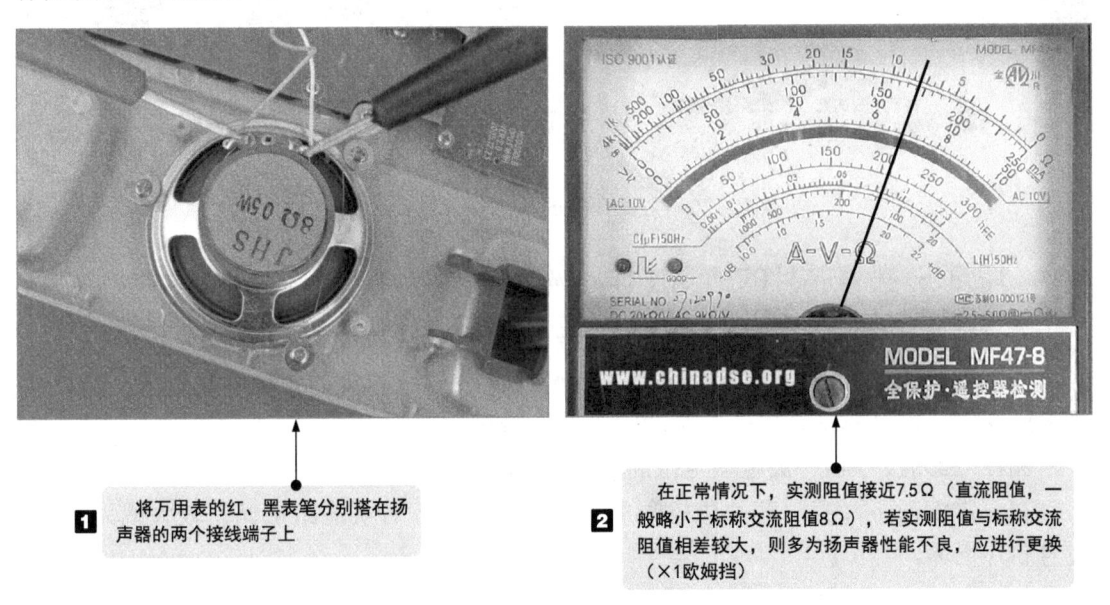

1 将万用表的红、黑表笔分别搭在扬声器的两个接线端子上

2 在正常情况下，实测阻值接近7.5Ω（直流阻值，一般略小于标称交流阻值8Ω），若实测阻值与标称交流阻值相差较大，则多为扬声器性能不良，应进行更换（×1欧姆挡）

图12-19　扬声器的检测操作

12.3.4 叉簧开关的检测操作

叉簧开关是用于实现通话电路和振铃电路与外接电话线路接通或断开的部件，若损坏，则电话机会出现无法接通或总处于占线状态的故障。

叉簧开关的检测操作如图12-20所示。

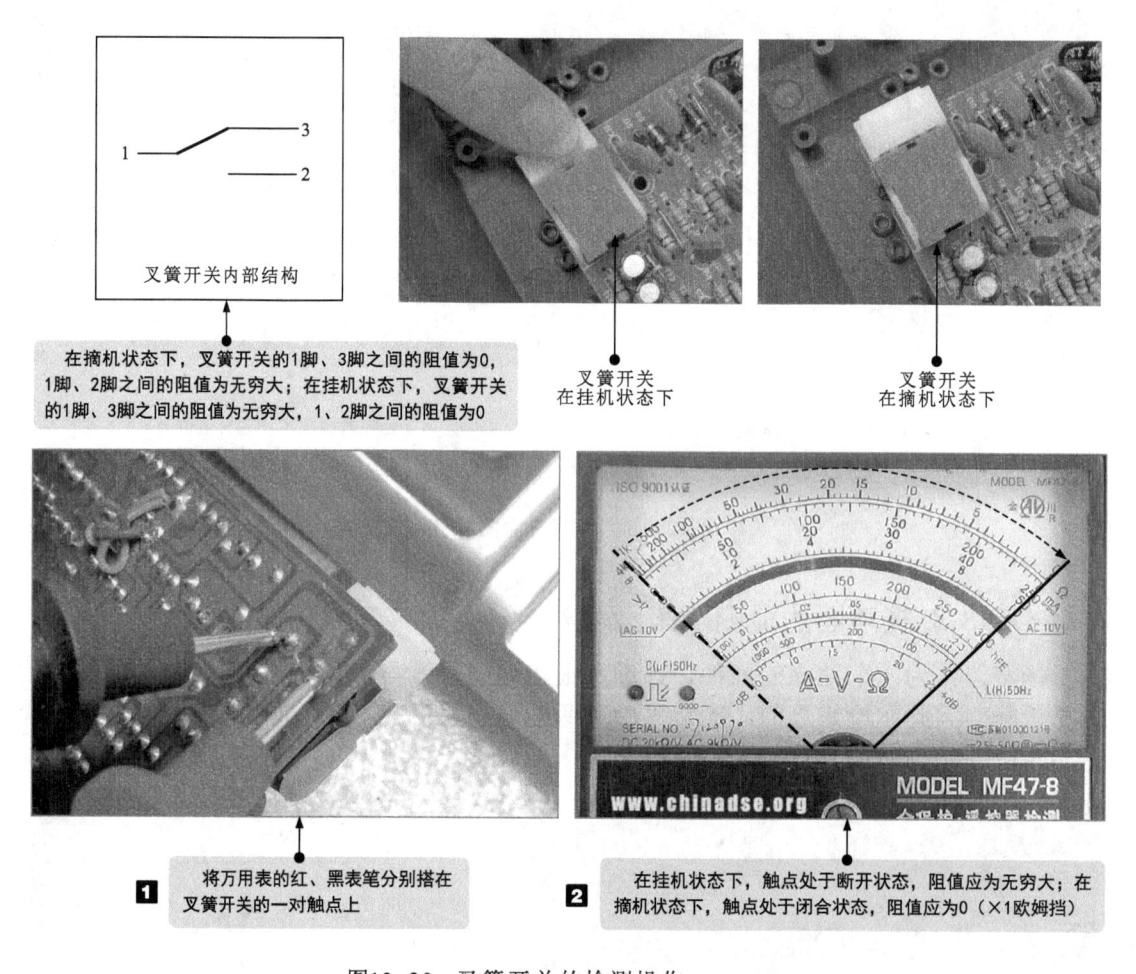

图12-20 叉簧开关的检测操作

12.3.5 拨号芯片的检测操作

在检测拨号芯片时，首先需要了解拨号芯片的各引脚功能，如图12-21所示。

检测拨号芯片主要是在通电状态下检测关键引脚的参数，如供电端电压、启动端的电压变化、振荡器是否振荡、脉冲输出端是否有脉冲输出等。

图12-22为拨号芯片供电端电压的检测操作。

在正常情况下，拨号芯片供电端电压为4.2V左右。若实测结果偏差较大或为0，则拨号芯片损坏。

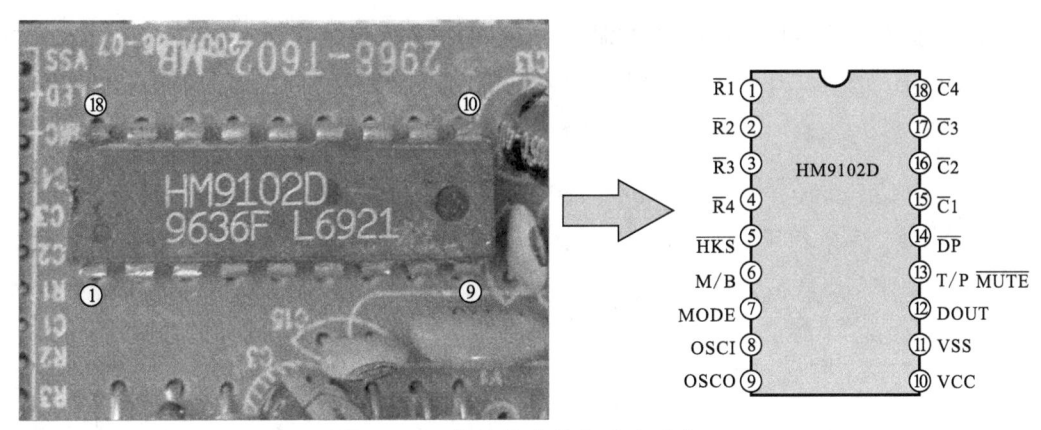

图12-21 拨号芯片的各引脚功能

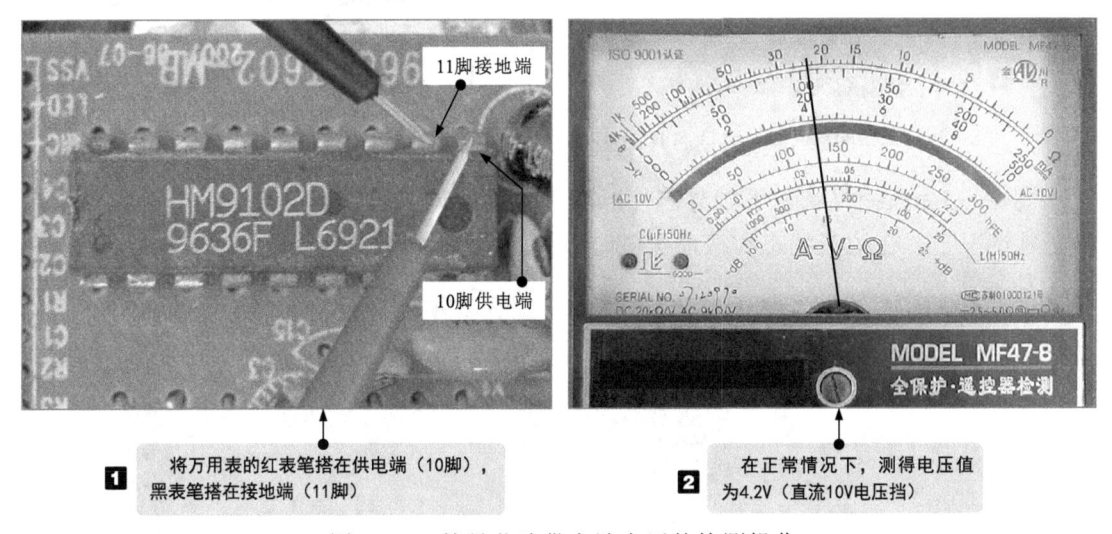

① 将万用表的红表笔搭在供电端（10脚），黑表笔搭在接地端（11脚）

② 在正常情况下，测得电压值为4.2V（直流10V电压挡）

图12-22 拨号芯片供电端电压的检测操作

图12-23为拨号芯片5脚启动端电压的检测操作，在正常情况下，在挂机状态下为低电平，在摘机状态下为高电平。

① 将万用表的红表笔搭在启动端（5脚），黑表笔搭在接地端（11脚）

② 在正常情况下，在挂机状态下为低电平，在摘机状态下为高电平（直流10V电压挡）

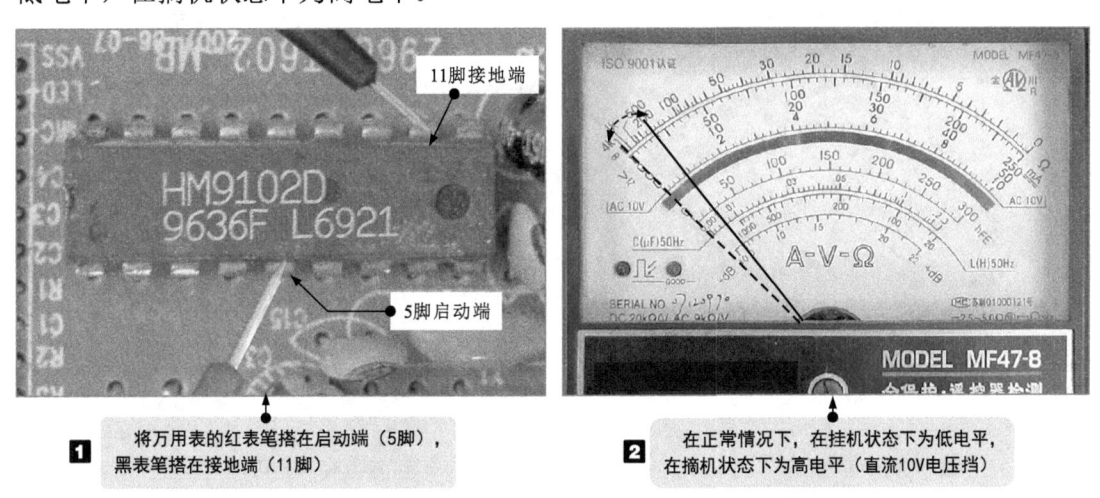

图12-23 拨号芯片5脚启动端电压的检测操作

图12-24为拨号芯片晶振信号（8脚、9脚）的检测操作。在正常情况下，在8脚和9脚上应能测得信号波形。若信号波形不正常，则应选择同规格、同型号的晶振进行更换。

1 将示波器的接地夹接地，探头搭在拨号芯片的晶振信号端（以8脚为例）

2 在正常情况下，应能测得晶振信号波形

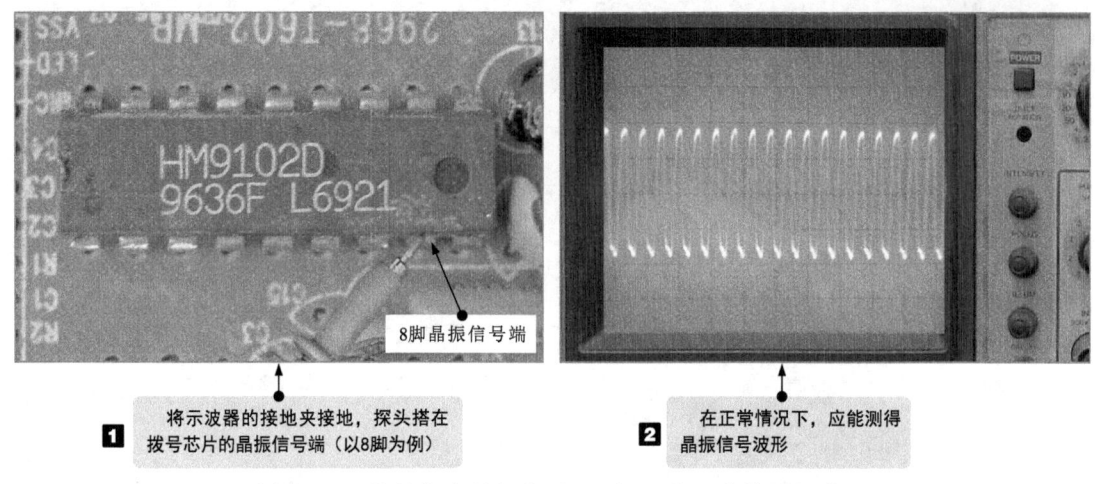

图12-24　拨号芯片晶振信号（8脚、9脚）的检测操作

图12-25为在摘机状态下拨号芯片脉冲信号输出端（12脚）信号波形的检测操作。在正常情况下，在忙音状态和按动按键时都能够检测到信号波形。

1 将示波器的接地夹接地，探头搭在拨号芯片的脉冲信号输出端（12脚）

2 在忙音状态时，应可测得信号波形

3 保持探头位置不变

4 在按动按键时，应可测得信号波形

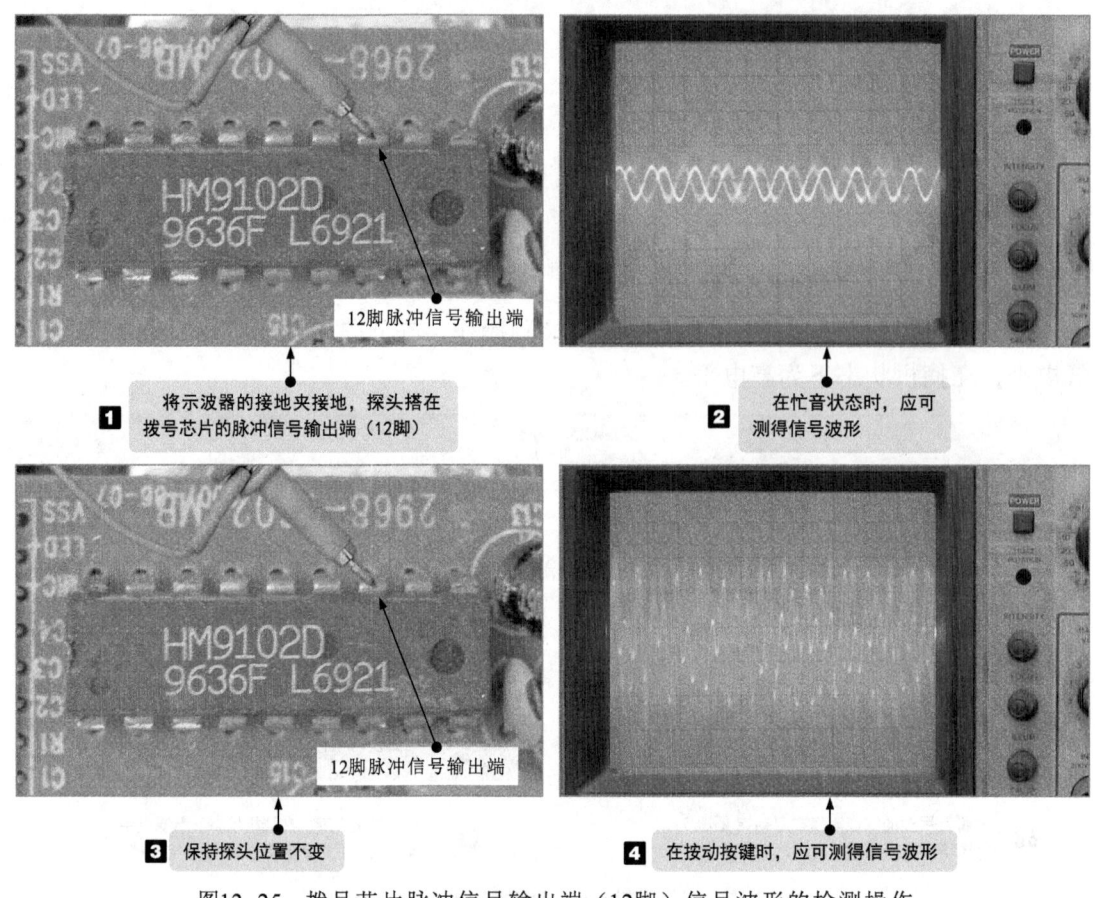

图12-25　拨号芯片脉冲信号输出端（12脚）信号波形的检测操作

> **提示说明**
>
> 拨号芯片正常工作应满足的条件:
> ● 供电端电压为2～5.5V;
> ● 启动端电压,在挂机状态下为低电平,在摘机状态下为高电平;
> ● 在正常情况下,用示波器可测得晶振信号波形;
> ● 脉冲信号输出端:在摘机状态下,在忙音状态时可测得信号波形,在按动按键时可测得信号波形。

12.3.6 晶振的检测操作

拨号芯片需要在晶振的配合下才能工作,若晶振性能不良,则电话机会出现拨号功能失常的故障。晶振的检测操作如图12-26所示。

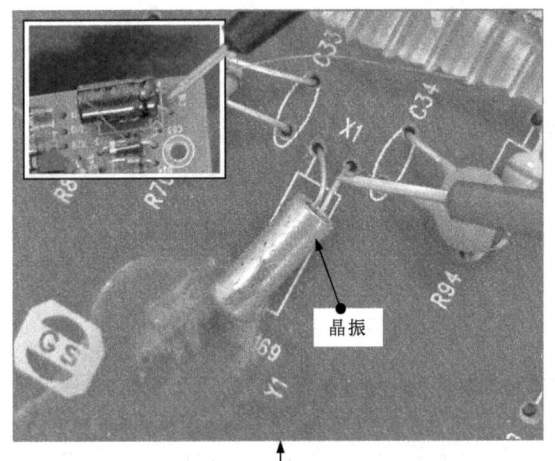

1 将万用表的黑表笔搭在电路板的接地端(电解电容负极接地),红表笔搭在晶振的一个引脚上

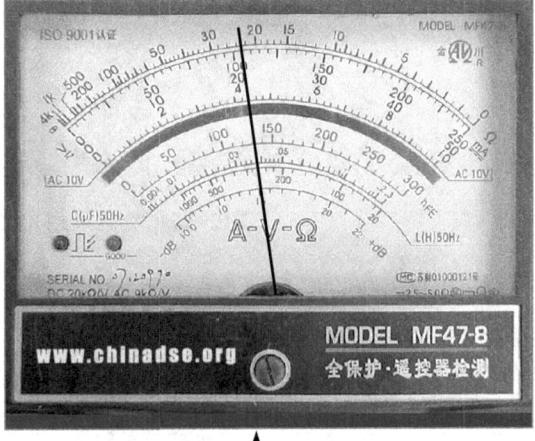

2 测得电压为1.1V,正常。用同样的方法可测晶振另一个引脚的电压也为1.1V(直流2.5V电压挡)

图12-26 晶振的检测操作

> **提示说明**
>
> 在检测晶振一个引脚的电压时,用金属物体轻轻触碰晶振的另一个引脚,测得的电压会有较明显的变化,表明晶振已启振。

12.4 空调器中电子元器件的检测操作

若空调器出现故障,则重点检测贯流风扇电动机、保护继电器、三端稳压器、遥控器、光耦合器等部件。若异常,则应进行更换。

12.4.1 贯流风扇电动机的检测操作

贯流风扇电动机的检测操作分别如图12-27、图12-28所示。

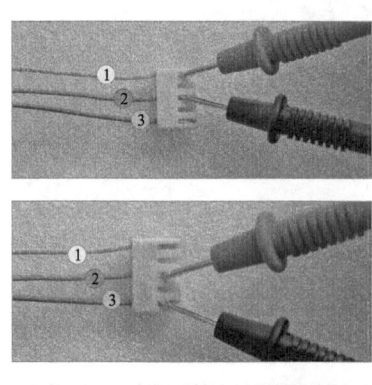

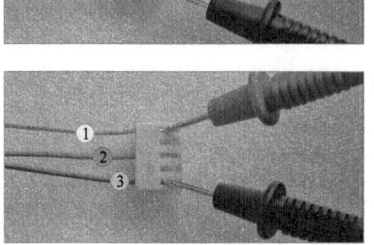

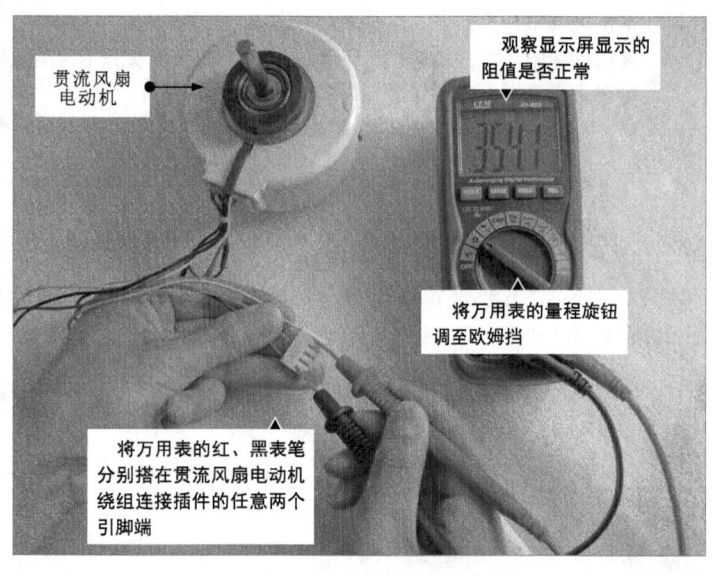

图12-27 贯流风扇电动机绕组阻值的检测操作

提示说明

在图12-27中，将万用表的红、黑表笔分别搭在贯流风扇电动机绕组连接插件的1脚和2脚，可测得阻值为0.730Ω；分别搭在2脚和3脚，可测得阻值为0.375kΩ；分别搭在1脚和3脚，可测得阻值为354.1Ω。若测得的阻值与标称值偏差较大，则说明贯流风扇电动机的绕组可能存在异常，应进行更换。

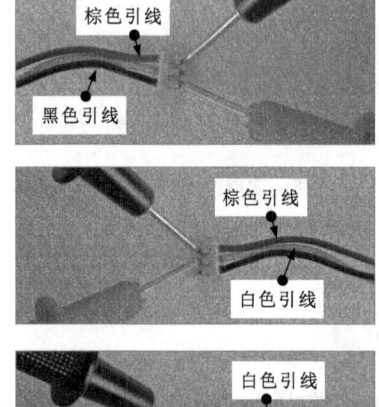

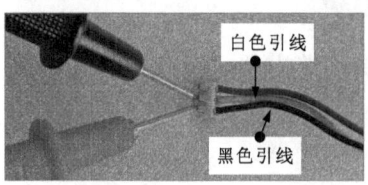

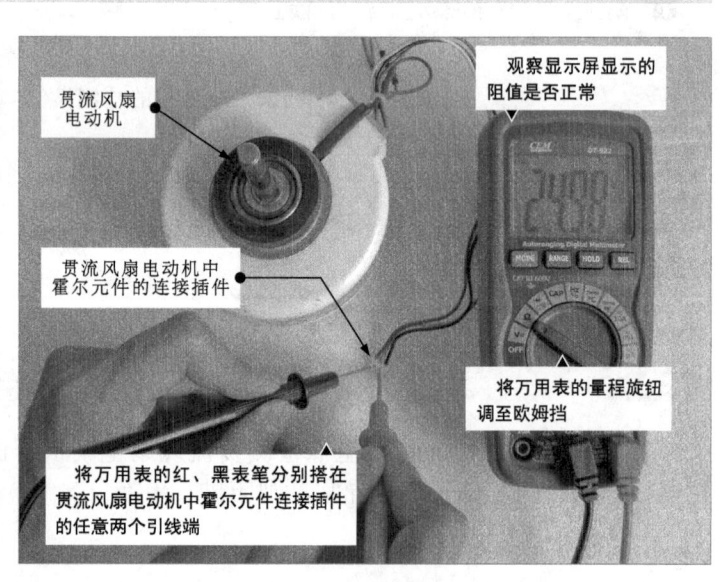

图12-28 贯流风扇电动机霍尔元件的检测操作

> **提示说明**
>
> 在图12-28中，将万用表的红、黑表笔分别搭在贯流风扇电动机中霍尔元件的白色引线端和棕色引线端，可测得阻值为25.9kΩ；分别搭在白色引线端和黑色引线端，可测得阻值为20.3Ω。在正常情况下，各连接引线端之间应有一定的阻值，若与标称值偏差较大，则说明贯流风扇电动机中霍尔元件可能存在异常，应进行更换。

12.4.2 保护继电器的检测操作

保护继电器的检测操作如图12-29所示。

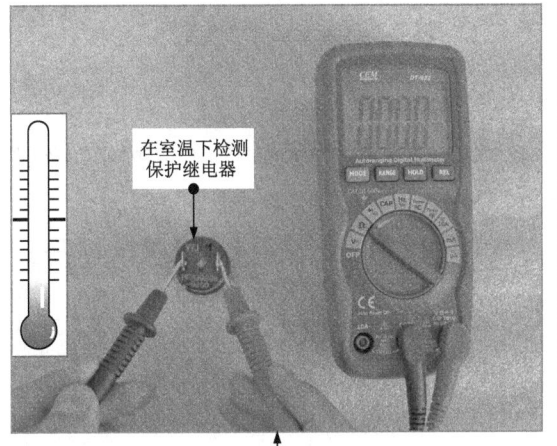

1 将万用表的量程旋钮调至电阻挡，红、黑表笔分别搭在保护继电器的两个接线端上。在室温下，保护继电器的金属片触点处于接通状态，阻值应接近于0

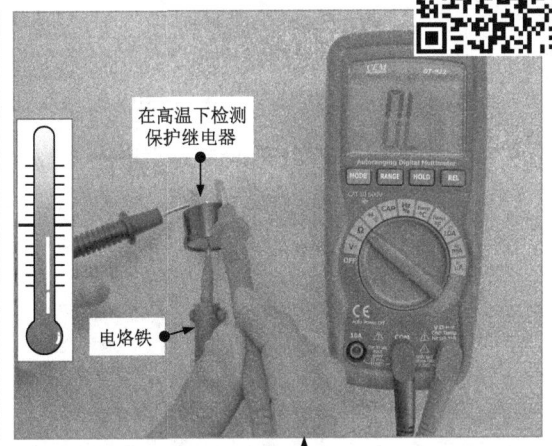

2 保持万用表的挡位和表笔位置不变，在高温下，保护继电器的金属片变形，触点断开，阻值应为无穷大。若测得的阻值不正常，则说明保护继电器已损坏，应进行更换

图12-29 保护继电器的检测操作

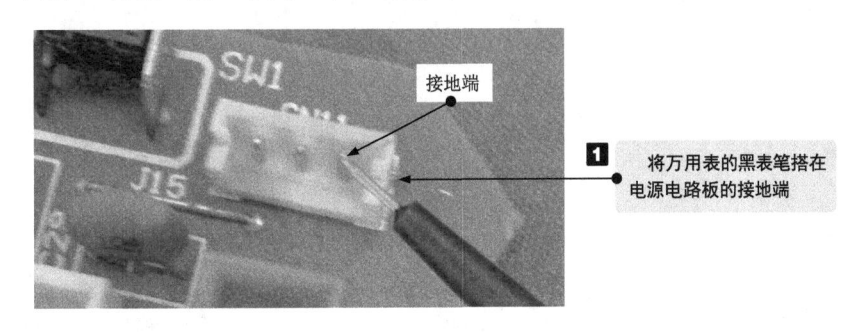

12.4.3 三端稳压器的检测操作

三端稳压器的检测操作如图12-30所示。在实际检测过程中，若三端稳压器无输入电压，则表明前级电路中的主要元器件出现故障；若三端稳压器输入电压正常，无输出电压，则在确保负载无短路的情况下（若负载出现对地短路故障，也会导致三端稳压器无输出电压），表明三端稳压器已损坏，应进行更换。

1 将万用表的黑表笔搭在电源电路板的接地端

图12-30 三端稳压器的检测操作

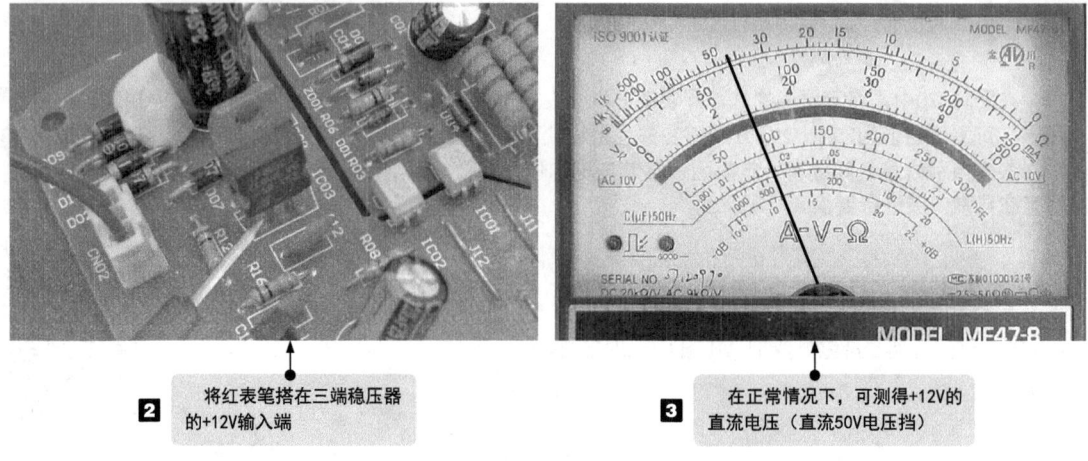

2 将红表笔搭在三端稳压器的+12V输入端

3 在正常情况下，可测得+12V的直流电压（直流50V电压挡）

图12-30　三端稳压器的检测操作（续）

12.4.4 遥控器的检测操作

图12-31为遥控器供电电压的检测操作。

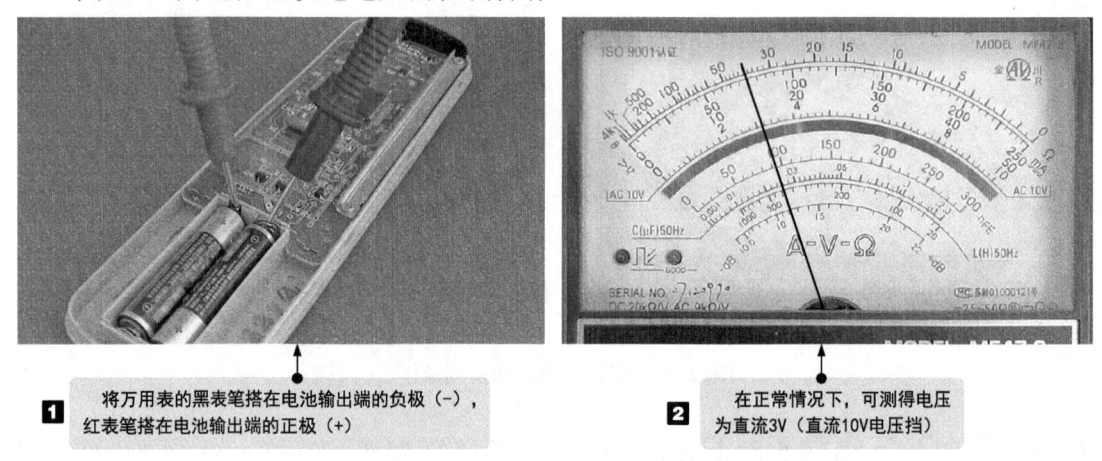

1 将万用表的黑表笔搭在电池输出端的负极（−），红表笔搭在电池输出端的正极（+）

2 在正常情况下，可测得电压为直流3V（直流10V电压挡）

图12-31　遥控器供电电压的检测操作

遥控器中红外发光二极管的检测操作如图12-32所示。

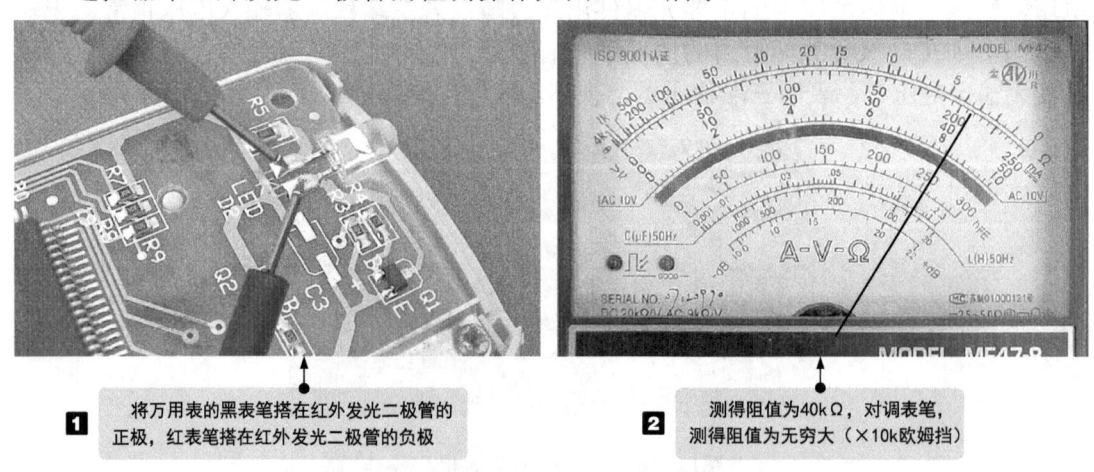

1 将万用表的黑表笔搭在红外发光二极管的正极，红表笔搭在红外发光二极管的负极

2 测得阻值为40kΩ，对调表笔，测得阻值为无穷大（×10k欧姆挡）

图12-32　遥控器中红外发光二极管的检测操作

12.4.5 光耦合器的检测操作

光耦合器的检测操作如图12-33所示。

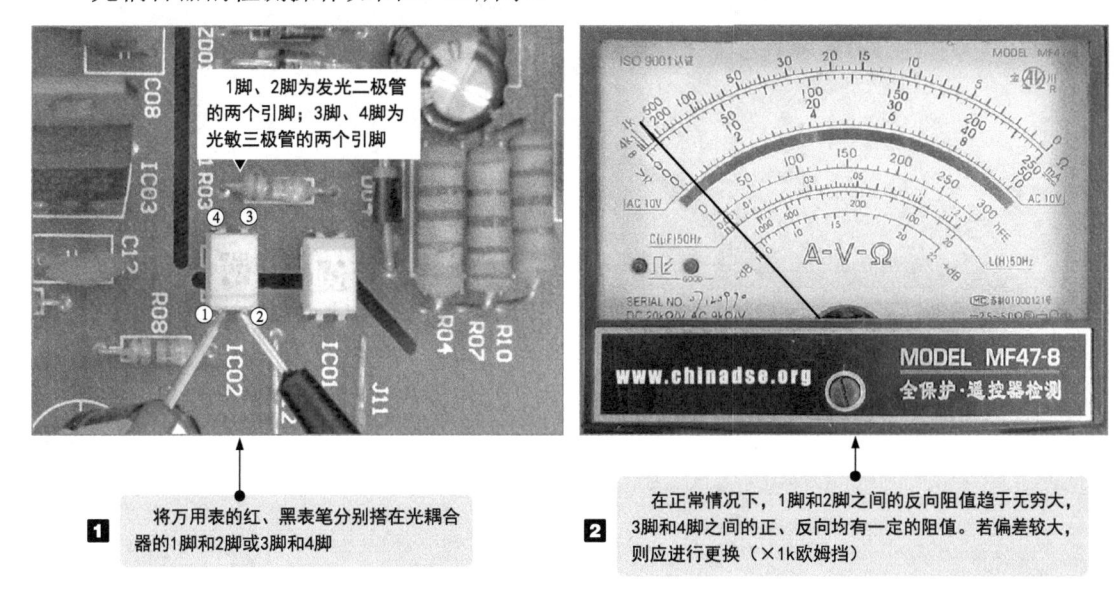

1 将万用表的红、黑表笔分别搭在光耦合器的1脚和2脚或3脚和4脚

1脚、2脚为发光二极管的两个引脚；3脚、4脚为光敏三极管的两个引脚

2 在正常情况下，1脚和2脚之间的反向阻值趋于无穷大，3脚和4脚之间的正、反向均有一定的阻值。若偏差较大，则应进行更换（×1k欧姆挡）

图12-33　光耦合器的检测操作